高等院校教材

画　法　几　何

（第6版）

同济大学建筑制图教研室　编

·上海·

内 容 提 要

本教材作为高等院校土木建筑类等专业画法几何部分的教科书，主要内容包括：正投影图、轴测投影、标高投影、透视投影和投影图中的阴影。编写时按照由浅入深、循序渐进的原则，力求条理清楚，重点突出。通过对本书的学习，可逐步培养和加强学生的图示、图解能力和空间思维能力。本书也可作为继续教育学院、网络学院和电视大学的相关专业相同课程的教材或教学参考书。

与本书配合使用的有《画法几何习题集》(第 6 版)，由同济大学出版社同时出版。

为了帮助广大学生学好“画法几何及工程制图”课程，同济大学出版社还出版了《画法几何解题指导》，可供学生学习、解题时参考。

图书在版编目(CIP)数据

画法几何/同济大学建筑制图教研室编. --6 版. --上海：同济大学出版社，2020. 5(2023. 10 重印)

ISBN 978-7-5608-8535-3

Ⅰ. ①画… Ⅱ. ①同… Ⅲ. ①画法几何—高等学校—教材 Ⅳ. ①O185. 2

中国版本图书馆 CIP 数据核字(2019)第 080671 号

画法几何(第 6 版)

同济大学建筑制图教研室　编

责任编辑　缪临平　朱勇　　责任校对　徐春莲　　封面设计　潘向蓁

出版发行　同济大学出版社　　www. tongjipress. com. cn

(地址：上海市四平路 1239 号　邮编：200092　电话：021－65985622)

经　　销　全国各地新华书店

印　　刷　常熟市大宏印刷有限公司

开　　本　787mm×1092mm　1/16

印　　张　14. 75

字　　数　368 000

印　　数　6 201—9 300

版　　次　2020 年 5 月第 6 版

印　　次　2023 年10月第 3 次印刷

书　　号　ISBN 978-7-5608-8535-3

定　　价　49. 00 元

第 6 版前言

画法几何是研究在平面上用图形来表达空间几何形体和运用几何作图来解决空间几何问题的一门学科。它不仅能为工程制图提供图示和图解的理论，而且通过学习还可培养和发展空间想象能力和逻辑思维能力，因此，是工科学生必须掌握的一门基础课。

用图解法解决空间几何问题，是生产实践中的常用方法。例如：在土木工程中，估算施工现场的土石方作业和工程量。图解法与计算法相比，由于受仪器工具的限制，精确度欠准，但在一定精度要求范围内，比计算法来得更简便和迅捷。

随着计算机绘图和图形显示技术的不断发展，人工绘制工程图样将逐渐被计算机绘图所替代，但对空间几何问题的描述，仍将运用画法几何的某些理论和方法。此外，画法几何也将为适应计算机化的需要而有所更新和改革，这也是当今学习和研究画法几何时应该考虑的一个问题。

本书自 1985 年 8 月由同济大学出版社出版第 1 版以来，经过多次修改出版了第 2 版、第 3 版、第 4 版和第 5 版，均由黄钟琏教授编写。现黄先生已高寿仙逝，在此，我们对他表示崇高的敬意和深切的怀念！为了继承黄先生的文化遗产，宏扬老一辈教师的教学精神，经原教研室主任陈文斌教授推荐，由顾生其等编写本书第 6 版。承蒙广大老师和同学的青睐，本书被不少高等院校选为教学用书。我们将遵循黄先生的治学态度，不辜负广大读者的希望。

因前 5 版的插图清晰度、精确度欠佳，故本版教材除了对内容进行修改外，还重新绘制了全部插图。另外，按教学的进度顺序，对有关章节的先后次序进行了重新编排。

本书第 6 版由顾生其和缪临平共同编写，其中，缪临平编写了第一章至第六章，顾生其编写了第七章至十二章。由于编者水平有限，书中难免还存在缺点或错误之处，敬请各位老师和同学批评指正。并请提出宝贵意见，谢谢！

编　者

2020 年 1 月

Contents

目　　录

第一章　概　　论

第一节　引　　言

画法几何是研究在平面上用图形来表示空间几何形体和运用几何作图来解决空间几何问题的理论和方法的一门学科。

在生产建设和科学研究中，对于已有的和想象中的空间物体，如地面、建筑物和机器等的形状、大小、位置及其他有关信息，人们很难用语言和文字表达清楚，因而需要在平面上（如图纸上）用图形表达出来。这种在平面上表达空间工程物体的图，称为**工程图**。

当研究空间物体在平面上如何用图形来表达时，由于空间物体的形状、大小和相互位置等各不相同，不便以个别物体来逐一研究；为了使研究时达到正确、深刻和完全，以及所得结论能广泛地应用于所有物体，采用几何学中将空间物体综合和概括成抽象的点、线、面、体等几何形体的方法，先研究这些几何形体在平面上如何用图形来表达，以及如何通过作图来解决，并探讨它们的几何问题，这就形成了**画法几何**。

我们把工程上的具体物体，视为由几何形体所组成，根据画法几何理论，将它们在平面上用图形表达出来，成为工程图。在工程图中，除了有表达物体形状的线条以外，还要应用国家制图标准所规定的一些表达方法和符号，注以必要的尺寸数字和文字说明，使得工程图能完善、明确和清晰地表达出物体的形状、大小和位置，以及其他必需的资料，例如：物体的名称、材料的种类和规格，以及生产方法等。这种研究表达工程上物体和绘制工程图方法的学科，称为**工程制图**。工程图又由表达对象的不同，分为建筑图、机械图等。

因此，如将工程图比喻为工程界的一种语言，则画法几何便是这种语言的语法。并且，画法几何尚可为其他科学技术领域服务。

“画法几何及工程制图”是由于生产实践和科学研究的需要而形成的。现在，工程图已广泛地应用在所有的建设领域中。凡是从事生产建设的每个工程技术人员，都必须掌握有关知识和技能。高等工业院校的学生，不论在专业课的学习、设计和生产实习中，以及毕业后在工作岗位上，都必须具有画法几何知识和工程制图的能力。因此，现在所有高等工业院校的工程专业教学计划里，都把“画法几何及工程制图”列为必修的基础技术课，以培养学生具有图示空间形体和图解几何问题的能力，培养手工绘图和计算机绘图的能力，以及阅读工程图的能力。在学习本课程的过程中，要注意培养和发展空间想象能力和逻辑思维能力，养成耐心细致的工作作风和认真负责的工作态度。学习完本课程后，学生们应该在以后有关课程的学习和生产实践中，结合专业内容和生产实际来继续巩固和提高。

第二节 投 影

投影是通过空间形体的一组选定直线与一个选定面交得的图形。

在平面上用图形来表示空间形体时，首先要解决如何把空间形体表示到平面上。

在日常生活中，物体在灯光和日光照射下，会在地面、墙面或其他物体表面上产生影子。这种影子能在某种程度上显示出物体的形状和大小，并随光线照射方向的不同而变化。图1-1(a)所示为空间一长方体在平行光线照射下，于平面V上形成影子的情况。

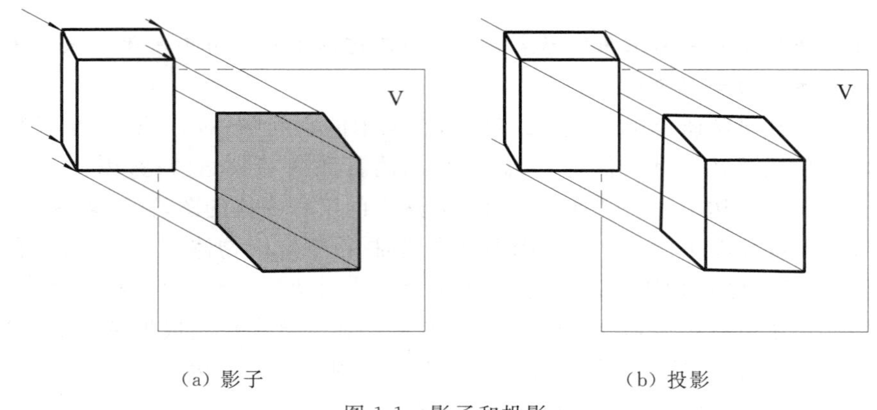

(a) 影子　　(b) 投影

图 1-1　影子和投影

而在工程上，人们就把上述的自然现象加以抽象，得出空间形体在平面上的图形，如图1-1(b)所示。这时，我们规定：影子落在一个平面上，并且光线可以穿透物体，使得所产生的“影子”不像真实影子那样黑色一片，而能在“影子”范围内由线条来显示物体的完整形状。此外，对光线的方向也作了某些选择，使其能够产生合适的“影子”形状来。这种应用通过物体的一组选定直线，在一个选定面上形成的图形，称为物体在该面上的**投影**；投影所在的面，称为**投影面**；形成投影的直线，称为**投射线**；这种应用投射线，在投影面上得到投影的方法，称为**投影法**。

按照投射线相互之间关系和对投影面的方向不同，投影可分有：投射线从一点出发的投影，称为**中心投影**，如图1-2所示，该点S称为**投射中心**。投射线互相平行的投影，称为**平行投影**，如图1-3所示。平行投影中，投射线与投影面斜交时的投影，称为**斜投影**，如图1-3(a)所示。投射线与投影面正交(垂直)时的投影，称为**正投影**，如图1-3(b)所示。

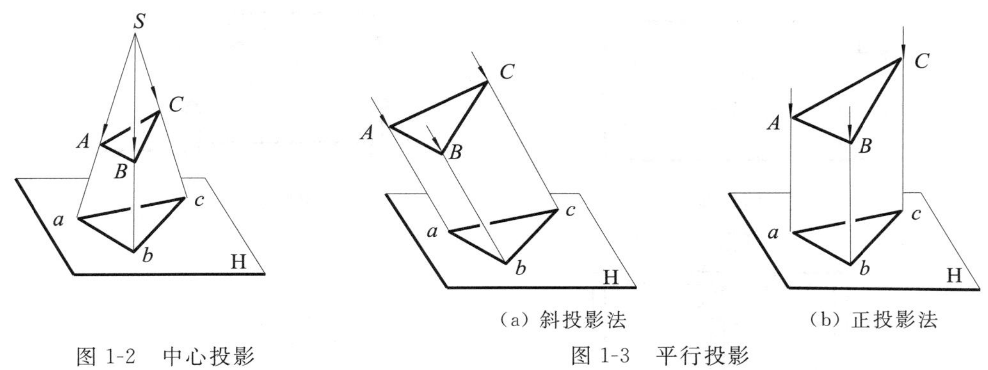

（a）斜投影法　　（b）正投影法

图 1-2　中心投影　　图 1-3　平行投影

第三节　工程图种类

常用的工程图有下列 4 种：

一、透视图

以人眼为投射中心时，物体在一个投影面上的中心投影，称为**透视投影**，也称为**透视图**。图 1-4 为一座房屋的透视图。这种图有较强的立体感和真实感，但不能反映物体的真实形状和大小，且作图较繁，一般仅用作表示建筑物等的辅助性图样。

二、轴测图

物体在一个投影面上的平行投影，称为**轴测投影**，也称为**轴测图**。图 1-5 为一座房屋的轴测图。这种图也有立体感，有的能反映物体上某些方向的真实形状和大小，但不能反映出整个物体的真实形状，作图比透视图简单，常用作各种工程上的辅助性图样。

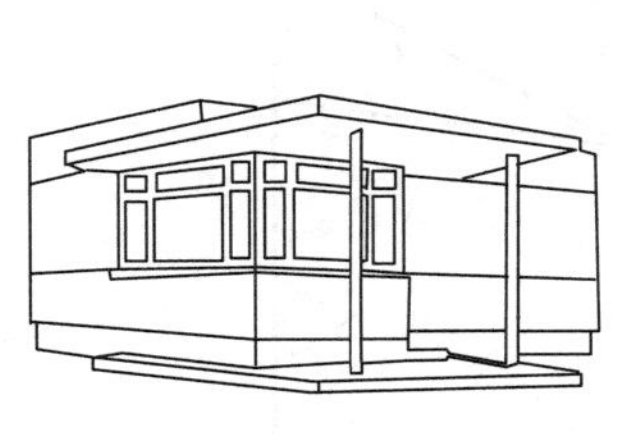

图 1-4　房屋的透视图

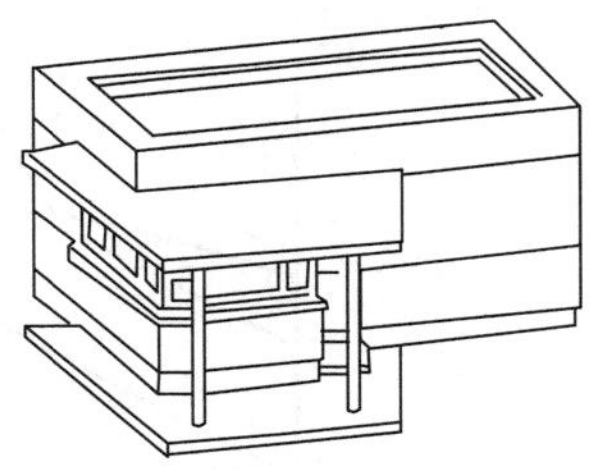

图 1-5　房屋的轴测图

三、正投影图

一个物体在一组投影面上的正投影，称为**正投影图**（详见第二章点至第八章曲面和曲面立体）。图 1-6 为一座房屋的正投影图。这时，每个投影能反映物体在某种方向的实际形状和大小，便于按图建造，是主要的工程图。

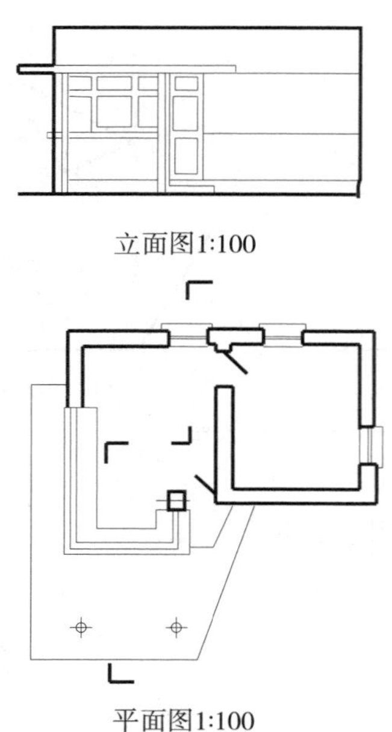

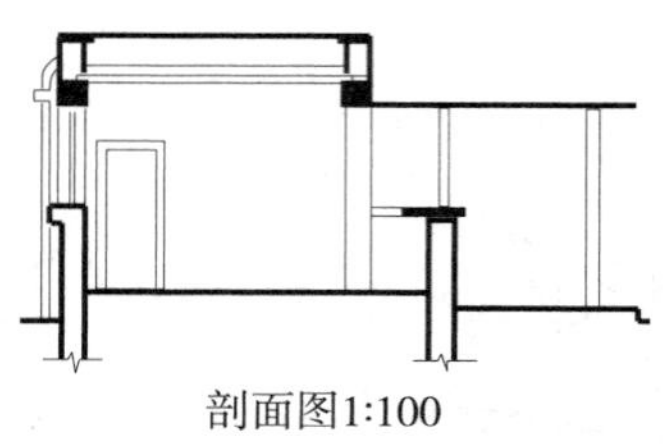

图 1-6　房屋的正投影图

四、标高投影图

物体在一个水平投影面上标有高度的正投影，称为**标高投影**，或称**标高投影图**。这种图主要用于表示地形、道路和土工建筑物等。图 1-7 为一条道路及地面的标高投影图。图中，有关细线为空间水平的直线和曲线的正投影，数字表示离开一水平基准面高度；两条长的平行粗线表示道路边线的正投影。路侧为斜坡，几条粗的曲线为斜坡与地面交线的正投影。

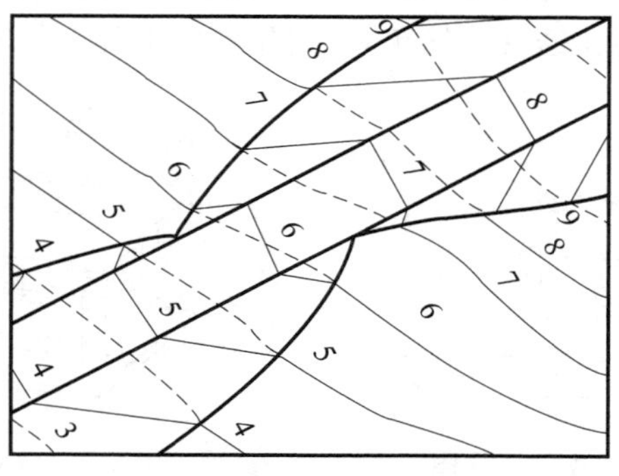

图 1-7　道路的标高投影图

复习思考题

(1)中心投影法和平行投影法有何区别？

(2)正投影法和斜投影法有何区别？

第二章　点

第一节　点的两面投影

一、点的单面投影

一点在一个投影面上有唯一的一个正投影；相反，根据一点在一个投影面上的正投影，不能确定该点在空间的位置。

因为当一点与投影面的相对位置确定后，由该点只能作一条垂直于投影面的投射线与投影面交于一点，即只有一个正投影。如图 2-1 所示，设空间有一点 A 和一个投影面 H。通过点 A 只能作一条垂直于 H 面的投射线 Aa，于是与 H 面只能交得一个正投影点 a。

相反地，如图 2-2 所示，由于同一条投射线上各点如 A_1，A_2，A_3 等在 H 面上正投影重叠于一个点 a，因而仅由正投影点 a，不能确定点 A 在空间与投影面 H 的相对位置。

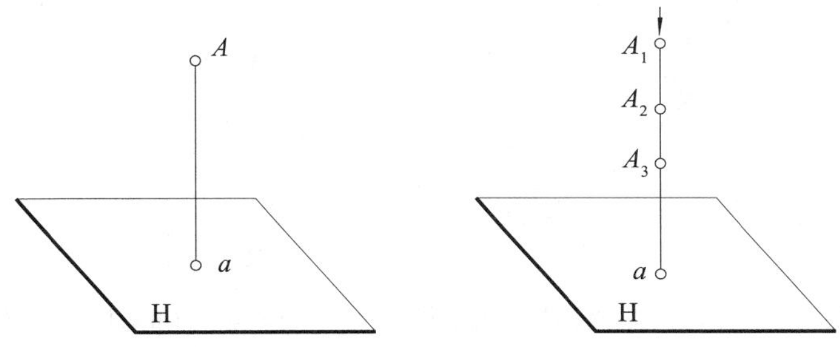

图 2-1　点的正投影　　图 2-2　同一投射线上点的投影

本书中除了第九章、第十一章外，讨论的都是正投影。为叙述简洁起见，特把正投影简称为投影；此外，正投影中投射线必定垂直于投影面，以后一般也不再说明。

二、点的两面投影

一点在两个投影面上的投影能确定该点在空间的位置。

1. 两投影面体系。因为单凭一点在一个投影面上的投影，不能确定该点在空间的位置。因此，如图 2-3(a)所示，取两个互相垂直的投影面，组成**两投影面体系**。其中，一个是水平的投影面，用字母 H 表示，称为**水平投影面**，简称 **H 面**；另一个是正对观察者的直立投影面，用字母 V 表示，称为**正立投影面**，简称 **V 面**。它们相交于一条水平直线，用字母 OX 表示，称为**投影轴** OX，简称 X **轴**。

2. 点的两面投影。现设空间有一点 A，由点 A 分别向 H 面和 V 面作投射线 Aa 和

Aa'，交点 a 和 a' 就是点 A 在 H 面和 V 面上的投影，分别称为点 A 的**水平投影**和**正立投影**，也称为 H **面投影**和 V **面投影**。

为了表达和说明等需要，图中点及其投影常用小圆圈表示；空间点用大写字母(或罗马数字)表示；H 面投影用对应的小写字母(或阿拉伯数字)表示；V 面投影用对应的小写字母(或阿拉伯数字)加一撇表示，如 a'，读作 a 一撇。

3. 一点在两个互相垂直的投影面上两个投影的位置。如图 2-3(a)所示，投射线 Aa 与 Aa' 组成了一个平面 $Aa a_X a'$，与 H 面、V 面交于直线 $a a_X$ 和 $a' a_X$，并与 OX 轴交于点 a_X。

因该平面包含了垂直于 H 面和 V 面的投射线 Aa 和 Aa'，故平面 $Aa a_X a'$ 也垂直于 H 面和 V 面；且 H 面也垂直 V 面，因而这三个平面互相垂直，故交线 $a a_X \perp OX$，$a' a_X \perp OX$ 和 $a a_X \perp a' a_X$；此外，由于 $Aa \perp a a_X$，$Aa' \perp a' a_X$，故平面 $Aa a_X a'$ 是一个矩形，于是，$a a_X = Aa'$，$a' a_X = Aa$。

所以得出下列两个结论：

(1) 一点在两个互相垂直的投影面上两个投影(a、a')向投影轴所引的两条垂线($a a_X$，$a' a_X$)交于投影轴上一点 a_X；

(2) 一点在两互相垂直的投影面上两个投影，每个到投影轴的距离等于空间点到另一个投影面的距离。

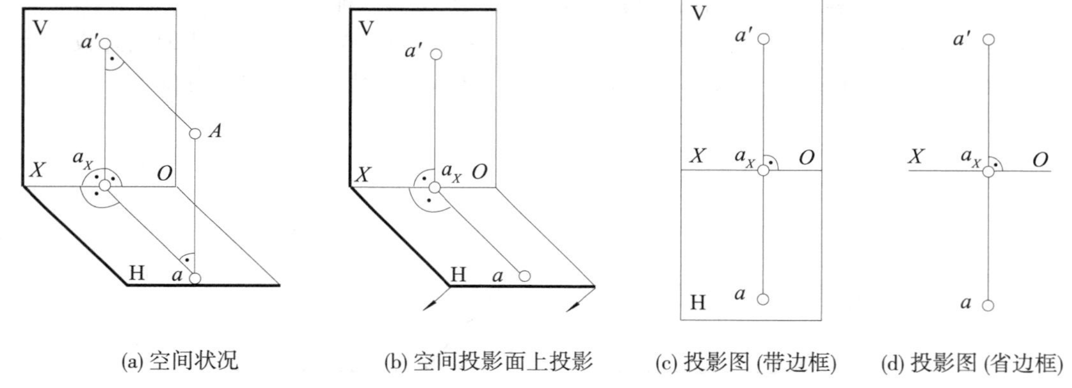

图 2-3　点的两面投影

4. 反之，一点在两个互相垂直的投影面上的投影，能确定点在空间的位置。如图 2-3(a)所示，由 a 和 a' 分别引 H 面和 V 面的垂线，它们的交点即为空间点 A。

三、投影图

实际上是在一个平面(如纸面)上表示出空间两个投影面上的投影，于是要把空间两个投影面上投影放在一个平面上。为此，在图 2-3(b)中，如 V 面不动，把 H 面连同投影 a 等绕 X 轴向下旋转 90°，使得与 V 面重合，如图 2-3(c)所示。这种投影面重合后的两面甚至多面投影，称为**投影图**。于是在投影图中，V 面位于 X 轴上方，H 面位于 X 轴下方。又因投影面的大小是任意的，故不必画出投影面的边框，于是就变成为如图 2-3(d)所示。同时，也不必注出 H 面，V 面甚至 OX 轴等字母。

四、投影图上点的两面投影特性

在投影图上，一点的两个投影有下列特性：

特性一：**一点的两个投影间的连系线垂直于投影轴**。

投影图上，一点的两个投影之间的连线，称为**投影连系线**，简称**连系线**。如图 2-3(d)中连系线 aa'，应垂直于 X 轴。

在图 2-3(b)中 H 面旋转入 V 面时，H 面和 V 面上的图形均保持不变，故互相垂直的直线仍互相垂直，即 $aa_X \perp OX$，$a'a_X \perp OX$。因而在投影图上，aa_X 和 $a'a_X$ 位于一条垂直于 X 轴的直线 aa' 上，即连系线 $aa' \perp OX$。也就是一点的两个投影一定位于垂直于投影轴的连系线上。

投影图上，连系线用细实线表示。一点的连系线与投影轴的交点，用对应于该点的小写字母于右下角加 X 表示，无专门名称。以后不需要时，连系线和 a_X 等字母均予省略。

特性二：**一点的一个投影到投影轴的距离，等于该点到相邻投影面的距离**。

因在图 2-3(b)中有这个特性，当旋转时，H 面上 aa_X 的长度也不变而保持这个性质。

五、根据一点在投影图中两个投影，能确定该点在空间的位置，以及该点到两投影面的距离

因为，图 2-3(c)或图 2-3(d)加上投影面边框后，如这时位于 OX 轴下方的 H 面，绕 OX 轴向上方旋转回至水平位置，就如图 2-3(b)一样，于是也能确定点 A 在空间的位置，因而也确定了其到投影面的距离。

第二节　点的三面投影

一、点的三面投影

1. 三投影面体系。虽然，由一点的两面投影已能确定该点在空间的位置，但在某些情况下，需要作出在两个以上投影面上的投影。

如图 2-4(a)所示，除了投影面 H 和投影面 V 以及点 A 和它的投影 a 和 a'以外，设另有一投影面 W 同时垂直于 H 面和 V 面，组成一个**三投影面体系**。该 W 面是一个位于右侧的直立面，称为**侧立投影面**，简称 **W 面**。它与 H 面、V 面的相交直线，分别称为**投影轴** OY 和**投影轴** OZ，简称 Y **轴**和 Z **轴**。三条轴互相垂直，且交于一点 O，称为**原点**。

2. 点的三面投影。现由点 A 向 W 面作投射线 Aa''，交点 a''就是点 A 在 W 面上的投影，称为**侧立投影**，也称为 **W 面投影**。标记时，用对应的小写字母，并在右上角加两撇表示。如点 A 的 W 面投影，则用 a''表示。当点用罗马数字表示时，则用对应的阿拉伯数字加两撇表示。

3. 投影图。为了使三个投影面上的投影，成为在一个平面上的投影图，除了 V 面不动，H 面向下旋转入 V 面外，W 面则绕 OZ 轴向右旋转至与 V 面重合，结果如图 2-4(b)所示，该图已不画投影面边框线了。这时 Y 轴分成两条，在 H 面上的仍用 Y 表示，在 W 面上的用

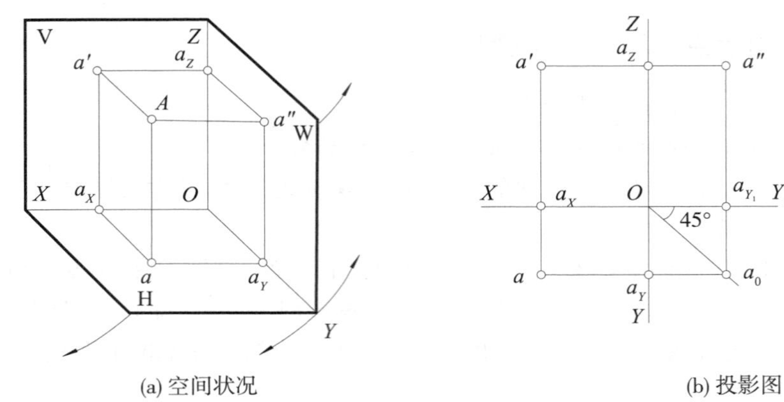

(a) 空间状况　　　　(b) 投影图

图 2-4　点的三面投影

Y_1 表示。

二、点的三面投影特性

点的每两个投影之间的连系线,必定垂直于相应的投影轴;各投影到投影轴的距离,等于该点到通过该轴的相邻投影面的距离。根据点在H面和V面上的两面投影特性,就可得出上述三面投影的特性。

如图2-4(a)所示,在V面和W面投影中,因 Aa' 和 Aa'' 确定一个平面 $Aa'a_Za''$,与 Z 轴交于点 a_Z,与V面、W面的交线 $a'a_Z$、$a''a_Z$ 均垂直于 Z 轴,故重合后,连系线 $a'a''\perp Z$ 轴,呈水平方向。此外,因平面 $Aa'a_Za''$ 也为一个矩形,故 $a'a_Z=Aa''$,表示点A到W面的距离。又因 $a''a_Z=Aa'$,表示点A到V面的距离。

同样,Aa 和 Aa'' 所确定的一个平面 Aaa_Ya'' 与 Y 轴交于点 a_Y,与H面、W面的交线 aa_Y 和 $a''a_Y$ 垂直于 Y 轴。在图2-4(b)投影图中,a_Y 分成两点,分别以 a_Y 及 a_{Y_1} 表示。除了 $Oa_Y=Oa_{Y_1}$ 外,连系线的一段 $aa_Y\perp OY$,为水平方向;另一段 $a''a_{Y1}\perp OY_1$,呈竖直方向。它们延长线的交点 a_0,位于一条通过点 O 的45°方向的斜线上。又因图形 Aaa_Ya'' 是一个矩形,故 $aa_Y=Aa''$,表示点A到W面的距离;又 $a''a_{Y1}=Aa$,表示点A到H面的距离。

以后如无特殊需要,a_X,a_Y,a_Z 和 a_0 等点的小圆圈和文字标记均可省略。点 a_0 及45°斜线只是作图时用,无专门名称,以后作图过程中不需要时,也不必作出。甚至,O,X,Y,Z 等字母也可省略。

由上所述,在三面投影体系中,由一点的任意两个投影,均可表示一点在空间与投影面的相对位置。因此,空间一点可以由三个投影中任意两个来表示;也可由任意两个投影作出第三个投影。

三、特殊位置的点

图2-3(a)和图2-4(a)中的点A,都不位于投影面上。实际上一点可以位于投影面上,也可以在投影轴上,甚至与原点重合而形成三种特殊位置的点;它们的投影可以恰在投影轴上或与原点重合,如图2-5所示。

1. **投影面上的点,一投影重合于该点本身,另外的投影在投影轴上。**如图2-5(a)中点

B 位于 H 面上，H 面投影 b 与点 B 本身重合，因图 2-5(b)是投影图，故不必注出 B 字母，只注 b 字母；b'点位于 X 轴上；b''位于 Y 轴上，在投影图中，因 b''位于 W 面上，应画在属于 W 面上的 OY_1 轴上。

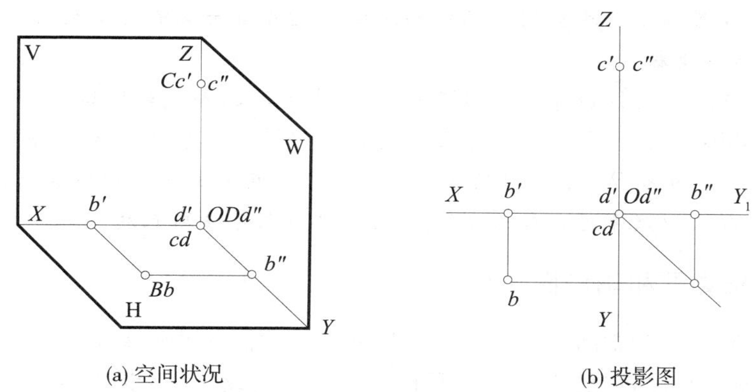

(a) 空间状况　　(b) 投影图

图 2-5　特殊位置的点

2. **投影轴上的点，两投影重合于该点本身，另外一投影与原点 O 重合**。如图 2-5(b)中点 C 位于 Z 轴上，它的 V 面和 W 面投影 c'和 c''与本身重合，H 面投影 c 则与原点 O 重合。

3. 一点与原点重合，它的三个投影也均与原点重合。如图 2-5(b)中点 D 与原点 O 重合，它的三个投影 d、d'和 d''均与原点 O 重合。

四、坐标

根据一点的坐标，可以作出该点的投影图；反之，根据投影图，也可以量得该点的坐标。如将投影轴 X,Y 和 Z，视为解析几何里的坐标轴，则投影面即为坐标面。于是点 A 到 W 面、V 面和 H 面的距离 Aa'',Aa'和 Aa，由于相应地平行于 X 轴、Y 轴和 Z 轴，故分别称为点 A 的 X 坐标、Y 坐标和 Z 坐标。点 A 的坐标分别用字母 x_A，y_A 和 z_A 表示，并用形式 $A(x_A, y_A, z_A)$表示点 A 及其坐标。若 A 点的 $x_A=15$，$y_A=10$，$z_A=20$，则写成 $A(15,10,20)$。**本书中尺寸单位，除了最后一章标高投影中用 m 以外，其余均以 mm 为单位，故尺寸数字后不必注以表示单位的文字或字母等**。

在投影图中，如图 2-4(a)所示，由直线 Aa,Aa'和 Aa''等组成的长方体，故坐标可以由下列线段表示出来：

$$x_A = Oa_X = a_Y a = a_Z a'$$

$$y_A = Oa_Y = a_X a = Oa_{Y_1} = a_Z a''$$

$$z_A = Oa_Z = a_X a' = a_{Y_1} a''$$

点 A 的三个投影的坐标为：$a(x_A, y_A)$，$a'(x_A, z_A)$和 $a''(y_A, z_A)$。所以，由两个投影就能反映三个坐标。

这样，就建立起解析几何中坐标与画法几何中投影图之间的关系，也为解析几何由方程来表示形体与画法几何表示形体之间建立了联系。

五、轴测图

有了一点(以及至少在任一个投影面上投影)的轴测图,可以画出其投影图;反之,有了一点的投影图,也可画出反映空间状况的轴测图。也可由一点的坐标画出其轴测图;反之,也可由轴测图量出坐标。

如图2-3(a)和图2-4(a)等表示的图形,被称为**轴测投影**或**轴测图**的一种形式(有关内容详见第九章轴测投影)。图中V面形状不变,OY轴采用与水平线成45°的倾斜方向,故原来边框为矩形的H面和W面,均变成平行四边形了。**空间互相平行的直线,在轴测图中仍互相平行,在各轴上以及平行各轴的直线,均可按实际尺寸量取长度。**

六、点的投影图和轴测图作法

如图2-4所示,已知空间一点A在三投影面体系的投影图和轴测图,可量出该点与投影面的距离和坐标。反之,如已知一点离开投影面的距离或坐标,也可作出其投影图和轴测图。现介绍作法步骤如下:

[例2-1] 已知一点$A(15,10,20)$,作其三面投影图和轴测图。如图2-4所示,作法如下。

投影图作法:

(1) 在图纸上,先估计图形大小,选位置合适的一点作为原点。由之作一水平线,左方为OX轴,右方为OY_1轴;再作一竖直线,上方为OZ轴,下方(实为前方)为OY轴。

(2) 在OX,$OY(OY_1)$,OZ轴上,分别量取$Oa_X=15$,$Oa_Y=10$,$Oa_{Y_1}=10$,$Oa_Z=20$,得点a_X,$a_Y(a_{Y_1})$,a_Z。

(3) 由点a_X,$a_Y(a_{Y_1})$,a_Z,分别引$OY(OY_1)$,OX,OZ等的平行线,分别交得投影a,a'和a''。

也可在作出投影轴后,按如下顺序作图:

(1) 在OX上量取$Oa_X=15$,得点a_X。

(2) 由a_X作竖直线,向下(实为向前),量$a_Xa=10$,得点a;再向上量取$a_Xa'=20$,得a'。

(3) 再由a作水平线,与45°斜线交得点a_0;由之向上作竖直线,与由a'所作的水平线交得a''。

轴测图作法:

(1) 在图纸上取合适的一点作为原点O,由之作水平线OX轴、45°方向的OY轴,作竖直线OZ轴。

(2) 在各轴上取合适的长度,再作各轴的平行线,得出各投影面的边框线。

(3) 在OX,OY和OZ上,分别量取$Oa_X=15$,$Oa_Y=10$,$Oa_Z=20$,得点a_X,a_Y,a_Z。

(4) 由a_X,a_Y,a_Z作相应各轴的平行线,交得投影a,a'和a''。

(5) 再由a,a',a''作OZ,OY,OX轴的平行线,交得点A的位置。

当然,也可自a_X,a_Y作OY,OX的平行线,先交得a;由之作OZ轴的平行线,量取高度$aA=20$,作出点A,等等。

第三节　两点的投影

两点在同一个投影面上的投影，因有相同的投影名称（如均为 H 面投影、V 面投影等），故称为**同面投影**或**同名投影**。

一、两点的相对位置

两点的相对位置，是指垂直于投影面方向，也即平行于投影轴 X，Y，Z 的左右、前后和上下的相对关系，在投影图上，可由两点的同名投影之间的左右、前后、上下关系反映出来，如图 2-6(a)所示。

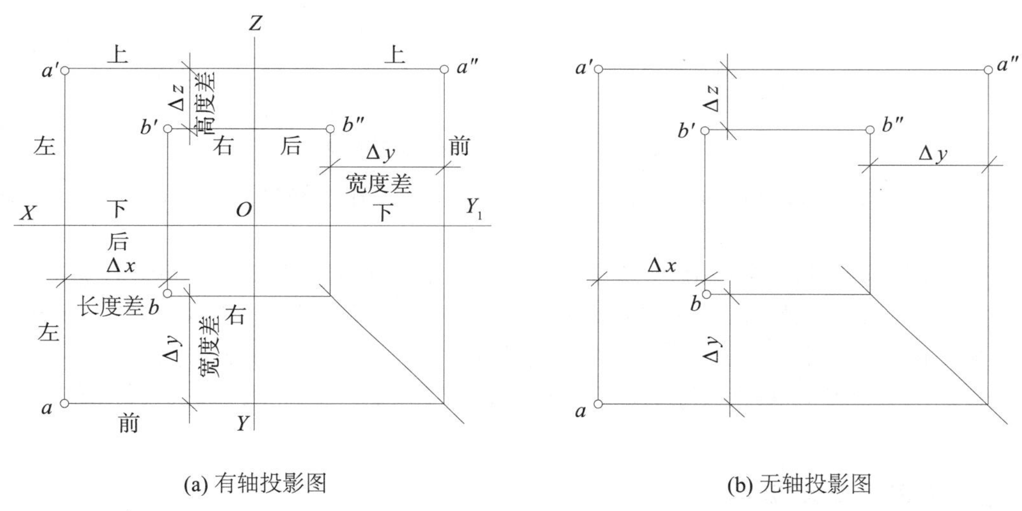

(a) 有轴投影图　　(b) 无轴投影图

图 2-6　两点的投影

又两点的相对距离，并非指 A 和 B 两点间的真实距离，而是指平行 X，Y，Z 轴的距离，也就是分别到 W 面、V 面和 H 面的距离差（坐标差），分别称为长度差、宽度差和高度差。如图 2-6(a)中，长度差 $\Delta x = x_A - x_B$；宽度差 $\Delta y = y_A - y_B$；高度差 $\Delta z = z_A - z_B$。

二、有轴投影图和无轴投影图

表示出投影轴的投影图，称为有轴投影图；不表示出投影轴的投影图，称为无轴投影图。以后仍总称为投影图。无必要时，不予区别。

如果只研究空间两点之间的相对位置和相对距离，不管各点到投影面的距离，则投影轴可以不表示出来，如图 2-6(b)所示，以后表达其他几何形体时，也作同样处理。

投影图上不画出投影轴时，仍然应该想象成空间存在各种方向的投影面和投影轴。因此，三个投影之间互相排列方向，仍旧按有投影轴时一样，即它们之间的连系线方向也不变。如图 2-6(b)所示，aa'仍成竖直方向，$a'a''$仍成水平方向。此外，过 a 的水平连系线与过 a''的竖直连系线，与 45°斜线相交于一点 a_0（a_0 一般不必注出）。无轴投影中，当点 A 的 H 面、W 面投影 a 和 a''已知时，则 45°斜线位置必随之而定，它必定通过由 a 所作水平线和由 a''所作

竖直线的交点 a_0。如果无轴投影图中,已知 V 面投影,并知 H 面、W 面投影中的一个时,则 45°斜线的位置可以任意选取。

[例 2-2] 在图 2-7(a)所示的无轴投影体系中,已知点 A 的 a 和 a'',求 a';并知点 B 的 b 和 b',求 b''。

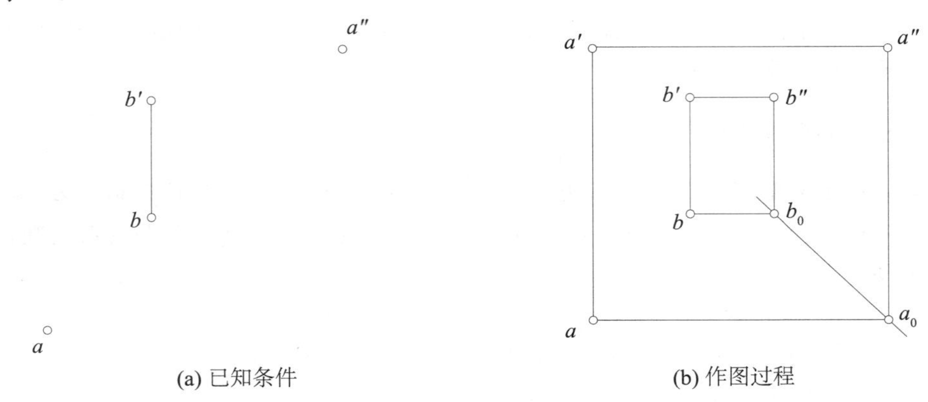

(a) 已知条件　　(b) 作图过程

图 2-7　已知一点的投影求第三投影

[解] 如图 2-7(b)所示,过 a 作竖直的连系线,过 a'' 作水平的连系线,它们的交点即为 a'。

由 b 和 b' 求 b'' 时,必须先画出 45°斜线。如果只有 B 点时,则 45°斜线可以任意选取。在此例中,点 B 和点 A 处于同一个三投影面体系中,应该只有一条 45°斜线,由于已知点 A 的 a、a'',故可由 a 作水平线,与由 a'' 所作的竖直线交得 a_0,由之定出 45°斜线。

然后,由 b 作水平线,与 45°斜线交于 b_0。再由 b_0 作竖直线,即可与由 b' 所作的水平线交得 b''。

三、重影点及可见性

两点位于某一投影面的同一条投射线上,则它们在这一个投影面上的投影互相重合,该重合的投影称为**重影点**。**一个投影面上重影点的可见性,必须依靠该两点在另外投影面上的投影来判定。**

如表 2-1 中空间状况所示,点 A 和点 B 位于一条垂直于 H 面的投射线上,故 H 面投影 a 和 b 重合成一个重影点。

在空间,当我们沿着投射线方向朝投影面观看时,离开观看者近的点可见,离开观看者远的点被近的点遮住而不可见。现我们朝 H 面向点 A 和点 B 观看时,点 A 高而离观看者近,故为可见的;点 B 低而离观看者远而不可见。在投影图中,V 面和 W 面投影均可反映高低即上下,如 a' 在上而 b' 在下,和 a'' 在上而 b'' 在下,均反映点 A 高于点 B。故从上向下观看时,点 A 为可见,点 B 为不可见。

我们规定:**当要区别可见性而在重影点处注字时,应把空间可见点的投影字母写在前面;把不可见点的字母写于后面,甚至加以圆括号。**

所以在表 2-1 中的重影点处,把可见点 A 的 a 字写于不可见点 B 的 b 字前面,或写成 $a(b)$。表中 V 面上重影点 $c'd'$,表示空间点 C 在前,点 D 在后面,即由前向后朝 V 面观看时,点 C 为可见,点 D 为不可见。在 H 面投影中,c 在前面 d 在后;同样,W 面投影中,c'' 在前面

d''在后。

表中 W 面上重影点 $e''f''$，表示空间点 E 在左，点 F 在右。即从左向右朝 W 面观看时，点 E 为可见，点 F 为不可见；在投影图中，H 面和 V 面投影均反映了 e 及 e' 在左，而 f 及 f' 在右。

表 2-1　　重影点及其可见性

	H 面上重影点	V 面上重影点	W 面上重影点
空间状况	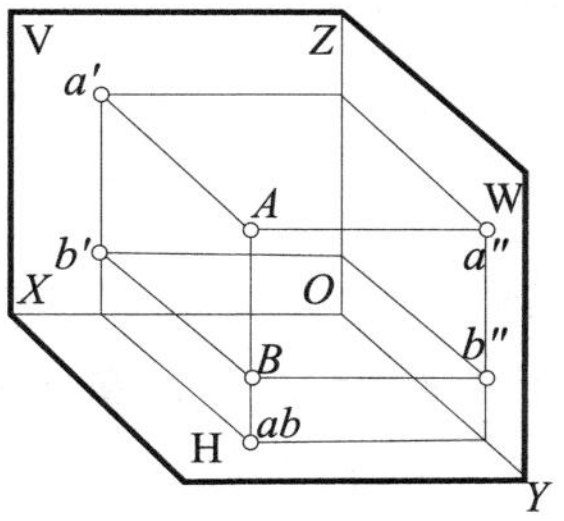	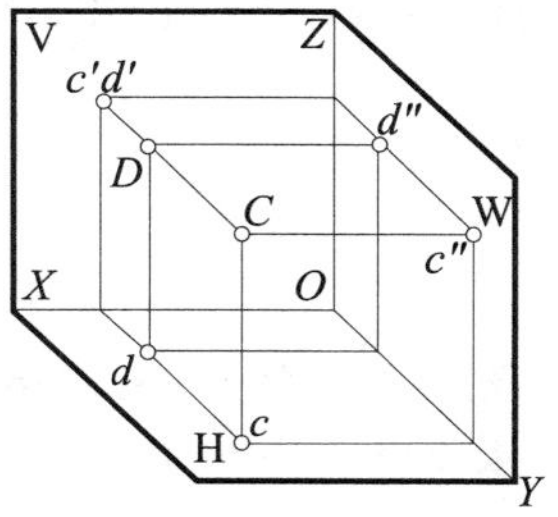	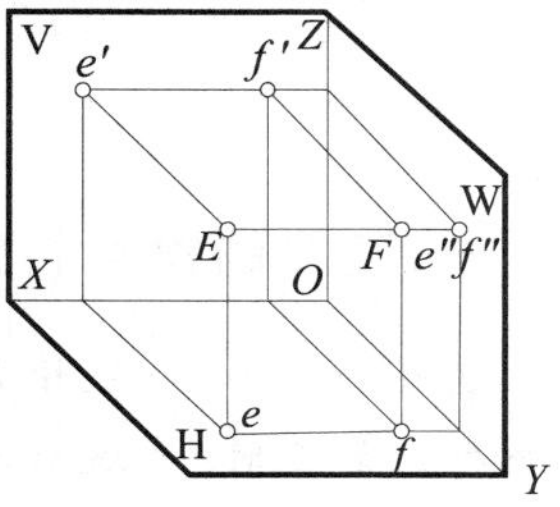
投影图	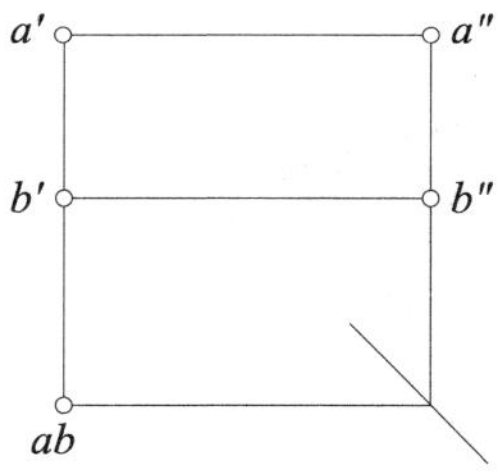	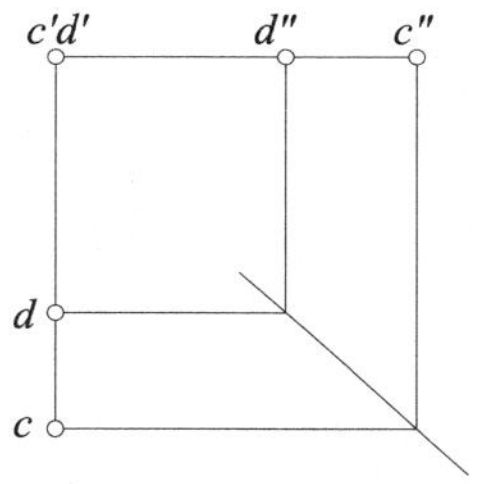	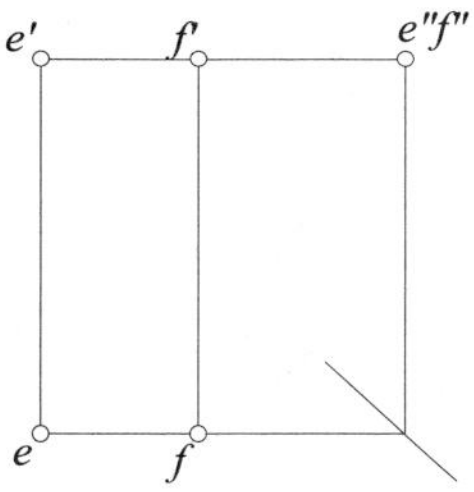

复习思考题

(1)点的两面投影的两个基本特性是什么？

(2)如何从点的两面投影确定点的空间位置？

(3)三个投影面怎样旋转和重合？OY 轴怎样？

(4)点的投影的两个基本特性在三面投影中怎样扩大？

(5)什么叫重影点？如何判别重影点的可见性。

(6)试根据三点 $A(15,10,15)$，$B(15,10,5)$，$C(10,10,5)$ 的坐标，画其投影图和轴测图，并分析它们的可见性。

第三章　直　　线

第一节　直线的投影

一、直线的投影特性

直线的投影,一般情况下仍是一条直线,当直线垂直投影面时,其投影积聚成一点;当直线平行投影面时,其投影与直线本身平行且等长。

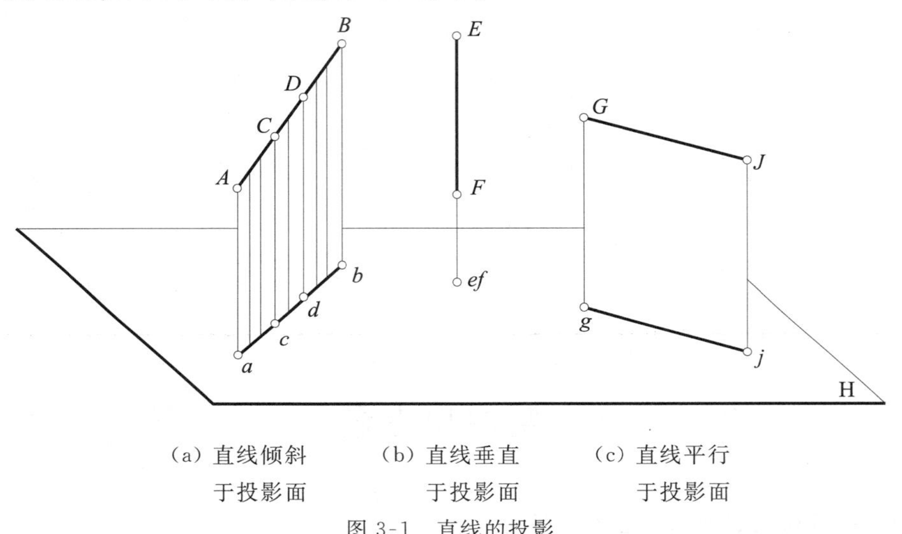

(a) 直线倾斜于投影面　(b) 直线垂直于投影面　(c) 直线平行于投影面

图 3-1　直线的投影

1. **直线的投影为直线上一系列点的投影集合。**因为,线可以视为一系列点的集合,故直线的投影,为直线上这一系列点的投影集合。如图 3-1(a)所示,直线 AB 在 H 面上的投影 ab,是由 AB 上各点 A,C,D,B 等,向 H 面作投射线 Aa,Cc,Dd,Bb,与 H 面交得各点的投影 a,c,d,b,它们的连线 ab,即为直线 AB 的投影。

2. **直线的投影,也为通过直线的投射平面与投影面的交线。**故直线的投影,一般情况下仍为直线。在图 3-1(a)中,当直线 AB 形成投影 ab 时,由于各投射线都通过同一直线 AB 且都垂直 H 面,故形成一个平面,称为**投射平面**,该平面与 H 面相交成的直线 ab,为各投射线与 H 面交点的集合,即为直线上各点的投影的连线,故直线 ab 即为直线 AB 的投影。因而直线 AB 的投影 ab 仍是一条直线。

3. 由直线的形成,可以得出:**直线上任一点的投影,必在直线的投影上,直线端点的投影,必为直线投影的端点。**

4. **作直线的投影时，只要作出直线的两个端点的投影来连成直线即是**。因为直线的投影仍为直线，直线端点的投影为直线投影的端点。

5. 直线垂直投影面时，其投影积聚成一点。在图 3-1(b)中直线 EF 垂直 H 面，则通过 EF 上各点的投射线重合成一条线，且与直线本身重合，故与 H 面交成的投影 ef 只是一点。因为直线上各点的投影均积聚在这个成为一点的投影上，所以该投影称为**直线的积聚投影**，投影的这种性质称为**积聚性**。

6. 直线平行投影面时，其投影与直线本身平行且等长。在图 3-1(c)中直线 GJ 平行 H 面，则通过它的投射平面 $GJjg$ 与 H 面交得的投影 gj 必定平行 GJ；并且 Gg 和 Jj 均垂直 gj，故图形 $GJjg$ 为一个矩形，因而 $gj=GJ$。

7. 直线倾斜于投影面时，其投影的长度比直线本身的长度短。在图 3-1(a)中，直线 AB 的投影 $ab<AB$。

二、直线的投影图

1. 直线的投影图和作法。图 3-2(a)为一个三投影面体系，有一条直线 AB 和它的三面投影；图 3-2(b)为投影图。作图时，**只要已知直线上两个端点的投影，它们的各同名投影的连线，即为直线的各投影**。

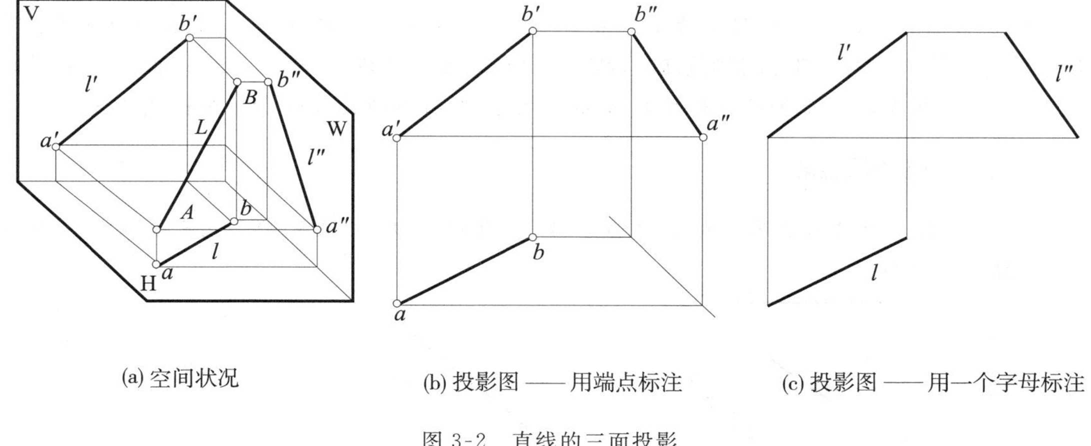

(a) 空间状况　　(b) 投影图——用端点标注　　(c) 投影图——用一个字母标注

图 3-2　直线的三面投影

2. 直线的图示。在投影图中，直线的投影用粗实线表示。直线的名称可由其端点表示，如直线 AB；直线的投影也用其端点来表示，如 H 面投影 ab。直线也可用一个大写字母表示，如直线 L。此时，它的投影也用对应的小写字母表示，如直线 L 的投影 l，l'和 l''，如图 3-2(c)所示。

3. 直线的投影数量与标注的关系。(1)直线由端点标注时，由于直线的端点在空间的位置，可由两个投影面上的投影所确定，故一条直线的空间位置也可由任意两个投影来确定，并可由此求出直线的第三投影。(2)直线由一个字母标注时，如图 3-2(c)所示，也可由任意两个投影来确定直线的空间位置。因为，通过 l 和 l'的两个投射平面，可以交得 L 在空间的位置。

但当直线平行某投影面，且由一个字母标注时，如用两个投影来表示这条直线，必须画出该直线所平行的投影面上的投影。在图 3-3(a)中，直线 L 平行 W 面，不能仅由 l 及 l'表示 L，如图 3-3(b)所示，因为通过 l 和 l'的两个投射平面，实际上为同一个平面，不能交得 L。

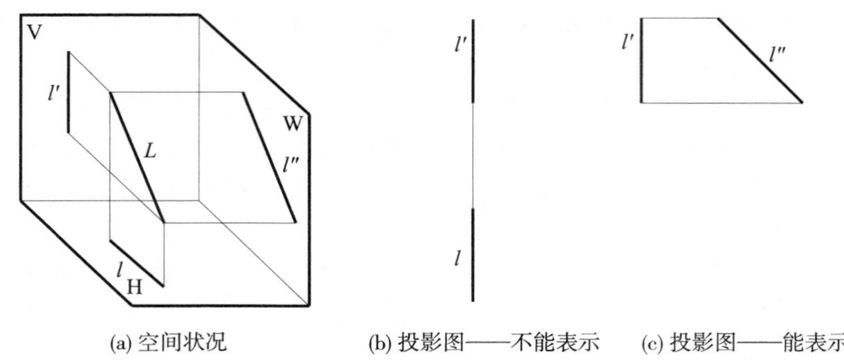

(a) 空间状况　　(b) 投影图——不能表示　　(c) 投影图——能表示

图 3-3　平行 W 面的直线用一个字母标记

但当画出l''及另一个投影如l'时，如图 3-3(c)所示，则过l''及l'的两个投射平面，可以交得直线 L 在空间的位置。

第二节　直线对投影面的相对位置

直线由于对投影面的相对位置不同而分为三种：①一般位置直线；②投影面平行线；③投影面垂直线。与各投影面都倾斜的直线，称为**一般位置直线**；与任一个投影面平行或垂直的直线，分别称为**投影面平行线**和**投影面垂直线**，此两种类型又统称为**特殊位置直线**。

一、一般位置直线

1. **一般位置直线的各投影均呈倾斜方向，没有积聚性，也不反映直线的真实长度和倾角**，如图 3-4 所示。

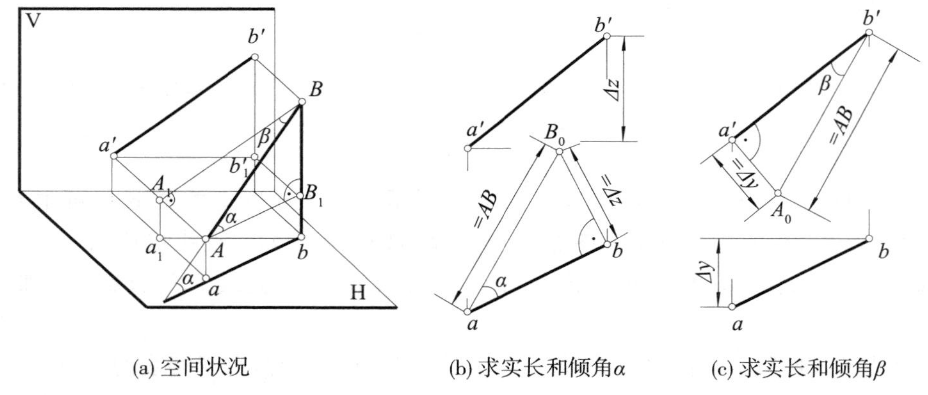

(a) 空间状况　　(b) 求实长和倾角α　　(c) 求实长和倾角β

图 3-4　线段 AB 的实长及倾角 α 和 β

直线与投影面所成的夹角，称为**直线的倾角**。直线对 H 面、V 面和 W 面的倾角，分别用小写希腊字母 α,β,γ 表示。

直线对某投影面的倾角，由直线与它在该投影面上投影之间的夹角来确定。在图 3-4(a)中，直线 AB 与 ab 间夹角 α，即为 AB 对 H 面的倾角。它不能由一般位置直线的投影直接反映出来。

2. **直角三角形法**。由直线的投影求一般位置直线的实长和倾角。

如图 3-4(a)所示，设在通过 AB 且垂直于 H 面的投射平面 $AabB$ 内，由点 A 作一水平线 $AB_1 /\!/ ab$，与 Bb 交于一点 B_1。因 $Bb \perp ab$，故在 $\triangle ABB_1$ 中，$BB_1 \perp AB_1$，因而 $\triangle ABB_1$ 是一个直角三角形。AB 为该直角三角形的斜边；$\angle BAB_1 = \alpha$；底边 $AB_1 = ab$；另一直角边 $BB_1 = Bb - B_1b = Bb - Aa$，即 A 和 B 两点离开 H 面的高度差 Δz，可由 a' 和 b' 两点的高度差 Δz 表示出来。

于是在投影图中，如图 3-4(b)所示，作一直角三角形，以 ab 为底边，另一直角边 $bB_0 =$ $a'b'$ 的高度差 Δz。则斜边 aB_0 反映线段 AB 的实长，$\angle baB_0 = \alpha$。

又如在图 3-4(a)中，通过 AB 且在垂直 V 面的投射平面内，由点 B 作 $BA_1 /\!/ b'a'$，则 $\triangle ABA_1$ 中，$\angle ABA_1 = \beta$。故可在投影图中，如图 3-4(c)所示，作一直角三角形 $a'b'A_0$，可求出 AB 的实长和倾角 β。

反映直线实长和倾角的三角形如 $\triangle abB_0$、$\triangle a'b'A_0$，可作于投影 ab，$a'b'$ 的任一侧，也可作于投影的任一端。

这种利用一个直角三角形求直线实长和倾角的方法，称为**直角三角形法**。

该直角三角形的一直角边等于该直线的一个投影；另一直角边等于该直线的两个端点到该投影所在投影面的距离差；斜边的长度等于直线的实长；而斜边与该投影之间的夹角，等于直线对该投影所在投影面的倾角。

由此可知：利用一个投影面上的直角三角形，反映出该投影面上的投影（长度）、直线上两个端点到该投影面的距离差、直线本身的实长和直线对该投影面的倾角等四个要素之间的相互关系，因而已知任意两个要素都可通过作出直角三角形来求得其余两个要素。

如作出直线的 W 面投影，同样可以求出倾角 γ。

3. **已知直线的实长、倾角等作投影图**。根据上述的直角三角形法，已知直线的实长、倾角等，可作出投影图。

[例 3-1]　设直线 AB 长 27mm，倾角 $\alpha = 45°$，$\beta = 30°$，已知前方左下端点 A 的投影 a，a' 如图 3-5(a)所示，作全直线 AB 的两面投影，如图 3-5(c)所示。

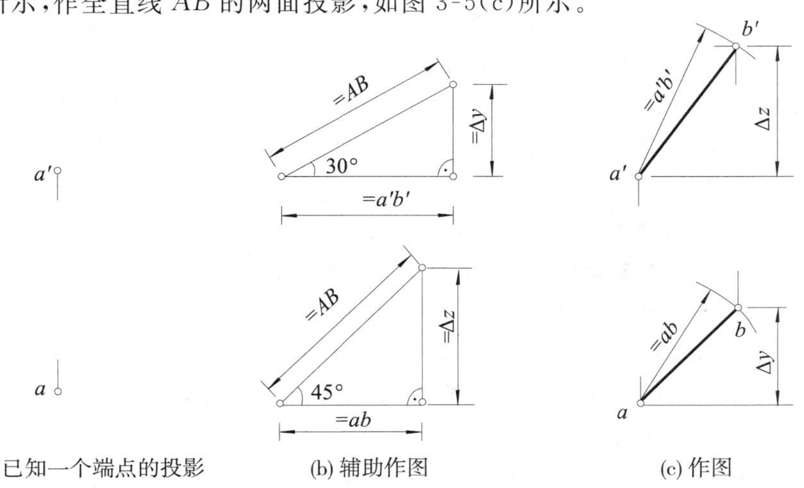

图 3-5　已知 AB 和 a，a' 及实长、倾角，作全投影图

［解］ 已知实长和倾角，故在图 3-5(b)处，作出反映实长和倾角的两直角三角形。于是得出投影的长度 ab，$a'b'$ 和坐标差 Δy，Δz。因而在图 3-5(c)中，在点 A 的后方右上角，可作出点 B 的投影 b 和 b'，即可连得直线 AB 的投影 ab 和 $a'b'$。

［例 3-2］ 在直线 AB 上取一点 C，使点 C 离 V 面、H 面的距离之比为 3∶2。

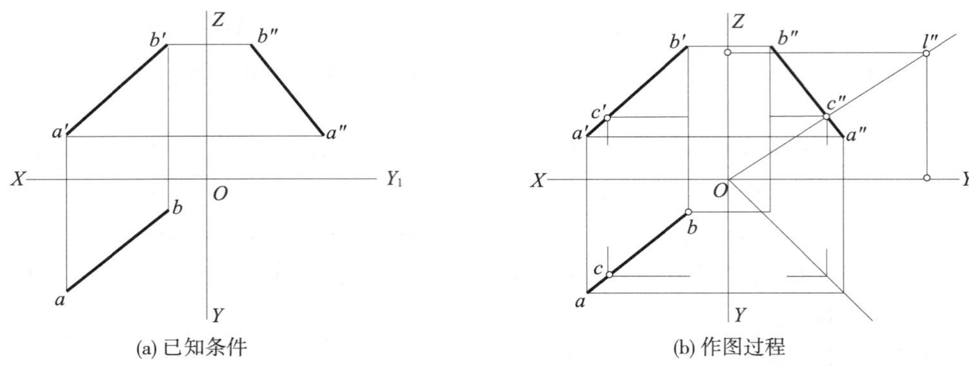

图 3-6 作直线 AB 上点 C 和点 D 的投影

［解］ (1) 点距 H 面的距离为它的 Z 坐标，点距 V 面的距离为它的 Y 坐标。能同时反映出 Z 坐标和 Y 坐标的是 W 面投影，故此题可由 W 面着手，先求出点 C 的 W 面投影 c''，再求 c' 及 c。

(2) 因 Y∶Z＝3∶2，在 OY_W 轴上取 3 个单位，在 OZ 轴上取 2 个单位可得点 l''，连 Ol''，则 Ol'' 上所有的点其 Y 和 Z 坐标之比均为 3∶2，故 Ol'' 与 $a''b''$ 之交点即为 c''，再根据 c'' 可求得 c' 及 c。

二、投影面平行线

平行 H 面、V 面和 W 面的直线，分别称为 H 面、V 面和 W 面平行线。它们的空间状况、投影图和投影特性，均列于表 3-1 中。

在表 3-1 中，如 V 面平行线 CD 的投影特性如下：①因为 CD 平行 V 面，故 $c'd'$ 必平行 CD，且等长。②因 $CD // c'd'$，$cd // X$ 轴，因此，$c'd'$ 与 X 轴间的夹角，即 $c'd'$ 与任一水平线间的夹角，等于 CD 与 cd 即与 H 面的倾角；又 $c'd'$ 与 Z 轴即与任一竖直线间的夹角，等于 CD 与 W 面的倾角 γ。③因为 CD 平行 V 面，故垂直 H 面以及 W 面的投射平面，为同一个平面，必平行 V 面，故与 H 面、W 面交得的投影 cd 和 $c''d''$，分别平行 X 轴、Z 轴，即共同垂直于 Y 轴。

由此可见，**投影面平行线具有下列投影特性：**

1. **在它平行的投影面上的投影，平行于直线本身，且为等长；该投影与水平方向和竖直方向间的夹角，分别反映了直线对其他两个投影面倾角的大小。**

2. 在它不平行的投影面上的投影，平行于该投影面与直线所平行的投影面交成的投影轴；也就是**直线在它不平行的两个投影面上的两个投影，共同垂直于这两个投影面交成的投影轴，即共同位于一条连系线上。因而成为水平方向或竖直方向。**

由投影图表示投影面平行线时，已如图 3-3 的说明，当投影面平行线由一个字母标注时(甚至不标注字母时)，应画出直线所平行的投影面上的投影，并能表示实长和倾角。

表 3-1　　　　投影面平行线

	H 面平行线	V 面平行线	W 面平行线
空间状况	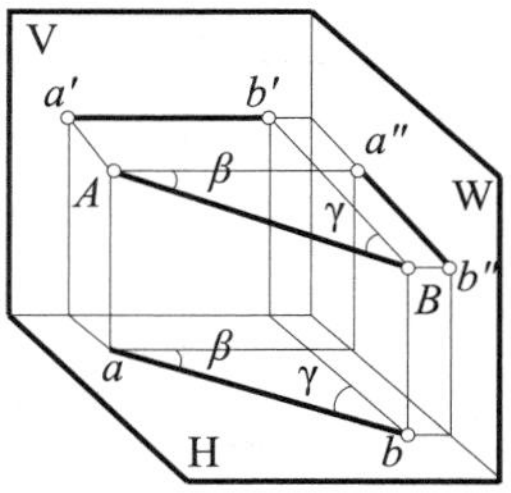	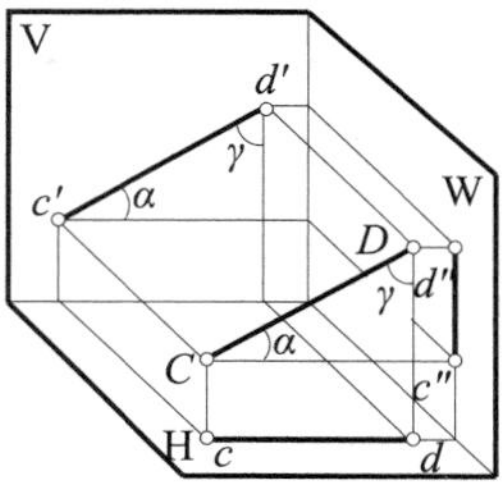	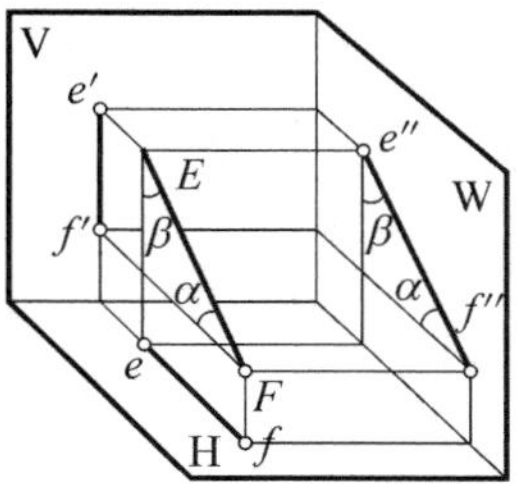
投影图	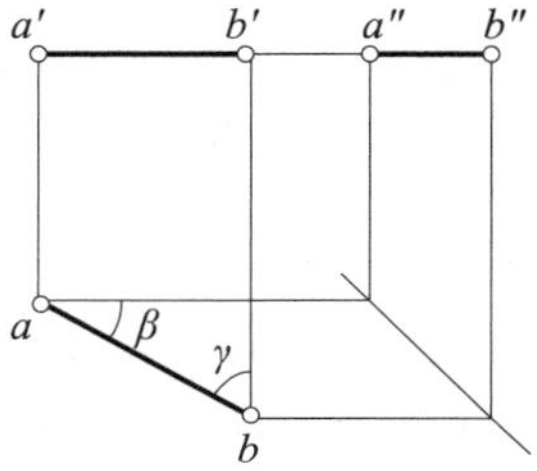	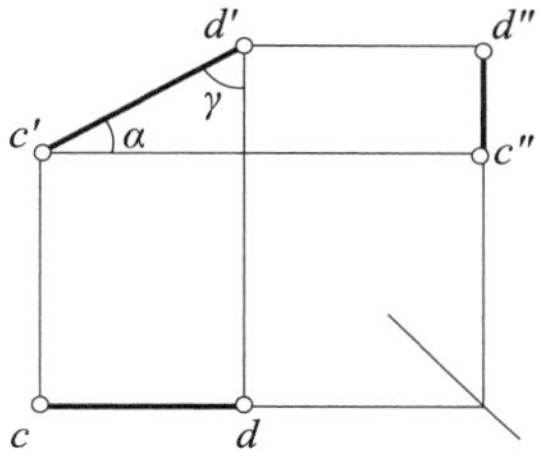	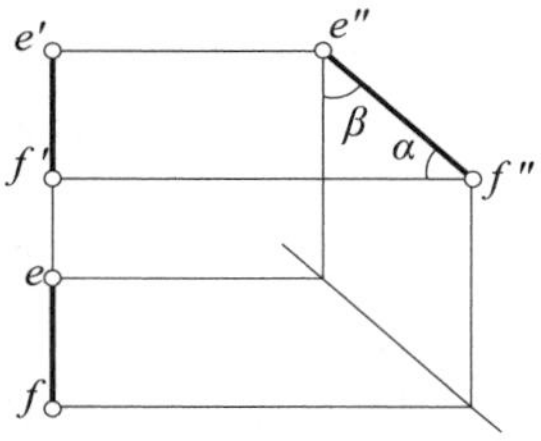
投影特性	① ab 反映实长； ② ab 与水平线间夹角反映了 β，与竖直线间夹角反映了 γ； ③ $a'b'$ 和 $a''b''$ 均为水平方向	① $c'd'$ 反映实长； ② $c'd'$ 与水平线间夹角反映了 α，与竖直线间夹角反映了 γ； ③ cd 为水平方向，$c''d''$ 为竖直方向	① $e''f''$ 反映实长； ② $e''f''$ 与水平线间夹角反映了 α，与竖直线间夹角反映了 β； ③ ef 和 $e'f'$ 均为竖直方向

三、投影面垂直线

垂直于 H 面、V 面和 W 面的直线，分别称为 H 面、V 面和 W 面垂直线。它们的空间状况、投影图和投影特性，列于表 3-2 中。

表 3-2　　　　投影面垂直线

	H 面垂直线	V 面垂直线	W 面垂直线
空间状况	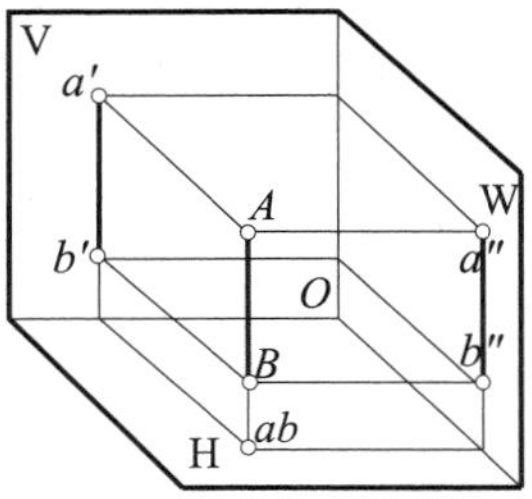	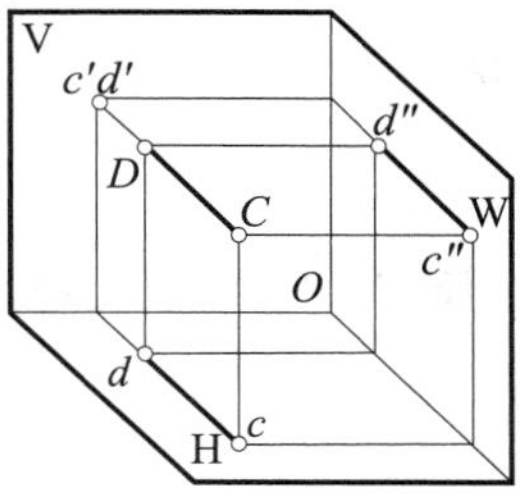	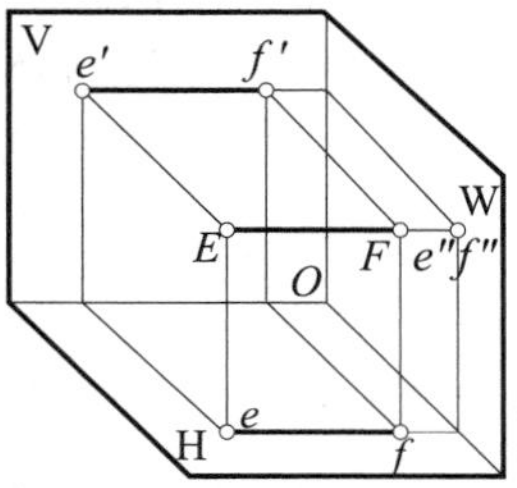

续表

	H面垂直线	V面垂直线	W面垂直线
投影图	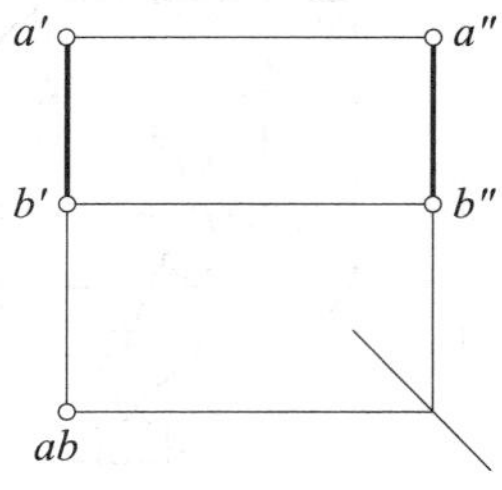 a' a'' b' b'' ab	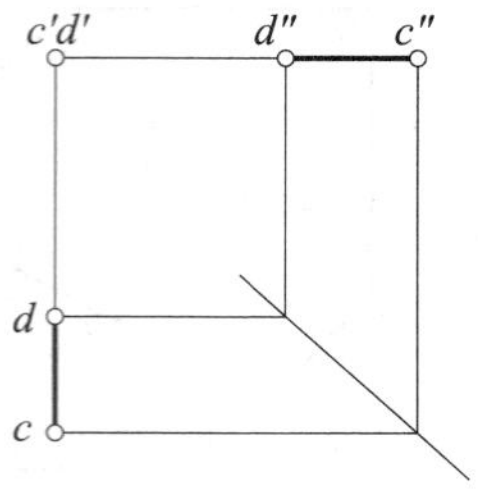 $c'd'$ d'' c'' d c	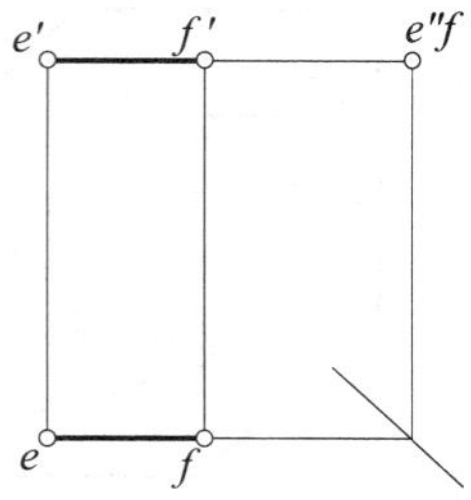 e' f' $e''f''$ e f
投影特性	① ab 积聚成一点； ② $a'b'$，$a''b''$ 均为竖直方向； ③ $a'b'$，$a''b''$ 均反映实长	① $c'd'$ 积聚成一点； ② cd 为竖直方向，$c''d''$ 为水平方向； ③ cd，$c''d''$ 均反映实长	① $e''f''$ 积聚成一点； ② ef，$e'f'$ 均为水平方向； ③ ef，$e'f'$ 均反映实长

在表3-2中，V面垂直线 CD 的投影特性如下：①因 CD 垂直V面，故 $c'd'$ 必积聚成一点。②因 CD 平行于H面和W面，故 cd 和 $c''d''$ 均平行于 CD，并且等长；因 CD 也平行于 Y 轴，因而 cd 和 $c''d''$ 也平行于 Y 轴，即分别垂直于 X 轴和 Z 轴，故在投影图中，cd 为竖直方向，$c''d''$ 为水平方向。

由此可知，**投影面垂直线具有下列投影特性：**

1. **在它所垂直的投影面上的投影积聚成一点。**

2. **在另外两个投影面上的投影，反映了实长，并共同平行于同一条投影轴**，因而每个投影位于通过成一点的投影的一条连系线上。

于是，得出三种直线在投影图上的区别：

(1) 一般位置直线的投影均为与投影轴呈倾斜的直线；投影面平行线的投影有一条对投影轴倾斜的直线；有一点的投影时，必为投影面垂直线的投影。

(2) 当有两个投影为平行或垂直于投影轴的直线时：①当两条直线状投影分别平行于两条投影轴，也就是垂直于同一条投影轴而位于一条连系线上时，则为投影面平行线的投影；②当两条直线状投影垂直于两条投影轴，也就是平行于同一条投影轴，即互相平行时，则为投影面垂直线的投影。

因此，由两个投影表示一条直线时，除了一般位置直线的两条倾斜方向的投影外，投影面平行线应画出那条倾斜方向的投影，投影面垂直线应画出那个成一点的投影，以示明显。

第三节　直线上点

一、直线上点的投影

1. **直线上一点的投影，必在直线的同名投影上**，如图3-1、图3-6所述，也如图3-7(a)所示，直线 AB 的H面投影为 ab。如直线上有一点 C，则点 C 的投射线 Cc 必位于通过 AB 的投

射平面 $AabB$ 内，故 Cc 与 H 面交成的投影 c 点，必位于该投射平面与 H 面交成的投影直线 ab 上。同样，点 c' 必位于 $a'b'$ 上，c'' 必位于 $a''b''$ 上，且每两个投影如 c 和 c' 必位于同一条连系线上。

2. **反之，一点的各投影如在直线的同名投影上，且每两个投影位于同一条连系线上，则在空间，该点必在该直线上。一般情况下，可由它们的任意两个投影来确定。** 如图3-7(a)所示，由 c 及 c' 所引的 H 面、V 面投射线，必位于通过 ab 和 $a'b'$ 的两个投射平面内，因而两投射线的交点 C 必位于两个投射平面交成的直线 AB 上。

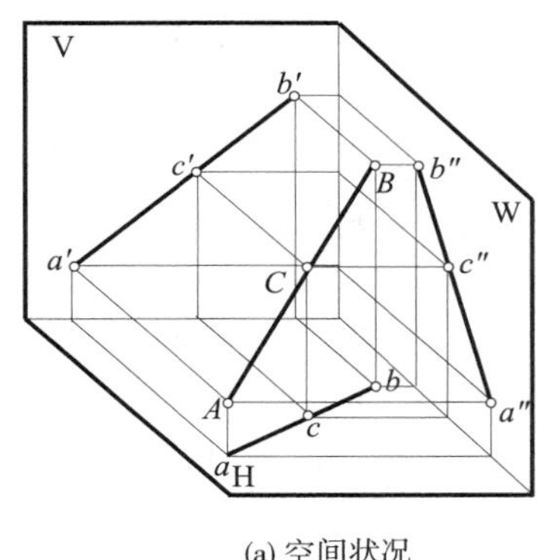

(a) 空间状况

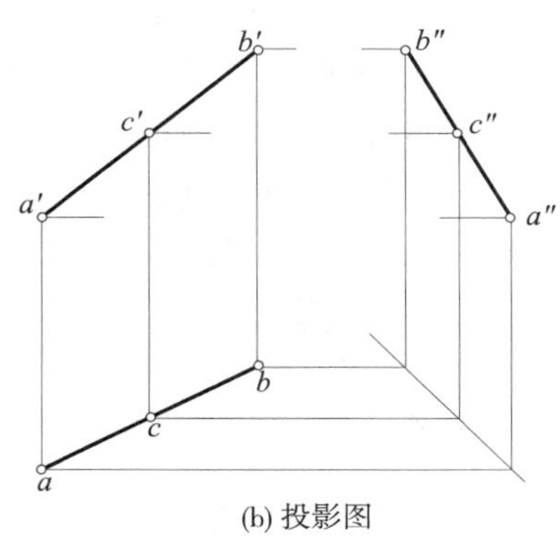

(b) 投影图

图 3-7　直线 AB 上点 C 的投影

3. **如直线平行于某投影面时，还应观察直线所平行的那个投影面上的投影，才能判断一点是否在直线上。** 如图 3-8(b)所示，点 C 在直线 AB 上；而点 D 的投影中，虽然 d 在 ab 上，d' 在 $a'b'$ 上，但 d'' 不在 $a''b''$ 上，故点 D 不在直线 AB 上。

［例 3-3］　如图 3-8(b)所示，已知 W 面平行线 AB 的投影 ab 和 $a'b'$ 及 AB 上一点 C 的投影 c，求 c'。

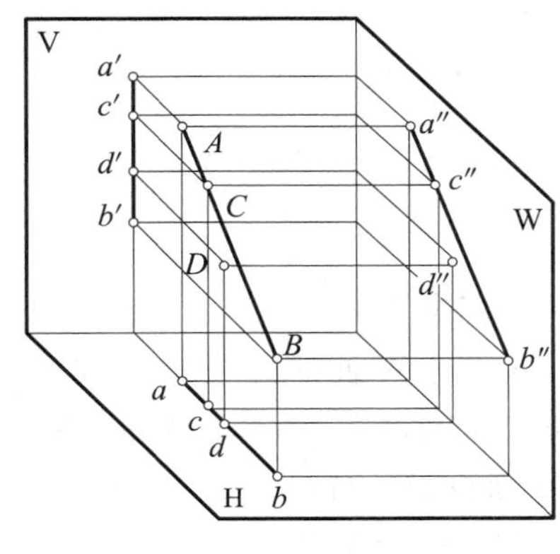

(a) 空间状况

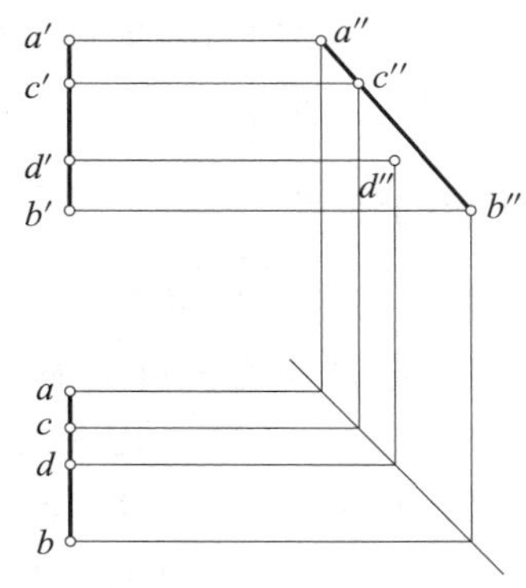

(b) 投影图

图 3-8　W 面平行线上点

［解］　因为由点 c 作连系线，不能与 $a'b'$ 交出点 c'，故先任作一条 45°斜线，求出 $a''b''$。再由点 c 作连系线，求出 c''。即可由 c'' 作水平连系线来定出 c'。

二、直线上各线段之比

直线上各线段的长度之比,等于它们的同名投影的长度之比。如图3-7(a)所示,直线AB及ab被一组平行的投射线Aa,Cc,Bb所截,则$AC:CB=ac:cb$。

而且可以得出下列结论:**线段的各同名投影间的长度之比也是相等的**,即:

$$ac:cb=a'c':c'b'=a''c'':c''b''。$$

利用直线上各线段的长度之比来求直线上点的方法,称为**分比法**。

[**例3-4**] 如图3-9所示,已知直线的投影ab及$a'b'$。设直线AB上有一点C,使$AC:CB=3:2$,作点C的投影。

[**解**] 过一点如a任作一直线l。以任意长度为单位,在l上由点a连续量取5个单位,得点1,2,3,4,5。作连线$b5$,过点3作$b5$的平行线,与ab交得点c。则$ac:cb=3:2$;由c作连系线,就可以在$a'b'$定得点c'。

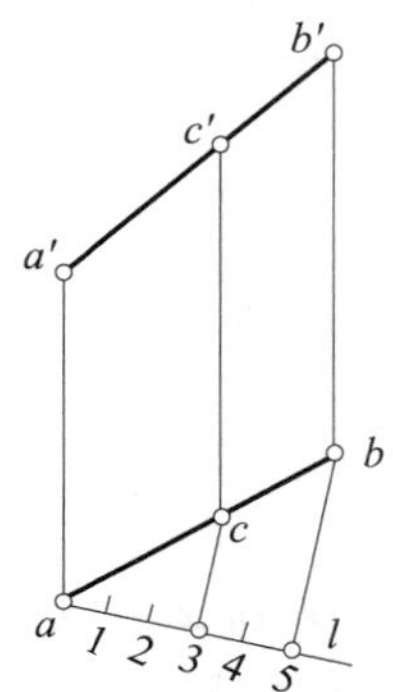

图3-9 求直线AB上分点C

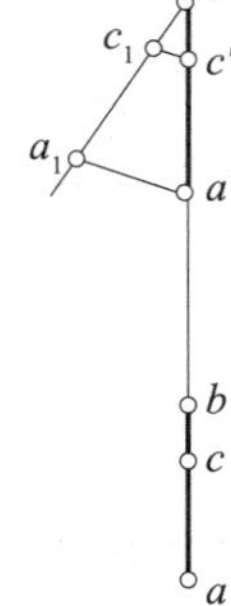

图3-10 求W面平行线AB上分点C

[**例3-5**] 如图3-10所示,已知一条W面平行线AB的投影ab及$a'b'$,以及AB上点C的投影c,试不用W面投影作出c'。

[**解**] 利用分比法作图,如作辅助线$b'a_1=ba$;再取$b'c_1=bc$。作连线a_1a',再过c_1作$c_1c' /\!/ a_1a'$,即可与$a'b'$交得c'。

三、直线的迹点

直线与投影面的交点,称为**迹点**。如图3-11中,直线AB延长后,与H面、V面的交点C和D,分别称为H**面迹点**和V**面迹点**。同样地,直线与W面的交点,称为W**面迹点**。

迹点是投影面上的点,故**迹点在它所在的投影面上的投影,与本身重合;另外的投影在投影轴上**。如H面迹点C是H面上的点,故其H面投影c与C重合;而V面投影c'必在OX轴上。同样,V面迹点D的V面投影d'与D重合;H面投影d在OX轴上。

迹点又是直线上点,故**迹点的投影还应在直线的同名投影上**。

[**例3-6**] 如图3-11(b),已知直线$AB(ab,a'b')$,求AB的H面迹点$C(c,c')$和V面迹点$D(d,d')$。

[**解**] $a'b'$的延长线与OX轴的交点c',是H面迹点C的V面投影;由c'作连系线,与ab的延长线交得c;同样,ab的延长线与OX轴的交点d,是V面迹点D的H面投影;由d

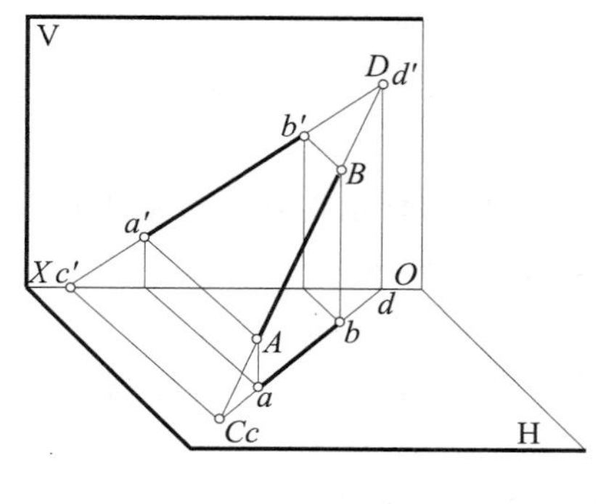

(a) 空间状况

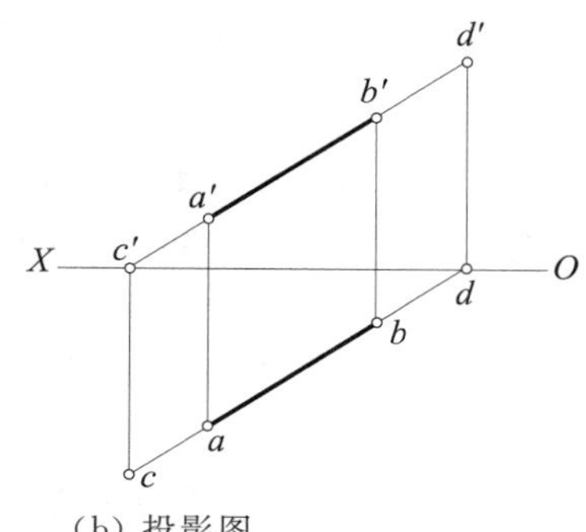

(b) 投影图

图 3-11 直线的迹点

作连系线，与 $a'b'$ 交得 V 面投影 d'。

第四节 两直线的相对位置

两直线的相对位置，可以互相平行、相交和交叉，特殊情况下为互相垂直。

一、平行两直线

1. **两直线互相平行，则它们的同名投影也必互相平行；且两直线的同名投影的长度之比，都与它们本身的长度之比相等，因而各同名投影之间的长度之比也相等，且指向相同。**

如图 3-12(a)所示，直线 AB 和 CD 互相平行，则过 AB 和 CD 所作的垂直于 H 面的两个投射平面 $ABba$ 和 $CDdc$ 也必互相平行，因而与 H 面交得的投影 ab 和 cd 也一定平行。同样，V 面和 W 面投影 $a'b' /\!/ c'd'$，$a''b'' /\!/ c''d''$。两面投影图，如图 3-12(b)所示。

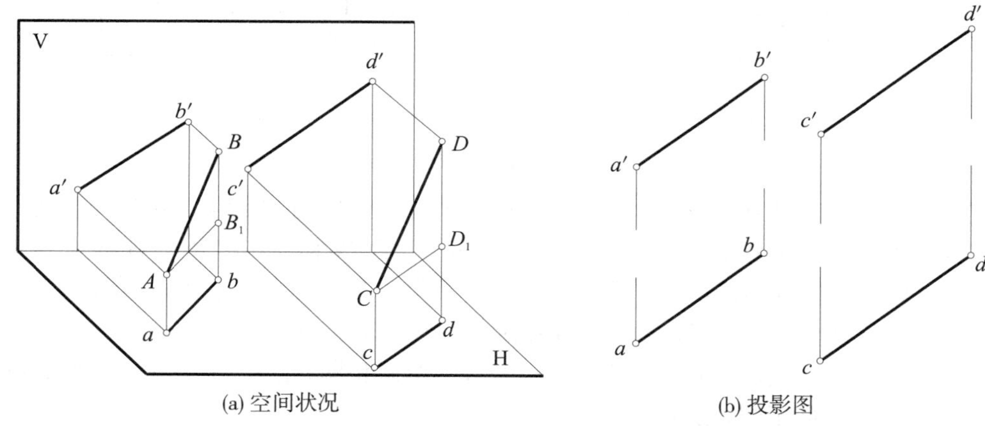

(a) 空间状况 (b) 投影图

图 3-12 平行两直线 AB，CD 的投影

此外，设在过 AB 和 CD 的垂直于 H 面的投射平面内，过 A 和 C 作直线 $AB_1 /\!/ ab$，$CD_1 /\!/ cd$，与 Bb 和 Dd 交于点 B_1 和 D_1。则 $\triangle ABB_1 \backsim \triangle CDD_1$，因为 $AB /\!/ CD$，$ab /\!/ cd$ 和 $BB_1 /\!/ DD_1$，故 $ab : cd = AB : CD$。同样地 $a'b' : c'd' = AB : CD$，$a''b'' : c''d'' = AB : CD$。因而

$ab:cd=a'b':c'd'=a''b'':c''d''$。

又如 AB 与 CD 的指向因朝同一方向而相同，则 ab 与 cd，$a'b'$ 与 $c'd'$ 和 $a''b''$ 与 $c''d''$ 的指向也各相同。

2. 反之，若两直线的各组同名投影均互相平行，则两直线本身在空间也必平行；且两直线的长度之比，等于它们任一同名投影的长度之比，且指向也相同。

如图 3-12(a)，若 $ab /\!/ cd$，则过 ab 和 cd 的两个投射平面也互相平行；又若 $a'b' /\!/ c'd'$，则过 $a'b'$ 和 $c'd'$ 的两个投射平面也互相平行。于是两组互相平行的投射平面交得的直线 $AB /\!/ CD$。

3. 两条一般位置直线的任意两组同名投影互相平行，以及两条投影面垂直线的两组成直线状的同名投影互相平行，即可肯定这两种直线的两条直线在空间一定平行。但两直线都是某一投影面的平行线，则需画出在该投影面上的同名投影才能确定；或者由各同名投影的指向和长度之比是否一致来确定。

两条一般位置直线的情况，已如图 3-12 的说明。两条同一个投影面的垂直线在另外两个投影面上各互相平行的投影直线，也可如图 3-12 中一般位置直线那样来证明。

而两条同一投影面的平行线，如图 3-13 所示的 W 面平行线，首先，这种直线在空间的位置不能仅由 H 面投影和 V 面投影明显地确定；所以不能随意确定这两条直线在空间是否平行。

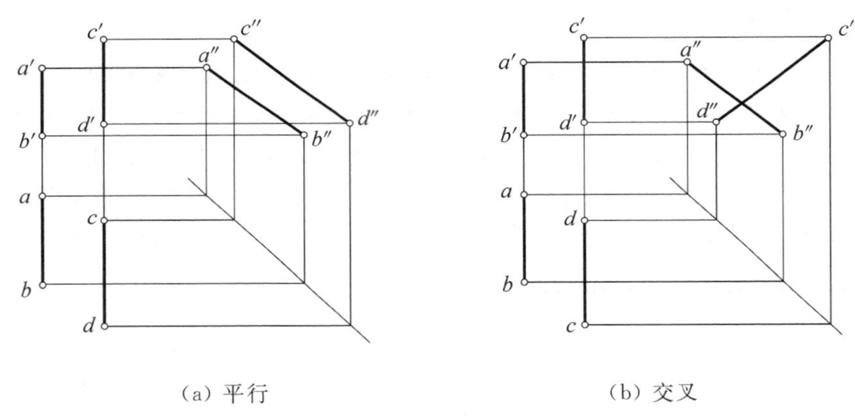

(a) 平行　　(b) 交叉

图 3-13　两 W 面平行线的两相对位置

在图 3-13(a)和(b)中，虽然 $ab /\!/ cd$ 和 $a'b' /\!/ c'd'$，当作出了这两条直线的 W 面投影 $a''b''$ 和 $c''d''$ 后，就可知道，在图 3-13(a)中，因 $a''b'' /\!/ c''d''$，故由 W 面投影以及和 H 面或 V 面投影之一，即可确定 $AB /\!/ CD$；但在图 3-12(b)中，因 $a''b''$ 与 $c''d''$ 不平行，故 AB 和 CD 并不平行，所以需要由 W 面投影，以及 H 面或 V 面投影之一来表示这两条直线。

另外，在图 3-13(a)中，$ab:cd=a'b':c'd'$，且指向相同；在图 3-13(b)中，即使 $ab:cd=a'b':c'd'$，但指向不同，也可确定 AB 和 CD 不平行。

［例 3-7］　如图 3-14，过已知点 A 作一直线 AB，使 AB 平行于另一已知直线 CD($c'd'$ 及 cd 已知)且点 B 位于 H 面上，作出两直线的三面投影。

［解］

(1)根据两平行线的投影规律，如 $AB /\!/ CD$，则 $a'b' /\!/ c'd'$，$ab /\!/ cd$，$a''b'' /\!/ c''d''$，由此可定出直线 AB 的方向。先作出 a'' 和 $c''d''$。

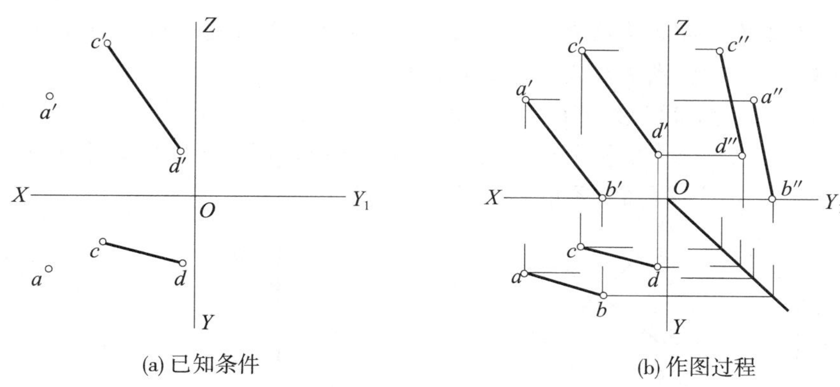

(a) 已知条件　　(b) 作图过程

图 3-14　过点 A 作直线 $AB /\!/ CD$

(2)因点 B 在 H 面上，故 b' 应位于 OX 轴上，由此可定出点 B 的投影。即过 a' 作直线平行 $c'd'$ 并延长交 OX 于 b'，再过 a 作直线平行 cd，由 b' 向下作连系线交得 b，后求得 b''，得 $a''b''$。

二、相交两直线

1. **两直线相交，它们的同名投影必相交，而且投影的交点中，每两个必位于同一条连系线上。**

如图 3-15(a)，两直线 AB 和 CD 相交于点 K。因 K 在 AB 上也在 CD 上，所以 k 必定在 ab 上，又在 cd 上，故 k 为 ab 和 cd 的交点。同样，k' 为 $a'b'$ 和 $c'd'$ 的交点，以及 k'' 为 $a''b''$ 和 $c''d''$ 的交点。又因 k、k' 和 k'' 为同一点 K 的投影，故每两个投影必在同一条连系线上。图 3-15(b)为投影图，连线 kk' 为一条连系线。

2. **反之，若两直线的同名投影相交，且这些投影的交点中，每两点位于一条连系线上，则两直线在空间必相交。**

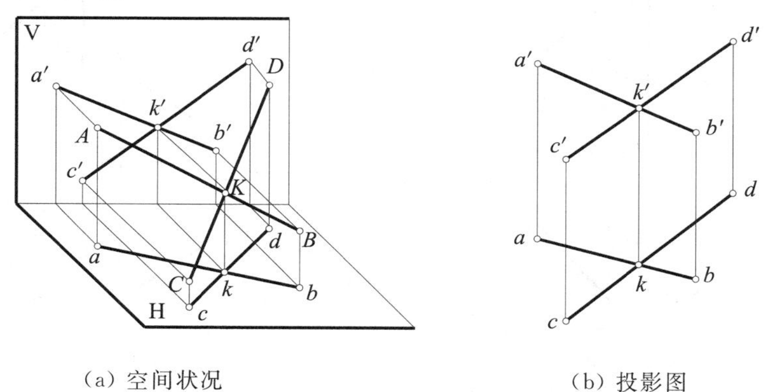

(a) 空间状况　　(b) 投影图

图 3-15　相交两直线

如图 3-15(b)，因 k 和 k' 在一条连系线上，故能定出空间点 K；又因 k 和 k' 分别在 ab 和 $a'b'$ 上，故 K 在 AB 上；又 k 和 k' 分别在 cd 和 $c'd'$ 上，即 K 也在 CD 上，因而 K 必是 AB 和 CD 的交点，故 AB 与 CD 相交。

3. **两条一般位置直线，只要任意两组同名投影符合上述条件，即可肯定两直线相交。**

如两直线中,只要有一条为某投影面的平行线,如要判别它们是否相交,应画出在该投影面上的同名投影才能确定,或者利用分比法来判定。

如图3-16(a)所示,因直线 CD 为W面平行线,虽然 ab 和 cd 交于一点 k,$a'b'$ 和 $c'd'$ 交于一点 k',且两点连线 kk' 为连系线方向,但如图3-8所述,首先仅由H面、V面投影还不能判别交点是否在 CD 上,因而就不能判别 AB 和 CD 是否相交。

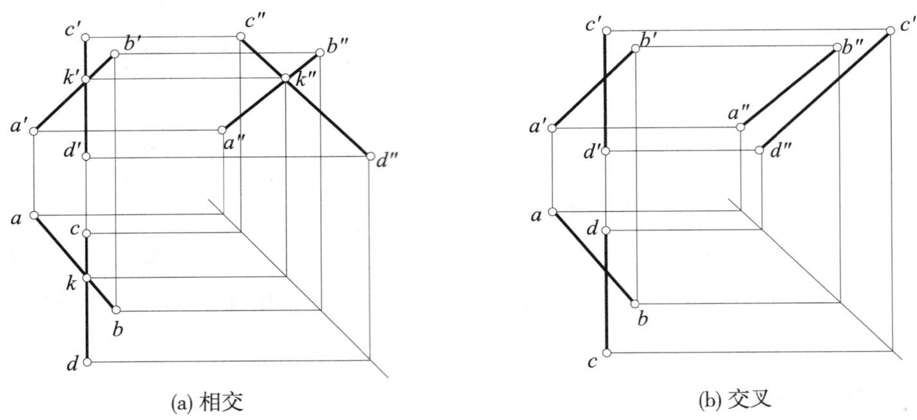

(a) 相交 (b) 交叉

图3-16 有一条W面平行线时两直线的相对位置

现如图3-16(a)所示,作出了W面投影 $a''b''$ 和 $c''d''$ 后,可知 AB 和 CD 是相交的。但在图3-16(b)中,虽然 ab 和 cd,$a'b'$ 和 $c'd'$ 均相交,且两个交点连线方向也为连系线方向,但作出W面投影后,则知 AB 和 CD 是不相交的。

另外,也可利用分比法来判断,在图3-16(a)中,用类似图3-10的方法确认 $ck:kd=c'k':k'd'$,故 AB 上点 K 也在 CD 上,所以 AB 和 CD 相交。

[**例3-8**] 作一直线 GH,使它和已知直线 AB 平行且和另两已知直线 CD,EF 均相交。

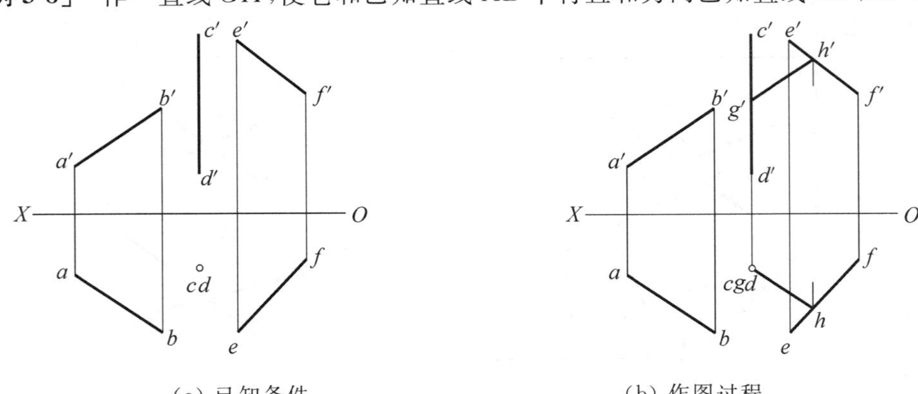

(a) 已知条件 (b) 作图过程

图3-17 作直线 $GH/\!/AB$ 且与 CD,EF 相交

[**解**]

(1)根据两直线平行的投影特性可知 $GH/\!/AB$,则 $gh/\!/ab$,$g'h'/\!/a'b'$。点 G 在直线 CD 上,则 g 和 cd 重合。

(2)过 g 作直线平行 ab 与 ef 交于 h,由 h 得 h',再由 h' 作直线平行 $a'b'$ 与 $c'd'$ 交于 g',则 gh 及 $g'h'$ 即为所求 GH 的两投影。如图3-17(b)所示。

三、交叉两直线

两直线既不平行，又不相交时，称为交叉直线或异面直线。因而，它们的所有投影，既不符合平行的条件，也不符合相交的条件。即两直线交叉时，它们的各组同名投影不会都平行；同名投影若都相交，但每两个交点不会都在一条连系线上，因而它们不是空间同一点的投影。

在图 3-18 中，直线 AB 和 CD 的同面投影互不平行，同面投影交点的连线又不在连系线的方向上。因而直线 AB 和 CD 在空间为交叉。

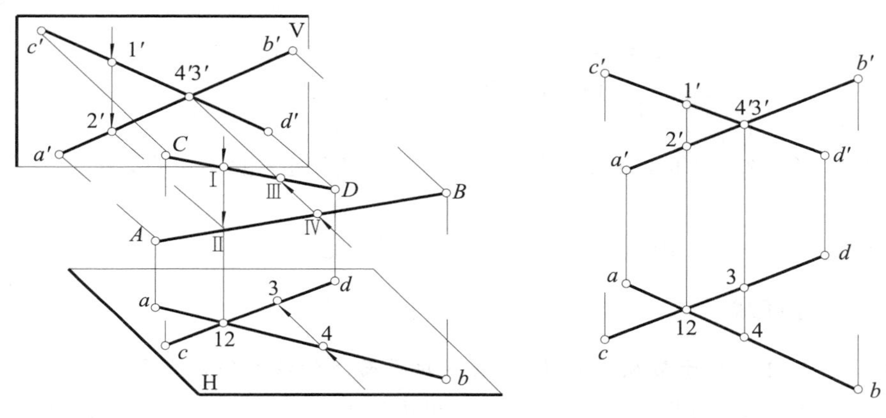

(a) 空间状况　　(b) 投影图

图 3-18　交叉两直线 AB、CD 的投影和重影点的可见性

交叉直线的可见性可用重影点来判定，如图 3-18 所示，在 V 面投影中，交点 $4'3'$ 是 AB 上Ⅳ点和 CD 上Ⅲ点的重影。在 H 面投影中，交点 12 是 CD 上Ⅰ点和 AB 上Ⅱ点的重影。其可见性问题确定如下：在图 3-18(a)中所画的箭头即表示向某一投影面的观察方向。投影图中，观察 H 面投影时，观察者的位置被安置在 H 面投影的上方；观察 V 面投影时观察者的位置被安置在 V 面投影的前方。自 ab 与 cd 相交处 12 引竖直线交 $c'd'$ 于 $1'$，交 $a'b'$ 于 $2'$，$1'$ 比 $2'$ 的 z 坐标大，故Ⅰ比Ⅱ更靠近观察者，Ⅰ属于可见的点，Ⅱ属于不可见的点，故 H 面投影中写成 12。再在 V 面投影中，自 $a'b'$ 与 $c'd'$ 相交处 $4'3'$ 引竖直线交 ab 于 4、交 cd 于 3，4 比 3 的 y 坐标大，故Ⅳ比Ⅲ更靠近观察者，Ⅳ属于可见的点，Ⅲ属于不可见的点，故 V 面投影中写成 $4'3'$。

[例 3-9]　如图 3-19(a)，已知直线 AB 和 CD 为两交叉直线，求出它们对 V 面、H 面、W 面的重影点，并判别可见性。

[解]

(1)在交叉两直线中，同面投影的交点即是重影点，可利用相应的坐标差来判别其可见性。

(2)$a'b'$ 与 $c'd'$ 交于 $1'2'$，即为 AB，CD 两直线在 V 面上的重影点，因 $y_1 > y_2$，故 $1'$ 可见，$2'$ 不可见，写成($2'$)。

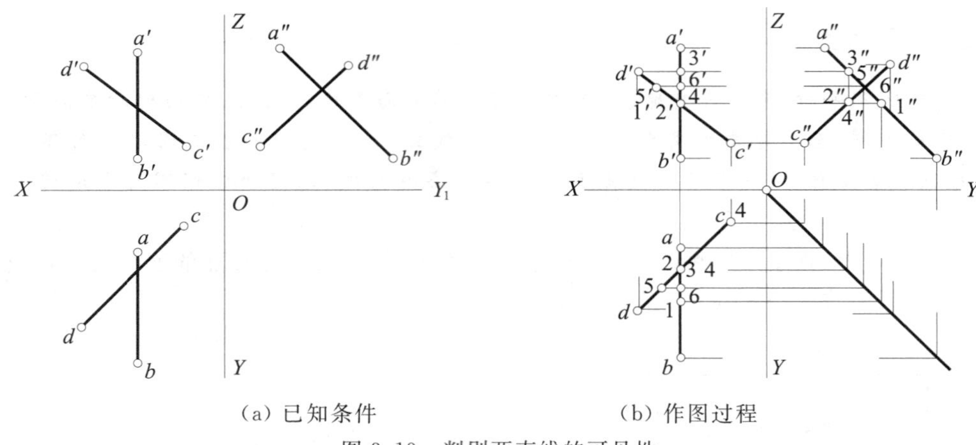

(a) 已知条件　　(b) 作图过程

图 3-19　判别两直线的可见性

(3)$a''b''$与$c''d''$交于$5''6''$,即为AB,CD两直线在W面上的重影点,因$x_5>x_6$,故$5''$可见,$6''$不可见。

(4)ab与cd交于3 4,因$z_3>z_4$,故3可见,4不可见。

四、垂直两直线

1. 直角的两边平行于某投影面时,则在该投影面上的投影仍是直角。

因当夹角的两边平行于某投影面时,由于每边的投影与每边本身平行,故两边的投影间夹角,反映了两边本身之间夹角。故当夹角为直角时,投影也成直角。

2. 当直角的两边之一平行某投影面,另一边不平行也不垂直于该投影面,则在该投影面上的投影也呈直角。

如图3-20(a)所示,相交两直线AB和BC,设$AB\perp BC$,且AB平行H面,BC为一般位置直线。因Bb垂直H面,故$AB\perp Bb$,于是AB垂直于投射平面$BbcC$;又因AB平行H面,即$ab/\!/AB$,所以ab也垂直投射平面$BbcC$,因而ab垂直于投射平面$BbcC$上直线bc,即$ab\perp bc$。故此时直角的投影还是直角。图3-20(b)是投影图。

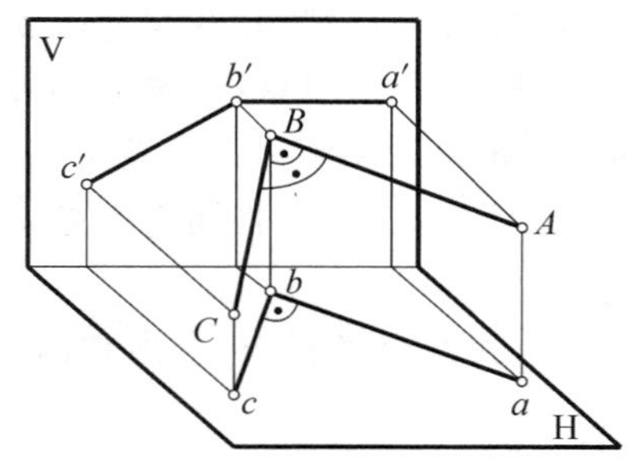

(a) 空间状况

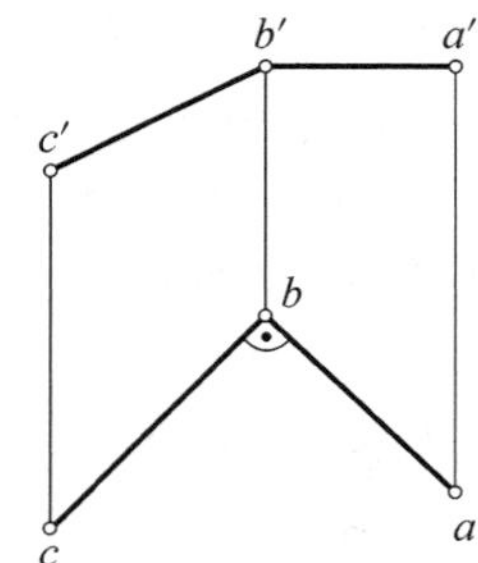

(b) 投影图

图 3-20　一边平行于投影面的直角的投影

3. 反之,相交两直线之一是某投影面平行线,且两直线在该投影面上的投影互相垂直,则在空间两直线也互相垂直。

在图 3-20(b)中，直线 AB 和 BC 的 H 面投影 $ab \perp bc$；又因 $a'b'$ 水平，可知 AB 为 H 面平行线。于是在图 3-20(a)中，因直线 AB 平行 H 面，故 $AB /\!/ ab$；又因 $ab \perp bc$，则 ab 垂直于投射平面 $BbcC$，故 AB 也垂直此投射平面，因而 AB 垂直此平面上直线 BC。

4. 当空间交叉垂直的两直线之一平行于某投影面，另一直线不平行也不垂直于该投影面时，则这两直线在该投影面上的投影也垂直；反之也是。

如图 3-21(a)，设直线 AB 与 DE 交叉垂直，且 AB 为 H 面平行线，DE 为一般位置直线。现过 AB 上任一点如 B，作直线 $BC /\!/ DE$，则 $AB \perp BC$，且 $ab \perp bc$。因 $BC /\!/ DE$，则 $bc /\!/ de$，故 $ab \perp de$。反之也是。图 3-21(b)为投影图。

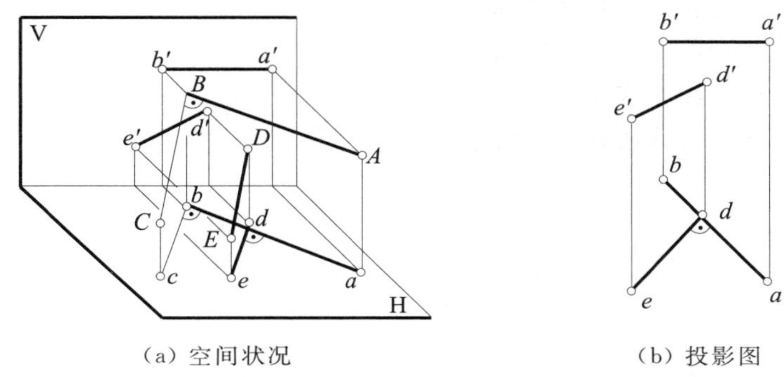

(a) 空间状况　　　　(b) 投影图

图 3-21　一直线平行投影面的交叉垂直两直线的投影

[例 3-10]　如图 3-22 所示，求点 A 到 V 面平行线 CD 的真实距离。

[解]　可过点 A 作直线 CD 的垂线，设垂足为 B，则 AB 的长度即为所求距离。

因 CD 平行 V 面，故 AB 和 CD 的 V 面投影垂直。作图时，可由 a' 作 $a'b' \perp c'd'$，垂足为 b'；由此求出 b，可连得 ab。再利用直角三角形法，作出反映 AB 真实长度的线段 aB_0，其长度即为点 A 到 CD 的真实距离。

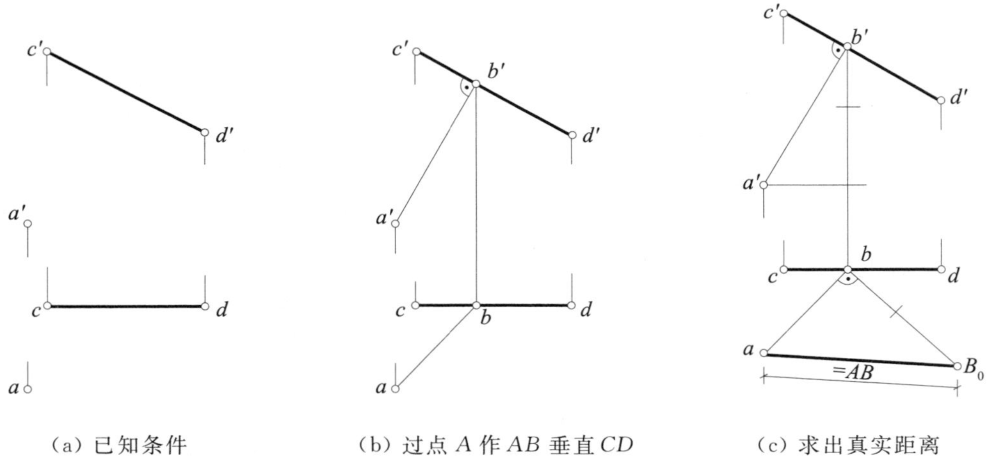

(a) 已知条件　　　　(b) 过点 A 作 AB 垂直 CD　　　　(c) 求出真实距离

图 3-22　求点 A 到直线 CD 的距离

复习思考题

(1)直线和直线上点的投影有什么性质?

(2)直线分为哪三类?它们与投影面各处于什么位置?

(3)投影面平行线的投影有什么特性?如果一直线在H面上,它的V面投影在何处?

(4)投影面垂直线的投影有什么特性?

(5)平行两直线的投影有什么特性?

(6)相交两直线的投影有什么特点?

(7)交叉两直线的投影有什么特性?

(8)什么叫迹点?直线的迹点如何求?

第四章　平　　面

第一节　平面的投影

一、平面的投影性质

1. **平面图形的投影，由平面图形边线的投影表示**。因为，平面图形的形状、大小和位置等，是由它的边线确定的，所以平面图形的投影可由其边线的投影表示。图 4-1 为空间一个$\triangle ABC$ 的投影图，可由其边线的投影$\triangle abc$ 和$\triangle a'b'c'$表示。

2. **一般情况下，平面图形的投影仍是一个类似的图形，但形状、大小均发生变化，不能反映其实形**。如图 4-2(a)中，四边形 $ABCD$ 在 H 面上的投影 $abcd$ 仍是一个四边形，但由于边线如 AB 和 BC 的投影方向、长度等都有变化，使一个矩形的投影变成为平行四边形了。

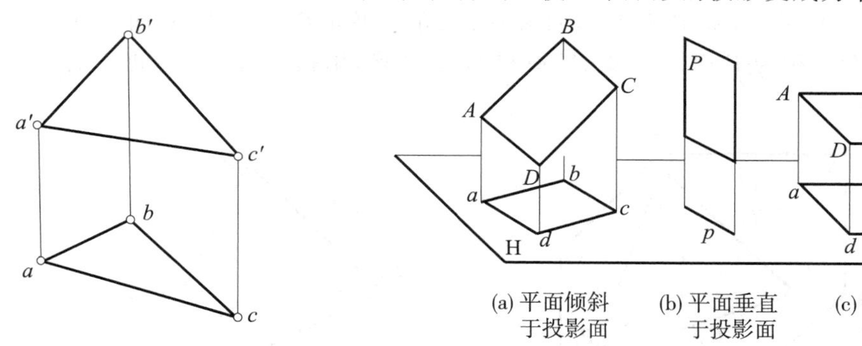

图 4-1　$\triangle ABC$ 的投影图

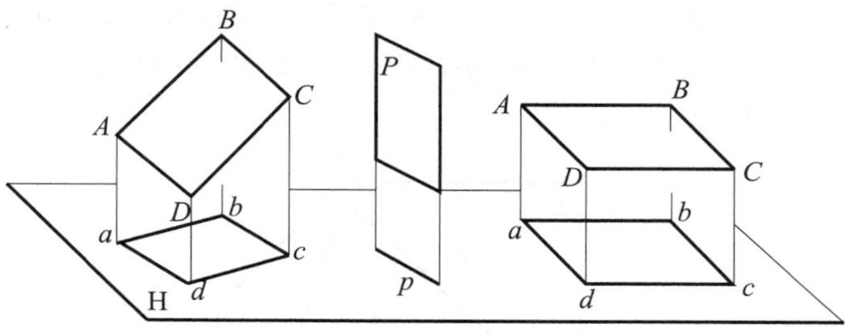

(a) 平面倾斜于投影面　(b) 平面垂直于投影面　(c) 平面平行于投影面

图 4-2　各种位置平面的投影

3. **平面垂直于某投影面时，在该投影面上的投影积聚成一直线**。如图 4-2(b)中，平面 P 垂直于 H 面，则 H 面投影为一直线，平面 P 上任何图形的 H 面投影均积聚在此直线上，该投影称为平面的**积聚投影**。

平面也可用一个大写的字母表示，特别是形状或大小任意的平面。如图 4-2(b)中平面 P，其投影则用一个对应的小写字母表示，如 p，p'，p''。

4. **平面图形平行某投影面时，在这个投影面上的投影反映平面图形的真实形状、大小和方向等**。如图 4-2(c)中平面 $ABCD$ 平行 H 面，其 H 面投影 $abcd$ 的各边与 $ABCD$ 的各边对应地平行且长度相等，故 $abcd$ 与 $ABCD$ 的形状、大小和方向相同。

二、几何元素确定的平面

形状和大小任意的平面，它的空间位置，也可由下列任何一组几何元素来确定：1. 不在

一直线上三点;2. **一直线和线外一点**;3. **相交两直线**;4. **平行两直线**。故平面的投影图也可由它们的投影图表示。如图4-3所示。显然,图4-1及图4-3中平面的各种表示法是可以互相转化的。

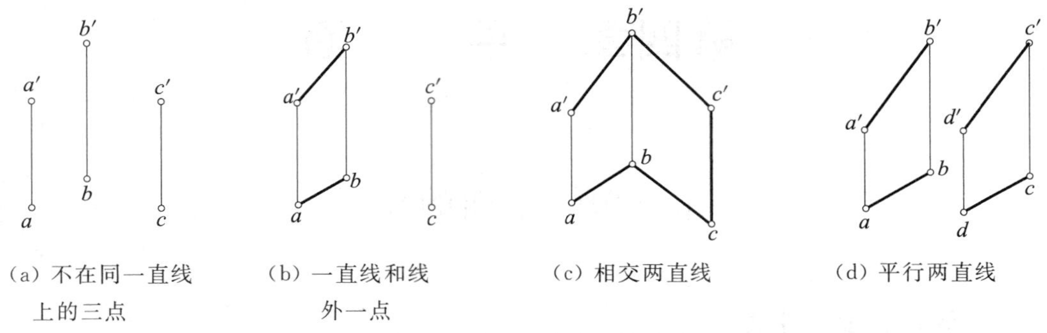

(a) 不在同一直线上的三点　(b) 一直线和线外一点　(c) 相交两直线　(d) 平行两直线

图4-3　几何元素表示的平面

三、迹线表示的平面

1. **投影图中,形状和大小任意的平面,它的位置也可由迹线表示**。平面与投影面的交线,称为**迹线**。由迹线表示的平面,称为**迹线平面**。一个平面与两个投影面相交成的两条迹线,可能相交或互相平行,故用迹线表示平面,相当于由两条相交直线或两条平行直线表示平面。

2. 迹线平面用一个大写字母表示,如图4-4所示。平面P与H面、V面和W面的交线P_H,P_V和P_W,分别称为P面的H**面**、V**面**和W**面迹线**,用相同的大写字母于右下角加注所属投影面的字母。

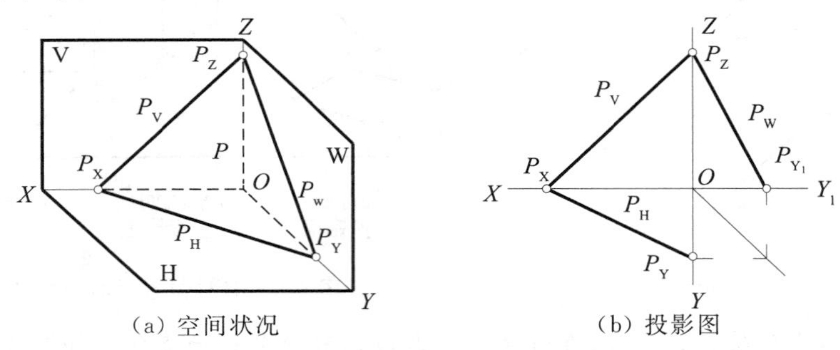

(a) 空间状况　(b) 投影图

图4-4　迹线表示平面

一个平面如P的每两条迹线,相交于投影轴上点P_X,P_Y和P_Z,也是P面与投影轴的交点,称为**迹线集合点**,也用表示平面的大写字母,于右下角加注所属投影轴的字母表示。

3. 投影图中,迹线平面由其迹线表示,而迹线的投影仍用原来字母表示。如图4-4所示,例如:迹线P_H因在H面上,其H面投影与本身重合,其V面投影一定在X轴上,W面投影在Y轴上。凡迹线如P_H,只用其原来的字母P_H表示与它重合的H面投影,不表示其余位于投影轴上的投影。同样地,迹线集合点也是如此,如投影图4-4(b)所示。

第二节　平面上点和直线

一、平面上点

一点位于平面内一直线上，则该点位于平面上。如图 4-5 中，因点 $D(d,d')$ 位于△ABC 的一边 $BC(bc,b'c')$ 上，故点 D 位于△ABC 上。

二、平面上直线

1. **一条直线上有两点位于一平面上，则该直线位于该平面上。**如图 4-5 所示，直线 AD 有两点 A 和 D 位于△ABC 上，故 AD 位于△ABC 上。

2. **一条直线有一点位于一平面上，且平行于该平面上任一直线，则该直线也位于该平面上。**如图 4-6 所示，直线 DE 上有一点 D 位于△ABC 上，且 $DE(de,d'e')$ 平行于△ABC 的一边 $BC(bc,b'c')$，故 DE 在△ABC 上。

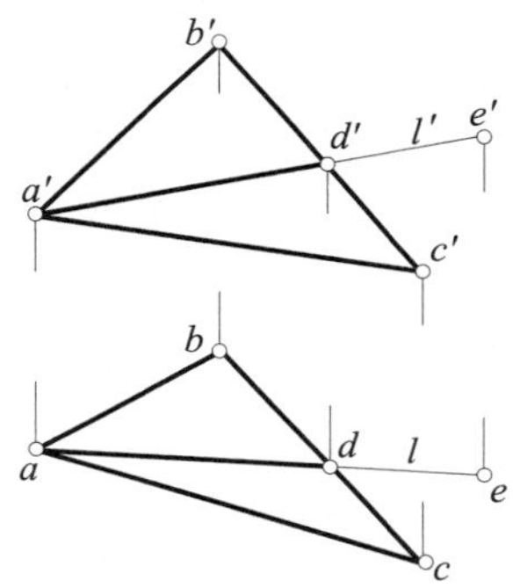

图 4-5　平面上点和直线

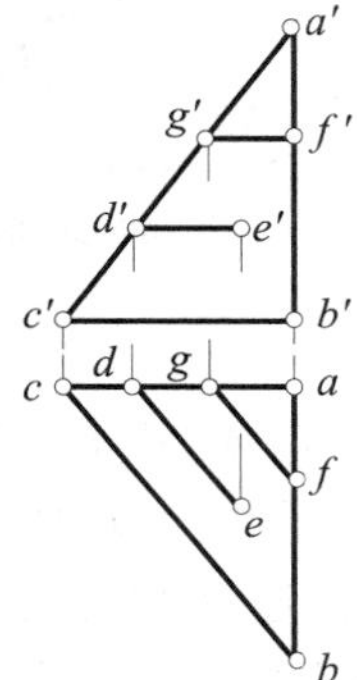

图 4-6　平面上 H 面平行线和点

三、平面上投影面平行线

平面上的投影面平行线，除了符合平面上直线的上述条件外，尚应符合投影面平行线的投影性质。如图 4-6 中，直线 DE 除了位于△ABC 上外，又因 $d'e'$ 为水平线，故 DE 为△ABC 上的一条 H 面平行线。

［例 4-1］　如图 4-5 所示，已知△ABC 平面，并知该面上一点 E 的 H 面投影 e，求 V 面投影 e'。

［解］　因 e' 除了位于过 e 的连系线上外，不能直接定出 e' 的位置。为此，过点 E 在△ABC 上作一辅助线 L，其 H 面投影 l 为连线 ae，ae 与 bc 交于点 d，则 L 与 BC 交于点 D。于是由 d 作连系线，与 $b'c'$ 交于点 d'，则连线 $a'd'$（及其延长线）为 L 的 V 面投影 l'。于是 l' 与过 e 的连系线交得 e'。

［例 4-2］　如图 4-6 所示，已知△ABC 平面，并知该面上一点 F 的 V 面投影 f'，求 H 面投影 f。

［解］ 因 f' 在 $a'b'$ 上，故 F 点在 AB 上。由于 AB 为 W 面平行线，由 f' 作连系线，不能直接与 ab 交得 f 点。现如不用 W 面投影(图 3-8)或分比法(图 3-10)，而利用过点 F 在 $\triangle ABC$ 上任作一条辅助线来求点 f。

设过点 F 在 $\triangle ABC$ 上作一条水平的辅助线来解，此水平的辅助线又平行于 $\triangle ABC$ 上的一条为水平的边线 BC。故由 f' 作水平线(也平行于 $b'c'$)，与 $a'c'$ 交于点 g'，g' 为 AC 上一点 G 的 V 面投影，由 g' 作连系线，与 ac 交得点 g。由之作直线平行 bc，就与 ab 交得点 f。

四、迹线平面上直线

迹线平面上直线的迹点，在平面的同名迹线上，如图 4-7 所示。

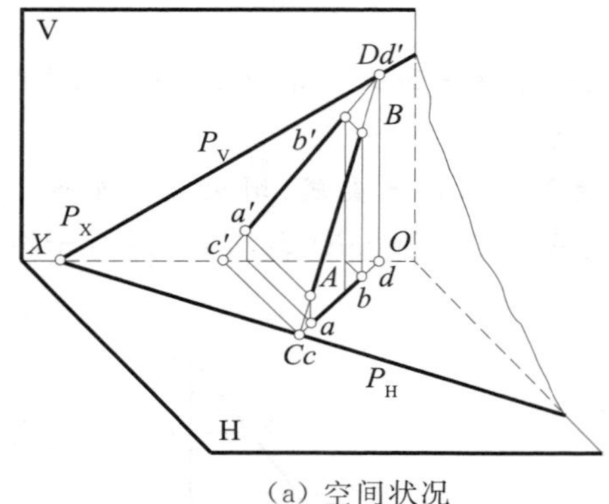

(a) 空间状况

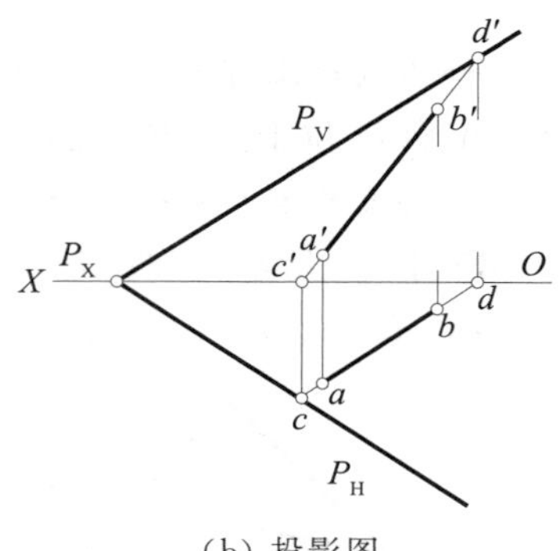

(b) 投影图

图 4-7 迹线平面上直线

在图 4-7(a)中，因直线 AB 在 P 面上，故直线与 H 面交得的迹点 C，位于 P 面与 H 面交成的迹线 P_H 上；同样，AB 的 V 面迹点 D，位于 P 面的 V 面迹线 P_V 上。它们的投影图如图 4-7(b)所示。

［例 4-3］ 如图 4-8 所示，已知相交两直线 AB 和 EF，求它们所确定的平面 P 的迹线 P_H 和 P_V。

［解］ 因直线 AB 和 EF 的 H 面迹点 C 和 K 的连线，即为 P_H；V 面迹点 D 和 L 的连线，即为 P_V。所以只要求出 c，k 和 d'，l' 后，即可连得迹线 P_H 和 P_V。P_H 和 P_V 应相交于 X 轴上一点 P_X。

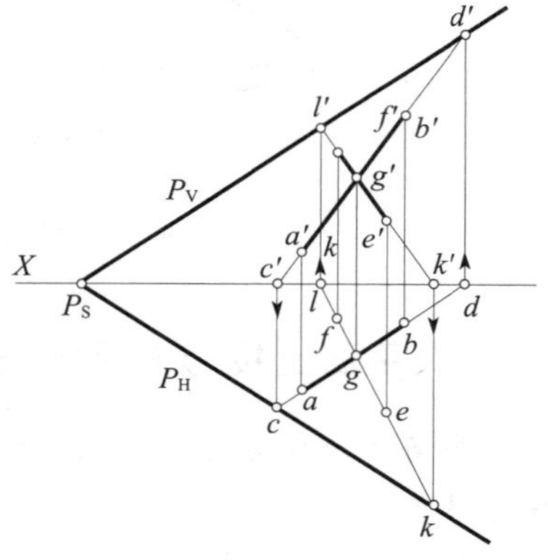

图 4-8 由相交直线作平面迹线

第三节 平面对投影面的相对位置

平面由于对投影面的相对位置不同而分为三种：即①一般位置平面；②投影面垂直面；③投影面平行面。对各投影面都倾斜的平面，称为**一般位置平面**；对任一投影面垂直或平行的平面，分别称为**投影面垂直面**和**投影面平行面**，二者又统称为**特殊位置平面**。

一、一般位置平面

1. 一般位置平面的各个投影，不会积聚成直线，也不能反映平面的实形和明显地显示对投影面的倾斜情况，只是与空间的平面形状成类似的图形。

平面对投影面的倾斜情况，由它们之间的夹角来表示。平面与投影面的夹角，称为平面的倾角。平面对 H 面、V 面和 W 面的倾角，分别用希腊字母 α，β 和 γ 来表示。

2. **平面对某一投影面的倾角，可由该平面上垂直于任意一条同名投影面平行线的任一条最大斜度线的倾角来表示。**

在图 4-9(a)所示的轴测图上，P 平面上有一条 AM 直线垂直于 H 面迹线 P_H，求证在 P 平面上只有这种方向的直线对 H 面的倾角为最大。

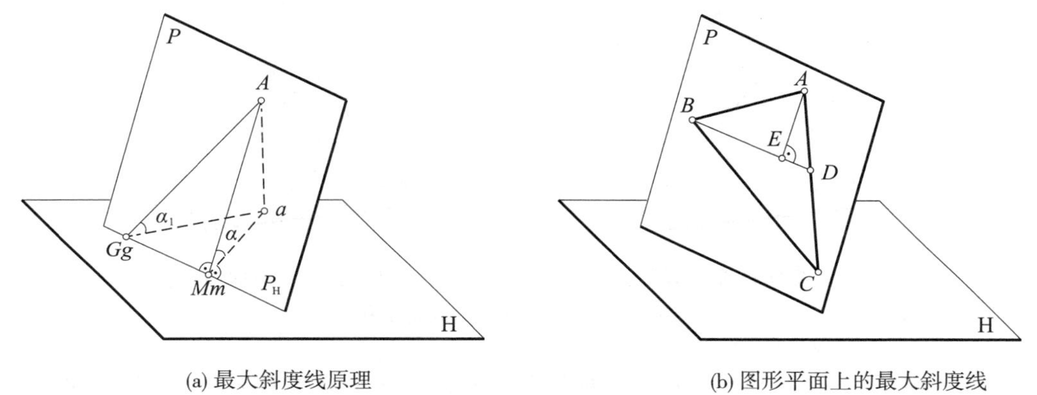

(a) 最大斜度线原理　　(b) 图形平面上的最大斜度线

图 4-9　平面上的最大斜度线

设 AM 与 H 面的倾角为 α，也即为 AM 与其 H 面投影 am 的夹角。

因为 $AM \perp P_H$，而 P_H 是 H 面上的直线，故二者的 H 面投影也应相互垂直，即 $am \perp P_H$。在 P 平面上另取任意方向的直线，例如：由点 A 连接 P_H 上任意点 G，得直线 AG，并设它与 H 面的倾角为 α_1，即 AG 与其 H 面投影 ag 的夹角。只须证明 $\angle\alpha > \angle\alpha_1$，则 P 平面上只有 AM 方向的直线对 H 面的倾角为最大。

因为 $\alpha = \arctan\dfrac{Aa}{am}$，而 $\alpha_1 = \arctan\dfrac{Aa}{ag}$，但在直角三角形 amg 中，ag 是斜边，故 $ag > am$，因此 $\alpha > \alpha_1$。这种 AM 方向的直线便称为 P 平面上对于 H 面的最大斜度线。

在投影图中，通常是不画出迹线的；由于在平面上的投影面平行线就是其同面迹线的平行线，因此，平面上对于投影面的最大斜度线，也就是垂直于同面的投影面平行线的直线。如图 4-9(b)所示，要作出$\triangle ABC$ 平面上对 H 面的最大斜度线，只要先过三角形上的任一点(例如：顶点 B)，在三角形平面上作 H 面平行线 BD；再在三角形平面上又任取一点(例如：另一顶点 A)，通过它作上述 H 面平行线 BD 的垂直线 AE，即为$\triangle ABC$ 平面对 H 面的最大斜度线。

3. 求平面对某投影面的倾角，可按以下三个步骤进行。

(1) **先在平面上任作一条该投影面的平行线；**

(2) **再在该面上任作一条最大斜度线，垂直于所作的投影面平行线；**

(3) **此最大斜度线的倾角，即为平面的倾角。**

［**例 4-4**］ 如图 4-10 所示，已知△ABC 的投影，求倾角 α 和 β。

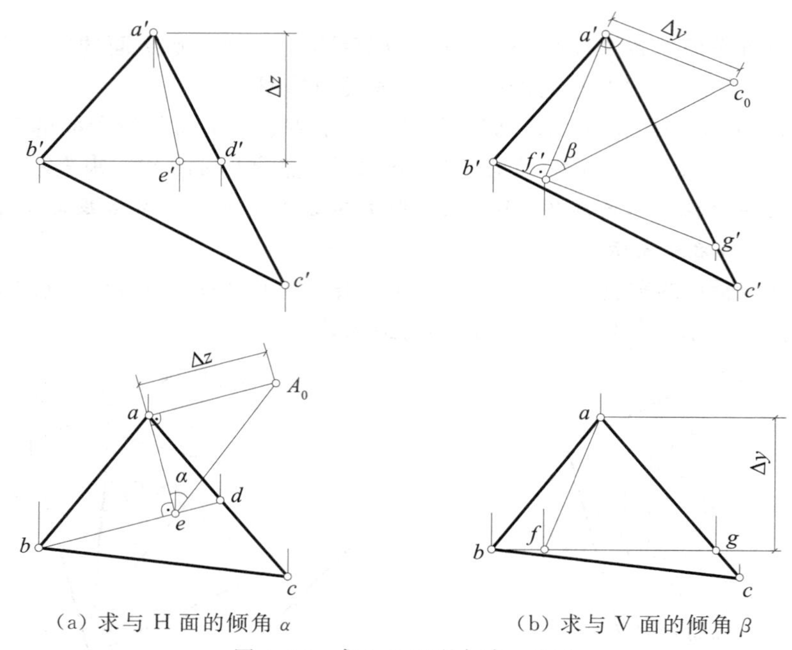

(a) 求与 H 面的倾角 α　　(b) 求与 V 面的倾角 β

图 4-10　求△ABC 的倾角 α 和 β

［**解**］ 如图 4-10(a)所示，先在平面上任作一条 H 面平行线 BD，其 $b'd'$ 应为水平，再任作一最大斜度线如 $AE \perp BD$，则 $ae \perp bd$；最后，求出直线 AE 的倾角，如图中的 $\angle A_0ea$ 为△ABC 的倾角 α。实际上，投影 $a'e'$ 线不必作出。

又如图 4-10(b)所示，在平面上作 V 面平行线如 BG，则 bg 应水平；然后作最大斜度线 $AF \perp BG$，则 $a'f' \perp b'g'$；再求出 AF 的倾角 β，如图中的 $\angle C_0f'a'$ 即为△ABC 的倾角 β。

［**例 4-5**］ 如图 4-11 所示，已知屋面▱$ABCD$ 及其上水滴 E 的两投影，求水滴 E 沿屋面滚落时的轨迹以及屋面与 H 面的倾角 α。

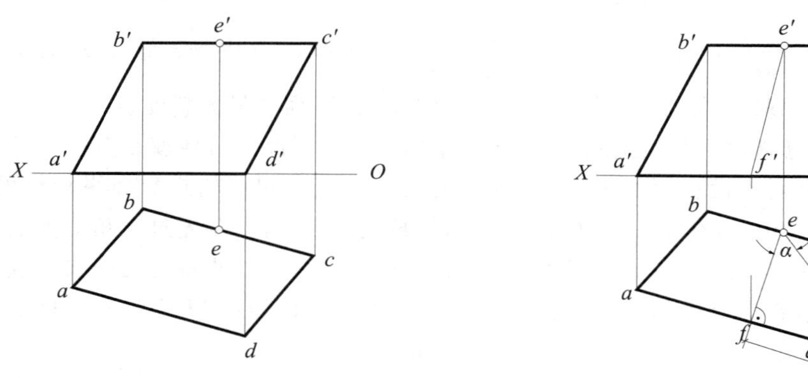

(a) 已知投影　　(b) 作图过程及结果

图 4-11　求水滴从屋面滚落时的轨迹及倾角 α

［解］

(1)因屋面为一平行四边形，其 BC 及 AD 边均为水平线，从 e 向 bc 或 ad 所引的垂线 ef，必为屋面上对 H 面的最大斜度线的 H 面投影，从而得到 $e'f'$。

(2)屋面上的水滴必沿着对 H 面的最大斜度线滚落，而 EF 就是最大斜度线，故 EF 就是水滴滚落时的轨迹。如图 4-11(b)所示，利用直角三角形法，可求出 EF 与 H 面之间的倾角 α，即为屋面与 H 面的倾角。

二、投影面垂直面

垂直于 H 面、V 面和 W 面的平面，分别称为 H 面、V 面和 W 面垂直面。它们的空间状况、投影图和投影特性，列于表 4-1 中。

表 4-1 投影面垂直面

	H 面垂直面	V 面垂直面	W 面垂直面
空间状况	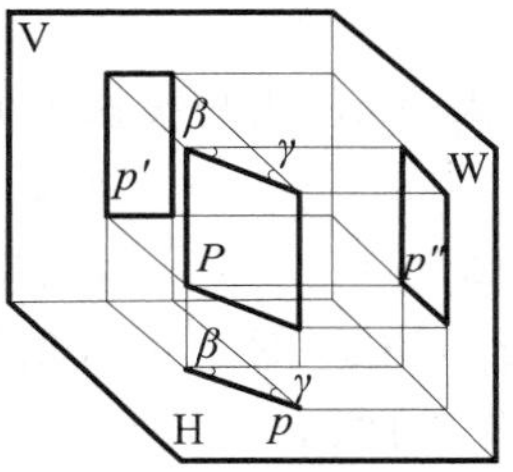 V p' β γ W P p'' β γ H p	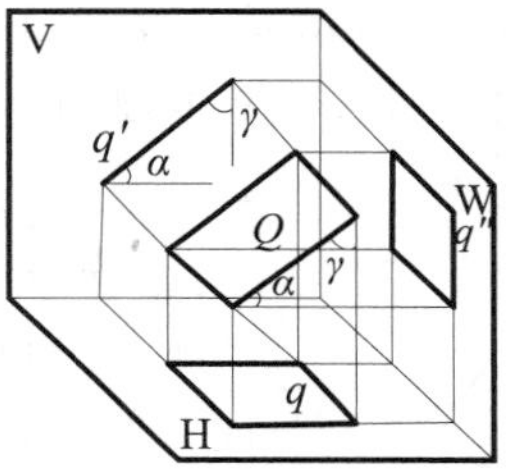 V q' α γ Q W q'' α γ H q	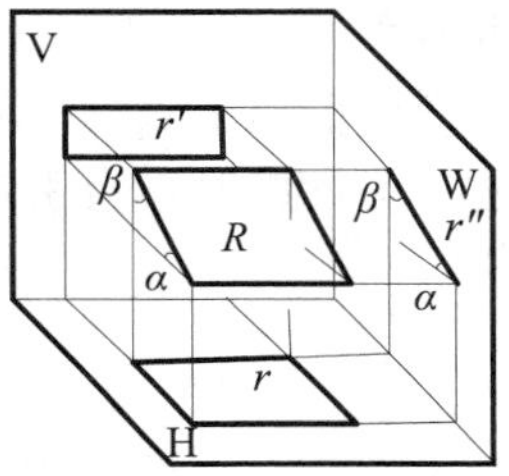 V r' β R β W r'' α α H r
投影图	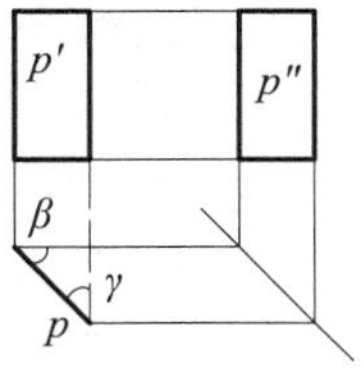 p' p'' β γ p	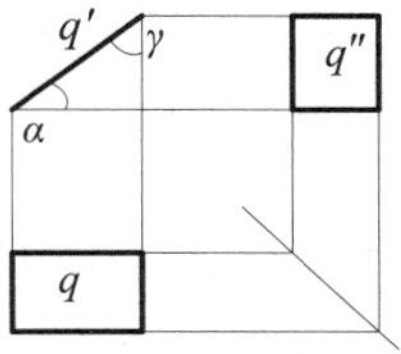 q' γ q'' α q	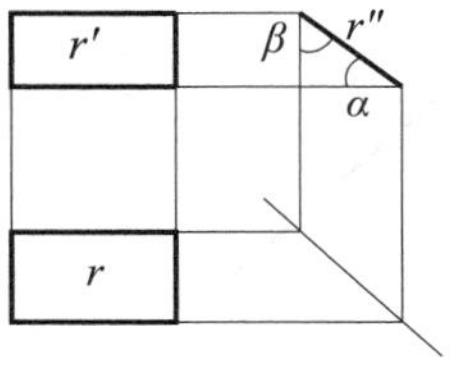 r' β r'' α r
投影特性	① H 面投影积聚成一倾斜直线 p； ② p 与水平线间的夹角反映了 β 角，与竖直线间的夹角反映了 γ 角	① V 面投影积聚成一倾斜直线 q'； ② q' 与水平线间的夹角反映了 α 角，与竖直线间的夹角反映了 γ 角	① W 面投影积聚成一倾斜直线 r''； ② r'' 与水平线间的夹角反映了 α 角，与竖直线间的夹角反映了 β 角

表 4-1 中，V 面垂直面 Q 的投影特性如下：①因 Q 面垂直 V 面，故 V 面投影积聚成一直线 q'；②图 4-12(a)是 Q 面扩大后的状况，Q 面扩大后与 V 面交成的迹线 Q_V 位于 V 面投影 q' 上。因 Q 面垂直 V 面，又 H 面也垂直 V 面，故 Q_V 与 OX 轴间夹角，即投影 q' 与 OX 轴间夹角，就是 Q 面对 H 面的倾角 α，此角也可由 q' 与任一水平线之间的夹角来表示。同样，q' 与 Z 轴或任一竖直线间的夹角，就是 Q 面对 W 面的倾角 γ。

由此可知，**投影面垂直面具有下列投影特性：**

1. **在它所垂直的投影面上的投影成一直线而为积聚投影；**
2. **积聚投影与水平或竖直方向间的夹角，分别反映了平面对另外两个投影面的倾角。**

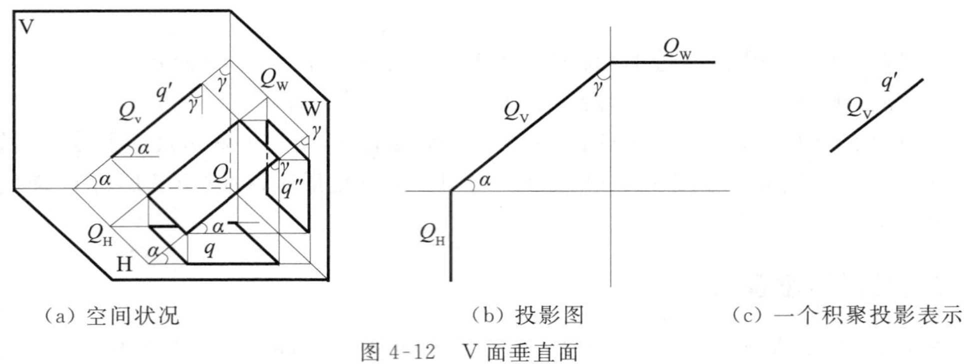

(a) 空间状况　(b) 投影图　(c) 一个积聚投影表示

图 4-12　V 面垂直面

又如图 4-12 所示，因 Q 面、H 面、W 面均垂直于 V 面，故它们之间的交线，即迹线 Q_H 和 Q_W 均垂直于 V 面而平行 Y 轴，也分别垂直于 X 轴、Z 轴。

形状和大小任意的投影面垂直面，可以只用有积聚性的、对投影轴倾斜的直线状积聚投影来表示，如图 4-12(c)，Q 面可只由 Q_V 或 q'表示。

当用迹线来表示一般位置平面时，则至少要用两条迹线来表示，故与投影面垂直面单用上述一个投影时不会引起混淆。

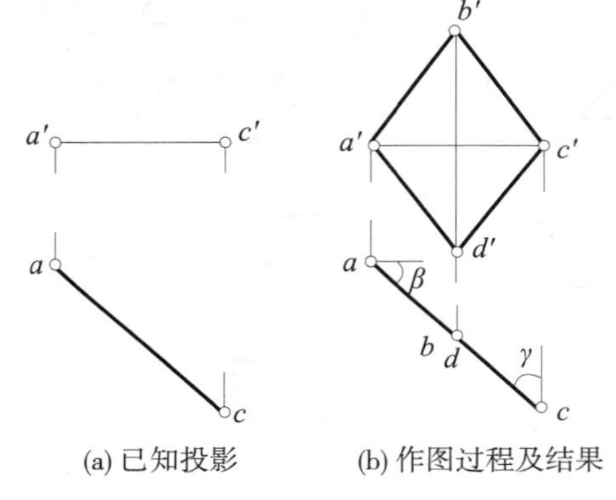

(a) 已知投影　(b) 作图过程及结果

图 4-13　作正方形的投影

[例 4-6]　如图 4-13(a)所示，已知一个为 H 面垂直面的正方形 $ABCD$ 的一条对角线 AC 的两面投影，求该正方形的两面投影和该平面的倾角。

[解]　因 $a'c'$水平，故 AC 为 H 面平行线，ac 反映 AC 的实长。因正方形的两条对角线 AC 和 BD 互相垂直且长度相等，而正方形又为 H 面垂直面。现 AC 为 H 面平行线，则 BD 必是 H 面垂直线。即 $b'd'$成竖直方向，而为 $a'c'$的中垂线，且长度 $b'd'=BD=AC=ac$。于是可作得正方形的 V 面投影 $a'b'c'd'$菱形，如图 4-13(b)所示。

因正方形为 H 面垂直面，故 H 面投影有积聚性而与 ac 重合，它与水平线和竖直线间的夹角，即为倾角 β 和 γ。

三、投影面平行面

平行于 H 面、V 面和 W 面的平面，分别称为 H 面、V 面和 W 面平行面。它们的空间状况、投影图和投影特性，列于表 4-2 中。

表 4-2 中，H 面平行面 P 的投影特性如下：① 因 P 面平行 H 面，故 H 面投影 p 反映了平面的真实形状；②P 面也垂直于 V 面和 W 面，故 V 面、W 面投影 p'或 P_V，p''或 P_W 均积聚成一直线，而且，由于 P 面平行 H 面，故 p'或 P_V，p''或 P_W 分别平行于 X 轴和 Y 轴，即垂直于 Z 轴，故成水平方向。图 4-14(a)和(b)表示了 P 的迹线 P_V 和 P_W。

由此可知，**投影面平行面具有下列投影特性：**

1. **平面图形在它所平行的投影面上投影，反映真实形状和大小；**

2. **在它所不平行的两个投影面上的投影，均成一直线而为积聚投影，且共同垂直于一**

条投影轴，即成为这两个投影间的连系线方向，也就是水平或竖直方向。

为了显示投影面平行面上图形的真实形状和大小，应画出所平行的投影面上的投影。

形状和大小任意的投影面平行面，可以只用有积聚性的一条平行于投影轴的直线状投影或迹线表示，如图 4-14(c)，P 面可只由 p' 或 P_V 表示。

表 4-2　　　　　　　　　　**投影面平行面**

	H 面平行面	V 面平行面	W 面平行面
空间状况			
投影图			
投影特性	① H 面投影反映实形； ② V 面、W 面投影积聚成水平线 p' 和水平线 p''	① V 面投影反映实形； ② H 面、W 面投影积聚成水平线 q 和竖直线 q''	① W 面投影反映实形； ② H 面、V 面投影积聚成竖直线 r 和竖直线 r'

由有积聚性的一个投影或一条迹线表示形状和大小任意的投影面平行面和投影面垂直面时，二者的区别在于：投影面平行面为水平(见图 4-14(c))或竖直方向，投影面垂直面要由倾斜方向的积聚投影或迹线来表示。而直线的投影则不能仅由一个投影来表示。

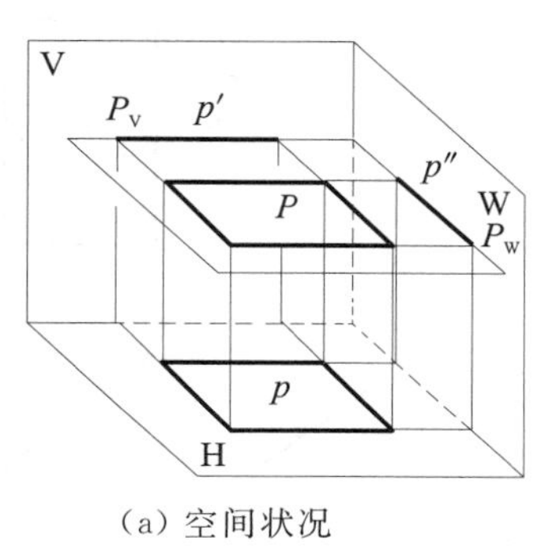

(a) 空间状况

P_V　　P_W

(b) 投影图

p'　P_V

(c) 一个积聚投影表示

图 4-14　投影面平行面

[**例 4-7**] 有一水平的等边三角形 ABC,已知一边 AB 的 H 面投影 ab 和顶点 A 的 V 面投影 a',如图 4-15(a)所示。作全三角形的两面投影。

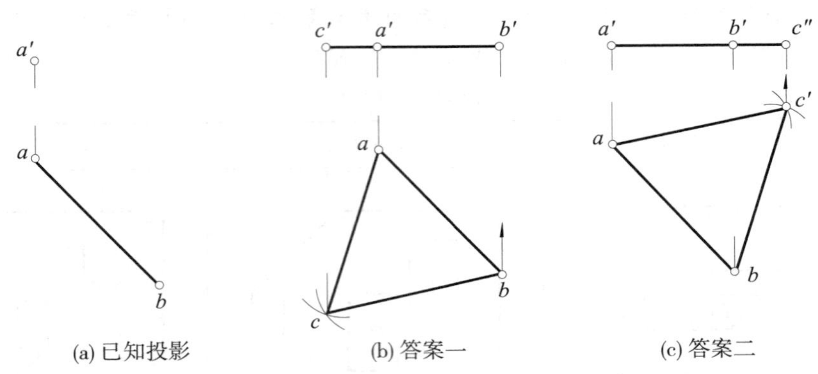

(a) 已知投影　(b) 答案一　(c) 答案二

图 4-15　作水平三角形的投影

[**解**] 因该三角形水平,即平行 H 面,故 H 面投影△abc 反映实形,也为一等边三角形。于是在 H 面投影中,分别以 a 和 b 为圆心,ab 为半径作两圆弧,得交点 c,如图 4-15(b)和(c)所示,可作得两个△abc,故有两解。

因△ABC 平行 H 面,故 V 面投影呈水平方向的积聚投影,可由 H 面投影 c 作连系线,与通过 a'的水平线交得 V 面投影的长度。

第四节　直线与平面平行,平面与平面平行

一、直线与平面平行

1. **一直线与平面上任一直线平行,则直线与平面互相平行。**如图 4-16 中,$ab/\!/cf$,$a'b'/\!/c'f'$,故 $AB/\!/CF$。又 cf 位于△cde 上,$c'f'$位于△$c'd'e'$上,故 CF 位于△CDE 上,因而直线 AB 与△CDE 上直线 CF 平行,所以直线 AB 与△CDE 互相平行。

[**例 4-8**] 如图 4-17 所示,已知直线 AB 和 CD。过直线 CD 作一平面,平行直线 AB。

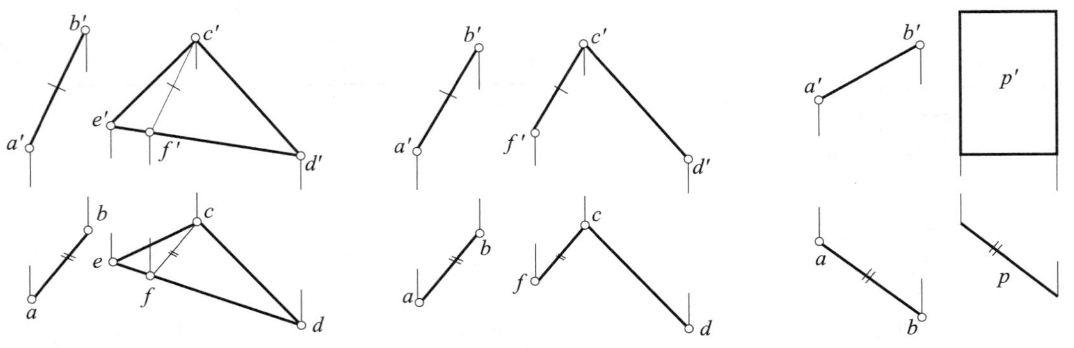

图 4-16 $AB/\!/\triangle CDE$　图 4-17 过 CD 作平面平行 AB　图 4-18 AB 平行投影面垂直面 P

[**解**] 可过 CD 上任一点如 C,作任意长度的直线 CF 平行 AB,作 $cf/\!/ab$,$c'f'/\!/a'b'$,

则 CD 和 CF 所确定的平面即为所求。

2. 特殊情况下，**当平面为特殊位置时，则直线与平面的平行关系，可直接在平面有积聚性的投影中反映出来**。如图 4-18 所示，设空间有一直线 AB 平行 H 面垂直面 P，由于过 AB 垂直于 H 面的投射平面与 P 面平行，故它们与 H 面交成投影 ab 和 p 相互平行，即 $ab /\!/ p$。

反之也是，因 $ab /\!/ p$，故过 ab 的 H 面投射平面与 H 面垂直面 P 互相平行，其上的 $AB /\!/ P$。

二、平面与平面平行

1. **一平面上的一对相交直线，分别与另一平面上的一对相交直线互相平行，则这两个平面互相平行**。如图 4-19，△ABC 上有一对相交直线 AG 和 AJ，分别平行于△DEF 上一对相交直线 DE 和 DF，故这两个三角形平面互相平行。

［例 4-9］ 如图 4-20 所示，已知点 A 和△DEF，过点 A 作一平面，平行△DEF。

［解］ 可过点 A 作任意长度的两直线 AG 和 AJ，分别平行△DEF 上一对边线，如 DE 和 DF，则 AG 和 AJ 所确定的平面即为所求。

2. 在特殊情况下，**当两平面都是同一投影面的垂直面时，则两平面的平行关系，可直接在两平面平行的两积聚投影中反映出来**。

如图 4-21 所示，设 H 面垂直面 P 和 Q 互相平行，故它们的 H 面积聚投影 $p /\!/ q$。

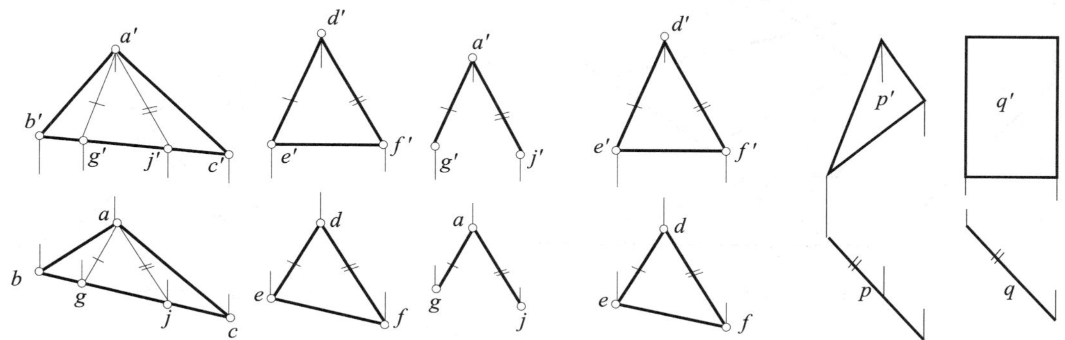

图 4-19　△$ABC /\!/$△DEF　　图 4-20　过 A 作平面平行△DEF　　图 4-21　两 H 面垂直面平行

反之，因积聚投影 $p /\!/ q$，由之所作的 H 面垂直面 P 和 Q 也必互相平行。

第五节　直线与平面垂直，平面与平面垂直

一、直线与平面垂直

1. **直线与平面互相垂直时，则直线垂直平面上的任何直线。**

反之，若直线与平面上的一对相交直线垂直时，则直线与平面互相垂直。

因此，直线与平面的垂直问题，实际上成为直线与直线的垂直问题。由于两直线垂直，当其中有一条为投影面的平行线，则两直线在该投影面上投影仍互相垂直。

2. 直线垂直平面，则直线必垂直于平面上所有的投影面平行线，因而在两投影面体

系中：

直线垂直平面，在投影图中，直线的H面投影，必垂直平面上任一条H面平行线的H面投影；直线的V面投影，必垂直平面上任一条V面平行线的V面投影。

反之，一直线的H面投影，垂直于平面上一条H面平行线的H面投影和该直线的V面投影，垂直于平面上一条V面平行线的V面投影，则在空间该直线垂直于平面。

在三面投影中，W面投影有相同的情况。

如图4-22所示，若直线MN与平面P垂直，则MN的H面投影mn，垂直于P上H面平行线如AB的H面投影ab；MN的V面投影$m'n'$，垂直于P面上V面平行线如AC的V面投影$a'c'$。

反之，如果直线MN的H面投影mn及V面投影$m'n'$，分别垂直于P面上H面、V面平行线AB和AC的投影ab和$a'c'$，则MN垂直P面。

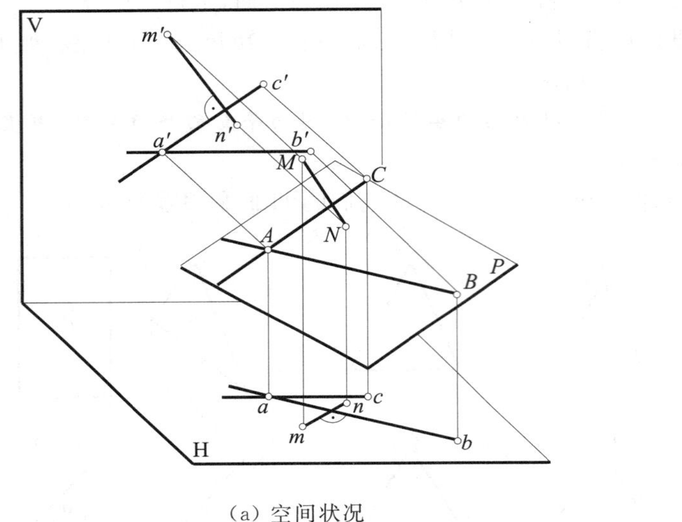

(a) 空间状况

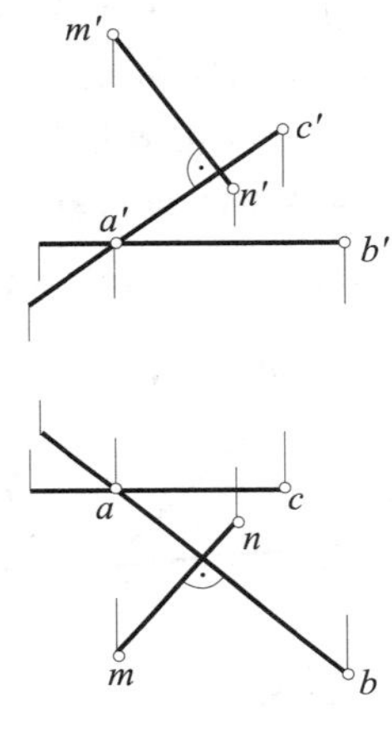

(b) 投影图

图4-22　直线与平面垂直

[例4-10]　如图4-23所示，已知△ABC和点D。过点D作一条任意长度直线DE垂直△ABC。

[解]　先在△ABC上任作一条H面平行线如AF，$a'f'$应为水平方向，过d作de垂直af；再在△ABC上任作一条V面平行线如AG，ag应为水平方向，再过d'作$d'e'$垂直$a'g'$，e和e'在同一条连系线上。

[例4-11]　如图4-24所示，已知点A和直线E。过点A作一平面垂直于直线E。

[解]　过点A作一条任意长度的H面平行线AF垂直于直线E，$a'f'$应为水平方向，$af \perp e$；再过点A作一条任意长度的V面平行线AG垂直于直线E，ag应为水平方向，$a'g' \perp e'$。由AF、AG所确定的平面即为所求。

3. 在特殊情况下，**当直线与平面分别是同一投影面的平行线和垂直面时，则直线与平面间的夹角、或直线与平面的垂直，可直接在该投影面的投影中反映出来。**如图4-25所示，直线A垂直平面P，因A∥H面，$P \perp$H面，故$a \perp p$。

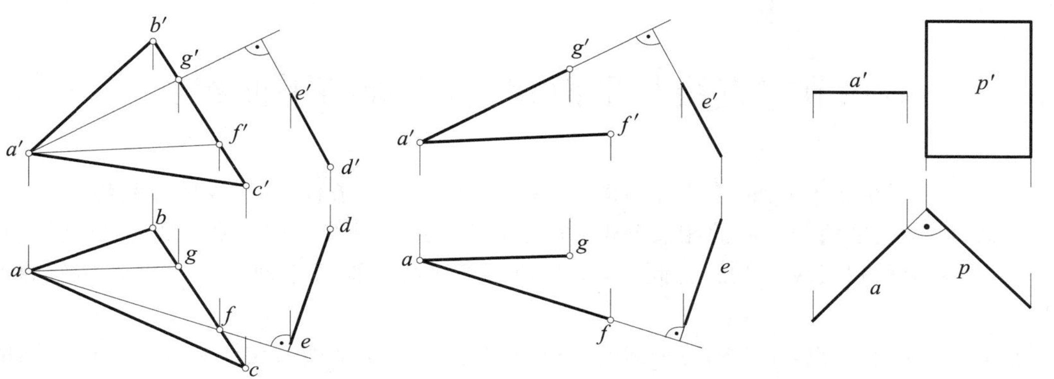

图 4-23　过点 D 作直线 $DE\perp\triangle ABC$　　图 4-24　过点 A 作平面 $\perp E$　　图 4-25　H 面平行线垂直 H 面垂直面

二、平面与平面垂直

1. **若一平面上有一直线与另一平面垂直，则两个平面互相垂直。**如图 4-26 所示，由投影可以知道，$\triangle DJK$ 上有一直线 DE 垂直于$\triangle ABC$，故两个三角形互相垂直。

［**例 4-12**］　如图 4-27 所示，已知$\triangle ABC$ 和直线 DJ。过直线 DJ 作一平面，垂直于$\triangle ABC$。

［**解**］　过 DJ 上任一点如 D，作任意长度的直线 DE 垂直$\triangle ABC$，则 DJ 和 DE 所确定的平面即为所求。

2. 在特殊情况下，**当两平面都是同一投影面的垂直面时，则两平面间的夹角或两平面的互相垂直，都可直接在两平面的积聚投影中反映出来。**如图 4-28 所示，平面 $P\perp$ 平面 Q，因 $P\perp$H 和 $Q\perp$H，故 P 和 Q 的 H 面积聚投影 p 和 q 间的夹角，反映了 P 和 Q 间的夹角以及垂直时的直角。

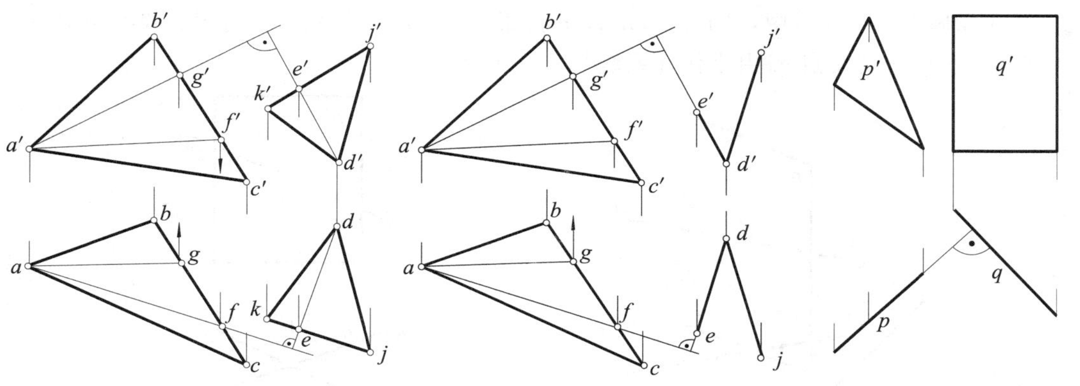

图 4-26　$\triangle ABC\perp\triangle DJK$　　图 4-27　过 DJ 作平面$\perp\triangle ABC$　　图 4-28　两 H 面垂直面互相垂直

第六节　直线与平面相交,平面与平面相交

直线与平面相交于一点,该点称为**交点**;两平面相交于一条直线,该线称为**交线**。

直线与平面、平面与平面的相交问题,主要是求交点和求交线的问题。即已知直线、平面的投影,求交点和交线的投影。此外,还要判别直线与平面或平面与平面重影部分的可见性。

直线与平面的交点,是直线与平面的公有点,交点既位于平面又位于直线上。两平面的交线是两平面公有的直线,一般可求出交线上两点来连得交线。如能先定出交线的方向,则只要求出一点,利用方向来定出交线的位置,可以简化作图。

直线和平面的交点,两平面的交线求法,最基本的有下列三种:

1. **积聚投影法**——当直线或平面有积聚投影时,可利用积聚投影来求交点或交线。
2. **辅助平面法**——当直线或平面无积聚投影时,则利用辅助平面来求交点和交线。
3. **辅助直线法**——利用交点位于平面内一直线上作图,此线称为辅助线。

但是这三种方法也不是截然分开的,如作辅助平面时,就要尽量作具有积聚投影的辅助平面等;有时作图线相同,仅是假设的不同而已。

下面根据直线、平面有否积聚投影来叙述六种相交的情况。

一、一般直线与特殊位置平面相交——平面有积聚投影

1. **一般直线与特殊位置平面相交,可利用平面的积聚投影与直线同名投影的交点,直接求出交点的其余投影**,如图4-29所示。直线AB与H面垂直面P相交于点K。因点K为直线AB和P面共有,故点K的H面投影k必在AB的H面投影ab上,也应在P面的H面积聚投影p上,即k必是p与ab的交点。

故在投影图4-29(b)中,已知直线AB的投影ab和$a'b'$及平面P的积聚投影p和p'。可先求出ab与p的交点k;由之作连系线与$a'b'$交得k'。

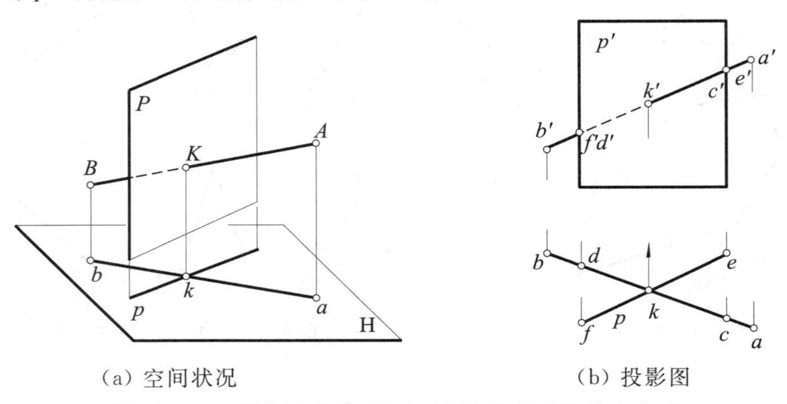

(a) 空间状况　　(b) 投影图

图4-29　一般位置直线AB与H面垂直面P的交点K

2. **判别投影图中直线与平面重影部分的可见性时,认为平面是不透明的。这时,重影部分的直线必以交点为界,被平面遮住而不可见的一段,其投影用虚线表示。**如图4-29

(b)，在 V 面投影中，p'范围以外的直线段$a'c'$和$b'd'$，当空间由前向后观看时，由于线段 AC 和 BD 未被 P 面遮住故均为可见，$a'c'$和$b'd'$画成实线。在 p'范围内的直线段$c'd'$，即重影部分，其对应的线段 CD，必以 K 为界，一段可见，一段不可见。**其判别方法有二：**

(1) **直接观察法**——因 P 面的 H 面投影有积聚性，故由 H 面投影可以看出，ck 位于 p 的前方，即空间 CK 位于 P 面前方，故由前向后朝 V 面观看时，CK 是可见的，因而把其投影$c'k'$画成实线；kd 位于 p 的后方，即 KD 被 P 面遮住而不可见，故 $k'd'$画成虚线。虚、实线的分界点为 k'。

(2) **重影点法**——可由直线与 P 面边线重影点的可见性来判别。如图 4-29(b)中，利用直线 AB 上 C 点和平面右侧边线上 E 点的重影点$c'e'$来判别。由于 c 位于 e 的前方，故由前向后看时，C 点可见而它所在的线段是可见的，因而 $c'k'$画成实线；而另一段 $k'd'$画成虚线。也可由直线与平面左侧边线的重影点 $f'd'$来判别。

图 4-29(b)的 H 面投影，因 P 面积聚成直线，故由上向下朝 H 面观看时，AB 直线上除 K 点外，其余未被 P 面遮住而可见，故 H 面投影 ab 都用实线表示。

为了明确地在图上判断可见性的正确性，故以重影点法为佳，但直接观察法的优点是可树立空间想象力。

二、投影面垂直线与一般位置平面相交——直线有积聚投影

1. **投影面垂直线与一般位置平面相交，由于直线的积聚投影也是交点的投影，故成为平面上一点的一个投影已知而求另外的投影问题。**如图 4-30 所示，求作 H 面垂直线 L 与$\triangle ABC$ 的交点 K。

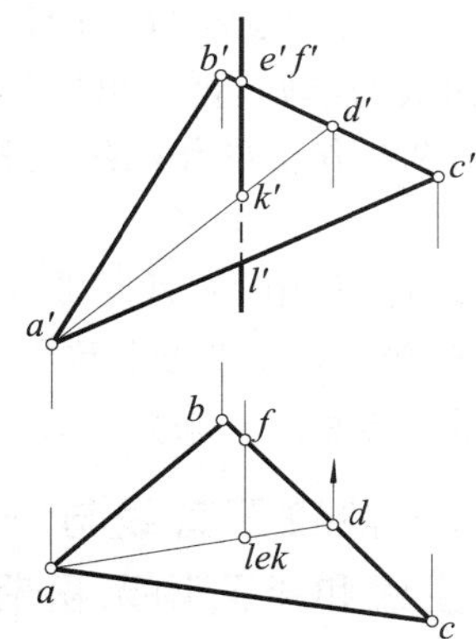

图 4-30　H 面垂直线 L 与$\triangle ABC$ 的交点 K

因直线 L 的 H 面投影 l 积聚成一点，由于交点 K 在 L 上，故 k 与 l 重合。又因 K 在$\triangle ABC$ 上，故求 K 点的 V 面投影 k'时，可在$\triangle ABC$ 上过点 K 作一辅助直线如 AD，即在$\triangle abc$ 内过 k 作辅助线 ad，再求出 $a'd'$，即可与 l'交得 k'。

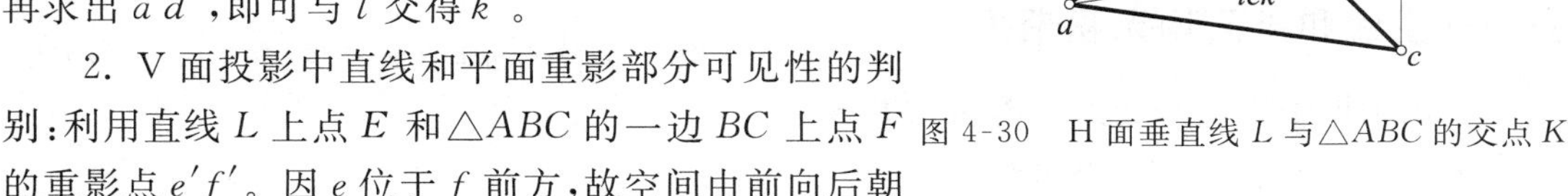

2. V 面投影中直线和平面重影部分可见性的判别：利用直线 L 上点 E 和$\triangle ABC$ 的一边 BC 上点 F 的重影点$e'f'$。因 e 位于 f 前方，故空间由前向后朝 V 面观看时，点 E 可见，即 L 上一段 EK 可见，因而 $e'k'$画成实线。k'点下方一段不可见而画成虚线。

直接观察时，由于在 H 面投影中，明显地 ac 位于 l 之前，故空间 AC 位于 L 之前，而 L 位于后。故在 V 面投影中，可判断出靠近 $a'c'$的 l'上位于 k'下方的一段应画成虚线。

三、两个特殊位置平面相交——两平面有同名的积聚投影

1. **垂直于同一个投影面的两个平面的交线，也垂直于该投影面。**如图 4-31，为两个 H 面垂直面 P 和 R 相交。因为它们都垂直于 H 面，故它们的交线 LK 也垂直于 H 面，其 H 面投影积聚成一点，就是 p 和 r 的交点 lk。由之作连系线，就可定出 $l'k'$，它的长度仅为两平面 V 面投影中共有的一段 $l'k'$。

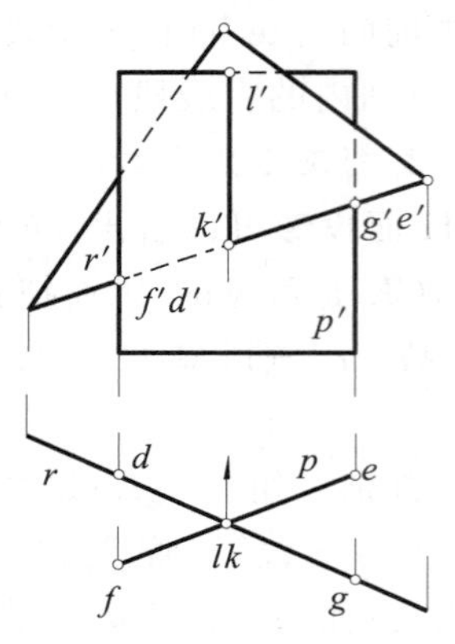

图 4-31　两个 H 面垂直面 P 和 R 的交线 KL

2. V 面投影中重影部分的可见性，可根据 H 面投影中 p 和 r 的前后位置来直接判定。如在 KL 右方，p 位于 r 之后，故 V 面投影中 p' 的上方水平边线和右竖直边线各有不可见的一段应画成虚线；也可利用两个平面上重影点 $g'e'$ 或 $f'd'$ 来判定，如图 4-31 所示。

四、一般位置平面和特殊位置平面相交——一个平面有积聚投影

1. 一般位置平面与特殊位置平面相交，可以用求一般位置直线与特殊位置平面交点的方法，求出一般位置平面上两条直线与特殊位置平面的两个交点来连得交线；也可利用交线的一投影必在特殊位置平面的积聚投影上，通过在一般位置平面上作直线的方法来求得交线。

如图 4-32 所示，求作一般位置的△ABC 与 H 面垂直面 P 的交线 KL。可参考图 4-29 的作法，分别求得三角形上一般位置的边线 AB 和 AC 与 H 面垂直面 P 的交点 K 和 L 的投影 k 和 l 及 k' 和 l'，再连得交线的投影 kl 和 $k'l'$。

也可以按照交线 KL 的 H 面投影 kl 必积聚在 p 上而成为已知，再求出 $k'l'$ 的方法来作出。

以上两种作法的作图线是相同的，仅是设想不同。

2. 最后，利用 H 面投影中△abc 与 p 的前后位置来判定 V 面投影上重影部分的可见性；也可利用重影点如 $e'f'$ 来判定。

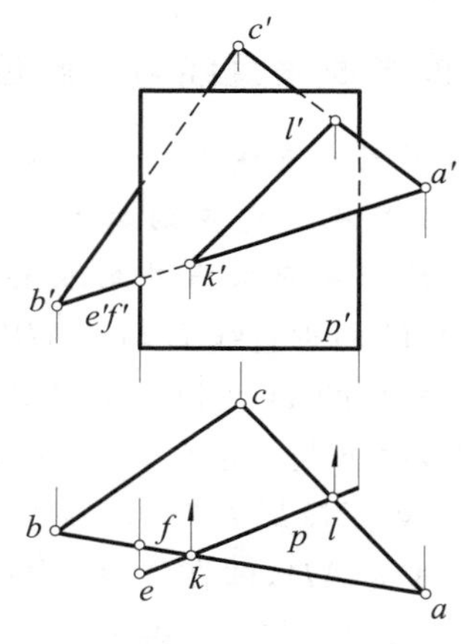

图 4-32　H 面垂直面 P 与△ABC 的交线 KL

五、一般位置直线与一般位置平面相交——直线和平面均无积聚投影

1. 用辅助平面法求交点。求直线和一般位置平面的交点，可按以下三个步骤：

(1) **过已知直线作一辅助平面垂直于某投影面；**

(2) **求出辅助平面与已知平面的辅助交线；**

(3) **辅助交线与已知直线的交点，即为已知直线和平面的交点。**

如图 4-33 所示，求一般位置直线 DE 与△ABC 的交点 M。首先过 DE 作一个 H 面垂直面 P 为辅助平面，则 p 重叠于 de；再用图 4-32 方法，求出 P 面与△ABC 的辅助交线 KL（kl，$k'l'$）；最后求出 KL 与直线 DE 的交点 M（m，m'），即为所求。投影图中是先由 kl 求出 $k'l'$，由它与 $d'e'$ 的交点 m'，再求得 m 的。

2. 在平面上用辅助直线法求交点：△ABC 上有一辅助直线 KL 通过交点 M，该线的 H 面投影 kl 重叠于直线 DE 的 H 面投影 de 上，点 k 和 l 在△abc 的边线上。于是由 k，l 求出 k'，l'，连线 $k'l'$ 与 $d'e'$ 交得 m'，由之作出 m。

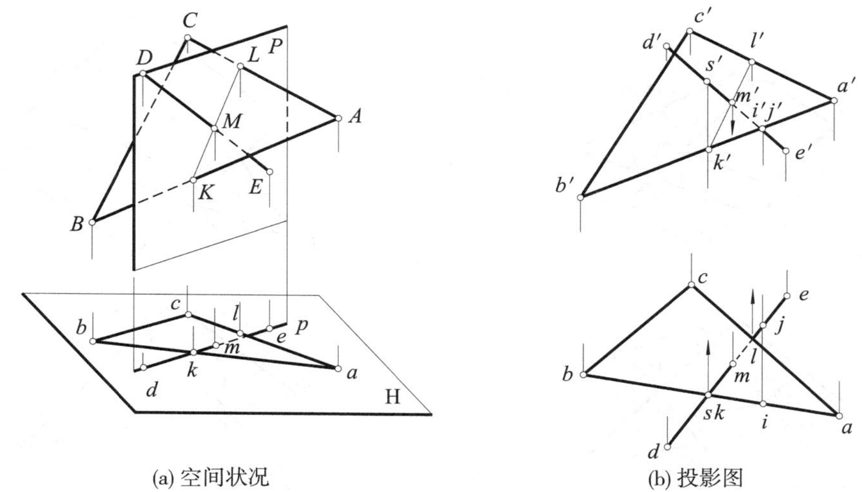

(a) 空间状况　　　　(b) 投影图

图 4-33　一般位置直线 DE 与一般位置△ABC 的交点 M

作图过程完全相同于辅助平面法，仅是设想的不同。上述两方法主要适用于无积聚投影的一般位置直线和投影面平行线，但也适用于投影面垂直线。在图 4-30 中，可过 H 面垂直线作一个 H 面垂直面为辅助平面，其 H 面投影如选为与图中 ad 重合，则由之求出 $a'd'$，与 l'交得 k'。作图线与原来完全相同，也仅是设想的不同而已。

3. 投影图中可见性的判别：可用重影点法。由于两个投影都有重影，故对每个投影均应分别判定。

在 H 面投影中，取 de 与三角形一边 ab 的重影点 s，k，由之作出 s'，k'，因 s'高于 k'，故空间由上向下朝 H 面观看时，S 为可见点，K 为不可见点，因而线段 SM 可见，故 sm 画成实线；以交点 M 为分界点的另一段 ML 则不可见，故 ml 画成虚线。

在 V 面投影中，取 $a'b'$与 $d'e'$的交点 i'，j'为重影点。由此定出 i，j，因 j 位于后方，故空间由前向后朝 V 面观看时，J 点为不可见，故线段 $m'j'$画成虚线，以交点的投影 m'为分界点的另一段就画成实线。

六、两个一般位置平面相交——两平面均无积聚投影

1. 用直线与平面的交点作图：求两个一般位置平面的交线，可先求出两个平面上任意两条边线对另一个平面的两个交点，然后连线取两平面的公共部分。这两条边线可属于同一个平面，也可分属于两个平面。

(1) 解题前，先观察**投影图上没有重影的平面图形边线，它们不可能与另一平面在边线范围内有交点**。故不必求取这种边线对另一平面的交点。如图 4-34 中边线 BC，AC，EF，DG。

(2) 如图 4-34 所示，已知△ABC 与四边形 $DEFG$ 的两面投影，求交线 MN 的投影。可根据图 4-33 的方法，先求出四边形中两条边线如 DE 和 FG 与△ABC 的交点 M 和 N，再连得交线 MN，作法如图所示。

在投影图中，不重影部分的边线，说明在空间没有被遮住而画成实线。至于重影部分的

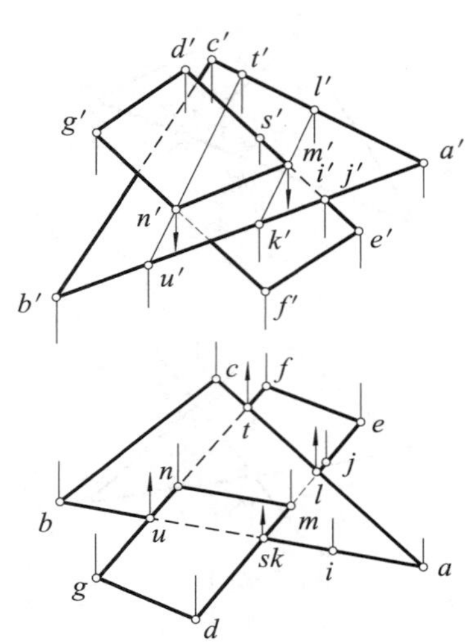

图 4-34　两平面的交线 MN(全交)

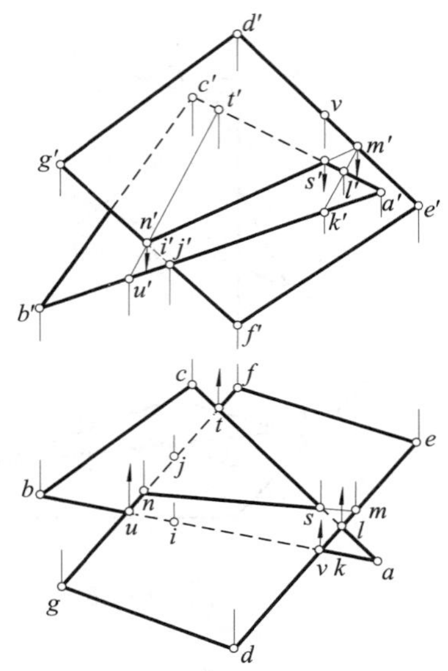

图 4-35　两平面的交线 NS(半交)

可见性,可按直线与一般位置平面相交的可见性来判别,交线为可见与不可见的分界线。由重影点判别可见性,如图 4-34 所示。

(3) 图 4-35 也为求$\triangle ABC$与四边形 $DEFG$ 的交线。但此图中,投影 $d'e'$ 与$\triangle a'b'c'$的交点 m' 已越出$\triangle a'b'c'$的范围,点 M 实际上是 DE 与$\triangle ABC$ 平面扩大后的交点。连线 MN 与 AC 交于点 S,可知实际的交线仅为线段 NS。

图 4-34 中两平面的相交,称为**全交**,即一个平面完全穿过另一个平面;图 4-35 中两个平面则称为**半交**,即两个平面只交到一部分。

2. **直接用辅助平面作图:求两个一般位置平面的交线,也可取具有积聚性投影的平面,一般取两个投影面的平行面为辅助平面,分别求出它们与两个已知平面的辅助交线,每个辅助平面上两条辅助交线的交点,是所求交线上的点。两个辅助平面共求得两点,它们的连线,即为所求交线。**

如直观图 4-36(a)所示,两已知平面分别由平行两直线 A,B 和相交两直线 C,D 所确定,它们的交线为 E。

作一个 H 面平行面 P 为辅助平面,与已知两平面的辅助交线为 FG 和 IJ。它们的交点为 K。

同样地再作一个 Q 面,得到另一个交点 L。则连线 KL 即为两已知平面的交线。

图 4-36(b)为投影图,作图过程如图所示。

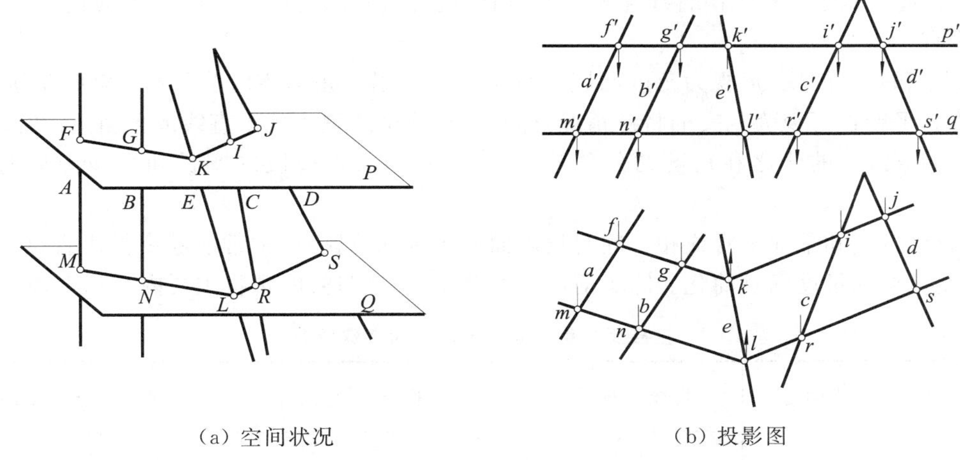

(a) 空间状况　　(b) 投影图

图 4-36　辅助平面法求两平面交线

第七节　点、直线和平面的图解方法

一、图解问题

画法几何中，根据几何形体的一些已知投影，要求在满足某些几何条件的情况下，利用几何原理和投影特性，作出几何形体本身或另外几何形体的投影；或者解决几何形体本身的或相互间的形状、大小、方向和距离等问题，都称为**图解问题**。为了区别起见，前者称为**定位问题**。后者称为**量度问题**。例如：已知两平面的投影，求作交线的投影，是定位问题；求夹角的实大，是量度问题。包含有量度的定位问题，如求作一平面平行一已知平面且成某一已知距离，仍作为量度问题。

关于点、直线和平面的图解问题，不少以前已经叙述过，现再总述如下。

1. 定位问题，可分为以下几种：

(1) 从属问题——①直线上点；②平面上点和直线。

(2) 相联问题——①过两点作一直线；②过不在同一条直线上三点、一直线和线外一点、两相交直线、两平行直线作一平面。

(3) 相交问题——①两直线的交点；②直线与平面的交点；③两平面的交线；④三平面的交点。

2. 量度问题，可分为以下几种：

(1) 直线和平面本身的量度问题——①直线段的实长；②平面图形的实形。

(2) 距离问题——①两点间距离；②一点与一直线间距离；③两平行直线间距离；④两交叉直线间距离；⑤点与平面间距离；⑥平行的直线与平面间距离；⑦两平行平面间距离。

(3) 角度问题——①两直线间的夹角(相交或交叉)；②一直线与平面间的夹角(包括直线对投影面的倾角)；③两平面间的夹角(包括平面对投影面的倾角)。

(4) 平行问题——①两直线互相平行；②直线与平面互相平行；③两平面互相平行。

(5) 垂直问题——①两直线互相垂直(相交或交叉);②直线与平面互相垂直;③两平面互相垂直。

平行和垂直问题,可视为角度问题的特殊情况。当夹角为零时为平行;当夹角为90°时为垂直。平行也可视为相交的特殊情况,即将交点或交线视为位于直线或平面上无穷远处。

又如直线段的分比和角度的分角等问题,可归结为直线段的实长和平面图形的实形问题。

当点、直线和平面本身或相互间对投影面处于特殊位置时,常常能够由投影直接反映量度,或使定位和量度问题简化。除了前面各章节中已有叙述外,现将主要内容列于表4-3中。

表 4-3　　直接反映量度或便于定位的特殊情况

直线平行投影面	直线垂直投影面	平面平行投影面	平面垂直投影面
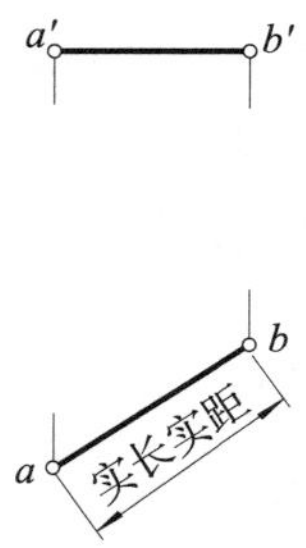 线段实长 两点实距	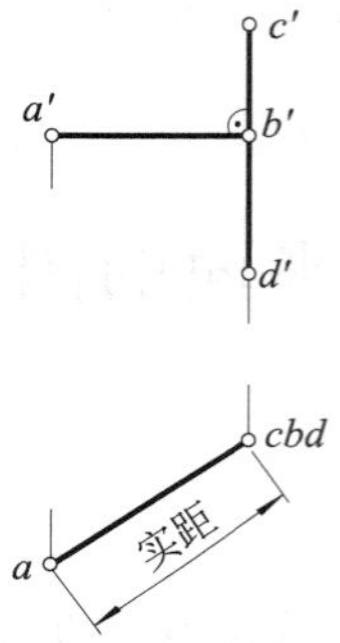 点与直线实距 两直线垂直	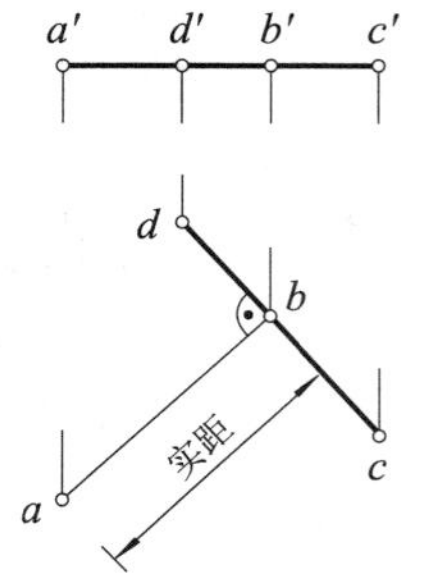 点与直线实距 两直线垂直	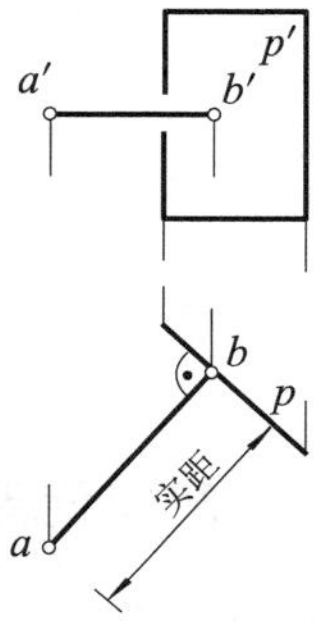 点与平面实距 直线垂直平面
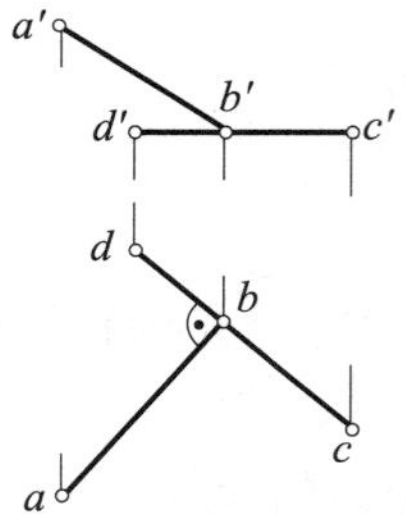 两相交直线垂直	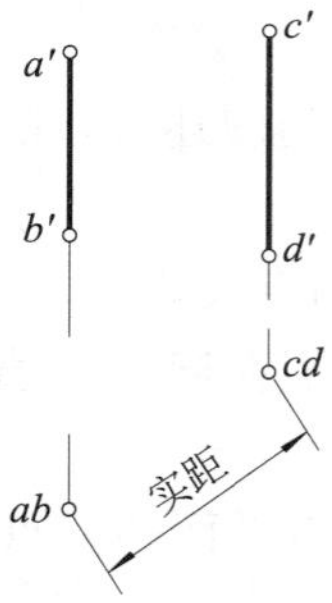 两平行直线实距	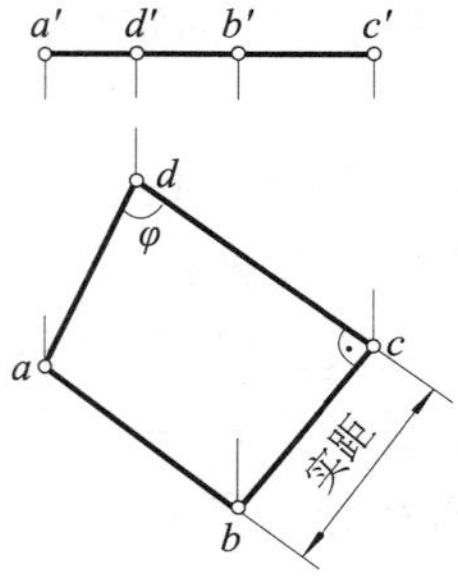 平面实形 两相交直线夹角 两平行直线实距	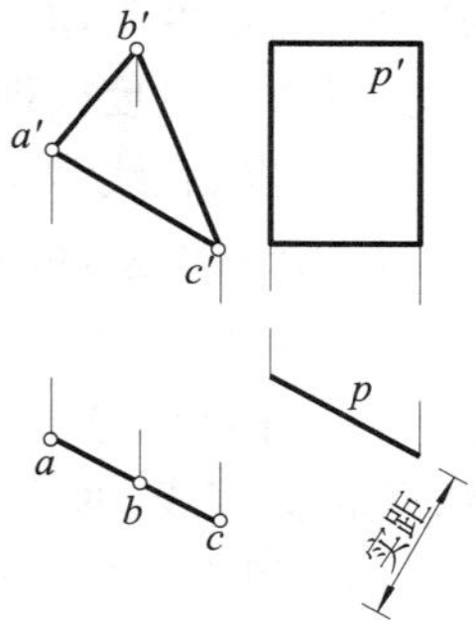 直线与平面间实距 两平行平面实距

续表

直线平行投影面	直线垂直投影面	平面平行投影面	平面垂直投影面
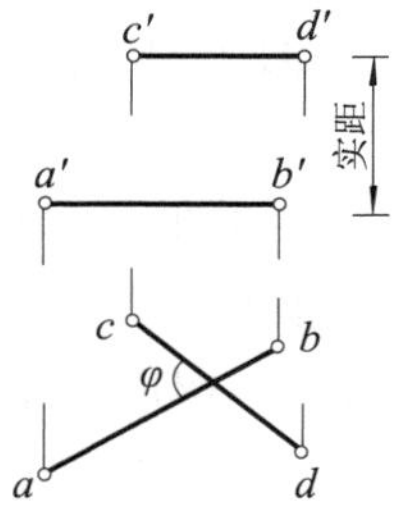 两交叉直线的实距 两交叉直线的夹角	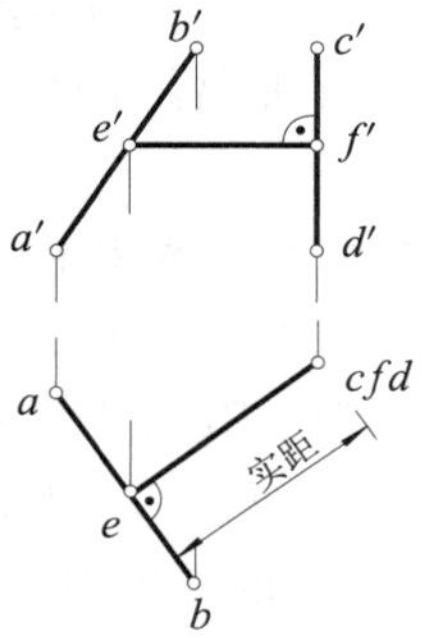 两交叉直线公垂线和实距	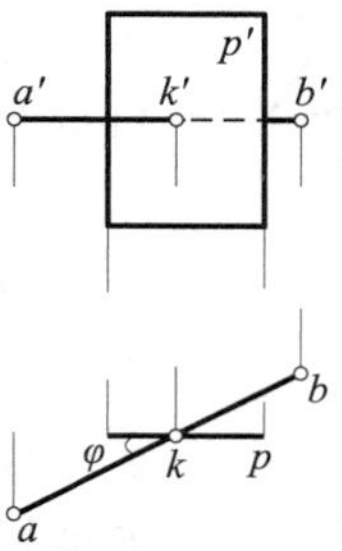 直线与平面的夹角	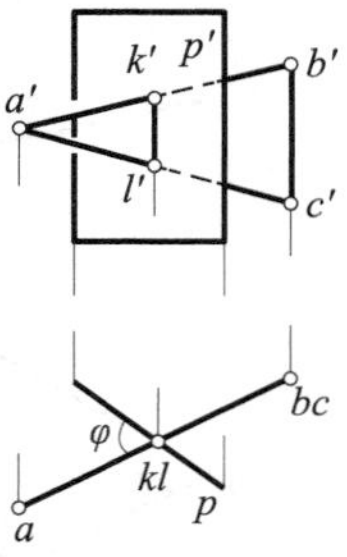 直线与平面的交点 两平面的交线 两平面的夹角

当直线和平面处于一般位置时，除了前面章节已有叙述外，下面将有关距离、角度和作图题的解法，分别予以介绍。

二、一般位置情况下距离问题解法

1. **两点间距离**——两点间距离，即为连接两点的线段实长。当连线为一般位置时，可用图 3-4 所示的直角三角形法解。

2. **一点到一直线间距离**——过点向直线作垂线，求出垂足。则点到垂足的距离，即为点到直线间的距离。

如直线为某投影面平行线，则可用图 3-22 所示方法解。

如直线为一般位置直线，则可过点作一平面垂直于直线；求出交点，则已知点到交点间的距离，即为点到直线间的距离。也可以求出点和线所组成的平面图形如三角形的实形（参考图 4-40 作图）；再在实形中求出点到线间的距离。

［例 4-13］ 已知点 A 和直线 BC，求点 A 与直线 BC 间距离，如图 4-37 所示。

［解］ 过点 A 作一平面垂直于 BC，故过点 A 作一条长度任意的垂直于 BC 的 H 面平行线 M，使 m' 水平，$m \perp bc$；再作一条垂直 BC 的 V 面平行线 N，使 n 水平，$n' \perp b'c'$。则直线 M 和 N 所确定的平面，垂直于 BC。再求出该平面与 BC 的交点 F。最后，求出连线 AF 的真实长度（A_0f），即为 A 到 BC 的距离。

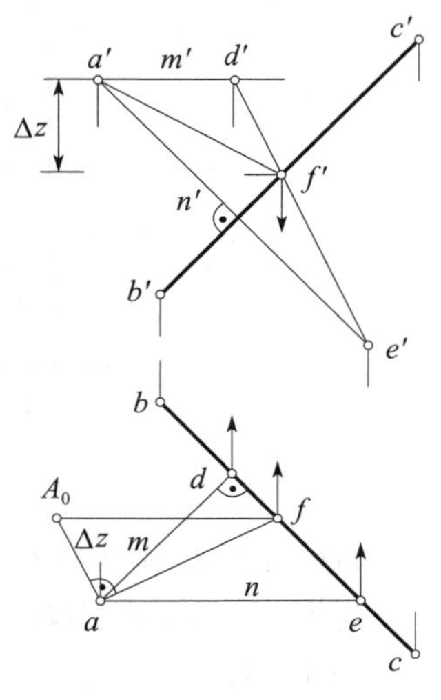

图 4-37　求 A 与 BC 间距离

3. **两平行直线间距离**——任一直线上任一点到另一直线间距离即是。

4. **点与平面间距离**——过点作一直线垂直该平面，求出垂足，则已知点到垂足间距离，即为点到平面间距离。

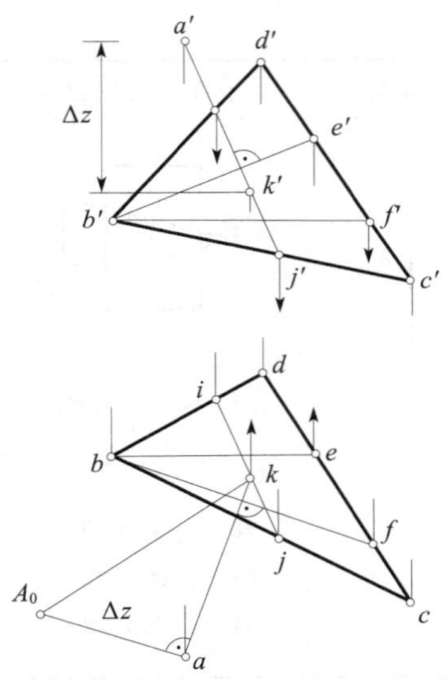

图 4-38　求点 A 与△BCD 的距离

［例 4-14］　已知点 A 和△BCD，求点 A 与△BCD 间距离，如图 4-38 所示。

［解］　过点 A 作一直线垂直△BCD，可利用△BCD 上 H 面平行线 BF 和 V 面平行线 BE 来作出，如图所示。并求出垂足 K，再求 AK 的实长（kA_0），即为 A 与△BCD 间距离。

5. **两交叉直线间距离和公垂线**——如图 4-39(a)所示，空间有交叉直线 LA 和 BC，过任一直线 BC 上任一点 B，引任意长度直线 $BD /\!/ LA$，则 BC 和 BD 构成一个平行于 LA 的平面 P。再过 LA 上任一点 A，向 P 引垂线 AK，垂足为 K。则 AK 的长度即为 LA 与 BC 的距离。

再过 K 引直线 $KM /\!/ LA$，必位于 P 面上，与 BC 交于点 M。再引直线 $MN /\!/ KA$，与 LA 交于点 N。MN 必垂直 LA 和 BC，为它们的公垂线，其实长即为 LA 和 BC 间的距离。

投影图如图 4-39(b)所示，已知两交叉线 LA 和 BC 的投影，过点 B 作任意长度直线 $BD /\!/ LA$（$bd /\!/ la$，$b'd' /\!/ l'a'$）。设 BC 和 BD 构成一个△BCD，按图 4-38 方法，作出点 A 到△BCD 的距离 kA_0，即为 LA 和 BC 间距离。

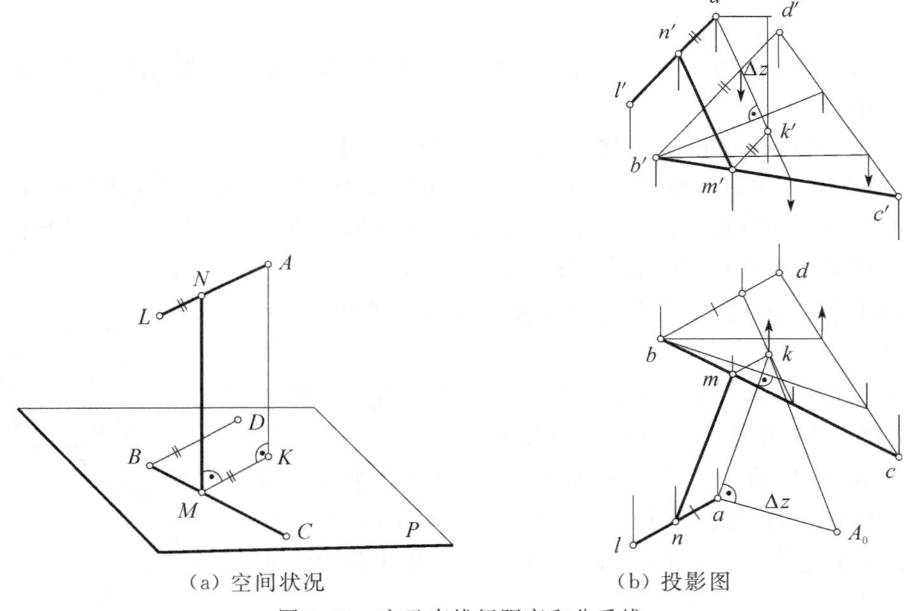

(a) 空间状况　　(b) 投影图

图 4-39　交叉直线间距离和公垂线

如再过点 K 作 $KM /\!/ LA$，与 BC 交于点 $M(m, m')$；再由点 M 作 AK 的平行线，与 LA 交于点 $N(n, n')$，则 $MN(mn, m'n')$ 即为 LA 和 BC 的公垂线，它与 AK 实长相等，也为 LA 和 BC 间距离。

6. **平行的直线和平面间距离**——为直线上任一点与平面间的距离。

7. **两平行平面间距离**——为任一平面上任一点到另一平面间的距离。

三、一般位置情况下角度问题解法

1. **两直线间的夹角——求相交的两条一般位置直线间夹角**，可任作一直线与角的两条边线相交，组成一个三角形。求出该三角形的实形，即可得出夹角的实大。

如求**交叉的两条一般位置直线间夹角**，可过任一直线上任一点，作一直线与另一直线平行，就成为求该相交两直线间夹角的问题。

［例 4-15］　求相交两直线 AB 和 AC 间夹角 φ 的实大，如图 4-40 所示。

［解］　作一直线 BK 与 AC 相交于点 K。为了作图方便，可作一条投影面平行线，如 H 面平行线 BK，则 bk 反映其实长。再求出 AB 和 AK 的实长（bA_{10}，kA_{20}），即可作出反映△ABK 实形的△bA_0k，则∠$bA_0k=\varphi$。

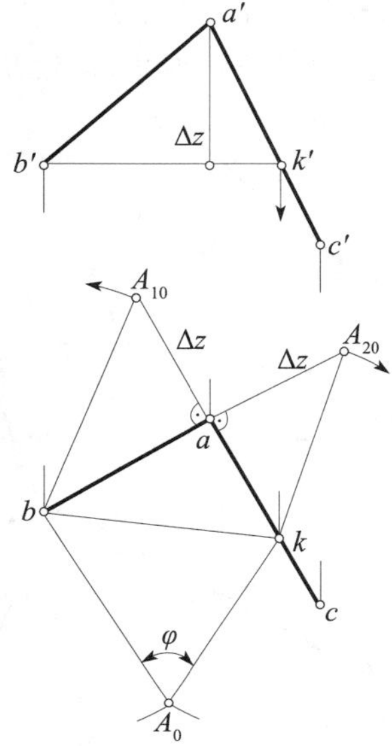

图 4-40　相交两直线间夹角

2. **直线与平面间的夹角**

（1）**直接求法**：过已知直线作一平面垂直于已知平面，求出两平面的交线，则交线与已知直线间的夹角，即为已知直线和平面间的夹角。空间状况如图 4-41 所示，求直线 AB 与平面 P 的夹角 φ，可过 AB 上任一点 A，向 P 面引垂线 AK，AK 和 AB 与 P 面的交点 K 和 B 间连线 KB 为通过 AB 且垂直于 P 面的平面与 P 面的交线。于是 AB 与 BK 间的夹角 φ，即为 AB 与 P 面间的夹角。

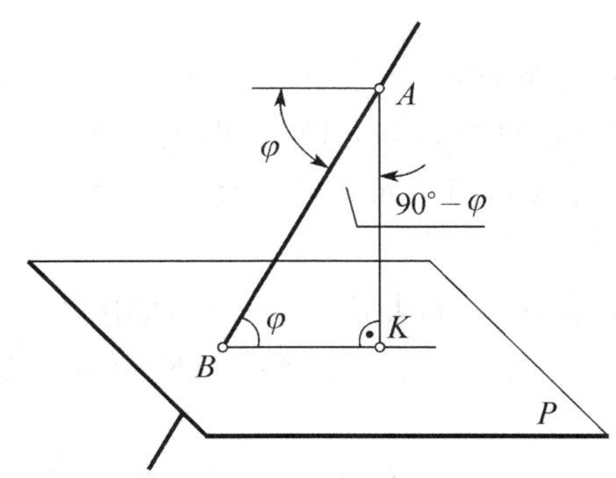

图 4-41　直线 AB 与平面 P 间夹角 φ 的空间示意图

（2）**求余角的间接方法**：如图 4-41 所示，AK 与 AB 间的夹角 BAK 为 φ 的余角，即等于 $90°-\varphi$，由其求出余角即为 φ。

［例 4-16］　求直线 AB 与△CDE 间夹角 φ 的实大，如图 4-42 所示。

［解］　设用间接法解：为了由 AB 上任一点 A，作直线 $AK\perp$△CDE，故在△CDE 上作 H 面平行线 CF 和 V 面平行线 CG，于是可作出 AK 的方向。

再作一条 H 面平行线 BK，利用前法，求出△BAK 的实形△bA_0k，则∠$bA_0k=90°-\varphi$，由此可定出余角 φ。

3. **两平面间的夹角**

(1) **直接方法**:作一个辅助平面垂直于已知两平面,交于两条交线,交线间的夹角即为两平面间的夹角。如图4-43所示,求平面P和Q间的夹角φ,作辅助平面垂直于平面P和Q,交线为BL和KL。它们之间夹角有两个,互为补角。除成直角外,一个为锐角,一个为钝角。两平面间夹角,以锐角为准。但此法较繁,通常用间接的方法。

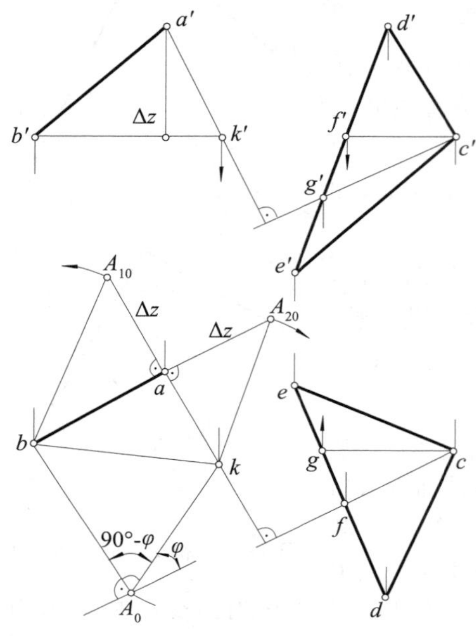

图4-42 AB与△CDE的夹角φ

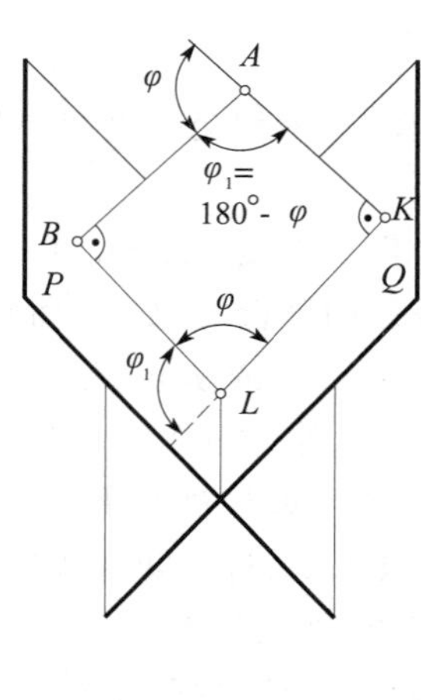

图4-43 两平面P、Q间夹角φ的空间示意图

(2) **求补角的间接方法**;空间状况如图4-43所示。可在空间任取一点A,分别向P和Q引垂线AB和AK。若它们之间的夹角为锐角,即表示两平面间夹角φ;本图中垂线间的夹角φ_1为钝角,则其补角φ才表示两平面间夹角大小,故本图中AB和AK夹角实为φ_1的补角,即$180°-\varphi_1$。

[**例4-17**] 求△CDE与△RST间夹角φ的大小,如图4-44所示。

[**解**] 任取一点A,分别向两个三角形引垂线AK和AB,都是利用垂直于两个三角形上投影面平行线作出的。

再取一条H面平行线BK,与AB和AK相交于点B、点K,求出表示△ABK实形的△A_0bk,因$\angle bA_0k<90°$,即表示两平面间夹角φ的大小。如大于90°,则其补角才为两平面间夹角。

四、图解问题的轨迹解法

一些图解问题,特别是综合性的图解问题,常可以分解成轨迹问题来解。

1. **轨迹**

满足某些几何条件的一些点和直线的总和,称为轨迹。

现列举常用的**几个基本轨迹**:

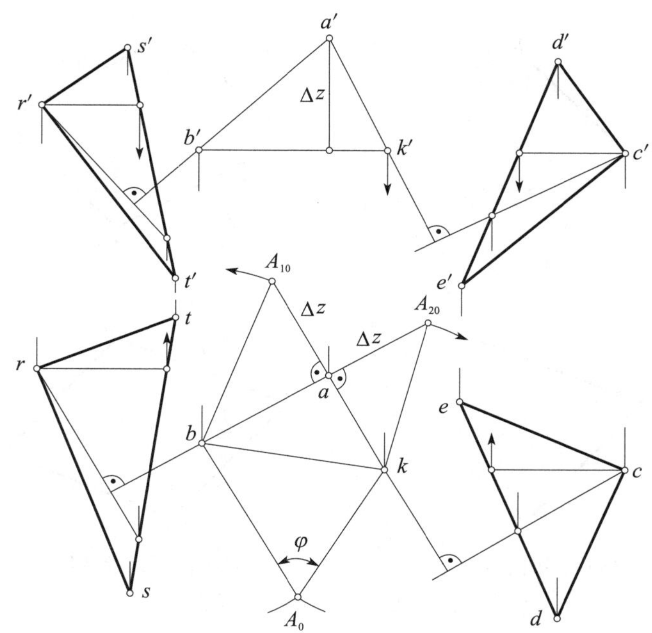

图 4-44　△CDE 与△RST 间的夹角 φ

（1）过一已知点且与已知一直线相交的直线的轨迹，是一个通过已知点与已知直线的平面。

（2）过一已知点且平行于一已知平面的直线的轨迹，是一个通过已知点且平行于已知平面的平面。

（3）过一已知点（交叉）垂直于一已知直线的轨迹，是一个通过已知点且垂直于已知直线的平面。

（4）与一已知直线相交，且与另一已知直线平行的直线的轨迹，是一个通过所相交的直线且平行于所平行的直线的平面。

（5）与一已知直线相交，且垂直于一已知平面的直线的轨迹，是一个通过已知直线且垂直于已知平面的平面。

2. ***作图题的轨迹解法举例***

［例 4-18］　已知矩形 $ABCD$ 的一边 AB 的投影 ab 及 $a'b'$，并知另一边 AD 的投影 ad，如图 4-45(a)所示，完成此矩形的两面投影。

［解］　只要作出 $a'd'$，即可利用矩形的对边平行的特性来完成全图。

因 $AD\perp AB$，故 AD 位于一个通过点 A 且垂直于 AB 的轨迹平面上。如作出此平面，则成为平面上一直线 AD 的一投影已知，求另一投影 $a'd'$ 的问题。

如图 4-45(b)所示，作一条 H 面平行线 AE，$a'e'$ 水平，$ae\perp ab$；再作一条 V 面平行线 AF，af 水平，$a'f'\perp a'b'$，则 AE 和 AF 所确定的平面垂直 AB。

再在该平面上任作一辅助线 $EF(ef,e'f')$，利用 ad 与 ef 的交点 g，求出 g'。再由连线 $a'g'$ 与 d 点连系线交得 d'。于是，可作平行四边形状的投影而完成全图。

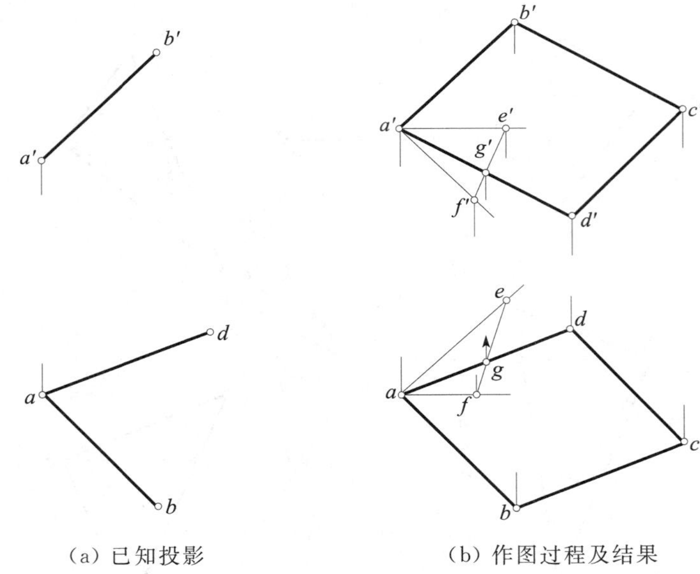

(a) 已知投影　　(b) 作图过程及结果

图 4-45　完成矩形的投影

五、点、直线和平面的综合作图题解法

根据前面介绍的一些作图题,总结如下:

1. **综合作图题的内容**

(1) 对象综合——包含有点、直线和平面等几何元素;

(2) 条件综合——包含已知条件、要求条件、解题性和作图方法等的综合。

2. **解题顺序**

(1) 空间分析;

(2) 确定解题方法;

(3) 投影作图;

(4) 总结答案结果。

3. **解题方法**

根据题意文字和图形中已知条件和要求条件,选择一种或综合的合适方法。

(1) 综合分析:如图 4-38 中求点与平面间距离的作图步骤;

(2) 利用轨迹方法;

(3) 分析已知条件和要求条件间的关系,如图 4-39(a)中分析情况;

(4) 辅助作图法:如图 3-5(b)中分析直线实长、倾角、投影长度和坐标差等关系的图形;

(5) 由分析要求对象或想象中的要求结果来得到的解题方法;

(6) 变更内容的间接方法,如图 4-41、图 4-43 利用余角、补角方法;

(7) 利用第五章的投影变换法等。

[例 4-19] 过已知点 A 作直线 AF,平行于已知△BCD,且与已知直线 E 相交于 F 点。已知条件如图 4-46(a)所示。

[解] 因 AF 平行于△BCD 而位于通过点 A 且平行于△BCD 的轨迹平面上;又 AF 与 E 相交而位于点 A 与直线 E 所构成的轨迹平面上,故 AF 为这两个轨迹平面的交线。由于

此交线上一点为 A，另一点实为直线 E 与平行△BCD 的轨迹平面的交点 F。

现如图 4-46(b)所示，过点 A 作 $AK/\!/BC$，$AL/\!/BD$，则 AK、AL 所确定的平面，即为过点 A 而平行于△BCD 的轨迹平面。

再求出 E 与该轨迹平面的交点 F，求法如图所示，则连线 $AF(af,a'f')$ 即为所求。

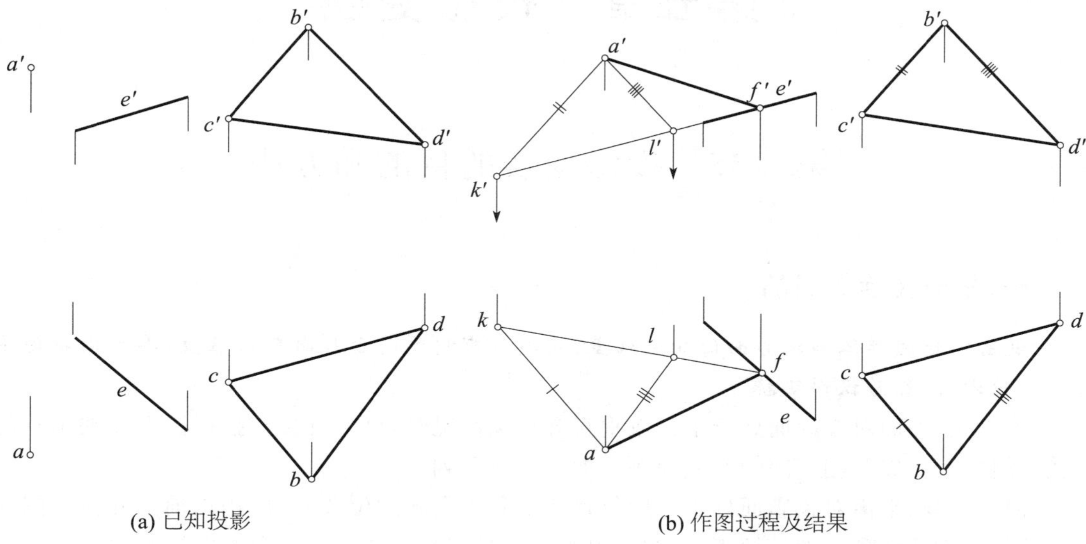

图 4-46　过点 A 作直线 AF 平行△BCD，且与直线 E 相交

复习思考题

(1)平面的表示法有哪两种？

(2)怎样在平面上取点？

(3)平面分为哪三类？它们与投影面各处于什么位置？

(4)投影面垂直面的投影有什么特性？投影面平行面的投影有什么特性？

(5)试述最大斜度线的定义和它的特性？

(6)试求△ABC 对 W 面的倾角 γ。

(7)如何判别一点是否位于一般位置平面内？

(8)怎样判别直线与平面、平面与平面是否平行？

(9)检验直线与平面是否垂直，为什么通常要使用该平面上的 H 面平行线和 V 面平行线是否垂直该直线来检查？

(10)一般位置直线与一般位置平面的交点，其求法分哪几个步骤？

(11)如何作出两个一般位置平面的交线？

第五章　投影变换

第一节　投影变换的目的和方法

一、投影变换的目的

设法把空间形体和投影面的相对位置，变换成有利于图示和图解的位置，再求出新的投影，这种方法，称为投影变换。

当直线、平面对投影面处于平行或垂直等特殊情况时，可以直接在投影图上反映出它的真实形状、大小以及相互间的有关问题。如表4-3所列。

但当直线、平面对投影面处于一般位置或不利于图解的位置时，应用以前的几何作图方法来图解，常常感到作图较烦琐，且图示也不够明显，为此，建立了投影变换的方法。

二、投影变换的方法

常用的变换方法有**辅助投影面法**和**旋转法**。

如图5-1所示，设有一个垂直于H面的△ ABC，它的H面、V面投影都不反映实形。为了使得其投影能够反映△ABC的实形，下面介绍两种投影变换的方法。

1. **辅助投影面法**。如图5-1(a)所示，设增加一个新的投影面 V_1，使其平行于△ABC。这时，△ABC 在 V_1 面上的投影△$a_1'b_1'c_1'$，就能显示出它的实形。

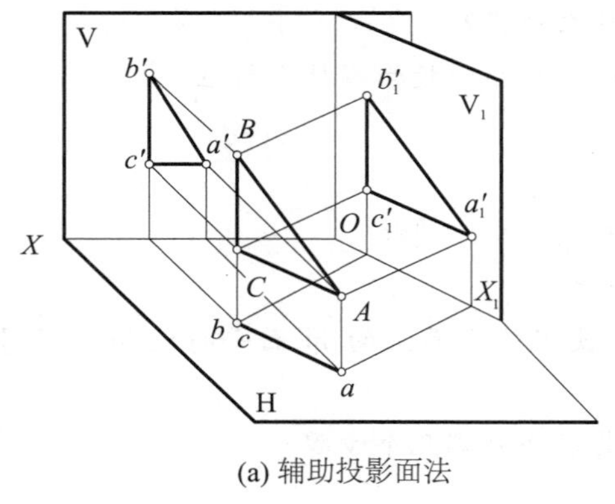

(a) 辅助投影面法

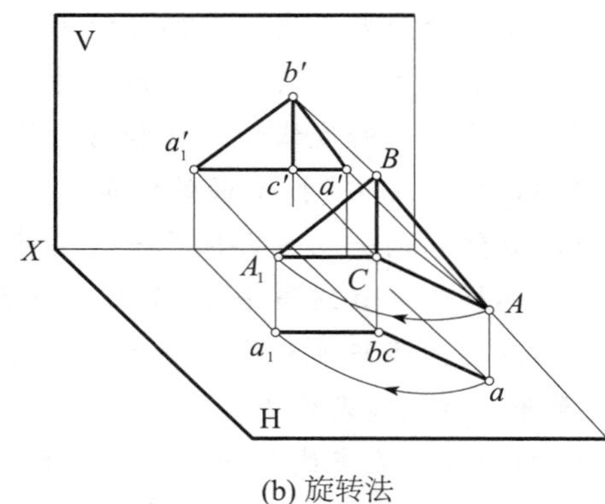

(b) 旋转法

图5-1　投影变换的方法

为了有别于原来的投影面H面、V面和W面，把新的投影面 V_1 称为**辅助投影面**，则新的投影就称为**辅助投影**。这种增加新投影面使得几何元素处于有利于图示和图解位置的投影变换方法，称为**辅助投影面法**(也称为换面法)。相对地，原来的H面、V面和W面可统称为**基本投影面**。

2. **旋转法**。如图 5-1(b)所示，设以△ABC上垂直于 H 面的一直线 BC 为轴，把△ABC旋转到与 V 面平行的位置△A_1BC，这时的 V 面投影△$a_1'b'c'$，也能显示出△ABC的实形。这种把几何形体围绕着轴线旋转来达到有利于图示和图解位置的投影变换方法，称为**旋转法**。

第二节　辅助投影面法

一、基本条件

辅助投影面的位置选择，应符合下列两个基本条件：

1. **辅助投影面必须垂直于一个已有的投影面，以便利用以前在两个互相垂直的投影面上的投影规律**。

2. **辅助投影面对几何元素必须处于有利于图示和图解的位置，如平行或垂直等**。

二、点的辅助投影——辅助投影的基本作图法

1. 一次变换。如图 5-2(a)所示，设置一个辅助投影面 V_1，使其垂直于 H 面，与 H 面交得投影轴 X_1，称为**辅助投影轴** X_1，再由点 A 作垂直于 V_1 面的投射线 Aa_1'，则垂足 a_1' 即为点 A 在 V_1 面上的**辅助投影**。

为了得到在同一个平面上的投影图，可先将 V_1 面绕 X_1 轴旋转入 H 面；再随同 H 面旋转入 V 面。所得投影图如图 5-2(b)所示，图中未画出投影面边框。V_1 面的旋转方向，应使得 H 面及 V_1 面的投影，位于 X_1 轴的两侧，以免两个投影重叠。

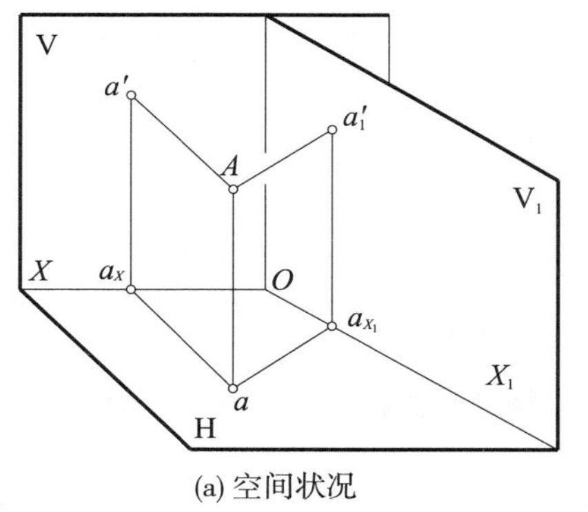

(a) 空间状况

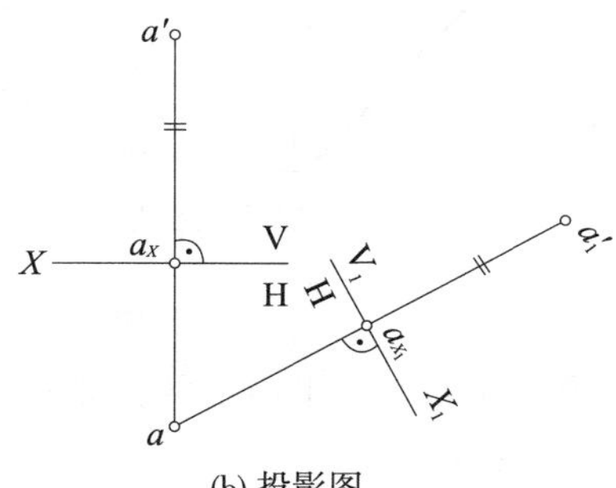

(b) 投影图

图 5-2　辅助投影面 V_1 垂直 H 面

在空间，Aa 和 Aa_1' 组成一个平面，与 X_1 轴交于一点 a_{X_1}，与 H 面、V_1 面交于直线 aa_{X_1} 和 $a_1'a_{X_1}$，均垂直于 X_1 轴。故旋转后，连系线 aa_1' 垂直于 X_1 轴；此外，图形 $Aaa_{X_1}a_1'$ 也为一个矩形，故 $aa_{X_1}=Aa_1'$，表示点 A 到 V_1 面的距离；$a_1'a_{X_1}=Aa=a'a_X$，即辅助投影到辅助投影轴的距离，同 V 面投影到 X 轴的距离一样，都表示点 A 到 H 面的距离。

作图时，如已知 X 轴，a，a'和 X_1 轴，可求出 a_1'。首先，由 a 作连系线垂直 X_1 轴，交点为

a_{X_1}；由此量取 $a_{X_1}a_1'=a_Xa'$，得 a_1'。

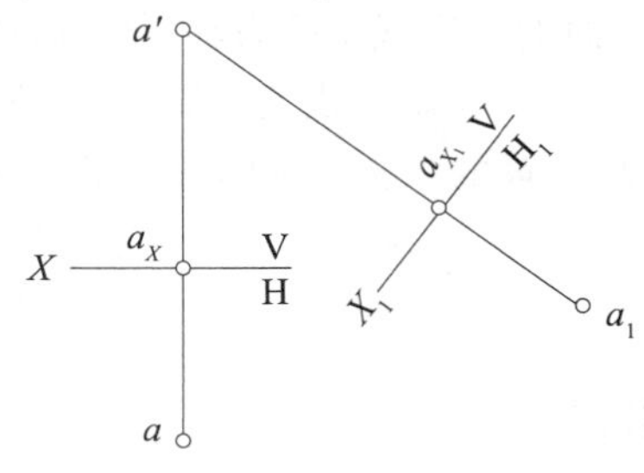

图 5-3　辅助投影面 $H_1 \perp V$

反之，当已知 X 和 X_1 轴以及 a 和 a_1'，也可求出 a'。

图 5-3 为辅助投影面 H_1 垂直于 V 面时，点 A 的投影图。图中，$a'a_{X1} \perp X_1$；$a_1a_{X1}=aa_X$，都表示点 A 到 V 面的距离。

同样，也可作辅助投影面垂直 W 面。

由上可知，当辅助投影面 V_1 垂直于 H 面时，好像由它负担起 V 面投影所起的反映到 H 面的距离，即它替换了原来的 H 面、V 面体系而变为 H 面、V_1 面体系。为方便起见，把辅助投影面所垂直的投影面，称为**保留投影面**，投影称为**保留投影**；与其原来垂直的投影面，称为**替换投影面**，投影称为**替换投影**。例如：V_1 面⊥H 面时，H 面为保留投影面；V 面即为替换投影面(图 5-2)，于是可得：

(1) **点的辅助投影与保留投影之间的连系线，垂直于辅助投影轴；**

(2) **点的辅助投影到辅助投影轴的距离，等于替换投影到原有投影轴的距离。**

2. 二次变换。在辅助投影面法中，有时需要连续加设两个或两个以上的辅助投影面。

如图 5-4 所示，连续加设两个辅助投影面。其中，除了第一个垂直于 H 面的 V_1 面外，又加设了第二辅助投影面 H_2，垂直于 V_1 面，其交线为辅助投影轴 X_2。点 A 在 H_2 面上的辅助投影为 a_2。

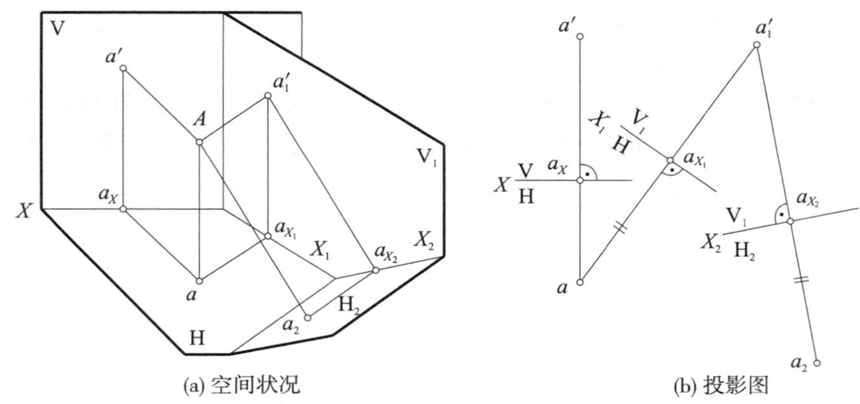

(a) 空间状况　　(b) 投影图

图 5-4　连续加设两个投影面

为了得到在同一个平面上的投影图，先将 H_2 绕 X_2 轴转入 V_1 面，再随同 V_1 旋转入 H 面，最后一起转入 V 面。

投射线 Aa_1' 与 Aa_2 也组成一个矩形平面，它与 X_2 轴交于 a_{X_2} 点，与 V_1 面和 H_2 面则分别交于直线 $a_1'a_{X_2}$ 和 $a_2a_{X_2}$，显然均垂直于 X_2 轴。故旋转后，连系线 $a_1'a_2 \perp X_2$ 轴。且 $a_2a_{X_2}=Aa_1'=aa_{X_1}$，表示点 A 到 V_1 面的距离；又 $a_1'a_{X_2}$ 表示点 A 到 H_2 面的距离。

现规定，第一个辅助投影面用编号 1 表示，第二个辅助投影面用编号 2 表示。凡垂直于用 H 面表示的投影面的辅助投影面用字母 V 表示，右下角加上编号。凡垂直于 V 面表示的投影面的辅助投影面，则用字母 H 表示，等等。凡用 V 表示的辅助投影面的投影，均于小写字母右上角加撇，如 a_1'。

三、直线和平面变换的六种基本情况

把直线和平面变换成特殊位置，可有六种基本情况：

情况一——辅助投影面平行一般位置直线，使一般位置直线的辅助投影反映实长和一个倾角。

如图 5-5(a)所示，有一般位置直线 AB。若设置 V_1 面平行直线 AB，且垂直于 H 面，则投影 $a_1'b_1'$ 必反映直线 AB 的实长及倾角 α。此时 X_1 轴必定平行 ab。

在投影图 5-5(b)中，设已知 ab 与 $a'b'$。首先，作任意远近的 X_1 轴，使其平行于 ab；其次，按点的辅助投影的基本作图法，求出 a_1'、b_1' 来连成 $a_1'b_1'$，即反映了 AB 实长；且 $a_1'b_1'$ 与辅助投影轴 X_1 及其平行线间的夹角，反映了直线的倾角 α 的实大。

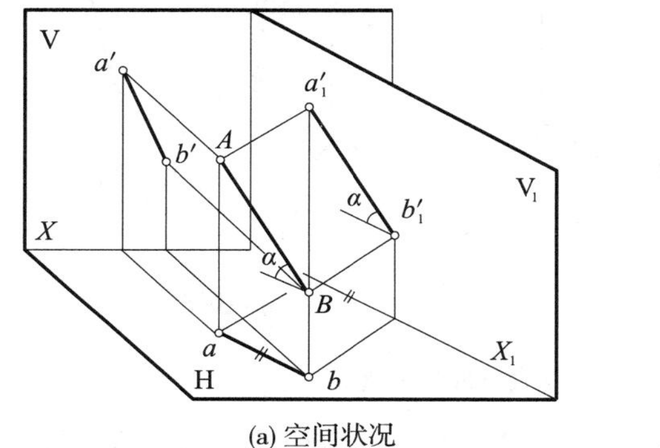

(a) 空间状况

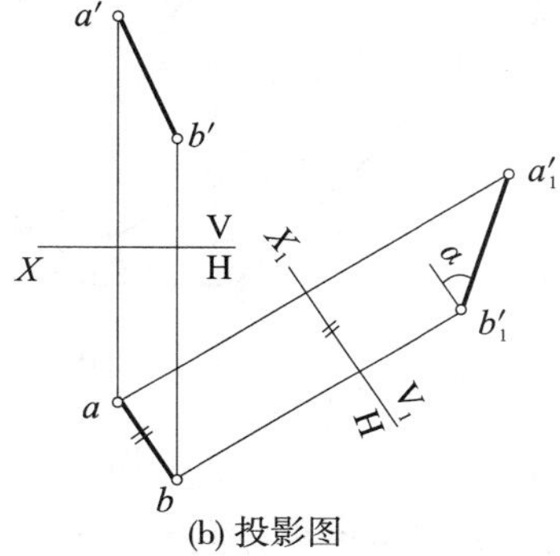

(b) 投影图

图 5-5　辅助投影面平行一般位置直线

若作出平行于 AB 且垂直于 V 面的辅助投影面 H_1，则除了求出直线的实长外，还求出倾角 β(图略)。

情况二——辅助投影面垂直投影面平行线，使投影面平行线的辅助投影积聚成为一点。

如图 5-6(a)，有 V 面平行线 AB。若设辅助投影面 H_1 垂直直线 AB，也必垂直 V 面。投影 a_1b_1 成为一点。此时辅助投影轴 X_1 必垂直于 $a'b'$。

在投影图 5-6(b)中，已知 ab 和 $a'b'$。作任意远近的 X_1 轴，使其垂直于 $a'b'$。按点的辅助投影作法，即可作得成积聚投影的一点 a_1b_1。

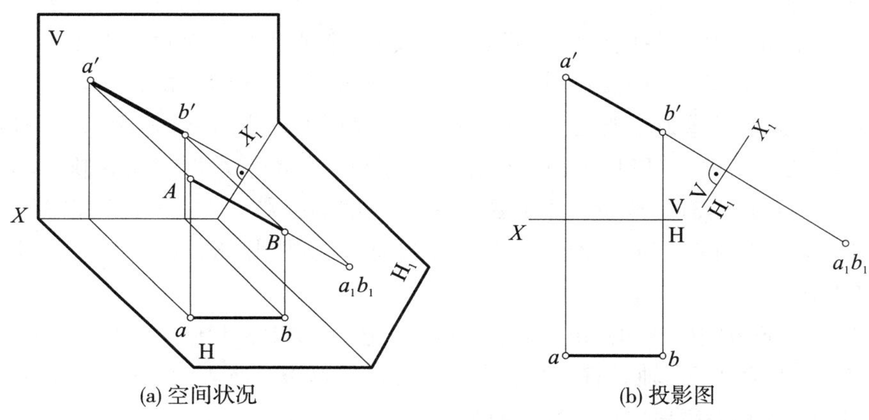

图 5-6　辅助投影面垂直 V 面平行线

情况三——辅助投影面垂直一般位置直线，使一般位置直线的辅助投影积聚成为一点。

如图5-7(a)所示，有一般位置直线 AB。若设 H_2 垂直 AB，则辅助投影成为一点。由于 AB 为一般位置直线，故垂直 AB 的辅助投影面也是一般位置，不垂直于基本投影面 H 或 V。故 H_2 面不符合直接作为辅助投影面的条件，必须先有一个既垂直基本投影面之一又垂直于 H_2 的辅助投影面作为过渡。此面既垂直 H_2，所以一定平行于垂直 H_2 的直线 AB。但此面可垂直于 H 面，也可垂直于 V 面甚至 W 面，只要平行 AB 即可。

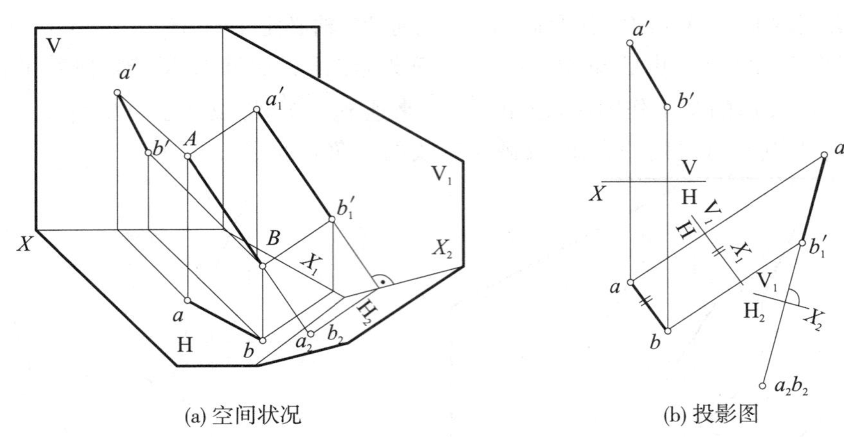

(a) 空间状况　　(b) 投影图

图5-7　辅助投影面垂直一般位置直线

为此，如图中设先作一个平行于直线 AB 且垂直于 H 面的辅助投影面 V_1；然后再作第二个辅助投影面 H_2 垂直 AB 也必垂直于 V_1 面。故本情况实际上为情况一和情况二的合成。

在投影图5-7(b)中，已知 ab 与 $a'b'$，先作 $X_1 /\!/ ab$，求出 $a_1'b_1'$；再作 $X_2 \perp a_1'b_1'$，即可作出积聚成一点的 a_2b_2。

一般位置直线，也可先设 $H_1 /\!/ AB$ 且垂直 V 面，再作 V_2 面垂直 H_1 面和 AB，求得成一点的投影 $a_2'b_2'$。

情况四——辅助投影面垂直于一般位置平面，使一般位置平面的辅助投影成为一直线，并反映一个倾角。

当辅助投影面垂直于一般位置平面上一直线时，则辅助投影面垂直于该一般位置平面。当这条直线为一般位置平面上的一条一般位置直线时，需要连续二次变换，才能使辅助投影成为一直线；如这条直线为一般位置平面上某基本投影面的平行线时，则只要一次变换就能使辅助投影成为一直线，并能反映该一般位置平面与该基本投影面之间的倾角。

如图5-8(a)所示，有一般位置平面△ABC。当辅助投影面 V_1 垂直于△ABC 上的一条直线 AD 时，也必垂直△ABC。若 AD 为一条 H 面平行线，则 V_1 面必垂直于 H 面。此时，X_1 轴垂直于 ad。

在投影图5-8(b)中，已知△abc 及△$a'b'c'$。先在△ABC 上作 H 面平行线如 AD，$a'd'$ 必为水平方向；然后作 X_1 轴垂直 ad，这时所作出的辅助投影 $a_1'b_1'c_1'$ 必成一直线。该直线与辅助投影轴 X_1 及其平行线间的夹角，反映了平面的倾角 α。

若先在△ABC 上作 V 面平行线，则与它垂直的、也与△ABC 垂直的辅助投影面 H_1 垂

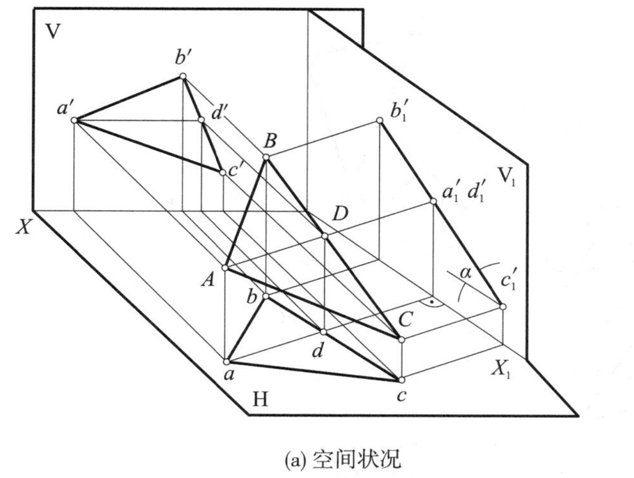

(a) 空间状况

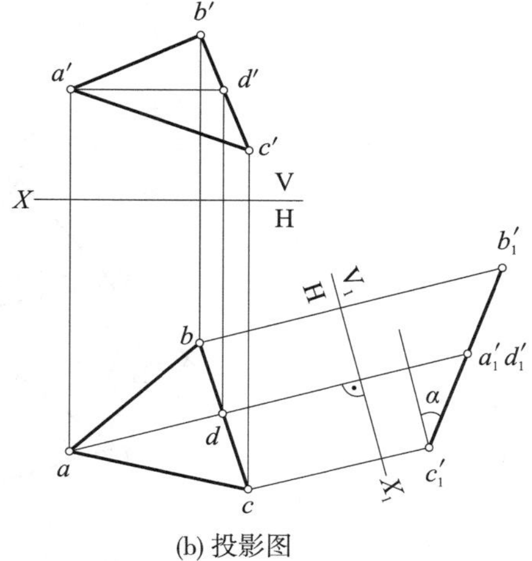

(b) 投影图

图 5-8　辅助投影面垂直一般位置平面

直 V 面，则作得的成一直线的投影 $a_1b_1c_1$，与辅助投影轴及其平行线间的夹角，反映了平面的倾角 β。

如在△ABC 上作一般位置直线时，则如情况三所述，需要进行两次变换，显然作图较繁。

情况五——辅助投影面平行投影面垂直面，使投影面垂直面的辅助投影反映实形。

如图 5-9 所示，有 V 面垂直面△ABC，其 V 面投影成一直线 $b'a'c'$。若作辅助投影面平行于△ABC，则必垂直于 V 面，其辅助投影反映实形。

此时，X_1 轴平行△ABC 的积聚投影 $b'a'c'$，求出△$a_1b_1c_1$，就反映了△ABC 的实形。

情况六——辅助投影面平行一般位置平面，使一般位置平面的辅助投影反映实形。

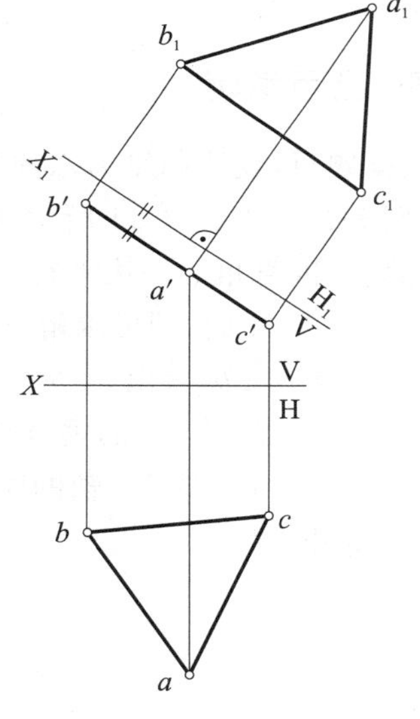

图 5-9　辅助投影面平行投影面垂直面

如图 5-10 所示，有一般位置平面△ABC，求其实形。若辅助投影面平行△ABC，则辅助投影面反映实形。但是，该辅助投影面也为一般位置，它不垂直 H 面和 V 面，故不符合直接作为辅助投影面的条件，必须先有一个既垂直于该辅助投影面，又垂直于 H 面或 V 面的另一个辅助投影面作为过渡。显然，这个面必垂直于△ABC，故实际上为情况四和情况五的合成。

(1)在△ABC 平面内作投影面平行线，现作正平线 AⅠ，其两投影分别为 $a1$ 及 $a'1'$。

(2)作 $X_1 \perp a'1'$，则在$\dfrac{V}{H_1}$体系内平面成为铅垂面，其新的 H_1 投影积聚成线 $a_1b_1c_1$。

第二次变换时，使 $X_2 /\!/ a_1b_1c_1$，则在$\dfrac{V_2}{H_1}$体系内△ABC 平面变成正平面，其新的 V_2 面投影△$a'_2b'_2c'_2$ 反映△ABC 的实形。

从平面的变换可见一般位置平面经一次变换投影面，可以变换 V 面也可以变换 H 面，就能变换为投影面垂直面。由此，可以求出一般位置平面与投影面所成的倾角，以及利用积

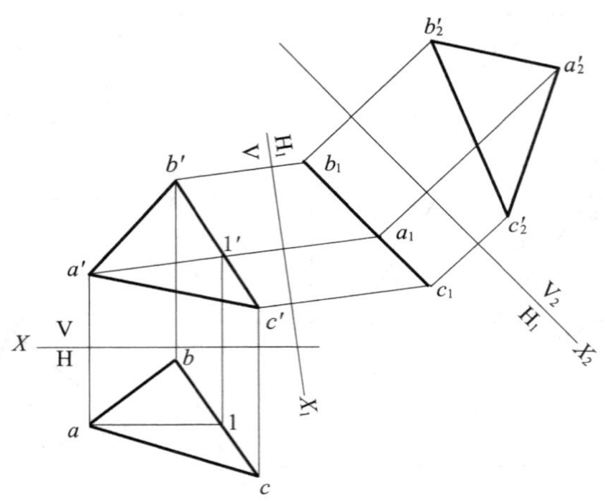

图 5-10 辅助投影面平行一般位置平面

聚性有关的很多定位问题。而一般位置平面经两次变换后即能方便地求出其实形，从而解决了其度量问题。

四、应用举例

根据题意，设法归结为六种基本情况来解。

［例 5-1］ 如图 5-11 所示，设直线 AB 和 CD 垂直相交，如已知 ab，$a'b'$ 和 cd，求 $c'd'$。

［解］ 因直角的一边平行于某投影面时，则在该投影面上的投影仍为直角，故作 V_1 // AB，且垂直于 H 面，即可求解。

(1)作 X_1 // ab，求出 $a'_1b'_1$，及其交点 k'_1 如图 5-11(b)。

(2)过 k'_1 作 $a'_1b'_1$ 的垂直线，与由 c 和 d 所作辅助连系线交得 $c'_1d'_1$ 如图 5-11(c)。

(3)把 c'_1，d'_1 与 X_1 轴的距离，量到 X 轴的上方，再通过 c 和 d 的连系线上定出 c' 和 d'，即可连得 $c'd'$。

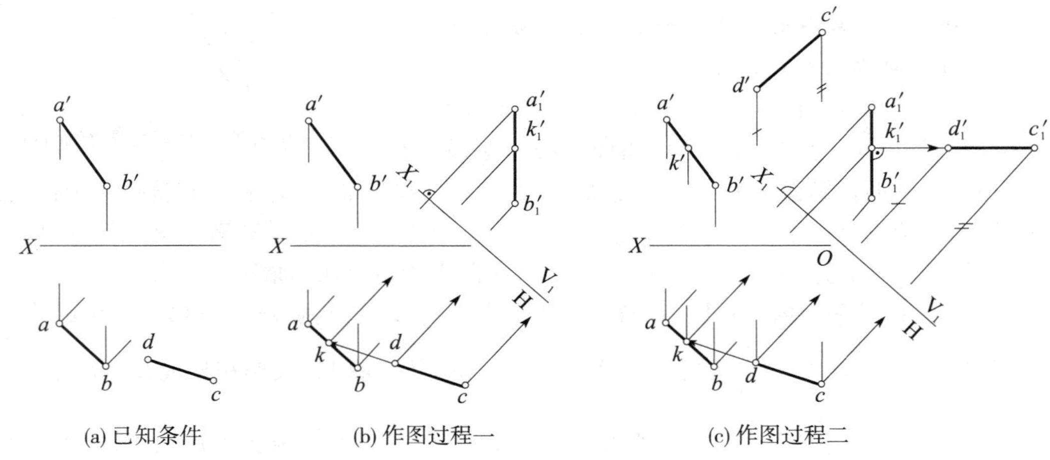

图 5-11 完成两垂直线的投影

也可作 V_1 // CD，并使 $V_1 \perp$ H，则 X_1 // cd，同样可求出 $c'_1d'_1$ 后作得 $c'd'$，作法请读者自行完成。

［例 5-2］　如图 5-12，已知点 E 和 $\triangle ABC$ 的 H 面、V 面投影，求点 E 到 $\triangle ABC$ 的距离及点 E 到 $\triangle ABC$ 的垂线的垂足 $F(f,f')$。

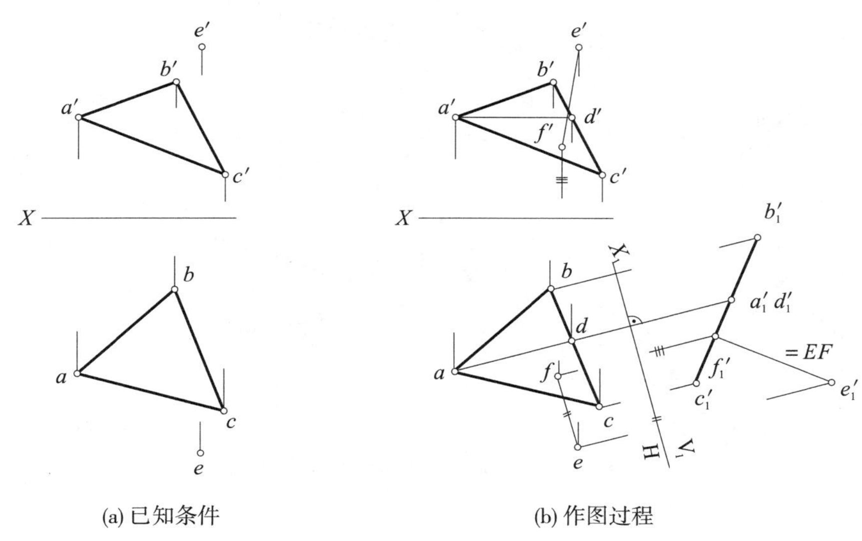

(a) 已知条件　　(b) 作图过程

图 5-12　求点 E 到 $\triangle ABC$ 的距离及垂足

［解］　当平面垂直于某投影面时，一点到平面的距离及垂足，可在该投影面上反映出来。

故按情况四，作 V_1 面垂直于 $\triangle ABC$ 上的 H 面平行线 AD，则对应 $X_1 \perp ad$。在求出 V_1 面投影 e_1' 及三角形积聚成一直线的 $a_1'b_1'c_1'$ 后，可由 e_1' 向 $a_1'b_1'c_1'$ 直线作垂线 $e_1'f_1'$，为点 E 向三角形所引垂线的 V_1 面投影，其长度即为所求距离，垂足 f_1' 即为点 E 向三角形所引垂线的垂足 F 的 V_1 面投影。由于 EF 及 V_1 面均垂直于 $\triangle ABC$，故 $EF /\!/ V_1$，因而 $ef /\!/ X_1$，与 f_1' 向 X_1 轴所引连系线交得 f。再根据 f_1' 到 X_1 的距离可定出 f'。

［例 5-3］　求两交叉直线 AB 和 CD 间的公垂线。

［解］

(1) 如图 5-13(a) 所示，如果交叉两直线处于图示的位置，则因和铅垂线 AB 垂直的直线必为水平线，而水平线的水平投影如和一般位置直线的水平投影垂直，则此两直线也必垂直。故交叉两直线公垂线的求法，可以经两次变换把其中的一条直线变成垂直线，即变成如图 5-13(a) 的情况，即可得出公垂线。

(2) 如图 5-13(b) 所示，作 $X_1 /\!/ cd$，则 CD 直线在 $\dfrac{V_1}{H}$ 体系中成为正平线。再作 $X_2 \perp c'_1d'_1$，则 CD 直线在 $\dfrac{V_1}{H_2}$ 体系中成为 c_2d_2 点。在两次变换时 AB 随 CD 同时变换至 $\dfrac{V_1}{H_2}$ 的情况下就如同图 5-13(a) 的情况。

(3) 过 c_2d_2 向 a_2b_2 作垂线，垂足为 m_2，垂线的另一端点 n_2 位于铅垂线上，与 c_2d_2 重合。

将 m_2 返回得 m'_1，过 m'_1 作直线 $/\!/ X_2$ 交 $c'_1d'_1$ 于 n'_1，然后，再逐级返回便得到在原体系内公垂线的两投影 mn 及 $m'n'$。

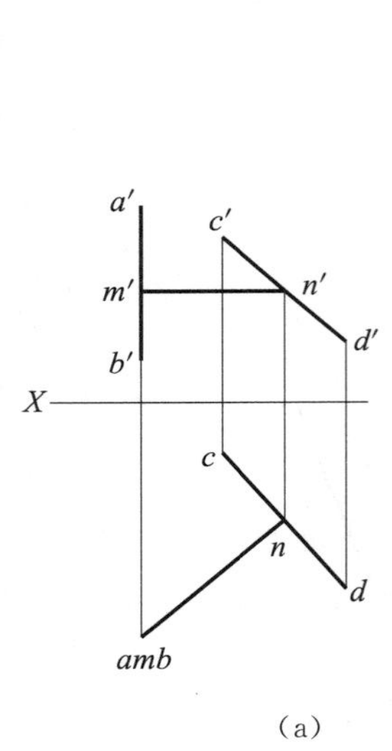

(a)

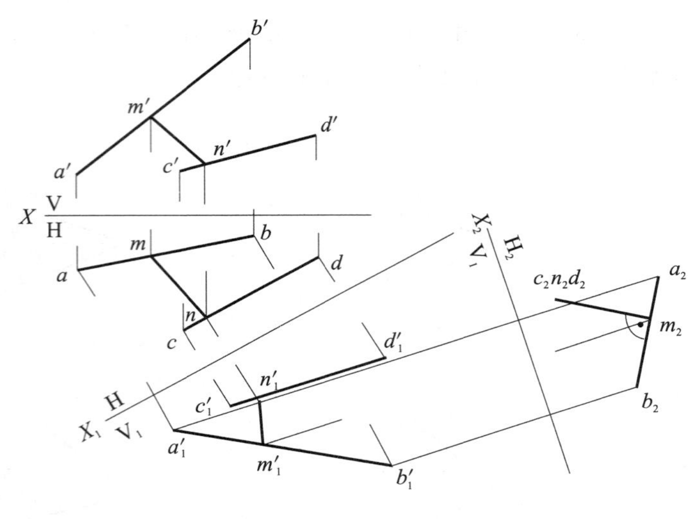

(b) 作图过程

图 5-13　两交叉直线的公垂线及距离

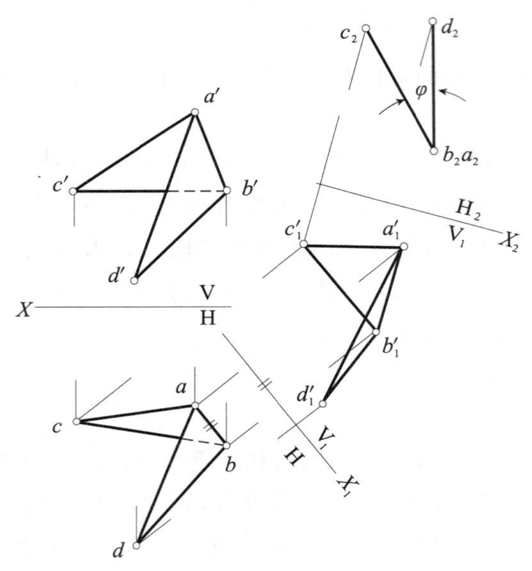

图 5-14　两个三角形平面间夹角

[例 5-4]　如图 5-14 所示，已知$\triangle ABC$和$\triangle ABD$的两面投影，求它们间夹角φ的实大。

[解]　当两平面垂直于某投影面时，则它们在该投影面上积聚投影间的夹角，反映夹角的实大。此时，两个三角形的交线必垂直于该投影面。本图中，因两个三角形的交线AB为一般位置直线，故按情况三来解题。

如先作一个$V_1 /\!/ AB$，且$V_1 \perp H$面。即作$X_1 /\!/ ab$，得V_1面投影$\triangle a_1'b_1'c_1'$和$\triangle a_1'b_1'd_1'$。再作$H_2 \perp AB$，必垂直于V_1面，辅助投影轴X_2必垂直$a_1'b_1'$。最后，所求出的两个三角形的积聚投影$a_2b_2c_2$和$a_2b_2d_2$间的夹角φ，即为两个三角形间夹角的实大。

[例 5-5]　已知直线DE和$\triangle ABC$的两面投影，求它们之间夹角φ的实大(图 5-15、图 5-17)。

[解]　先如示意图 5-16 所示，DE与$\triangle ABC$交于点K，由DE上任一点如D向$\triangle ABC$作垂线，垂足为L，则$\angle DKL=\varphi$。如作一个辅助投影面P平行$\triangle DKL$，则必垂直$\triangle ABC$，辅助投影de与$\triangle ABC$积聚投影abc间的夹角，即为φ。

方法一：直接解法——设辅助投影面P平行DE，且垂直于$\triangle ABC$，则P面必定垂直于

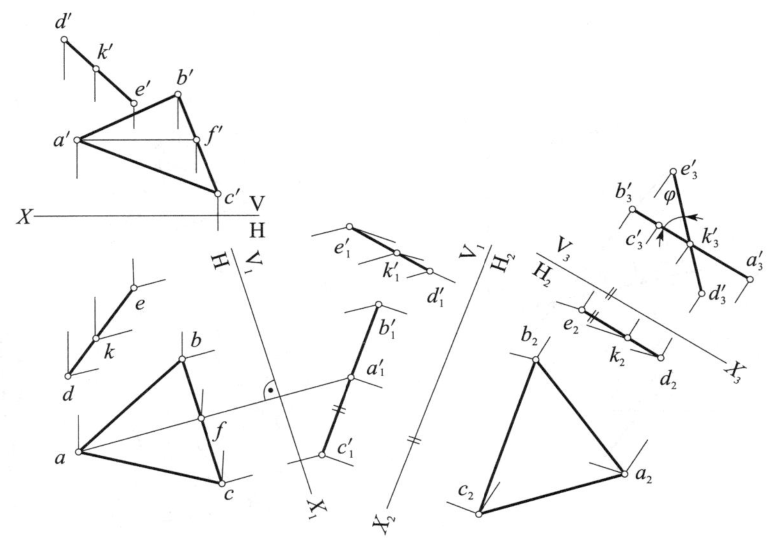

图 5-15　直线 DE 与△ABC 间夹角——直接解法

平行△ABC 的辅助投影面。而要作出平行△ABC 的辅助投影面，按情况六，必须经过二次变换，因而 P 面成为第三个辅助投影面。故这种解法共需三次变换，即先作一个辅助投影面垂直于已知平面，再作第二个辅助投影面平行于已知平面，最后作第三个辅助投影面平行于已知直线，且垂直于第二个辅助平面，即也垂直于已知平面。

于是在图 5-15 中，已知直线 DE 和△ABC 的两面投影。利用△ABC 上 H 面平行线 AF，作 V_1 面垂直于△ABC 及 H 面，即作 $X_1 \perp af$，△ABC 的 V_1 面投影积聚成直线 $b_1'a_1'c_1'$；再作 H_2 面平行△ ABC，必垂直于 V_1 面，即作 $X_2 /\!/ b_1'a_1'c_1'$；最后作 V_3（相当前述的 P 面）$/\!/$ DE，且垂直于 H_2 面和△ABC，即作 $X_3 /\!/ d_2e_2$。于是在 V_3 面投影中，由 $d_3'e_3'$ 与△ABC 的积聚投影 $a_3'c_3'b_3'$ 间的夹角即为 φ。

方法二：间接解法——根据图 5-16 所示，如作辅助投影面 P 平行于 DE 和 DL 所组成的平面，则解题时先要过已知直线上任一点向已知平面作垂线。然后，根据情况六，只要运用二次变换来解题。

于是在图 5-17 中，已知直线 DE 和△ABC 的两面投影，先在△ABC 上作 H 面、V 面平行线 AI、AJ，再过 DE 上任一点 D 作△ABC 任意长度的垂线 DG（在图 5-16 中，G 点位于直线 DL 上）、直线 DE 和 DG 组成一个一般位置平面。按情况六，如在该平面上作一条 H 面平行线 EG（先作 $e'g'$，再作 eg），作 V_1 垂直 EG 及 H 面，即作 $X_1 \perp eg$；再作 $H_2 \perp V_1$，且 $H_2 /\!/$ △DEG，即作 $X_2 /\!/ d_1'e_1'$。于是在 H_2 面投影中，d_2e_2 与 $a_2b_2c_2$ 间的夹角即为 φ。

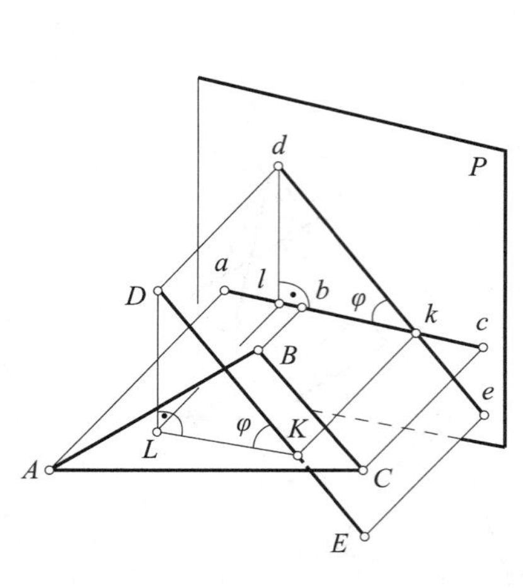

图 5-16　直线与平面间夹角的辅助投影示意图

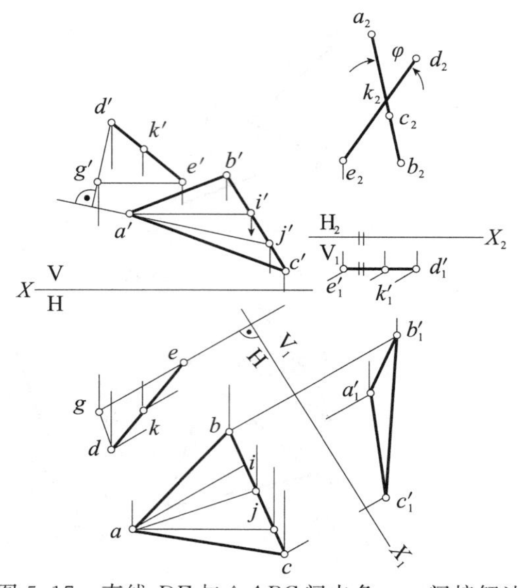

图 5-17　直线 DE 与△ABC 间夹角——间接解法

第三节　旋转法

一、基本知识

1. 术语

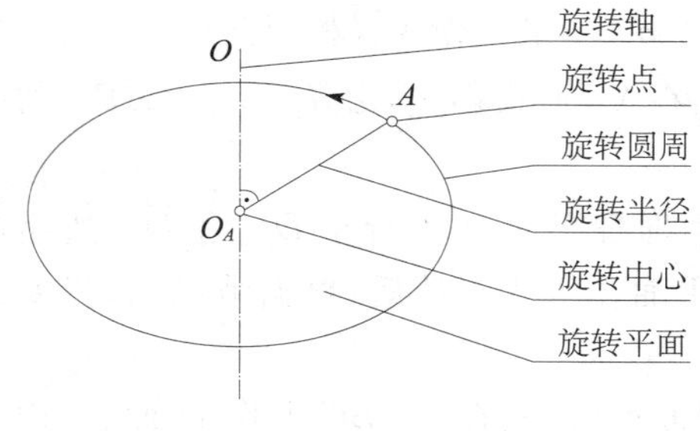

图 5-18　旋转法术语

一点 A 绕一直线 O 旋转时(图 5-18),该点称为**旋转点**,该直线称为**旋转轴**。旋转点的轨迹是一个圆周,称为**旋转圆周**。圆心 O_A 位于旋转轴上,是由旋转点向旋转轴所引垂线的垂足,称为**旋转中心**。垂线 AO_A 为旋转圆周的半径,称为**旋转半径**;相应地旋转圆周的直径称为**旋转直径**。旋转圆周是一个平面图形,它所在的平面称为**旋转平面**,必垂直于旋转轴。

旋转点和旋转轴的位置确定后,旋转中心、旋转半径、旋转圆周和旋转平面均随之确定。

2. 旋转轴的选择

旋转轴垂直于某投影面时,则旋转平面必平行于该投影面,故旋转圆周在该投影面上的投影为一个等大的圆周。如图 5-19 所示,旋转点为 A,旋转轴 O 垂直 V 面,故旋转圆周的 V 面投影为一个等大的圆周。**旋转轴平行于某投影面时**,则旋转平面必垂直于该投影面,故旋转圆周在该投影面上的投影为一段垂直于旋转轴的同名投影的直线段,长度等于旋转直径的长度,如图中 H 面投影所示。当旋转轴倾斜于投影面时,旋转平面也倾斜于该投影面而旋转圆周的投影则为椭圆。

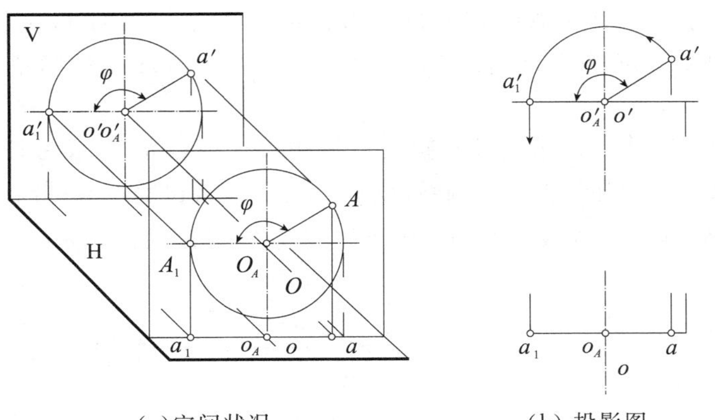

(a)空间状况　　　(b) 投影图

图 5-19　点 A 绕 V 面垂直轴旋转

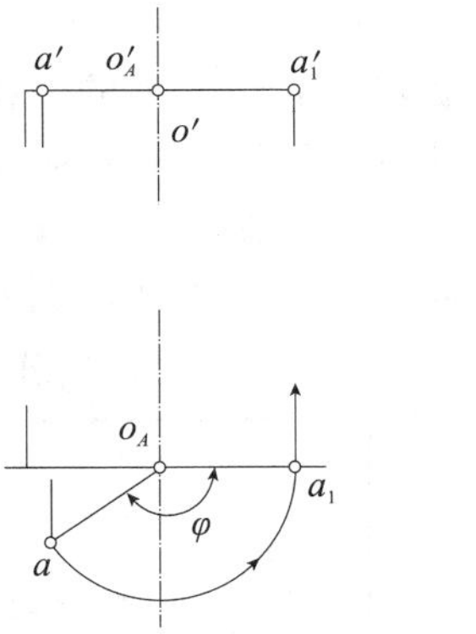

图 5-20　点 A 绕 H 面垂直轴旋转

旋转轴的选择原则：

(1) **旋转轴的方向和位置，应使作图方便。以垂直于投影面为主，其次为平行于投影面。**

(2) **能使几何图形旋转成有利于图示和图解的位置。**

二、绕投影面垂直轴的旋转法

1．点绕投影面垂直轴的旋转

一点绕投影面垂直轴旋转时：

(1) **该点在旋转轴垂直的投影面上的投影，将在一个圆周上转动；**

(2) **该点的另外投影，将在与旋转轴的投影垂直的直线上移动，即平行于相应的投影轴方向移动。**

图 5-19(a)所示为空间一点 A 绕 V 面垂直轴 O 旋转时的状况，O 的 V 面投影积聚成一点 o'，旋转中心 O_A 的 V 面投影 o_A' 与 o' 重合。旋转圆周的 V 面投影为通过 a' 的一个等大的圆周。半径 $a'o_A'$ 为旋转半径的投影。旋转圆周的 H 面投影为通过 a 的一段直线，垂直于 O 的 H 面投影 o，长度等于旋转直径，垂足 o_A 为旋转中心 O_A 的 H 面投影。

图 5-19(b)为投影图。作图时，先作出旋转轴所垂直的投影面上的投影，由之再作出其他投影面上的投影。

当点 A 旋转至 A_1 位置时，投影 a' 也沿同一方向旋转相同角度 φ，至 a_1'。

图 5-20 为一点绕 H 面垂直轴 O 旋转至 A_1 时的投影图。

以后规定，标记几何元素旋转后的位置时，根据旋转次数，于原来的字母右下方加注数字 1,2 等表示。投影图中，旋转轴和旋转中心一般不必注字。

2．直线和平面绕投影面垂直轴旋转

直线和平面等几何图形旋转时，几何图形上各点均沿相同方向旋转相同角度，故旋转后几何图形本身的形状和相互间位置不变。

直线和平面绕投影面垂直轴旋转，可有六种基本情况：

情况一——一般位置直线旋转成投影面平行线，旋转后的投影反映实长和对轴线垂直的投影面的倾角。

如图5-21(a)所示，有一条一般位置直线AB，以通过点B的一条H面垂直线O为轴，旋转至平行V面的位置A_1B。则$a_1'b'$必等于直线AB的实长，且反映了与H面的倾角α。此时a_1b必平行X轴且长度$a_1b=ab$。

在投影图5-21(b)中，如已知ab、$a'b'$，欲求实长及倾角α，则先过任一点如B，取一条H面垂直线O为轴，o与b重合，o'为竖直方向；再使ab旋转成水平位置a_1b，长度不变；最后由a_1作连系线，与a'所作的水平线交得a_1'。连线$a_1'b'$即反映AB的实长，且反映倾角α。

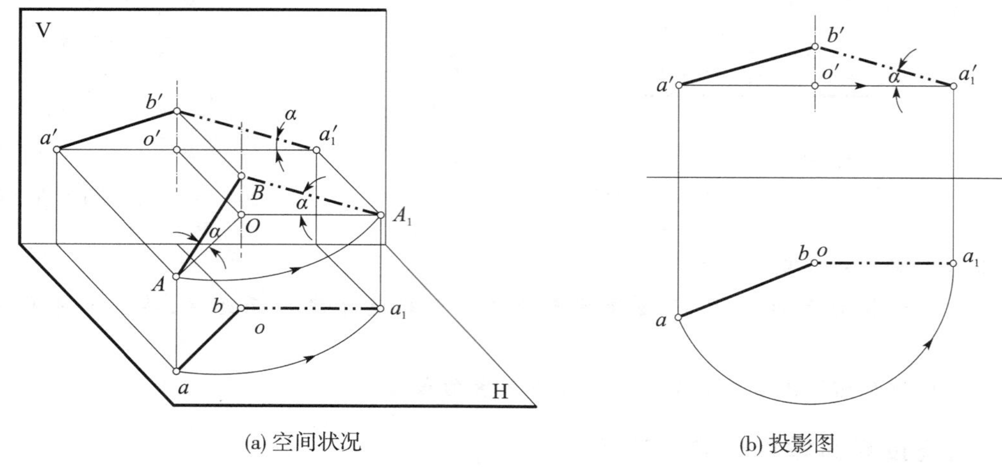

(a) 空间状况　　(b) 投影图

图5-21　一般位置直线旋转成投影面平行线

从本例可知，**欲求一般位置直线的实长，可以把它旋转成任一投影面的平行线；欲求一般位置直线对某一投影面的倾角，则旋转轴应垂直于该投影面，而把直线旋转成另一投影面的平行线。在旋转轴所垂直的投影面上，直线旋转前后的投影长度不变。**

为了在投影图上区别原来的投影与旋转后的投影，**现规定旋转后的投影直线改用粗双点画线表示。**

情况二——投影面平行线旋转成投影面垂直线，使旋转后的投影积聚成一点。

如图5-22(a)所示，AB为V面平行线，以通过点A的一条V面垂直线O为旋转轴，将AB旋转到垂直于H面的位置如B_1A，则b_1a必成一点，且与a重合，$a'b_1'$则垂直于X轴。

在投影图5-22(b)中，如已知ab、$a'b'$，过点A取一条V面垂直线O为轴，o通过a并垂直于X轴，故o'与a'重合，使$a'b'$旋转成竖直位置$a'b_1'$，且$a'b_1'=a'b'$，b_1则与a重合。

从本例可知：**某投影面平行线旋转一次，可旋转成另一投影面的垂直线，旋转轴应垂直于直线所平行的投影面。**

情况三——一般位置直线旋转成投影面垂直线，使旋转后投影积聚成一点。

如图5-23(a)所示，一般位置直线AB，绕通过一点如B的垂直于一个投影面的轴旋转，如绕了H面垂直线O_1旋转，因AB与H面的倾角不变，无法一次旋转成H面或V面垂直线，只能先如情况一那样，旋转成V面平行线A_1B；再绕一条V面垂直线O_2作第二次旋转，如情况二那样，才能旋转成H面垂直线。于是本情况实际上是情况一、情况二的合成。

图5-23(b)所示为投影图，实为图5-21(b)和图5-22(b)的连续作图。

从本例可知，**欲将一般位置直线旋转成某投影面垂直线，应旋转两次，第一次旋转轴应垂直于该投影面，第二次旋转轴则垂直于另一投影面。**

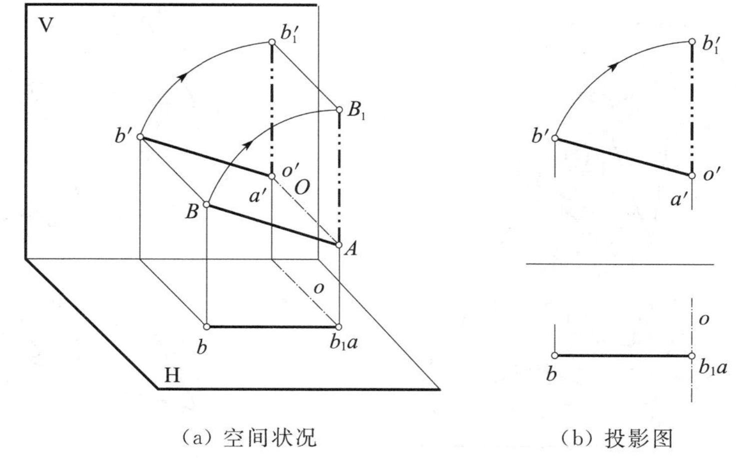

（a）空间状况　　　　（b）投影图

图 5-22　投影面平行线旋转成投影面垂直线

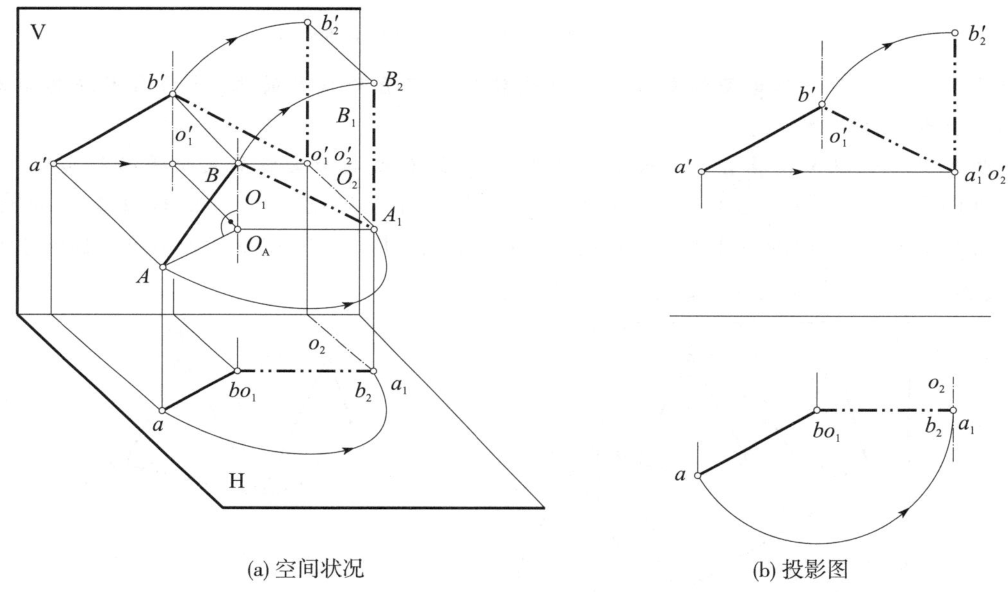

(a) 空间状况　　　　(b) 投影图

图 5-23　一般位置直线旋转成投影面垂直线

情况四——一般位置平面旋转成投影面垂直面，使旋转后投影积聚成一直线并反映与旋转轴线所垂直的投影面的倾角。

在图 5-24(a)中，如要把一般位置平面△ ABC 旋转成垂直于 H 面，可使三角形上某直线，如 V 面平行线 BD，(如情况二)绕垂直于 V 面的旋转轴 O，旋转成 H 面垂直线 BD_1，则△ABC 必旋转成垂直 H 面的△ A_1BC_1。

图 5-24(b)为投影图。如已知△abc 及△$a'b'c'$。在△ABC 上取一条 V 面平行线 BD 即 bd 应水平，作出 $b'd'$；并过点 B 取垂直 V 面的旋转轴 $O(o,o')$；再把 $b'd'$ 绕 o'（即 b'）旋转成竖直方向，由之作出△$a'_1b'c'_1$≌△$a'b'c'$，于是 a_1bc_1 必成一直线。

旋转时，因△ABC 对 V 面的倾角不变，故 a_1bc_1 能反映倾角 β。

从本例可知：**要将一般位置平面旋转成某投影面的垂直面，旋转轴应垂直于另一投影面，并先要在平面上取另一投影面的平行线。如要求出一般位置平面对某投影面的倾角，则**

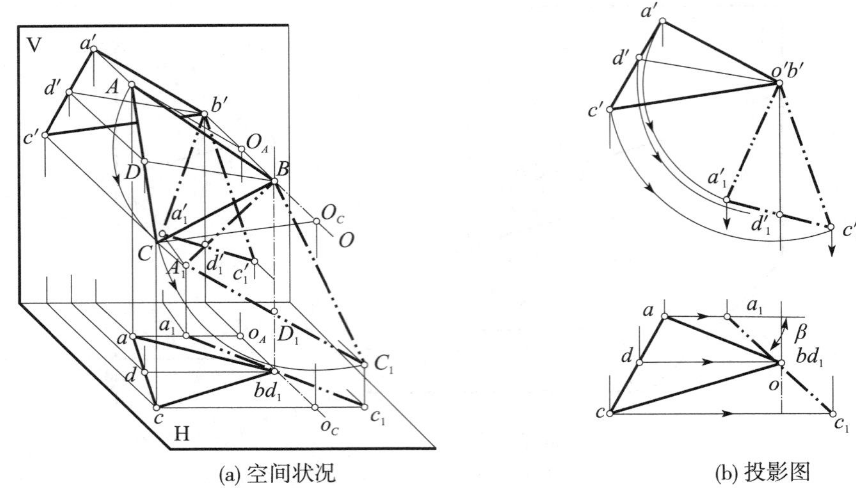

(a) 空间状况　　(b) 投影图

图 5-24　一般位置平面旋转成投影面垂直面

应把平面旋转成另一投影面的垂直面。在旋转轴所垂直的投影面上,平面图形旋转前后的投影形状和大小不变。

情况五——投影面垂直面旋转成投影面平行面,使旋转后的投影反映平面的实形。

如图 5-25(a)所示,$\triangle ABC$ 为 H 面垂直面,以一条通过点 C 的 H 面垂直线 O 为轴,将平面旋转成平行 V 面的$\triangle A_1B_1C$。此时,$\triangle A_1B_1C$ 在 H 面上的积聚投影 a_1b_1c 必成水平方向;旋转后的 V 面投影$\triangle a_1'b_1'c'$反映$\triangle ABC$ 的实形。

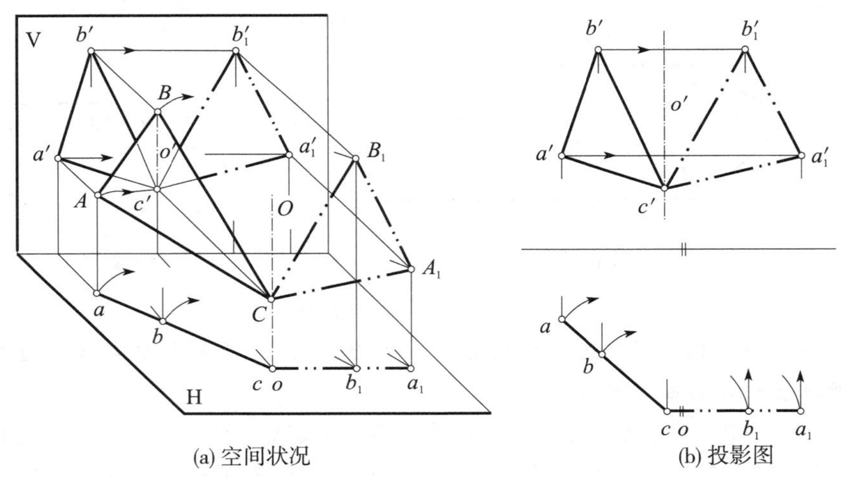

(a) 空间状况　　(b) 投影图

图 5-25　投影面垂直面旋转成投影面平行面

图 5-25(b)为投影图,作图线及结果如图所示。

从本例可知:**某投影面垂直面旋转一次,能成为另一投影面的平行面,旋转轴则应垂直于平面所垂直的投影面。**

情况六——一般位置平面旋转成投影面平行面,使旋转后的投影反映实形。

一般位置平面绕投影面垂直轴旋转时,只能旋转成另一投影面的垂直面;又平面与轴线所垂直的投影面间倾角不变,故不能旋转成任一投影面的平行面。而要先按情况四旋转成

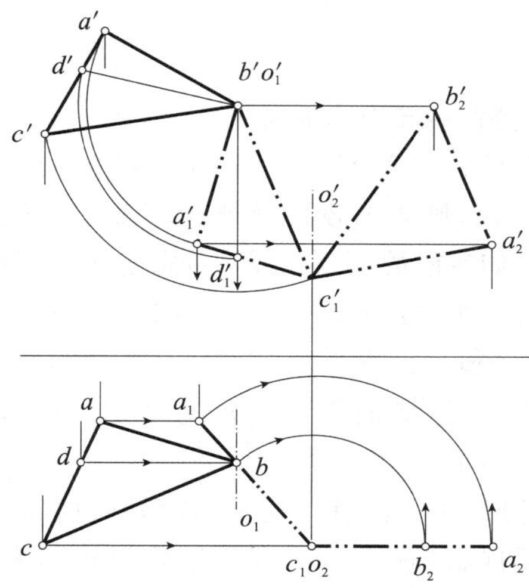

图 5-26　一般位置平面旋转成投影面平行面

投影面垂直面，再按情况五旋转成投影面平行面。

图 5-26 为投影图。设已知△abc 及△$a'b'c'$。先过点 B 取 V 面垂直轴 O_1，按图 5-24(b)所示，作出旋转后投影 a_1bc_1 及△$a'_1b'c'_1$；再过点 C_1 取 H 面垂直轴 O_2，按图 5-25(b)，作出旋转后投影 $a_2b_2c_1$ 及△$a'_2b'_2c'_1$，于是△$a'_2b'_2c'_1$ 反映了△ABC 实形。

从本例可知：**要将一般位置平面旋转成某投影面平行面，应旋转两次。第一次的旋转轴应垂直于该投影面，第二次旋转轴则垂直于另一投影面。**

［例 5-6］ 求交叉两直线 AB 和 EF 间最短距离，如图 5-27 所示。

［解］ 当交叉两直线的某同名投影互相平行时，它们间的距离就反映出所求的最短距离，参考表 4-3。

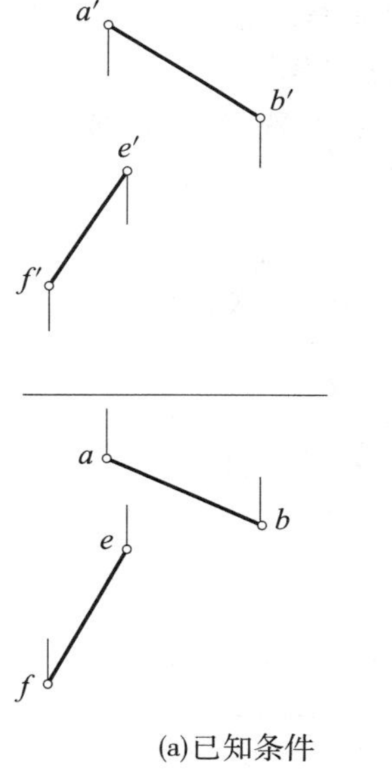

(a)已知条件

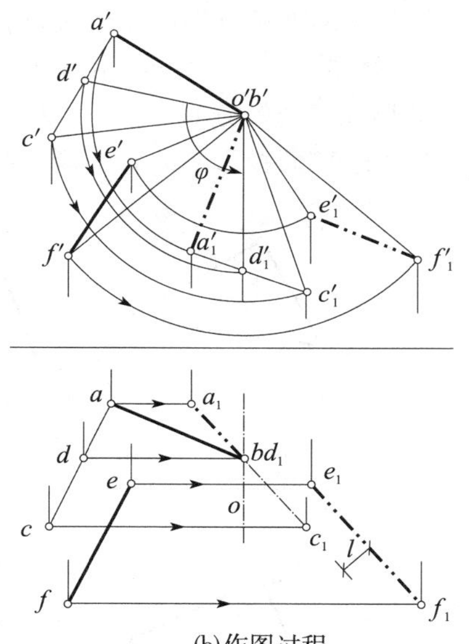

(b)作图过程

图 5-27　求直线 AB 和 EF 的最短距离

如图 5-27(b)所示，设过直线如 AB 上点 A 作任意长度直线 AC 平行 EF，组成△ABC，则 EF 与△ABC 互相平行。

EF 随同△ABC 绕通过点 B 的 V 面垂直轴 O 旋转时，EF 始终平行△ABC 的 AC 边。当△ABC 上 V 面平行线 BD 旋转了角度 φ，成为 H 面垂直线时，△ABC 成为与 H 面垂直的△A_1BC_1。此时，a_1bc_1 积聚成一直线。同时 EF 上各点也同方向旋转相同的角度 φ 至 E_1F_1 位置。$e_1f_1 /\!/ a_1bc_1$，它们间的距离 l 就是所求的最短距离。

三、不指明轴旋转法

几何图形绕投影面垂直轴旋转时,常使新旧投影挤在一起而不够清晰。

现在如把图 5-21 中一般位置直线 AB 旋转成 V 面平行线的新旧投影分开来排列,如图 5-28 所示,则新旧投影就能互不干扰而显得清晰。如本图的 H 面投影中,先把 ab 排到附近成任一水平位置的 a_1b_1 后;再在 V 面投影中,由 a' 和 b' 作水平线,即可与过 a_1 和 b_1 的连系线,交得 V 面投影 $a_1'b_1'$,能显示 AB 的实长和倾角 α。

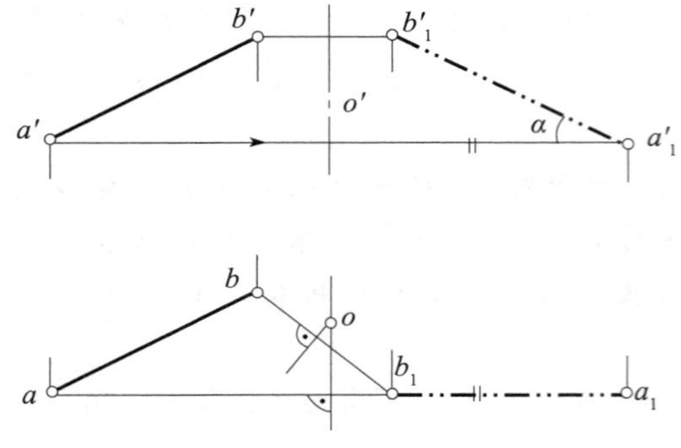

图 5-28　直线的不指明轴旋转

这时,虽然没有预先定出旋转轴的位置,但是根据新旧投影,也可通过几何作图来反求出旋转轴位置。如图所示,作出连线 aa_1 和 bb_1 的中垂线,可交得旋转轴 O 的 H 面投影 o,由此又可定出 V 面投影 o'。但在解题时不需作出。

这种不指明投影面垂直轴的作图法,简称为**不指明轴旋转法**。

[例 5-7]　如图 5-29(a)所示,用不注明轴旋转法,求△ABC 实形。

[解]　参照图 5-26,连续使用两次不指明轴旋转,把△ABC 旋转成与 V 面平行的△$A_2B_2C_2$,此时的 V 面投影△$a_2'b_2'c_2'$ 能反映△ABC 实形。

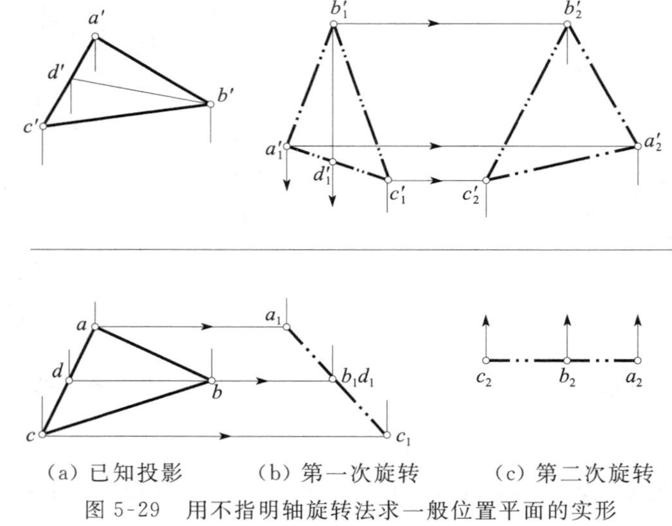

(a) 已知投影　　(b) 第一次旋转　　(c) 第二次旋转

图 5-29　用不指明轴旋转法求一般位置平面的实形

作图时,先把△ABC 上一条 V 面平行线 BD 的 V 面投影 $b'd'$ 旋转到竖直位置来作出与△$a'b'c'$ 全等的△$a'_1b'_1c'_1$[图 5-29(b)],此时的 H 面投影积聚成直线 $a_1b_1c_1$;第二次把 $a_1b_1c_1$ 旋转成长度不变的水平位置 $a_2b_2c_2$[图 5-29(c)],然后求得反映△ABC 实形的△$a'_2b'_2c'_2$。两次旋转轴分别垂直于 V 面和 H 面,但作图时不需作出。

四、绕投影面平行轴旋转法

平面以面上某投影面平行线为旋转轴，可以旋转成平行于这个投影面的位置，则平面在这个投影面上的投影，能反映实形，本法称为**投影面平行轴旋转法**，可以解决平面图形实形的图解问题。通常以 H 面平行线为轴。当以 H 面迹线为轴，平面旋转后将重合于投影面，称为**重合法**。

1. 点绕投影面平行轴旋转

如图 5-30(a)所示，一点 A 绕 H 面平行轴 O 旋转时，旋转圆周必垂直于 H 面，其 H 面投影 a_1a_2 为长度等于旋转直径的一段直线，其方向垂直于 o，垂足 o_A 为旋转中心 O_A 的 H 面投影。当点 A 旋转到与旋转轴 O 等高的位置 A_1 或 A_2 时，则点 A 必旋转到过轴线的一个 H 面平行面上。这时 a_1 及 a_2 到 o 之间的距离 a_1o_A 和 a_2o_A 都等于旋转半径的长度。

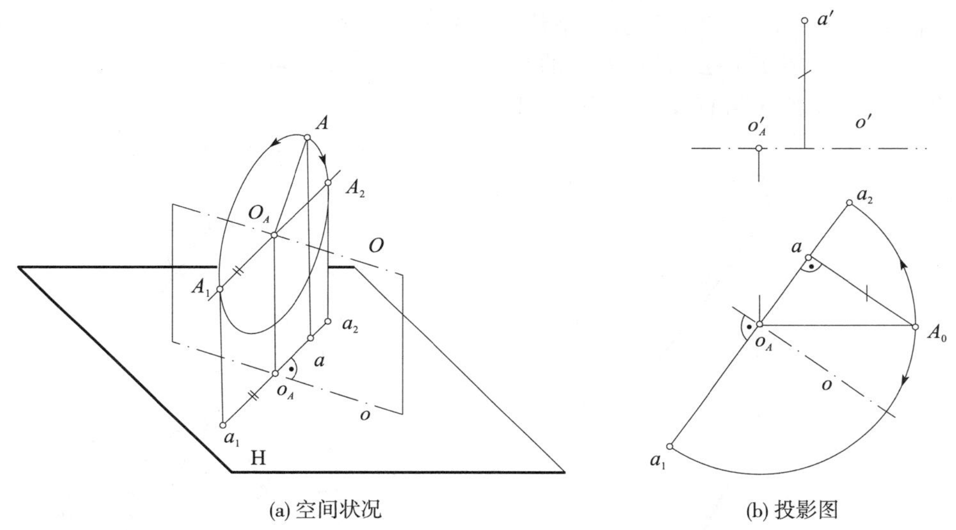

(a) 空间状况　　(b) 投影图

图 5-30　点绕 H 面平行轴旋转

投影图中旋转圆周的 V 面投影将是一个椭圆，因与作图无关而不需作出。

因此，在投影图中，如已知点 A 和旋转轴 O 的投影 a，a' 和 o，o'，则把**点 A 旋转到与旋转轴 O 等高时的作法**如图 5-30(b))所示：

(1) 由 a 向 o 引垂线 ao_A，垂足 o_A 为旋转中心 O_A 的 H 面投影，ao_A 为旋转半径 AO_A 的 H 面投影；

(2) 利用直角三角形法，求出反映旋转半径 AO_A 实长的线段 o_AA_0；

(3) 在 ao_A 的延长线上，取 $o_Aa_1=o_AA_0$ 或 $o_Aa_2=o_AA_0$，即得点 A 旋转后位置 A_1 和 A_2 的 H 面投影 a_1 和 a_2。

2. 平面绕投影面平行轴旋转

在平面上取一条投影面平行线作为旋转轴，作出平面上一点旋转后的投影，即可作出整个平面图形旋转后的投影。因为该点旋转后的位置与属于平面上但旋转时不变的旋转轴，已能确定平面旋转后的位置。

[**例 5-8**]　已知△ABC的投影，用绕投影面平行轴旋转法，求△ABC实形，如图5-31所示。

[**解**]　先过△ABC上任一点如B，取一条H面平行线BD为旋转轴$O(o)$，设与AC的延长线交于点D。因B、D在旋转轴上，故旋转时位置不变。

当△ABC绕BD旋转到平行于H面时，则其H面投影反映实形。于是按图5-30的方法，先求出点A旋转到与旋转轴BD位于同一个水平面上时的H面投影a_1，则连线a_1d和a_1b分别为AD和AB旋转后的H面投影。位于AD上点C，旋转后的H面投影c_1必在a_1d上；而点C的旋转圆周的H面投影，位于由c向bd所引的垂线上，就可交得c_1。于是可作出反映△ABC实形的△a_1bc_1。

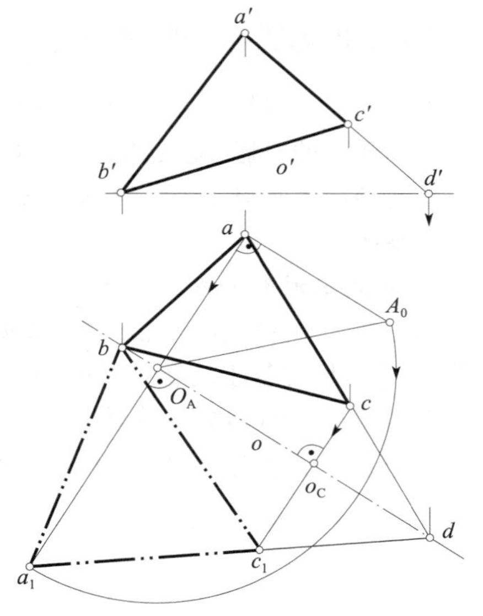

图5-31　绕H面平行轴旋转求△ABC实形

[**例 5-9**]　求点A与直线L间距离，如图5-32所示。

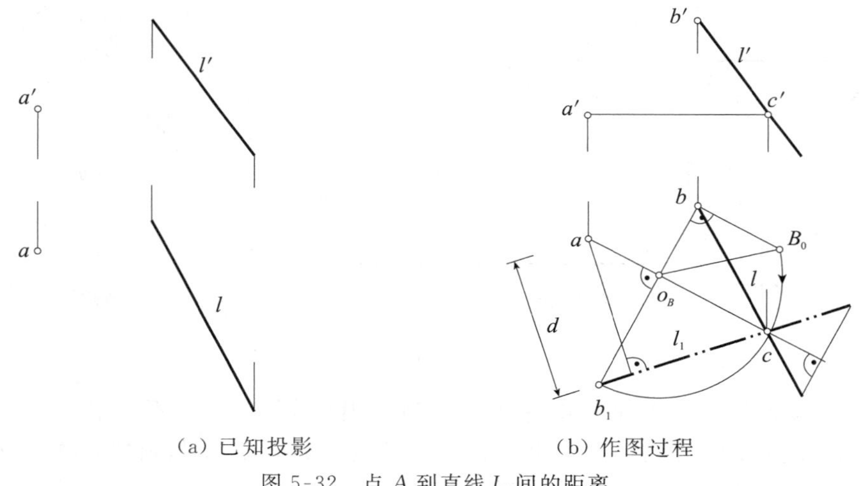

(a) 已知投影　　(b) 作图过程

图5-32　点A到直线L间的距离

[**解**]　图5-32(a)所示为已知投影。设想把点A与直线连成一个平面，以该平面上一条H面平行线为旋转轴，把该平面旋转到与H面平行，则此时的H面投影能反映点A到L的真实距离。

如图5-32(b)所示，先过点A作一条H面平行线AC，与L交于点C。以AC为轴，并在L上任取一点如B，求出点B绕AC旋转到与AC位于同一个水平面上B_1点的H面投影b_1，则连线b_1c为L旋转到水平位置L_1的H面投影l_1。于是a到l_1之间距离d，即为所求距离。

复习思考题

(1)辅助投影面法的两个基本条件是什么？为什么要遵守这两个条件？根据第一个基本条件,得出辅助投影面的作图规律。

(2)求一般位置直线对 V 面的夹角时,辅助投影面的位置应如何放置？

(3)要把投影面垂直面变换为辅助投影面平行面时,辅助投影面的位置如何放置？

(4)一点若绕垂直于投影面的轴旋转时,它的 H 面、V 面投影各有什么规律？投影图的作图步骤是怎样的？

(5)用旋转法求一般位置直线的实长和一般位置平面的实形,它们的作图步骤是怎样的？

第六章　平面立体

第一节　平面立体的投影

立体的形状、大小和位置，由其表面所确定。故立体的投影可由其表面的投影来表示。

表面全是平面的立体，称为**平面立体**或**多面体**。平面立体的每个表面是平面多边形，称为**棱面**。棱面的交线和交点，称为**棱线**和**顶点**。又由于它们所处的位置不同，还可以有其他名称，如顶面、底面、侧面、端面和顶边、底边、侧棱等。

平面立体的投影，实际上可归结为棱面、棱线和顶点的投影。

一、棱柱和棱锥

1. 棱柱体

[例 6-1]　图 6-1 所示为一个长方体，即一个四棱柱投影的空间状况和投影图。

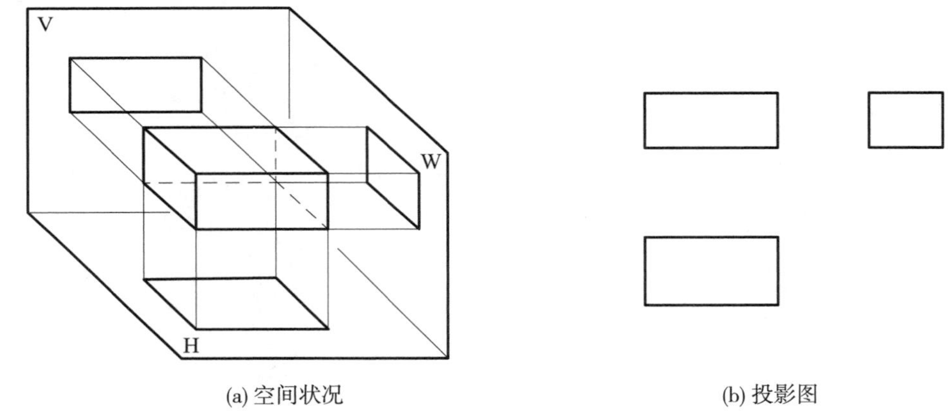

(a) 空间状况　　(b) 投影图

图 6-1　四棱柱

该长方体的三对互相平行的棱面，分别平行于各投影面。

H 面投影是一个矩形，为长方体顶面和底面重叠的投影，顶面为可见的，底面则不可见，该投影反映了它们的实形。矩形的边线，为顶面上和底面上各 4 条边线，即棱线的重影，反映了它们的实长和方向，也为 4 个侧面的积聚投影。矩形的每个顶点，为立体上、下每两个顶点的重影，也为每条侧棱的积聚投影。

V 面投影也是一个矩形，为前、后两个侧面的重影，反映了它们的实形。矩形的边线，为这两个侧面上棱线的重影，反映它们的实长和方向；也为顶面、底面和左、右侧面的积聚投影。矩形的顶点，为 4 条垂直于 V 面棱线的积聚投影，也为前、后每对顶点的重影。

同样，可分析出 W 面投影的矩形意义。

［例 6-2］ 图 6-2 所示为一个横放三棱柱投影形成的空间状况和投影图。

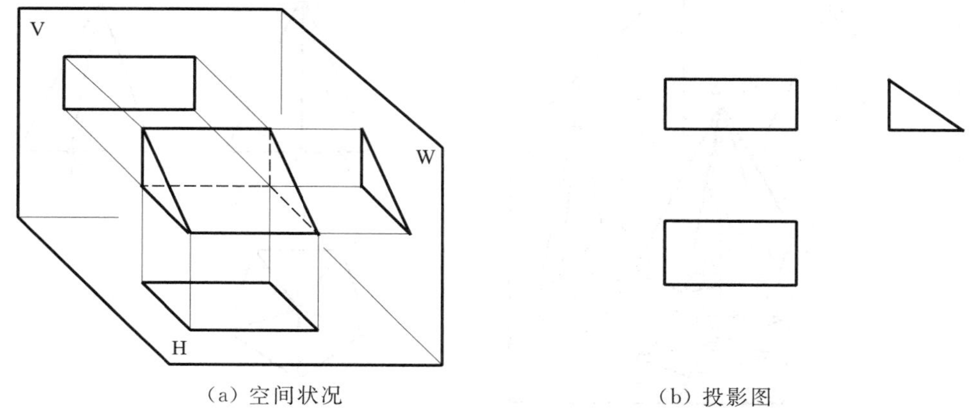

（a）空间状况　　（b）投影图

图 6-2　三棱柱

三棱柱左、右两个三角形端面平行 W 面，故它们重影的 W 面投影为一个反映实形的三角形。W 面投影的三条边线，也为垂直于 W 面的三个侧面的积聚投影；三个顶点为垂直于 W 面的三条侧棱的积聚投影，也为左、右两个顶点的重影。

H 面、V 面投影均呈矩形。两侧的竖直线为左、右两个端面的积聚投影；水平线为 3 条侧棱的投影。H 面投影矩形为水平底面的投影，反映了实形；也为斜面的 H 面投影；后方水平边线，同时为平行 V 面的侧面的积聚投影。V 面投影矩形为平行 V 面的后方侧面的投影，反映了实形；也为斜面的 V 面投影；下方水平边线为水平底面的积聚投影。斜面由于不平行 H 面和 V 面，故 H 面和 V 面投影均不反映其实形；但由于它有一组直角边平行 H 面和 V 面，所以它的 H 面和 V 面投影仍为矩形。

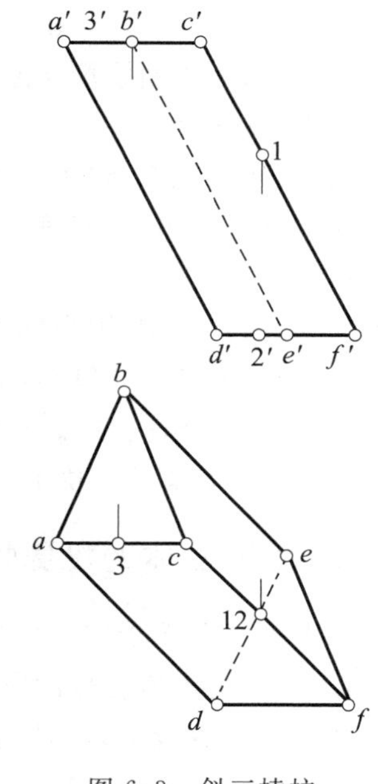

图 6-3　斜三棱柱

［例 6-3］ 图 6-3 所示为一个斜三棱柱的投影图。

该三棱柱的顶面和底面都是 H 面平行面，H 面投影能反映它们的实形；这两个面的 V 面投影各为一条水平线。互相平行的三条侧棱均是一般位置直线，三个侧面均是一般位置平面，因而各投影都不能反映侧棱的实长和侧面的实形。

在 V 面投影中，$b'e'$为不可见棱线 BE 的投影，可由重影点 $3'b'$来判定，交于 BE 的两个后方侧面是不可见的；在 H 面投影中，de 是不可见棱线 DE 的投影，可由重影点 12 来判定，棱面 $ADEB$ 和底面也是不可见的。

2．棱锥体

［例 6-4］ 图 6-4 所示为一个正五棱锥投影形成的空间状况和投影图。

五棱锥的底面为一个水平的正五边形 $ABCDE$。它的 H 面投影 $abcde$ 反映实形；V 面和W面投影各积聚成一条水平线，作图时，宽度可由先作出的H面投影来作出。

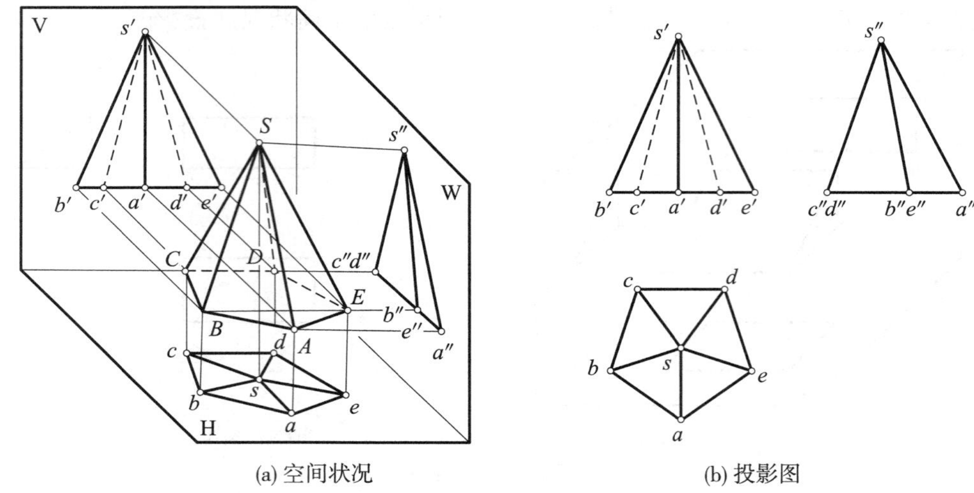

(a) 空间状况　　(b) 投影图

图 6-4　五棱锥

顶点 S 的H面投影 s 位于五边形 $abcde$ 的中心。s 与五边形 $abcde$ 的顶点连线，即为各侧棱的H面投影。

同样，作出顶点 S 的V面、W面投影 s'、s''后，可连得各侧棱的投影 $s'a'$，…，$s''a''$，…。

在V面投影中，由于侧棱 SC 和 SD 位于立体的后方而不可见，故它们的V面投影 $s'c'$，$s'd'$用虚线表示。

在W面投影中，因后侧面包含一条垂直W面的底边 CD，故也垂直W面，它的W面投影有积聚性，侧棱 SC 和 SD 的W面投影 $s''c''$，$s''d''$重影。左、右两条侧棱 SB 和 SE 的W面投影，为可见的 SB 投影 $s''b''$与不可见的 SE 投影 $s''e''$重影，仍用实线表示。因 SA 平行W面，故W面投影 $s''a''$反映了 SA 的实长和倾角 α，所有侧面在三个投影中没有一个反映实形。

二、平面立体的投影性质

从上列几个例子中，可以得出平面立体的投影特性：

1. 平面立体的投影性质

平面立体的投影，就是其棱面的投影。而棱面的投影，由其棱线的投影来表示；棱线的投影又为其顶点投影的连线。所以，**平面立体的投影，实质上是点、直线和平面投影的集合。**

工程图主要是由线条表示的，所以立体的投影图中，一般不需注出顶点的字母。本书中所注字母，仅供叙述的需要。且工程图上，非必要时也不画出不可见棱线投影的虚线，但这些棱线必须已由其他投影表达出来。

2. 投影中线和点的意义

因投影图是由线条表示的。由于平面立体上点、直线和平面不是孤立存在的，故**投影图中线条，可以单纯地代表棱线的投影，也可能是棱面的积聚投影**。例如：在图6-4(b)所示的W面投影中，线条 $s''a''$为一条棱线 SA 的投影，线条 $s''b''$($s''e''$)为两条棱线 SB 和 SE 的重影；而线条 $s''c''$($s''d''$)，既为两条棱线 SC 和 SD 的重影，又为棱面 SCD 的积聚投影。

投影图中线条的交点，可以单纯地是点的投影，也可能是棱线的积聚投影。例如：图6-4

所示的 W 面投影中，s''仅为顶点 S 的投影；但点 $c''d''$既为两点 C 和 D 的重影，又为底边 CD 的积聚投影。

3. 投影图作法

平面立体的投影图，可以先作出各顶点的投影，再连成各棱线的投影。如图 6-4 所示的 V 面、W 面投影中，先作出顶点 S 的 s'，s''和底面上各顶点来作出各侧棱的投影。

当棱线的方向肯定，或棱面的投影积聚时，可以直接作出它们的投影。如图 6-1 和图 6-2所示的棱柱体的投影。

投影图中各投影的作图顺序，也视具体情况而定。有的可以先画完一个投影，再画另一个投影，如图 6-1 所示。**有的则以先画某投影为佳**，例如：在图 6-2 中，虽然可以根据三棱柱的长度、宽度和高度，先完成 H 面及 V 面投影，但宜先画 W 面投影的三角形，再由之作水平连系线来定出 V 面投影中水平棱线的投影高度。**有的则先画某一投影的某部分，就能方便地画出其他投影。**例如：在图 6-4 中，先画底面的 H 面投影，然后定出五边形上各顶点的 V 面和 W 面投影。

对于复杂的立体，则需要各投影互相穿插进行绘制。

4. 可见性

立体是不透明的。当朝向某投影面观看时，凡可见的棱线，在该投影面上的投影，用实线表示；不可见的棱线用虚线表示；当两条（或多条）棱线的投影重影时，只要其中有一条棱线的投影可见，则还用实线表示。

在投影图中，由于棱面的投影是由棱线的投影表示的，所以棱面的可见性也可由棱线的可见性来判别。

某棱面所有棱线的投影，只要不全是投影的最外轮廓线，则只有都可见时，该棱面的投影才是可见的；其中只要有一条不可见，该棱面的投影就不可见。但如全是投影的最外轮廓线，虽然都是可见的，但该面不一定可见。如图 6-4 所示的 H 面投影中，ab、bc、cd、de、ea 虽都是可见的，但它们都是 H 面投影的最外轮廓线，由它们组成的底面的 H 面投影却是不可见的。因为线段 ab 等也属于侧面$\triangle sab$ 的边线，而$\triangle sab$ 等属可见，故底面被它们遮住而不可见了。

5. 投影数量

当投影图中标注顶点的字母时，则平面立体可以用任意两个投影来表示，因为点的空间位置可由两个投影确定，因而棱线、棱面和立体也随之而定。但立体的投影一般是不标注字母的，因此由两个投影不一定能确定一个立体。

又如复杂的立体，即使标注顶点的字母，但仅由两个投影也难以清晰地表达出来。故与不标注字母时情况相同，要随立体的形状和它们对投影面的相对位置等来确定投影的数量。

如图 6-1 所示的长方体，它的棱面平行于三个投影面时，需要三个投影才能表示清楚，否则，如只画 H 面和 V 面投影，则与 6-2 中三棱柱的 H 面和 V 面投影一样，就不能确定是长方体还是三棱柱，甚至还有其他形状。但是当长方体放成如图 6-5 所示的位置时，则只要两个投影就能表达清楚。但通常为了要表示长方体的各个棱面实形，一般都把各棱面放成对投影面平行的位置，宁可多画一个投影，也不宜放成图6-5中的歪斜位置。

另外，如工程中有些物体（如一块砖）肯定为长方体，或者另有其他文字说明，则有时也可用两个投影表示。

至于长方体以外的棱柱和棱锥，如图 6-2 中三棱柱，则只要画出反映左右端面形状的 W 面投影，再画出 H 或 V 面上的任一投影，就能确定是一个三棱柱了，但不能仅由不表示端面形状的 H 面和 V 面投影来表示；又如图6-4中的五棱锥，也只要一个反映底面形状的 H 面投影和另一个 V 面或 W 面投影，就能够表达清楚了。

于是，可以得出如下结论：**除了各面平行于投影面的长方体需三个投影以外，其他棱柱体和棱锥体只要两个投影就可以表达完整，但是其中一个投影必须是反映顶(底)面或端面形状的投影。**

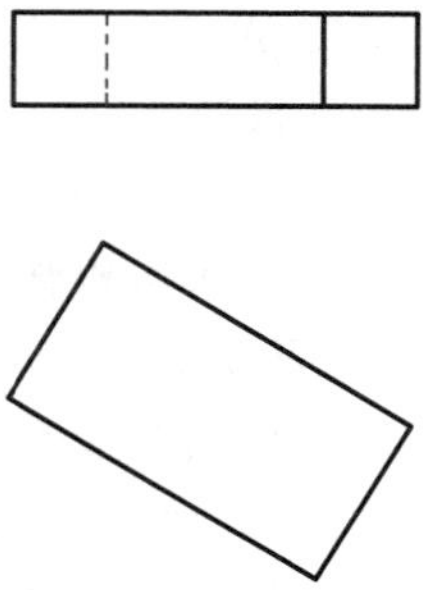

图 6-5　斜放的长方体

三、平面立体表面上的点和直线

平面立体表面上点和直线的问题，可归结为平面上点和直线以及直线上点的问题。

1. 平面立体上点和直线的可见性

凡是可见的棱面上点和直线，以及可见棱线上的点，都是可见的，否则是不可见的。

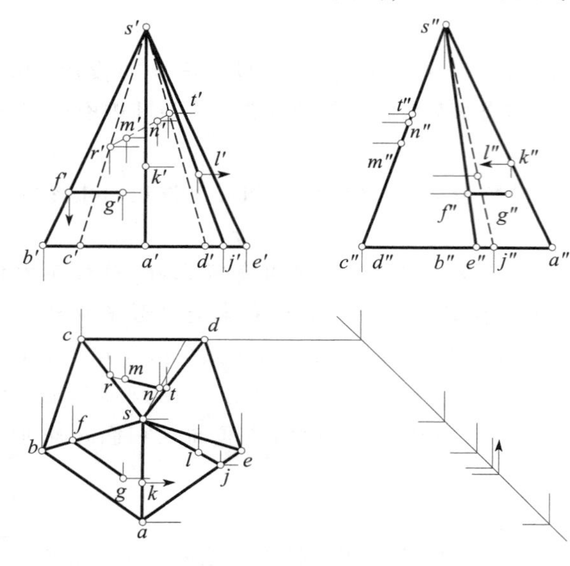

图 6-6　五棱锥表面上点和直线

如图 6-6 所示的五棱锥表面上，点 F 位于棱线 SB 上，在朝向三个投影面观看时，SB 都是可见的，故 F 是可见的。直线 MN 位于△SCD 上。朝向 H 面观看时，△SCD 是可见的，故 MN 也是可见而 mn 画成实线；但朝向 V 面观看时，△SCD 是不可见的，故 MN 也是不可见而 $m'n'$ 画成虚线。

2. 由已知投影求作未知投影

已知棱面上点和直线的一个投影，以及棱线上一点的一个投影，可以求出其他投影，但若仅知它们位于棱面和棱线的积聚投影上的投影，则不能求出其余投影。

(1) 棱线上点——如图 6-6 所示，在五棱锥表面上，已知一点 F 的一投影 f'，因 f' 在 $s'b'$ 上，可知 F 在 SB 上，故由 f' 作连系线，可分别在 sb 和 $s''b''$ 上定出 f 及 f''。但若已知 f 和 f'' 中的一个，如 f，虽然 f 在 ab 上，但 F 可能在 SB 上，也可能在五边形的底面上，故有两解。如已指定在 SB 上，则可由连系线来定出 f' 及 f''。

如已知 SA 上一点 K 的投影 k，则要先求出 k'' 后，再由之定出 k'；当然，在两面投影中，也可用分比法或作辅助线来直接求出 k'。

(2) 棱面上直线——如已知△SAE 上有辅助线 SJ 的一个投影 sj，则定出 j'、j'' 后，即可连得 $s'j'$ 及 $s''j''$。因在 W 面投影中，△SAE 为不可见的，故 SJ 也不可见，故 $s''j''$ 画成虚线。

又如已知△SAB 上直线 FG 的一投影 $f'g'$，因 $f'g'$ 为水平线，可知 FG 为棱面上的 H 面平行线，必平行于棱面上的水平边 AB，故在定出 f 后，由 f 作平行 ab 的直线，与通过 g' 的连系线来交成 fg；由之再求出 $f''g''$，同样是一条水平线。

又已知△SCD上直线MN的一投影$m'n'$。如无W面投影，则可把$m'n'$延长，与$s'c'$和$s'd'$交于点r'和点t'，即为MN延长后与SC、SD交点R、T的V面投影。按棱线上点的作法，先定出r和t，则连线rt即可与通过m'、n'的连系线，交得mn；至于$m''n''$，应位于△SCD的积聚投影$s''c''(s''d'')$上。所以也可由m'、n'作水平向连系线，求出m''、n''，再由m'、n'和m''、n''作连系线来作出mn。此外，仅知$m''n''$，则不能作出mn和$m'n'$。

(3) 棱面内点——如已知△SAB和△SAE上点G和点L的一投影g'和l，则可分别过G和L点，作辅助线如H面平行线GF和过顶点S的连线SL，由它们与SB的交点F和与AE的交点J来定出各辅助线的H面和V面投影，从而作出g、g''和l'、l''。

第二节　平面立体的表面展开

一、立体表面的展开

立体的表面展开，就是将立体的所有表面，按其实际形状和大小，顺次表示(摊平)在一个平面上。展开后所得的图形，称为立体表面展开图，简称展开图。

［例6-5］　三棱柱表面展开图——图6-7为图6-2中三棱柱的展开图。

其中，平行H面、V面和W面的各棱面，可由图6-2的投影图中所反映的各棱面的实形，依次画出即是。如图所示，斜面的实形，可在V面或H面，取反映实长的一对对边(如先画出平行H面或V面的棱面的展开图，则与它们等长)，再在W面投影中，取三角形的斜边的边长作为它的另一对对边来拼成。

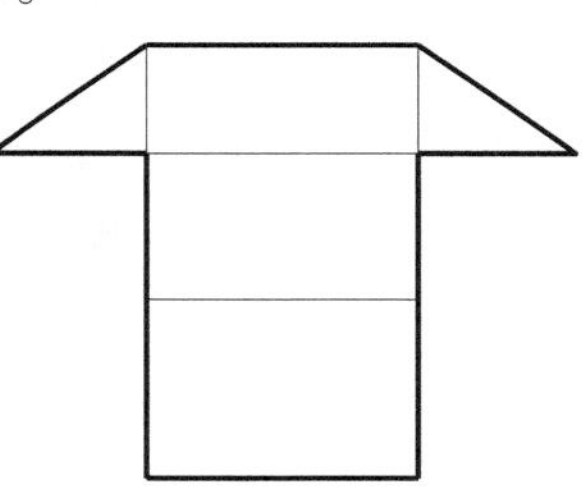

图6-7　三棱柱表面展开图

［例6-6］　五棱锥表面展开图——图6-8(b)为图6-8(a)中正五棱锥的展开图。底面的实形可由H面投影而得，将五边形作到展开图上时，可将底面分成三个三角形来画出。五个侧面为形状和大小相同的五个三角形，五条长短相等的底边为H面投影中如ab的长度；所有侧棱的长度等于反映SA实长的$s''a''$，如图6-8中未画出W面投影，则可用其他方法(直角三角形法或投影变换法)求出侧棱的实长。

在展开图中标注时，可用原来标注的大写字母于右上角或右下角加“0”来表示。

展开图中最外边界线用粗实线表示，其余对应于各棱线的内部线条用细实线表示。最外边界线有长短时，一般应取最短的一些棱线，以便在工程中最后拼接成一个立体表面时，可以节省连接的工料。但若有时取较长的棱线，反而可以节省材料或便于施工时，则属例外。

二、立体表面上点、直线的展开位置

在图6-8中，作出了表面上点、直线在展开图上的位置。

SA上点K的展开位置K^0，应在S^0A^0上。由$s''k''$反映了SK的实长，于是在S^0A^0上取$S^0K^0=s''k''$，即得K^0。

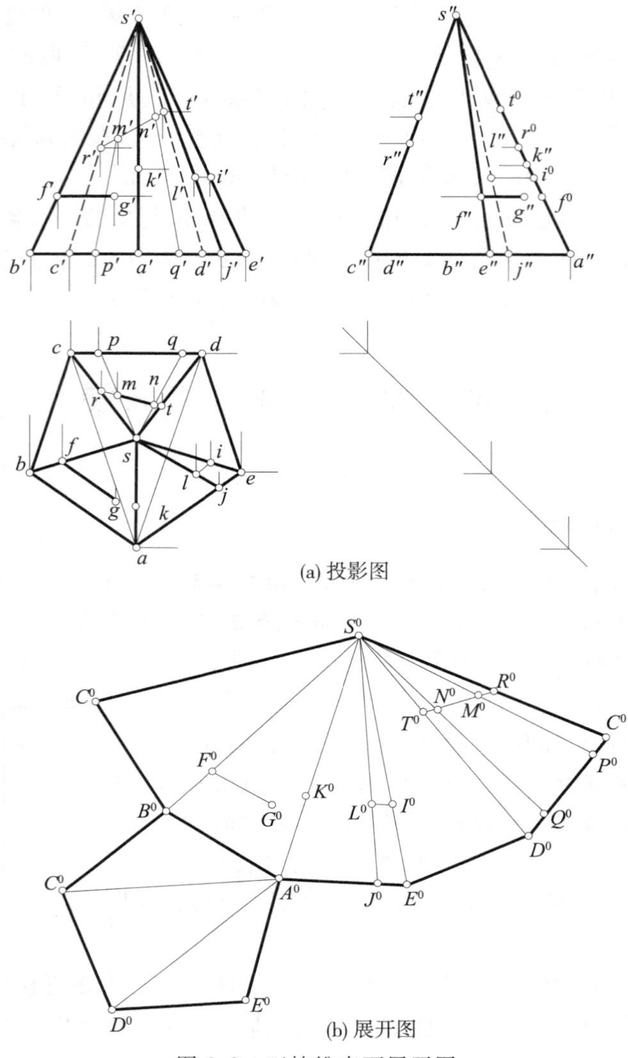

图 6-8　五棱锥表面展开图

F 点的 F^0 应在 S^0B^0 上，因 $SB=SA=s''a''$，故由 f' 或 f'' 作水平线，交 $s''a''$ 于 f^0，则 $s''f^0=SF$。于是在 S^0B^0 上，取 $S^0F^0=s''f^0$，得 F^0。因 $FG/\!/AB$，且 fg 反映了 FG 实长，故过 F^0 作 $F^0G^0/\!/A^0B^0$，并取 $F^0G^0=fg$，得 F^0G^0，由此可得点 G^0。

点 J 在 AE 上，又 $JE=je$，故在 A^0E^0 上，取 $J^0E^0=je$，得 J^0，就可以连得 S^0J^0。要确定 S^0J^0 上 L^0 的位置，可先过点 L 作一条 H 面平行线 LI 为辅助线，点 I 在 SE 上，再在 $s''a''$ 上，定出 i^0，并在 S^0E^0 上，量取 $S^0I^0=s''i^0$，得 I^0；再作 $I^0L^0/\!/A^0E^0$，即与 S^0J^0 交得 L^0。

确定 M^0N^0 的位置：先在 C^0D^0 上如同确定 J^0 一样作出 P^0 和 Q^0，再用确定 L^0 的方法求得 M^0 和 N^0；也可用确定 F^0 的方法求得 R^0 和 T^0，则 R^0T^0 与 S^0P^0 和 S^0Q^0 的交点即是 M^0 和 N^0。

第三节　工程形体

工程中各种形状的立体，可称为**工程形体**。许多复杂的工程物体，常常可以视为由简单的几何形体组合而成，所以也称为**组合体**。因而**工程形体的投影，也就是组成它们的简单几何形体投影的组合**。把工程形体分析成简单几何形体的过程，称为**形体分析**。

［例 6-7］　图 6-9 所示为一座纪念碑主要轮廓的投影图。该纪念碑是由下方的长方体碑座、中部的四棱台碑身和上方的四棱锥碑顶所组成。由于碑座为长方体，按理要由三个投影表示，但由于实际中这种碑座不可能是三棱柱等形状，所以这里可用两个投影来表示。

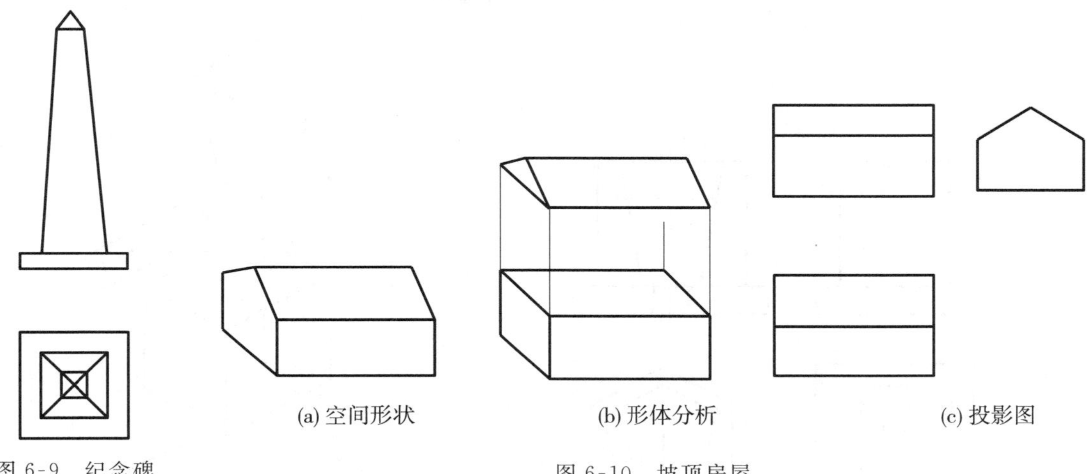

图 6-9　纪念碑

图 6-10　坡顶房屋

［例 6-8］　图 6-10(a)所示为一座坡顶房屋的主要轮廓形状。它是一个横放的五棱柱，也可视为由下方的长方体墙身和上方的三棱柱屋顶所组成，如图 6-10(b)所示。图 6-10(c)为投影图。当把该房屋视为由长方体和三棱柱所组成时，这是理论上的分析，但如作为一个整体而中间无接缝，所以在 W 面投影中，上方三棱柱和下方长方体之间不应画出分界线。

［例 6-9］　图 6-11(a)所示为一个杯形基础轮廓的投影图。该基础的空间形状如图 6-11(b)所示，下方是一个长方体 A，中部是一个四棱台 B，上方又是一个长方体 C；并于上部去掉一个倒四棱台 D 所形成的杯口，朝向 V 面观看时，它是不可见的，故它在图6-11(a)的 V 面投影用虚线表示。

理论上分析，长方体 A 和 C，应当由三个投影来表示，但实际上一般都是长方体，所以也可由两个投影来表示。如恐误会，则应由三个投影表示。

［例 6-10］　图 6-12(a)所示为一座桥台的投影图(右下角为由轴测图表示的立体图)。该桥台的组成如图 6-12(b)所示。下方是一个横向 U 形桥基，可以视为一块长方体板 A 去掉一块长方体小板 C 所组成；也可由三块板(一大块板及两块条形板)组成；中部为横 U 形台身，可以视为长方体 B 去掉一个倒四棱台 D 并于右上角去掉一条长方体形状的台口 E 而形成。

在 V 面和 W 面投影中，凡看不见部分的轮廓都用虚线表示。

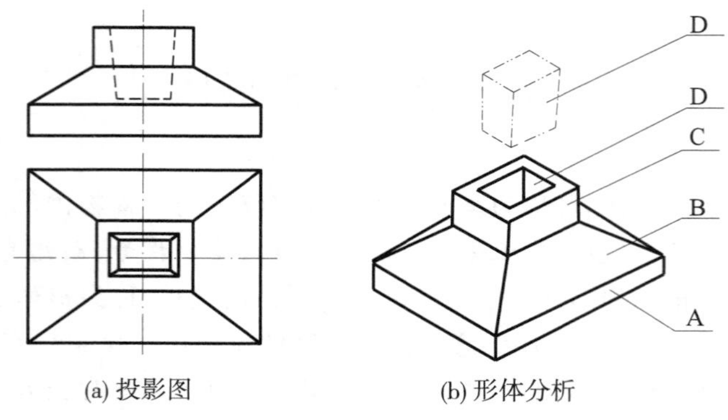

(a) 投影图　　(b) 形体分析

图 6-11　杯型基础

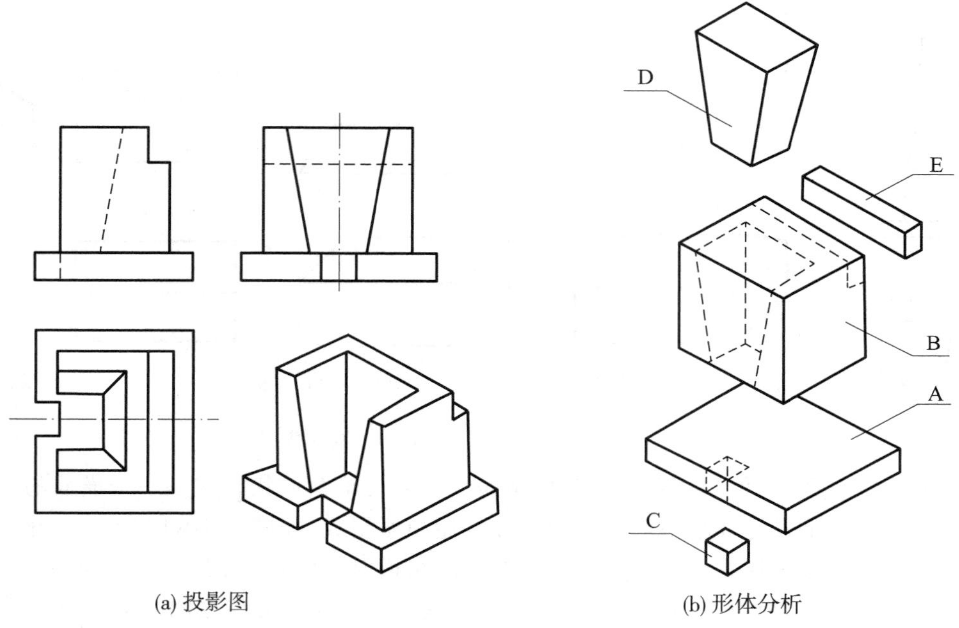

(a) 投影图　　(b) 形体分析

图 6-12　U 形桥台

第四节　平面与平面立体相交

一、平面立体的截交线

1. 截交线

平面与立体相交,可视为立体被平面**所截**,该平面称为**截平面**。截平面与立体表面的交线,称为**截交线**;截交线所围成的平面图形,称为**截断面**,如图 6-13 所示。

因为平面立体的表面由一些平面组成,所以平面立体的截交线必为一条封闭的平面折线。其中,折线段为立体的棱面与截平面的交线,称为**截交线段**;转折点为平面立体的棱线

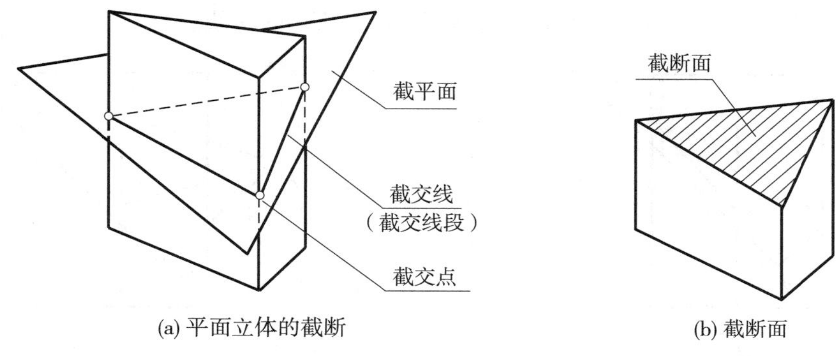

图 6-13　平面与平面立体相交

与截平面的交点，称为**截交点**。

投影图中，平面与立体相交时所要解决的主要问题，是根据平面和立体的投影，求出截交线的投影、截断面实形和截断后立体表面的展开图等。

2. 截交线作法

(1) **平面立体截交线的作图步骤，一般有以下两种：①先求出各棱线与截平面交得的截交点，然后把位于同一棱面上的两截交点连成截交线段，即可组成截交线；②直接求出各棱面与截平面交得的截交线段来组成截交线。**

因此，求平面立体的截交线，实质上就是求直线与平面的交点，或者求两平面的交线。

(2) **平面立体的截交线求法**，一般有以下几种：

①**积聚投影法**——当截平面或平面立体的棱面、棱线垂直于投影面而有积聚投影时，则截交点及截交线段在这个投影面上的投影，就位于这些积聚投影上而成为已知，其余投影可借助于有关棱面或截平面上的直线来作出；当截平面和棱面分别垂直于两个投影面时，则截交点及截交线的两个投影成为已知，于是可求出截交点及截交线的第三个投影。

②**辅助投影面法**——当截平面为一般位置时，也可应用辅助投影面法，使截平面具有积聚投影来解。

③**辅助平面法**——利用通过立体棱线且具有积聚投影的辅助平面来求出截交点的投影，然后连得截交线的投影。

(3) 截交线的可见性：取决于截交线段所在立体棱面的可见性，即**截交线段位于可见棱面上时才是可见的**，否则为不可见。

3. 截断面实形及展开图

截断面实形一般用辅助投影面法表示。截断后立体表面展开图即为带有截交线段的局部立体表面展开图。

二、棱柱和棱锥的截断举例

[例 6-11]　如图 6-14 所示，求直三棱柱 ABC 与一般位置平面△DEF 相交时的截交线投影。

[解]　(1) 截交线形状分析：在 H 面投影中，三棱柱投影△abc 位于截平面投影△def 的范围内；在 V 面投影中，三棱柱顶、底面投影伸出△$d'e'f'$。故△DEF 仅与三棱柱的三个

侧面相交,截交线是$\triangle A_0B_0C_0$。其中截交点A_0、B_0、C_0是三棱柱的三条侧棱A、B、C与$\triangle DEF$的交点;截交线段是三棱柱的三个侧面与$\triangle DEF$的交线。

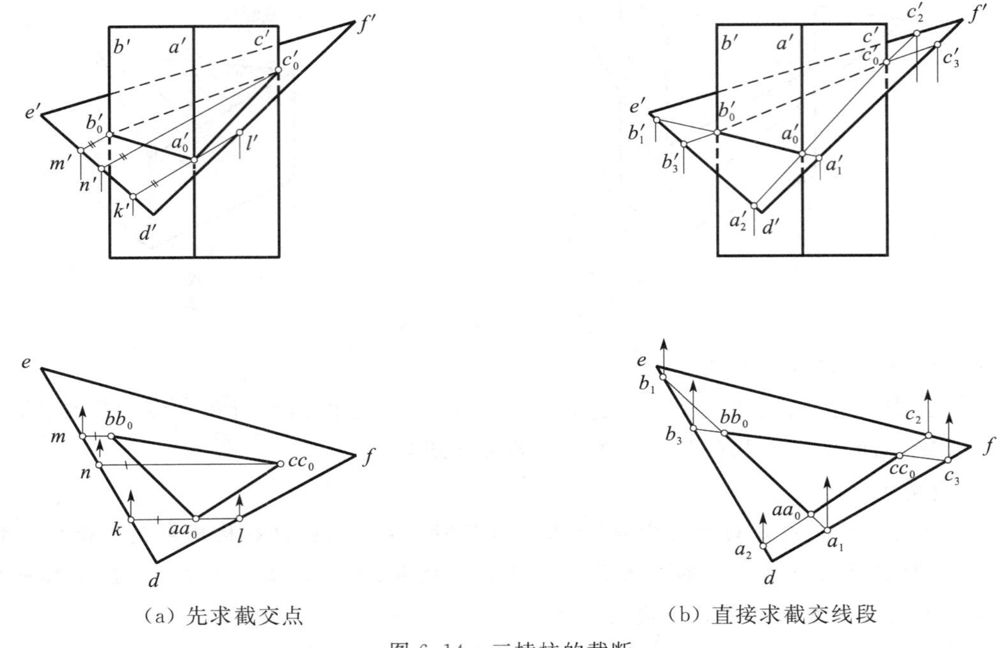

(a) 先求截交点　　(b) 直接求截交线段

图 6-14　三棱柱的截断

(2) 截交线H面投影:因三棱柱的三个侧面均垂直H面,故它们的H面投影具有积聚性,即截交线的H面投影与这些积聚投影重合。

(3) 截交线的V面投影求法:

方法一:利用棱线的积聚性——即先求截交点,再连成截交线。如图6-14(a)所示因截交点A_0的H面投影a_0必在棱线A的积聚投影a上,于是成为在$\triangle DEF$上由a_0求a_0'的问题。现通过A_0在$\triangle DEF$上取一条辅助线,先作出其H面投影kl,与$\triangle def$的边线交于点k和l,求出k'和l'后的连线$k'l'$与a'交得a_0'。同法,过b_0和c_0作辅助线的H面投影,本图中,如所作的$b_0m /\!/ c_0n /\!/ kl$,只要由m和n求出m'和n'后,作$m'b_0' /\!/ n'c_0' /\!/ k'l'$来交得$b_0'$和$c_0'$,于是可连得$\triangle a_0'b_0'c_0'$。

方法二:利用棱面的积聚性——即直接求出各截交线段来组成截交线。如图6-14(b)所示,因截交线$\triangle A_0B_0C_0$的H面投影必积聚在$\triangle abc$上,故把位于$\triangle DEF$上的截交线段A_0B_0的H面投影a_0b_0延长,与$\triangle def$的边交于点a_1和b_1,则求出a_1'和b_1'后的连线$a_1'b_1'$与a'和b'交得A_0B_0的V面投影$a_0'b_0'$。同法,求出$b_0'c_0'$及$a_0'c_0'$。实际上,只要求$b_0'c_0'$后,即可连得$a_0'c_0'$。

(4) 可见性:仅V面投影需要判断。因A_0B_0、A_0C_0分别位于可见棱面AB及AC上而可见,故$a_0'b_0'$、$a_0'c_0'$画成实线;又因B_0C_0位于后方不可见棱面BC上而不可见,故$b_0'c_0'$画成虚线。另外,A,B,C三条棱线及$\triangle DEF$的三条边线在对方投影的边框范围内部分也要判定可见性。

[例6-12]　如图6-15所示,求三棱锥被V面垂直面$P(P_V)$截断后下半部分的投影、截

断面实形和表面展开图。

［解］ (1) 截交线形状分析：图 6-15(a)，因 P_V 与 $s'b'$ 和 $s'c'$ 及底面的 V 面投影 $a'b'c'$ 相交，可知 P 面与三个棱面和一个底面相交成一个四边形，但不与棱线 SA 和底边 BC 相交。

(2) 截交线投影求法：因 P_V 有积聚性，故截交线的 V 面投影必在 P_V 上而为已知，即截交点 B_0，C_0，D_0 和 E_0 的 V 面投影 b_0'，c_0'，d_0' 和 e_0' 可直接定出。

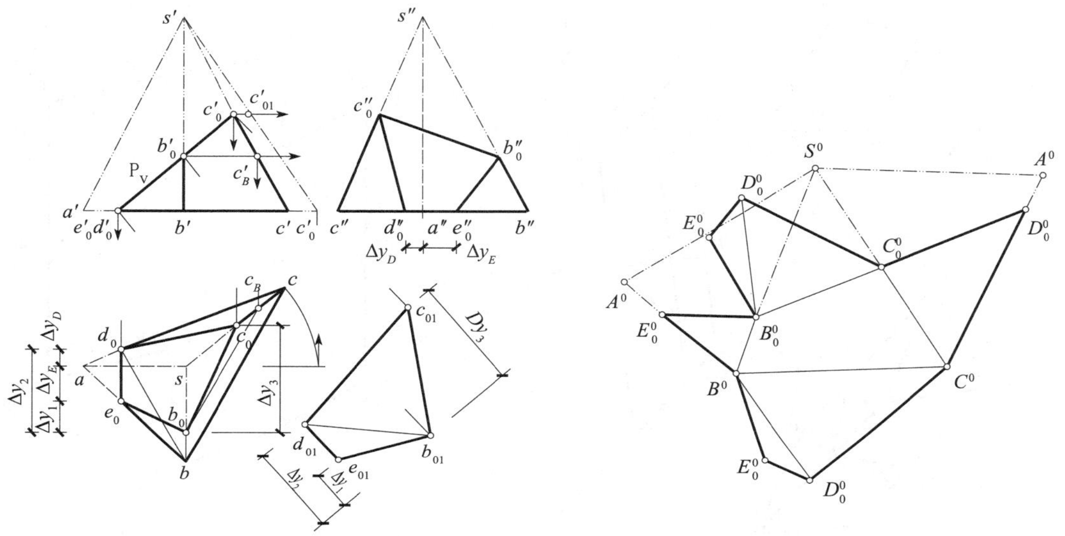

(a) 投影图和截断面实形　　　　(b) 截断后三棱锥下半部分展开图

图 6-15　平面与三棱锥的截断和展开

然后按照直线上点的投影作法，可求出各截交点的 H 面及 W 面投影，如图所示。其中 b_0 可利用△SBC 上一条水平辅助线 B_0C_B 来求出。即由 b_0' 作水平线 $b_0'c_B'$，由 c_B' 求出 c_B，再作 $c_Bb_0 /\!/ cb$，与 sb 交得 b_0。也可由 b_0' 作水平连系线与 $s''b''$交得 b_0''，由 b_0'' 求 b_0；至于 d_0''，e_0''，可由 d_0'，d_0 和 e_0'，e_0 作出。也可利用 D_0 和 E_0 与点 A 的坐标差 Δy_D，Δy_E 来作出。

棱锥上半部因为已截去，在图中可用细双点画线来表示。因截交线 $B_0C_0D_0E_0B_0$ 位于立体下半部分的左上方，故 H 面、W 面投影均用实线表示为可见的。

(3) 截断面实形：反映截断面实形的四边形 $b_{01}c_{01}d_{01}e_{01}$，可用辅助投影面法作出。为了省略作出 $O_1X_1 /\!/ P_V$，故在过 b_0' 且垂直于 P_V 的直线上取任一点如 b_{01}，再由坐标差 Δy_1，Δy_2，Δy_3，作出 e_{01}，d_{01}，c_{01}后相连而成。

(4) 展开图：三棱锥截断后下半部分的表面展开图，如图 6-15(b)所示。首先参考图 6-8，作出完整三棱锥表面的展开图 $S^0A^0B^0C^0$，其中长度 $S^0A^0=s'a'$，$S^0B^0=s''b''$，S^0C^0 等于 SC 旋转到平行 V 面后的长度 $s'c_1'$。然后作出截交点在展开图中的位置，它们都可由反映棱线实长的投影中取长度来定出。例如：C_0^0，可由 c_0' 作水平线(因 C^0 随同 SC 旋转时，旋转圆周的 V 面投影成水平方向)，与 $s'c_1'$ 交得 c_{01}'，则量取 $S^0C_0^0=s'c_{01}'$ 来得出 C_0^0。最后作各截交点展开位置的连线，并加上截断面和底面的实形(这两个四边形都是分解成两个三角形，即各加一条对角线 $b_{01}d_{01}$ 和 bd_0 来画出的)，即得截断后立体下半部分的展开图。

［例 6-13］ 如图 6-16 所示，设斜棱柱被通过点 G 且垂直于侧棱的 P 面所截，求截交线的投影、截断面实形和展开图。

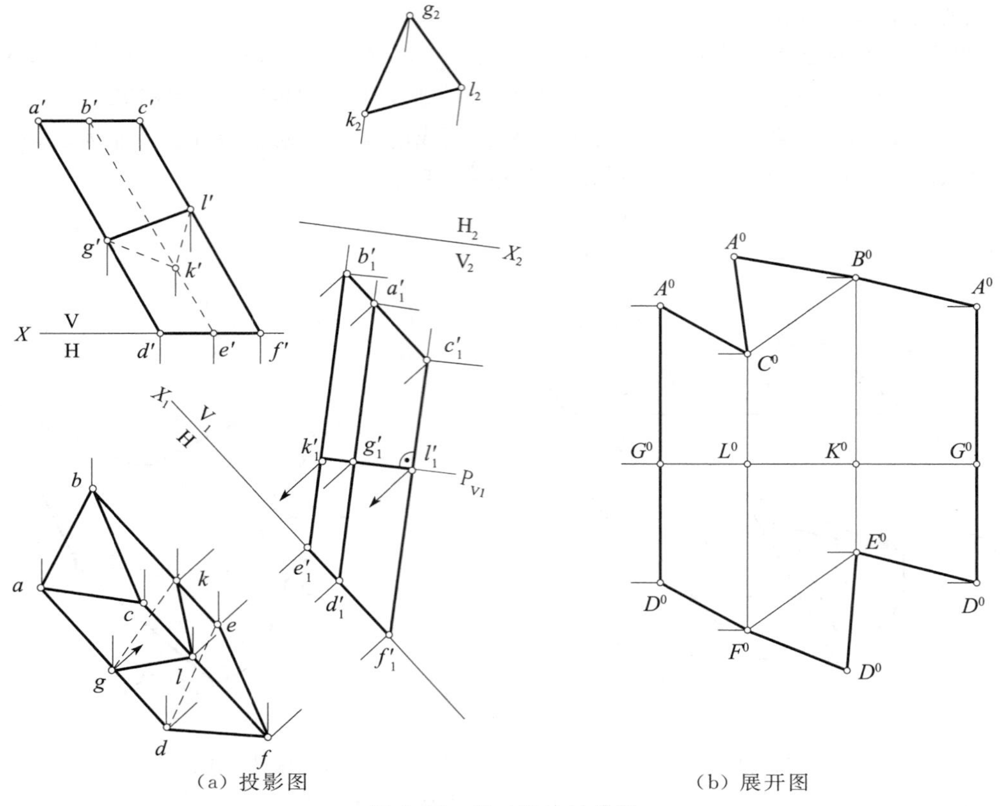

图 6-16　斜三棱柱的截断

[解]　与棱柱的侧棱垂直的截平面、所形成的截交线和截断面，相应地称为**法截面**、**法截线**和**法断面**。

(1) 投影图：由于各侧棱为一般位置直线，因而其法截面也是一般位置平面。为了能利用法截面 P 的积聚投影来求解法截线，应采用一个垂直于 P 面的辅助投影面如 V_1 面。显然 V_1 面必平行于棱柱的各侧棱，故 $X_1 /\!/ ad$ 等。在三棱柱的 V_1 面投影中，过 g_1' 作垂直于侧棱的 V_1 面投影 $a_1'd_1'$ 等的直线 P_{V1}，即为 P 面的积聚投影。于是由 P_{V1} 与 $a_1'd_1'$，$b_1'e_1'$ 和 $c_1'f_1'$ 交得截交点的 V_1 面投影 g_1'，k_1'，l_1'，即可求出截交线的 H 面和 V 面投影△gkl 和△$g'k'l'$。在 H 面投影中，因 GK 位于不可见棱面 $ABED$ 上，故 gk 画成虚线；在 V 面投影中，因 GK，KL 分别位于两个不可见棱面上，故 $g'k'$，$k'l'$ 也画成虚线。

设再作辅助投影面 H_2，使其平行△GKL，可得出反映法断面实形的 H_2 面投影△$g_2k_2l_2$。

(2) 展开图：如图 6-16(b)所示。

① 作法一——先展开法截线：由于法截线的边线垂直于各侧棱。如 LK 垂直于 CF 和 BE，因而在展开图中也互相垂直。又因 V_1 面平行各侧棱，故 $a_1'd_1'$，$b_1'e'_1$，… 等反映侧棱实长。

现于 V_1 面投影附近，在 P_{V1} 的延长线上，先作法截线的展开图 G^0G^0，使 $G^0K^0 = g_2k_2$，$K^0L^0 = k_2l_2$，$L^0G^0 = l_2g_2$。再过 G^0，K^0，L^0，G^0 作 G^0G^0 的垂线，相应地与通过 a_1'，d_1'，… 且平行于 G^0G^0 的各直线相交，即可得出各侧棱的展开图 A^0D^0，B^0E^0 和 C^0F^0，于是可连得侧面

的展开图。

最后，把反映顶面和底面实形的 H 面投影中两个三角形画入展开图中，即可作出完整的展开图。

为了作出斜柱面的展开图，常作任意位置的法截面 P 来作图。

② 作法二——直接画侧面的展开图：如本图中，在 V_1 面投影一侧作出 A^0D^0，即作 $A^0D^0 /\!/ a_1'd_1'$，且作 $a_1'A^0 \perp a_1'd_1'$、$d_1'D^0 \perp a_1'd_1'$ 即得 A^0D^0。然后再以 A^0 为圆心，长度 AC（$=ac$）为半径作圆弧，即可与过 c_1' 且垂直于 $c_1'f_1'$ 的直线交得 C^0。于是由 C^0 作 A^0D^0 的平行线，再与通过 f_1' 所作的垂直于 $c_1'f_1'$ 的直线交得 F^0。同法，可作出全部侧面的展开图，再延长 P_{V1} 交得法截线的展开图，并加上顶面和底面的实形而完成整个展开图。

第五节　直线与平面立体相交

一、直线与立体表面的贯穿点

1. 贯穿点

直线与立体相交，可以视为直线贯穿立体，故直线与立体表面的交点，称为**贯穿点**。

一般情况下，直线与立体相交，有两个贯穿点；但是，直线也可以与立体只交于一点，如仅与立体交于顶点，或者交立体于棱线或边线上一点；此外，直线与曲面立体的曲面部分相切时，也可视为相交的特殊情况，即两个贯穿点趋近成一个切点。

2. 贯穿点的求法

（1）**积聚投影法**——当立体的表面有积聚投影或直线有积聚投影时，则贯穿点的一个投影成为已知，于是利用直线上点或立体表面上线来求出贯穿点的其余投影。

（2）**辅助平面法**——步骤如下：过已知直线作一辅助平面；求出辅助平面与已知立体表面的辅助截交线，则辅助截交线与已知直线的交点，即为所求的贯穿点。

（3）**投影变换法**——利用投影变换中的辅助投影面法和旋转法来使得立体表面或直线具有积聚投影，或者使得辅助平面法中能反映辅助截交线的实形等。

3. 可见性

（1）**直线穿入立体内部的一段，可视为与立体融洽，故不必画出，必要时，用细实线或细双点画线表示。**

（2）位于立体外部的直线段，其投影又在立体投影范围以外的部分，则观看时由于没有被立体遮住而必为可见，其投影应画成实线；而直线投影与立体投影重影的部分，则其可见性由贯穿点的可见性来确定，而**贯穿点的可见性又取决于立体表面的可见性**。当贯穿点可见时，贯穿点以外的直线段也是可见的，其投影应画成实线；反之，当贯穿点不可见时，则贯穿点旁边的直线段也不可见，应该把该贯穿点到立体的投影外形线之间的直线段画成虚线。

此外，可由**贯穿点所在的直线段与立体表面上棱线、外形线交成的重影点的可见性来判断**。

二、平面立体的贯穿点作法

［例 6-14］　如图 6-17 所示，求直线 L 与四棱柱的贯穿点。

［解］ 在H面投影中,l与立体的前后两侧面P和Q的积聚投影p和q交于a和b两点,故L可能与P和Q面相交。由a,b作连系线,在l'上定出点a',b'。因a'在P面的V面投影p'范围内,故点A是贯穿点。但b'已越出Q面的V面投影q'范围,故直线L不与Q面相交。

又根据l'与顶面R的积聚投影r'相交于点c',求出c,因c在R的H面投影r范围内,故直线L与R面交于点C。

图中直线在贯穿点外面重影的两段,因两个贯穿点均在可见的P面和R面上而也可见,故贯穿点外线段均可见而其投影画成实线。

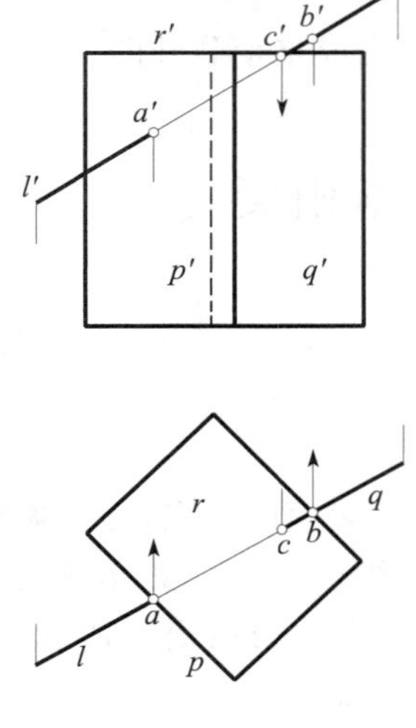

图6-17 直线贯穿四棱柱

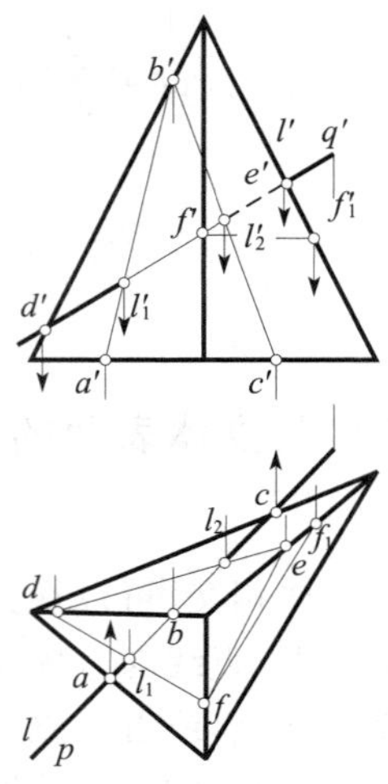

图6-18 直线贯穿三棱锥

［**例6-15**］ 如图6-18所示,求直线与三棱锥的贯穿点。

［解］ 过L作辅助平面P垂直投影面H,则p与l重合,p与三棱锥的辅助截交线也与p重合。利用p与各棱线投影的交点a,b,c,可求出辅助截交线的V面投影$\triangle a'b'c'$。于是可求出l'与$\triangle a'b'c'$的交点l_1'和l_2',即为贯穿点L_1,L_2的V面投影;由之可求出贯穿点的H面投影l_1,l_2。

也可通过L作垂直于V面的辅助截平面$Q(q')$,求出与三棱锥的辅助截交线的H面投影$\triangle def$,与l交得贯穿点L_1,L_2的H面影l_1,l_2,由之求出V面投影l_1',l_2'。对H面投影而言,各侧棱面都是可见的,故各贯穿点也均为可见,贯穿点投影之外的l均画成实线。

在V面投影中,因L_2位于后方不可见棱面上,L_2不可见,故l'位于立体投影范围内的一段$l_2'e'$画成虚线。而L_1在可见的棱面上,故$l_1'd'$段画成实线。

第六节 两平面立体相交

一、两平面立体的相贯线

1. 相贯线

两立体相交,又称为两立体**相贯**。相交的立体则称为**相贯体**。相交两立体表面的交线称为**相贯线**。相贯线上的点则称为**相贯点**。

两立体的相贯线,可以是二组(图 6-19),也可以是一组(图 6-20)或更多。相贯线大多是闭合的,也可以是不闭合的(两立体公有某一棱面而产生不闭合的相贯线)。

两平面立体的相贯线,一般情况下为空间折线,特殊情况下为平面折线。组成相贯线的折线段,称为**相贯线段(为两个平面立体有关两棱面的交线)**。**每条相贯线段的两个端点,为一个立体的棱线对另一个立体的贯穿点**,平面立体的相贯点即为这种贯穿点。

投影图中两立体相交时所要解决的主要问题,是根据两立体的投影求作相贯线的投影。此外,还有求立体表面具有相贯线的展开图等。

两立体可视为一个整体,因而一个立体位于另一个立体内部的部分互相融合而不复区分,故不必画出。必要时,可用细实线或细双点画线表示。当然,如客观上的确存在一个立体贯穿另一个立体时,则属例外。

2. 相贯线作法

(1) **平面立体相贯线的作图步骤**,一般有以下两种:

① **先求相贯点,再连成相贯线**:即先求出每个平面立体的有关棱线对另一个立体的相贯点。再把所有位于一立体的同一棱面上,又位于另一立体的同一棱面上的两个相贯点,顺次连成各相贯线段,即组成相贯线。

② **直接求出相贯线段**:即直接求出两平面立体上相交的两棱面所交成的相贯线段。

因此,求两平面立体的相贯线,实质上就是求直线与平面的交点和求两平面的交线。

(2) **平面立体相贯线作法**,一般有以下两种:

① **积聚投影法**——当两平面立体上有棱线或棱面垂直于某投影面而有积聚投影时,则相贯点、相贯线在这个投影面上的投影,必位于这些积聚投影上而成为已知,其余投影可借助于另一立体有关棱面上的直线或棱线来作出。

② **辅助平面法**——利用通过棱线的辅助平面来求出相贯点或相贯线段。

各种作图步骤和作图方法,并非孤立使用。解题时,视情况来综合运用。甚至当一相贯体具有一般位置的棱面时,可作垂直于这些棱面的有积聚性的**辅助投影**来求出相贯线。

3. 相贯线的可见性

相贯线的可见性,由相贯线段的可见性表示。每条相贯线段只有当它所在的两棱面同时可见时,才是可见的。即每条相贯线段的可见性,取决于它所在的、分属于两个立体的两个棱面的可见性。若其中一个棱面不可见,或两个棱面均不可见,则这条相贯线段就不可见。可见和不可见的分界点,必是某平面立体的投影外形棱线上的相贯点。

二、相贯线作法举例

[例 6-16]　如图 6-19 所示,求两个三棱柱的相贯线。

[解]　(1) 相贯线形状分析:由 V 面投影显示,水平三棱柱位于直立三棱柱范围之内;由在 H 面和 W 面投影显示,水平三棱柱的两端伸出直立三棱柱之外,因而两棱柱顶、底面及前、后端面未参与相交;又直立三棱柱的棱线 F 和 G 与水平三棱柱不相交;只是水平三棱柱的侧面交于直立三棱柱的侧面,形成前、后两组相贯线。其中后方一组位于直立三棱柱后方的一个棱面上,故为平面折线;前方一组位于直立三棱柱的两个棱面及水平三棱柱的三个棱面上,故为空间折线。

(2) 相贯线的投影:由于这两个三棱柱分别垂直于H面和V面,因而这两个三棱柱的侧面及侧棱的H面及V面投影分别有积聚性,即位于这些侧面上的各条相贯线段及侧棱上的各相贯点的H面、V面投影均为已知而不需求作,故只需作出相贯线的W面投影。此外,后方一组相贯线所在的直立三棱柱棱面,平行V面,它的W面投影有积聚性,也不需求作。因此,本例只需作出前方一组相贯线。

(3) 相贯线作法:本例中,由于相贯线的H面、V面投影成为已知,只需运用已知点的两投影求第三投影的方法来求出W面投影。现再分析如下:

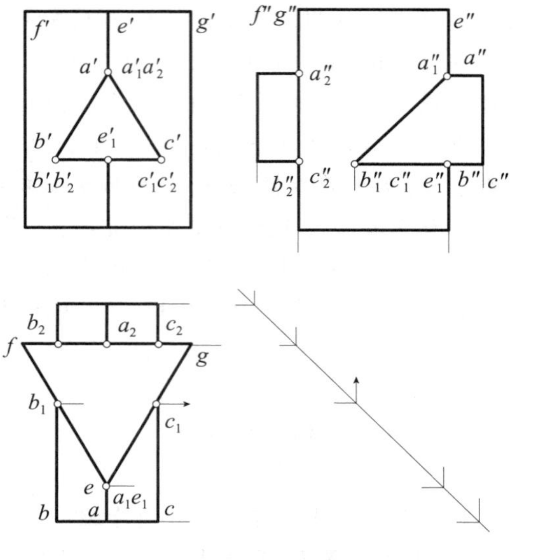

图6-19　两三棱柱相贯

水平棱线A对直立三棱柱的贯穿点,为棱线A与E的交点A_1。其H面投影a_1在E的积聚投影e上,V面投影a'_1在A的积聚投影a'上。由$a_1a'_1$求出a''_1也可由a''与e''直接交得a''_1。

水平棱线B和C对直立三棱柱的相贯点B_1,C_1的W面投影b''_1,c''_1,可利用直立三棱柱侧面的H面积聚投影,与b,c交得b_1,c_1点;由之作连系线,于b'',c''上交得重影的b''_1,c''_1点。

直立棱线E对水平三棱柱的相贯点,除了点A_1外,还有E与水平棱面交成的点E_1。但因E的三个投影分别位于E线和水平棱面的积聚投影上而不需求作。

前方一组相贯线,只有四个相贯点A_1,B_1,C_1和E_1。由V面投影可以看出,其连接顺序为$a'_1b'_1e'_1c'_1a'_1$而为$A_1B_1E_1C_1A_1$。在W面投影中,因线段B_1E_1和C_1E_1所在的水平棱面有积聚性,故$b''_1e''_1$和$c''_1e''_1$在水平三棱柱水平棱面的积聚投影上;又因两立体左右对称,故相贯线也左右对称,因而可见的A_1B_1和不可见的A_1C_1的W面投影$a''_1b''_1$,$a''_1c''_1$重影,仍画成实线。

[**例6-17**]　如图6-20(a)所示,求正三棱锥与三棱柱的相贯线。

[**解**]　(1) 相贯线形状:从V面投影可知,锥底不与棱柱相交;棱线A,B和SG也不与棱锥和棱柱相交;又从H面或W面投影可知,棱柱前后两端面都不与棱锥相交。从V面投影可以看出,两个立体没有一个完全穿过另外一个,因而成为部分相交而只有一组相贯线。

由于三棱柱的各侧面垂直V面,又三棱柱的水平棱面和三棱锥后方棱面SFG均垂直W面,故可利用它们的积聚投影来判断哪些棱线与棱面或棱面与棱面相交,并由之可知这些面上的相贯点或相贯线段的投影。

(2) 相贯线作法:利用三棱柱侧面的积聚投影$a'c'$,可由$s'f'$与$a'c'$的交点f'_1求出f_1及f''_1;再由$s'e'$与$a'c'$的交点e'_1先后求出e''_1及e_1。

利用三棱柱水平棱面BC的积聚投影$b'c'$先设想该面扩大成平面$P(p')$,得出与三棱锥的截交线$\triangle G_1F_2E_2$,可以作出该面上的相贯线段:$\triangle G_1F_2E_2$与锥底$\triangle GFE$相似,由p'与$s'f'$的交点f'_2求出点f_2后,即可作出$\triangle g_1f_2e_2 \backsim \triangle gfe$,于是即可求得相贯线段的H面投影$c_2f_2$,$f_2e_2$,$e_2c_1$。然后由$c_1$,$c'_1$求出$c''_1$。

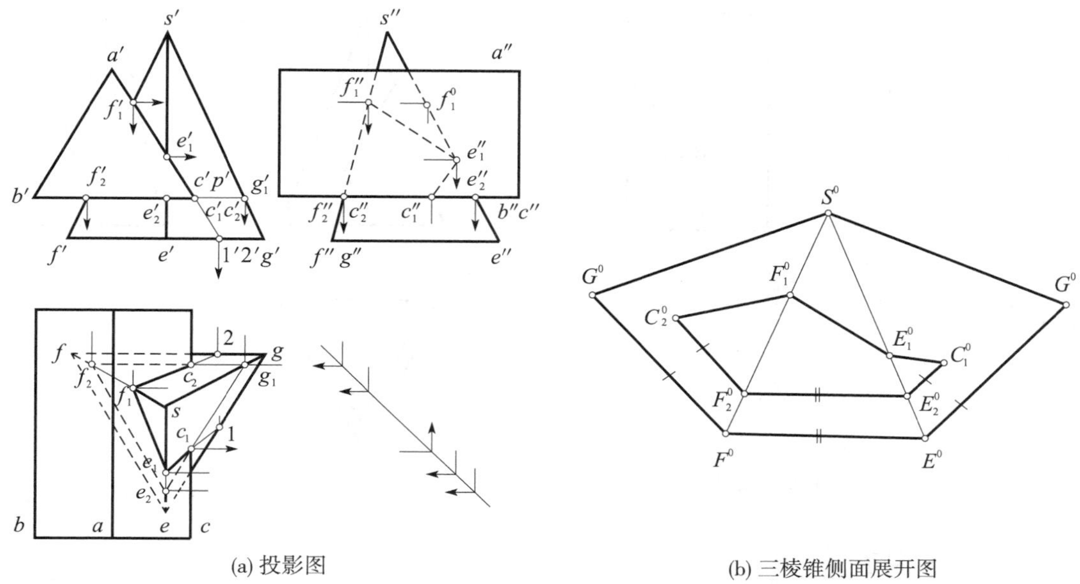

(a) 投影图　　　　(b) 三棱锥侧面展开图

图 6-20　三棱锥与三棱柱相贯

以上作法，也可理解为利用积聚投影在三棱锥表面上取直线来解，即已知三棱锥表面上直线的 V 面投影 $e_2'c_1'$，求作 H 面投影 e_2c_1 及 W 面投影 $e_2''c_1''$ 等。

最后利用 V 面投影，如 c_2'，f_1'，e_1'，c_1'；连接相贯点得出相贯线段 $C_2F_1E_1C_1$，再与点 C_1，C_2 和 P 面上的相贯线段 $C_1E_2F_2C_2$ 相接，连成相贯线 $C_2F_1E_1C_1E_2F_2C_2$ 的投影。

(3) 可见性：在 H 面投影中，由于位于不可见的水平棱面 BC 上各相贯线段是不可见的，故它们的 H 面投影画成虚线；在 W 面投影中，各段相贯线段除了位于三棱柱的水平棱面和三棱锥的背面而重影于积聚投影外，均位于不可见棱面 AC 上，故也不可见而画成虚线。

(4) 展开图：图 6-20(b)为相贯后三棱锥侧面的展开图。作法为：先作完整的棱锥侧面展开图，再定出各相贯点在展开图中位置，最后连得展开图中的相贯线段。其中，$S^0E_1^0=s''e_1''$，$S^0E_2^0=s''e_2''$；由于 $SF=SE$，故 $S^0F_2^0=s''e_2''$，或由 E_2^0 作 $E_2^0F_2^0 /\!/ E^0F^0$；$S^0F_1^0=s''f_1^0$，其中 f_1^0 由 f_1'' 定出；$E_2^0C_1^0 /\!/ E^0G^0$，且 $E_2^0C_1^0=e_2c_1$；$F_2^0C_2^0 /\!/ F^0G^0$，且 $F_2^0C_2^0=f_2c_2$。

三、立体的贯通孔和切口

一立体被另一立体贯穿后的空洞部分称为**贯通孔**。如图 6-21 为一个直立三棱柱被另一个水平三棱柱贯穿后所形成的贯通孔。其孔口线实际上相当于图 6-19 中两个三棱柱的相贯线。

一立体被另一立体局部贯穿后的切去部分称为**切口**。图 6-22 可以视为一个正三棱锥被一个水平棱柱相贯后所形成的切口，其切口线实际上相当于图 6-20 中三棱锥与三棱柱的相贯线。图 6-22 的切口，也可视为三棱锥被两个平面截切而成。

总之，贯通孔线和切口线的作图，均可归结为相贯线的作图。但与相贯体不同的是，在贯通孔和切口内，留下了假想的另一立体，应画出其棱线或外形线。例如：图 6-21 中三棱柱上垂直 V 面的三条棱线，因在 H 面、W 面中的投影不可见而画成虚线；图 6-22 中两个截平面的交线，因在 H 面投影中不可见也画成虚线。

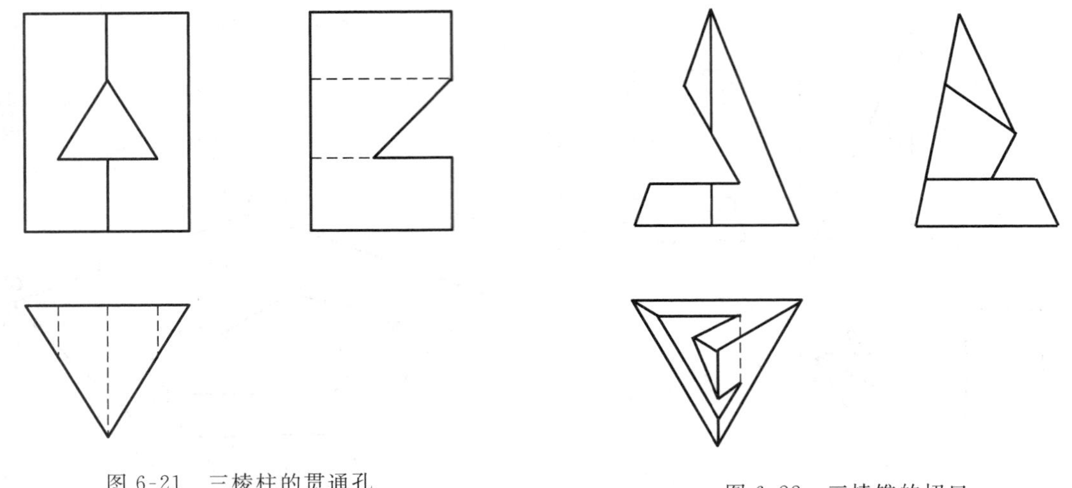

图 6-21　三棱柱的贯通孔

图 6-22　三棱锥的切口

四、同坡屋顶

1. 同坡屋顶

对水平面倾角相同，且房屋四周屋檐高度相同的屋面所构成的屋顶，称为**同坡屋顶**。已知同坡屋顶屋檐的 H 面投影和屋面的倾角，求作屋面间交线来完成同坡屋顶的投影图。可视为特殊形式的平面立体相贯。

2. 屋面交线的投影特性

(1) **屋檐平行的两屋面必交成水平的屋脊，称为平脊。它的 H 面投影，必平行于屋檐的 H 面投影，且与两屋檐的 H 面投影等距。**如图 6-23 所示，屋面 P 和 Q 所交成的平脊 B 的 H 面投影 b，平行屋檐 C，D 的 H 面投影 c，d，且与 c，d 等距。因为由 V 面投影可知，$\triangle b'b_1'c' \cong \triangle b'b_1'd'$，故 $c'b_1' = b_1'd' = l$，即 b_1' 为 $c'd'$ 的中点，故 b 与 c，d 等距。

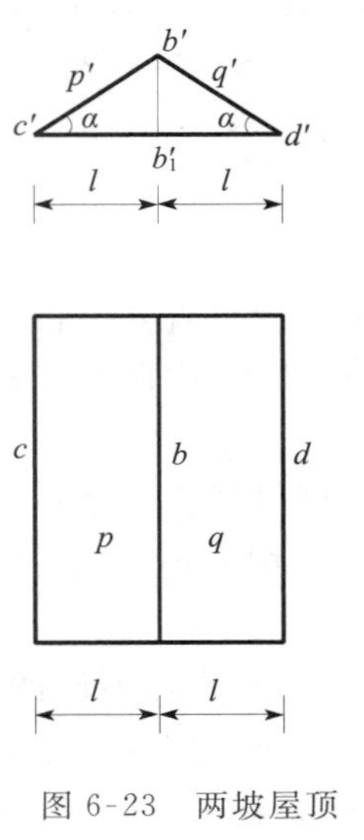

图 6-23　两坡屋顶

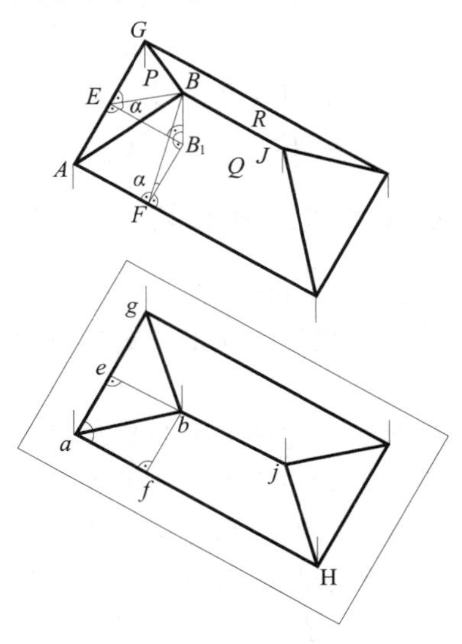

图 6-24　四坡屋顶

（2）**屋檐相交的两屋面必相交成倾斜的屋脊或天沟，称为斜脊或斜沟。其 H 面投影为两屋檐 H 面投影的夹角平分线。**如图 6-24 所示为屋顶形成 H 面投影时的情况，屋面 P 和 Q 的屋檐交于 A 点，则交线 AB 必通过该点。设交线上有任一点 B，向每条屋檐作垂线，即在每个屋面上作最大斜度线，$BE \perp AE$ 和 $BF \perp AF$；又自点 B 作屋檐平面的垂线，得垂足 B_1。B_1 相当于点 B 在屋檐平面上的正投影。故 $B_1E \perp AE$，$B_1F \perp AF$，BE、BF 的倾角即为屋面的倾角 α。由于直角三角形 $\triangle BB_1E \cong \triangle BB_1F$，因它们公有一直角边 BB_1，且 $\angle E = \angle F = \alpha$，故 $B_1E = B_1F$。于是具有同一条斜边 AB_1 的 $\triangle B_1AE \cong \triangle B_1AF$，因而 $\angle B_1AE = \angle B_1AF$。即在 H 面投影中，$\angle bae = \angle baf$，故交线的 H 面投影 ab 为两屋檐 H 面投影 eaf 的夹角平分线。

（3）**屋顶上如有两条交线交于一点，至少还有第三条交线通过该交点。**仍如图 6-24 所示，设 P 和 R 两屋面的交线 BG，与 P 和 Q 两屋面的交线 AB 交于一点 B，则点 B 必为 P，Q，R 三面的交点，故也为 Q，R 两屋面交线上的一点，即 Q，R 屋面的交线 BJ 应通过点 B。

3. 求作同坡屋顶投影的步骤

（1）先根据屋檐的 H 面投影，按交线的投影特性，求出交线的 H 面投影，即完成同坡屋顶的 H 面投影。

（2）再根据屋檐的 V 面投影高度、屋面的倾角，由屋顶的 H 面投影，完成屋顶的 V 面投影。

［**例 6-18**］　如图 6-25 所示，已知同坡屋顶四周屋檐的 H 面投影，以及屋面的倾角 α，完成同坡屋顶的 H 面投影和屋檐呈水平线的 V 面投影。

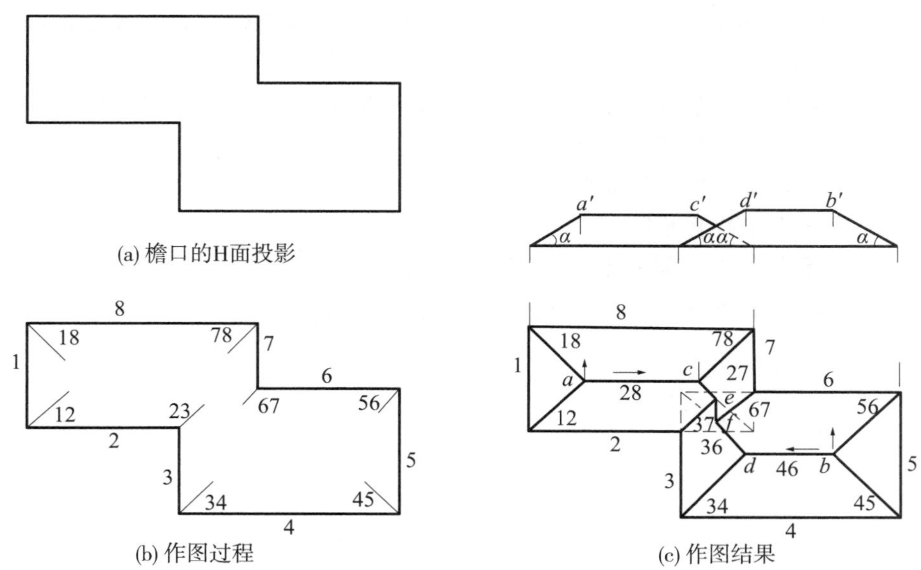

图 6-25　同坡屋顶

［**解**］　（1）H 面投影作法：要完成屋顶的 H 面投影，即求作屋面交线的 H 面投影，为使作图较有规律，**特采用屋面编号的方法。作图步骤如下：**

① **在 H 面投影中，将屋面编号**，如图 6-25(b)中的 1，2，…，8 等。

② **作各相交屋檐的角平分线**，并用有关两屋面(檐)的编号来表示，如编号为 1，2 屋面

交线的H面投影用12表示，于是得12，23，…，18等；

③ 同时由屋顶的端部开始，作出左端12和18的交点a，右端45和56的交点b，如图6-25(c)所示，再分别作出通过a，b的第三条交线。该第三条交线再与它首先相交的另一交线，可交得新的交点和通过该点的第三条新的交线，直到每一屋面成为一个闭合的多边形为止。

设以点a为例，通过点a的第三条交线应该是28(可从交线编号12、18除去共有的1，即得28)，交线28应是编号为2和8的屋面交线，为与屋檐2和8平行的等距线。再自a所作的屋脊28，前进中首先相交的是已经作出的交线78，得交点c，则通过c的第三条交线必是27(由28，78中除去共有的8)，为屋檐2，7的夹角平分线。而27先与交线23交于点e，又有第三条交线37通过点e。以同样的方法，可依次作出所有交线的H面投影。此时，每一屋面的H面投影必呈闭合形状，即为同坡屋顶的H面投影。

(2) V面投影：在水平方向屋檐的V面投影上方，作屋面及交线的V面投影。

作图时，首先从垂直于V面的屋面着手，因为它们的积聚投影能反映屋面的倾角α；再画出与相邻屋面交线(如屋脊等交线)的V面投影。以同样方法依次作出所有交线的V面投影并判别可见性，即得每个屋面的V面投影，于是完成整个同坡屋顶的V面投影。

复习思考题

(1)棱柱、棱锥的棱线投影可见时用什么线型表示？不可见时用什么线型表示？重合时又如何？

(2)若已知棱锥体表面上点的一个投影，如何运用辅助线求出其他投影？当点在W面平行线上时，则应运用何种辅助线为宜？

(3)平面立体的截交线怎样求得？

(4)怎样求一立体的展开图？

(5)一般位置直线与立体相交，怎样求其贯穿点？

(6)什么叫同坡屋顶，如何求作同坡屋顶交线？

第七章　曲　　线

第一节　曲线的一般知识

一、曲线的形成

如图 7-1(a) 所示，曲线可以视为一点连续运动的轨迹，也可视为一系列点的集合。一条曲线可用一个字母或线上一些点的字母来标注。如图 7-1(a) 中曲线可用一个字母 L 或用点的字母 A，B，… 标注。

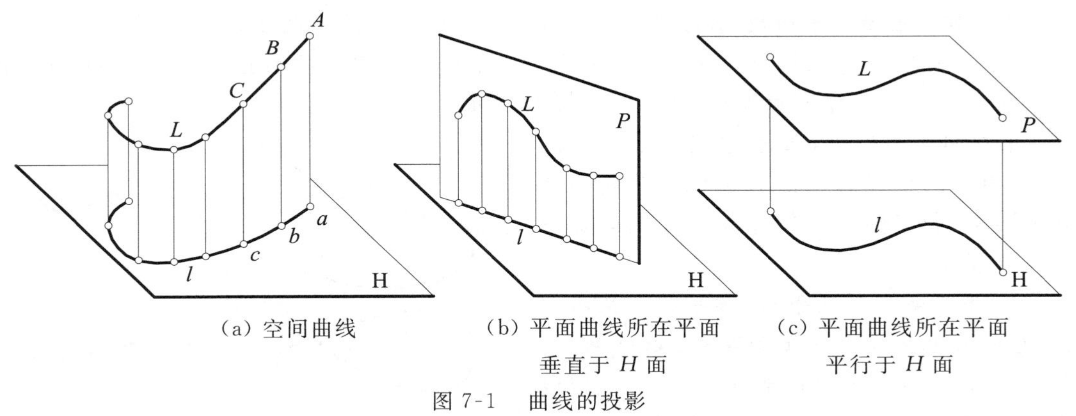

(a) 空间曲线　　(b) 平面曲线所在平面垂直于 H 面　　(c) 平面曲线所在平面平行于 H 面

图 7-1　曲线的投影

二、曲线的分类

1. 曲线由于形状不同而有不同的性质和名称，如圆周、椭圆和螺旋线等。

2. 曲线根据形状是否有规则而分成**规则曲线**和**不规则曲线**。前者如圆周、椭圆和螺旋线等；后者如在地形图上表示不平地面时，利用地面上高度相等的点连成的等高线等。

3. 根据**曲线上各点是否在同一平面上而分成：**

(1) **平面曲线**——一曲线上所有的点都在同一平面内，如图 7-1(b) 和(c) 所示。例如圆周、椭圆和等高线等。

(2) **空间曲线**——一曲线上各点不全在同一平面内，如图 7-1(a) 所示。例如螺旋线等。

三、曲线的投影

1. 曲线的投影和曲线上点的投影：**曲线的投影为曲线上一系列点的投影的集合。曲线上任一点的投影，必在曲线的同名投影上。**如图 7-1(a) 所示，曲线 L 在投影面 H 上的投影 l，为 L 上各点 A，B，…H 面投影 a，b，… 的集合。因此，曲线上任一点例 C 的 H 面投影 c，必在曲线的H面投影l上。

2. 曲线投影的作法之一:**曲线的投影可作出曲线上一系列点的投影来连成**。

3. 曲线的投影形状:

(1) **一般情况下,曲线的投影仍是曲线**。如图7-1(a)所示,过曲线上各点A,B,…的投射线Aa,Bb,…,组成一个曲面,称为**投射曲面**。它与H面的交线l,包含了各点的投影a,b,…,故交线l必为曲线L的投影。由于投射曲面与投影面H相交于一条曲线,故曲线的投影仍是曲线。

(2) 规则曲线的投影,也往往是有规则的。又如平面曲线,尚有下列特性:① **平面曲线所在平面如垂直于某投影面,则在该投影面的投影成为一条直线**,如图7-1(b)所示。因为,这时的投射曲面已成为一个投射平面,必与投影面交成为一条直线形状的投影。② **平面曲线所在平面如平行于某投影面,则曲线在该投影面上的投影反映实形**,如图7-1(c)所示。

在任何情况下,空间曲线的投影不能成为一条直线,也无所谓投影能反映实形。

四、曲线的投影图

1. **在投影图中,当曲线的投影上注出一些足以肯定曲线形状的点的字母时,则由任意两个投影即可表示一条曲线**,如图7-2(a)所示。但若该图不注出曲线端点的字母$A(a,a')$,$G(g,g')$,则对应于a'的点A,它的H面投影是在位置a还是g就不能确定。另外,还应注出重影点B,F和一些中间点如C,D,E等投影的字母。

某些曲线的投影,如不注出曲线上点的字母,当由两个投影已能表达该曲线而不致引起误解时,就不必注出点的字母,如图7-2(b)所示。

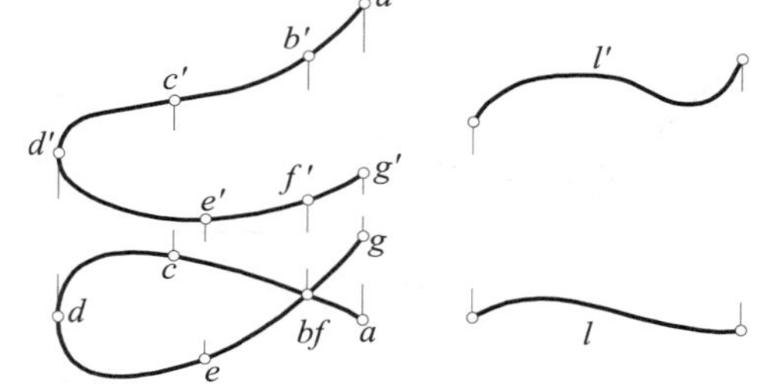

(a) 用一系列点表示的曲线 (b) 用一个字母表示的曲线

图7-2 曲线的投影图

2. **平面曲线所在平面,如平行于某投影面,则应画出该投影面上的投影,以示明显**。因为,这时平面曲线的其余两投影,必积聚成直线,即使注出一些字母,也不能明显地表示出这条曲线的形状。

3. **平面曲线所在平面如垂直于某投影面,则应画出该投影面上成直线状的积聚投影**。因为这能明显地表示出这条曲线是平面曲线,参见图7-5圆周的投影图。

五、曲线的切线

1. **曲线的切线的投影,切于曲线的同名投影;切点的投影,为曲线与切线的同名投影的切点**。

如图7-3所示,曲线L上有一条割线AB,交L于两点A和B。当点B沿着L向点A无限接近时,直线AB的极限位置T,称为曲线L于点A的**切线**,点A称为**切点**。

当割线AB上点B无限接近点A时,在投影中,投影b也在l上无限接近a,故ab的极限位置t是l于a点的切线,也就是切线T的投影。这时,投影中的切点a为切点A的投影。

2. **曲线为其一族切线的包络线,曲线的投影为一族切线的投影的包络线**。

图 7-4，曲线 L 上一些点 A，B，… 的切线 T_A，T_B，…，组成切于曲线的一族切线，相当于一条切线绕着曲线运动时各个位置的集合。于是，曲线 L 成为切于这族切线的包络线，切点成为曲线上点。所以，曲线除了由点运动而形成外，也可视为由直线运动时所形成。

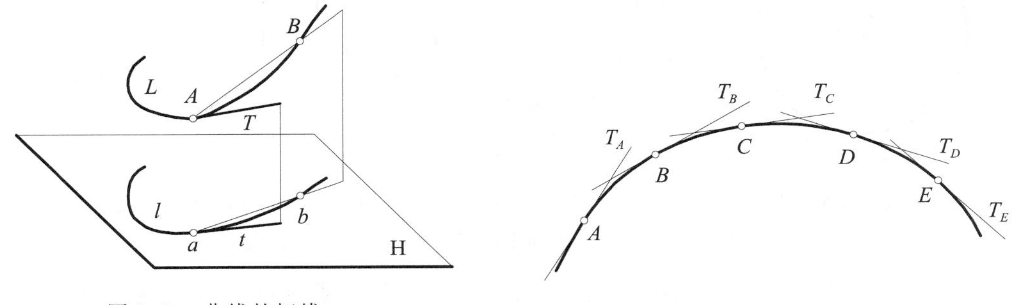

图 7-3　曲线的切线

图 7-4　曲线为切线的包络线

于是在投影中，曲线的投影也成为一族切线的投影的包络线，该包络线与切线的投影的切点，为曲线上点的投影。

3. 曲线投影的作法之二：可作出曲线的一族切线的投影，它们的包络线即为曲线的投影，如图 7-17 所示抛物线的一种作法。

第二节　二次曲线

土建工程中，常遇的曲线为平面曲线中的圆周、椭圆、抛物线和双曲线。它们可由二次方程来表示，故总称为**二次曲线**。它们也是平面与圆锥面交得的曲线，所以，也称为**圆锥曲线**。

二次曲线的投影，除了作出曲线上一些点的投影来连成外，还可利用曲线本身的特性、投影特性和投影曲线的特征来作出。本节将直接运用几何学中有关二次曲线的某些特性，并由之引出二次曲线的投影性质来进行作图。

一、圆周

1. 投影面平行面上圆周的投影

圆周平行于投影面时，其投影是一个等大的圆周；圆周平面垂直于投影面时，其投影积聚成长度为圆周直径的一段直线。

图 7-5(a)(b)(c) 是分别平行于 H，V，W 投影面的圆周 K，L，M 的投影图，在 H，V，W 面上的投影为反映实形的圆周，在其他投影面上的投影积聚成长度为直径的直线，呈水平或竖直方向。

在投影图上，圆周的投影为圆周时，应当用细单点长画线表示圆周上一对互相垂直的对称位置线，称为圆周的**中心线**，两端稍伸出圆周 2 ～ 3mm。

2. 投影面垂直面上圆周的投影

圆周平面倾斜于投影面时，其投影为一个椭圆。圆心的投影为投影椭圆心。圆周直径的投影为投影椭圆的直径。圆周内平行于该投影面的直径的投影，为投影椭圆的长轴，长度等于圆周直径；圆周内与该直径垂直的那条直径的投影，为投影椭圆的短轴。

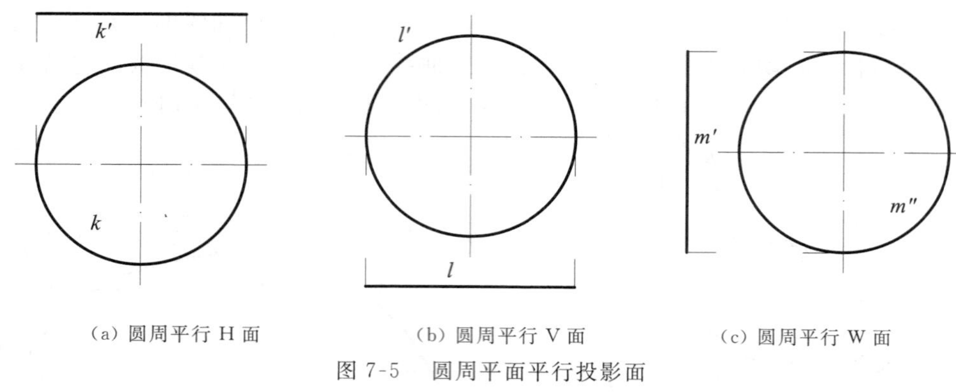

(a) 圆周平行 H 面　　(b) 圆周平行 V 面　　(c) 圆周平行 W 面

图 7-5　圆周平面平行投影面

(1) 投影面垂直面上圆周的投影——如图 7-6(a) 所示,圆周 K 位于 W 面垂直面 P 上,它的 W 面投影 k'' 积聚成一直线,相当于 K 上平行 W 面的直径 CD 的投影 $c''d''$,长度等于 CD。

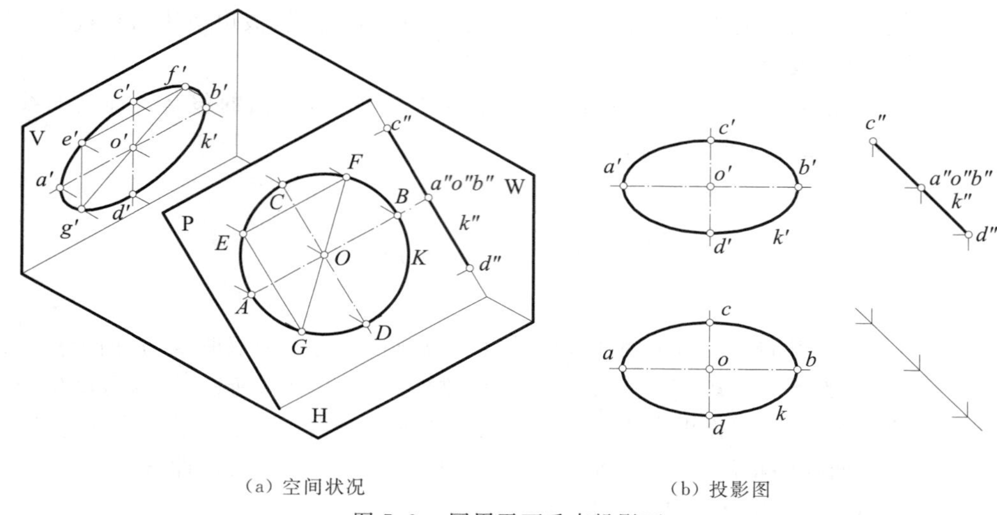

(a) 空间状况　　(b) 投影图

图 7-6　圆周平面垂直投影面

P 面倾斜于 V 面,圆周 K 的 V 面投影 k' 的形状为椭圆,真实形状如图 7-6(b) 中 V 面投影 k' 所示。K 内任一直径如 FG 的 V 面投影为 $f'g'$,端点 f' 和 g' 在 k' 上。圆心 O 的 V 面投影 o' 为 $f'g'$ 的中点,故 o' 成为 k' 的对称中心,成为椭圆心,$f'g'$ 成为椭圆的直径。

圆周上各条直径虽然长度相等,但由于它们对 V 面的倾角不同,投影的长度也就不同,一般都为缩短。只有平行于 V 面的那条直径 AB 的投影 $a'b'$ 的长度不变而最长,为投影椭圆的长轴。又垂直于 AB 的那条圆周直径 CD,因位于对 V 面的最大斜度线上,故 $c'd'$ 缩得最短,成为投影椭圆的短轴。而且长、短轴 $a'b'$ 和 $c'd'$ 互相垂直。长、短轴的端点 a',b',c' 和 d' 称为椭圆的顶点。利用平行于 AB 和 CD 的圆周弦线 EF 和 EG 的投影 $e'f'$,$e'g'$ 分别对称于 $a'b'$,$c'd'$,故整个椭圆 k' 必将以长、短轴 $a'b'$,$c'd'$ 为对称轴。

图 7-6(b) 中,圆周 K 的 H 面投影 k 也为一个椭圆,因圆周直径 AB 和 CD 又分别为 H 面的平行线和最大斜度线,故投影 ab,cd 又分别为 k 的长、短轴。但由于 CD 对 V 面和 H 面的倾角不同,故 cd 的长度和 $c'd'$ 的长度也是不同的。

已知椭圆的长、短轴,即可作出椭圆,将在后述。

（2）一般位置平面上圆周的投影——见图 7-7，已知一平面 $EFGH$ 的两面投影；并设平面上有一圆周直径长度为 D，如图旁直线段所示；设已知圆心 O 的投影，求作圆周的投影。

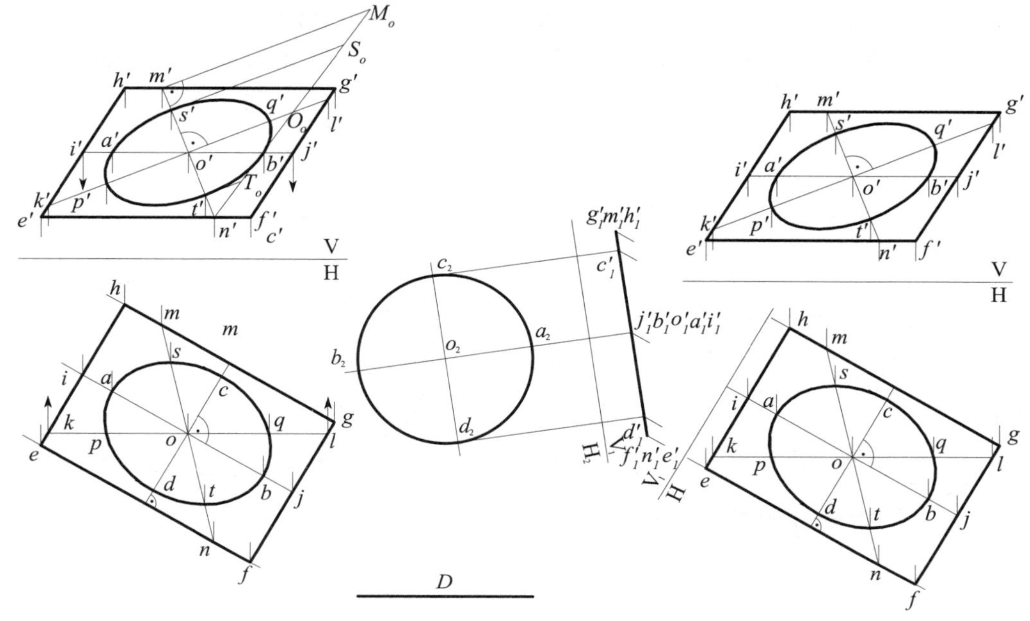

（a）直角三角形法　　　　（b）辅助投影面法

图 7-7　圆周平面为一般位置平面

因圆周平面为一般位置，对各个投影面均呈倾斜，故圆周的各面投影均为椭圆。如能求出投影椭圆的长、短轴，即可作出椭圆。

H 面、V 面投影椭圆长轴分别为圆周上 H 面、V 面平行线上直径的投影，长度为 D。故如图所示，利用平面上过圆心 O 的 H 面平行线 IJ 和 V 面平行线 KL，并在上面以 o 和 o' 为中点，分别作长度 $ab = D$ 和 $p'q' = D$，得长轴顶点 a，b 和 p'，q'。

至于短轴方向，分别在过 o 和 o' 的 ab，$p'q'$ 的垂线上，短轴的顶点 c，d 和 s'，t' 的位置，可由各种方法作出，现介绍下列三种方法：

① 利用直角三角形法求直线上点的方法：如在 V 面投影上，求 MN 的实长 $n'M_0$，并以 O_0 为中点，取 $S_0T_0 = D$，定出 $s't'$，即 V 面投影椭圆的短轴。同法，可求出 H 面投影椭圆的短轴 cd。

② 利用辅助投影面法：先把圆周所在的平面 $EFGH$ 变成 V_1 面的垂直面，再变成 H_2 面的平行面，则圆周在 H_2 上反映实形，从 H_2 返回到 H，可求出 H 面投影椭圆的短轴 cd。同法，可求出 V 面投影椭圆的短轴 $s't'$。

③ 利用椭圆的一轴和椭圆上一点求另一轴的方法：例如：在图 7-7 的 H 面投影上，已知椭圆的长轴 ab，并知对应于 V 面投影椭圆上长轴顶点 p'，q' 的 H 面投影点 p，q，于是可应用图 7-12 的方法，求出短轴顶点 c，d（图 7-7 中作图线略）。同样，可作出 V 面投影椭圆的短轴。

长、短轴求得后，就可应用图 7-8 或图 7-9 的方法作出椭圆或近似椭圆。

二、椭圆

1. 椭圆的形成

椭圆除了圆周平面倾斜于投影面时形成之外，可由各种情况形成。几何学中，椭圆的一种形成如下：

如图 7-8 所示，平面内一动点 E_1 到两个定点 F_1，F_2 的距离 E_1F_1，E_1F_2 之和为定长 $2a$ 时，形成一个椭圆。F_1，F_2 称为**焦点**，距离 $F_1F_2 = 2c$，称为**焦距**，定长 $2a$ 将为长轴的长度。

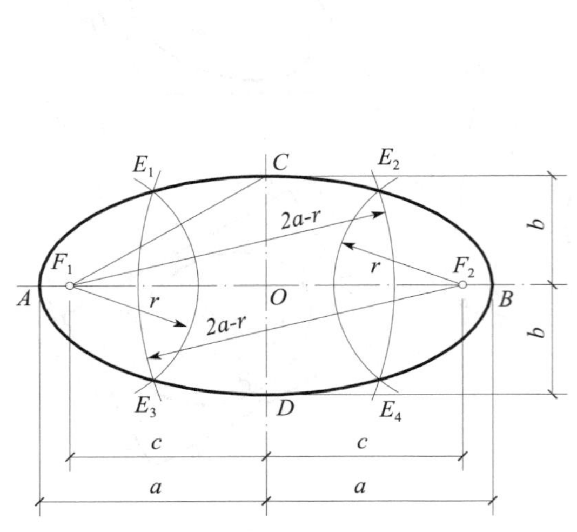

图 7-8 椭圆的形成

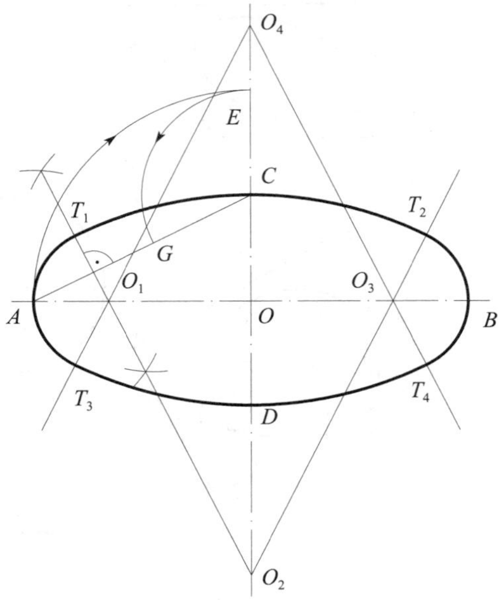

图 7-9 四圆弧近似法作椭圆

(1) 椭圆的一种作法——**由焦点作椭圆**：取一个长度 r，分别以 r 和 $2a-r$ 为半径，F_1 和 F_2 为圆心作圆弧，可交得椭圆上四点 E_1、E_2、E_3 和 E_4。同法，取一些长度 r，可作得许多点来连得椭圆。

当长度 $r = a-c$ 和 $2a-r = a+c$ 为半径作圆弧时，则仅能交得位于 F_1F_2 线上两点 A 和 B，AB 即为长轴，故 $AB = 2a$。当长度 $r = a$ 和 $2a-r = a$ 为半径作圆弧时，也仅能交得两点 C 和 D，连线 CD 即为短轴，长度 CD 用 $2b$ 表示。

(2) 由长短轴定焦点——如已知椭圆的长短轴 AB 和 CD，以短轴顶点 C 或 D 为圆心，以长轴的一半长度，即取为 $a = \frac{1}{2}AB$ 为半径作圆弧，即可在 AB 上作得焦点 F_1 和 F_2，再用前法作出椭圆。

2. 四圆弧近似法作椭圆

已知椭圆的长短轴，可有各种方法作出一些点来连成椭圆，如图 7-8 所示，由长短轴求出焦点后准确地作出椭圆，但一般较繁。工程图上一般作出近似的椭圆形即可，现介绍以四个圆弧来近似地表示一个椭圆的方法(证略)。

如图 7-9 所示，已知长短轴 AB，CD，作图步骤如下：① 先在 CD 的延长线上，取 $OE = OA$；② 再在连线 AC 上，取 $CG = CE$；③ 作 AG 的中垂线，交两轴于 O_1，O_2 点；并在 AB，CD 上，取 $OO_3 = OO_1$，$OO_4 = OO_2$；④ 分别以 O_1，O_2，… 为圆心，至相应的轴线顶点的距离 O_1A，O_2C，O_3B 和 O_4D 为半径作四个圆弧，即可组成一个近似椭圆。各圆弧相切于相应的圆心连线 O_1O_2… 上的 T_1，T_2，T_3 和 T_4 四点。

3. 椭圆的共轭直径

(1) 圆周上一对互相垂直的直径的投影，称为椭圆的一对**共轭直径**。又椭圆的两条直径中，当一条直径能平分另一条直径的平行弦时，则这两条直径是一对共轭直径。又椭圆的两条直径中，当一条直径能平行另一条直径端点的椭圆切线时，这两条直径同样也是一对共轭直径。

如图 7-10(a) 所示，圆周 K_1 有一对互相垂直的直径 E_1F_1 和 G_1J_1，并有任一弦 M_1N_1 平行 E_1F_1，必被 G_1J_1 平分。又过 E_1F_1 和 G_1J_1 的端点作圆周的切线，则每条切线平行于另一条直径，于是这四条切线组成了一个正方形。

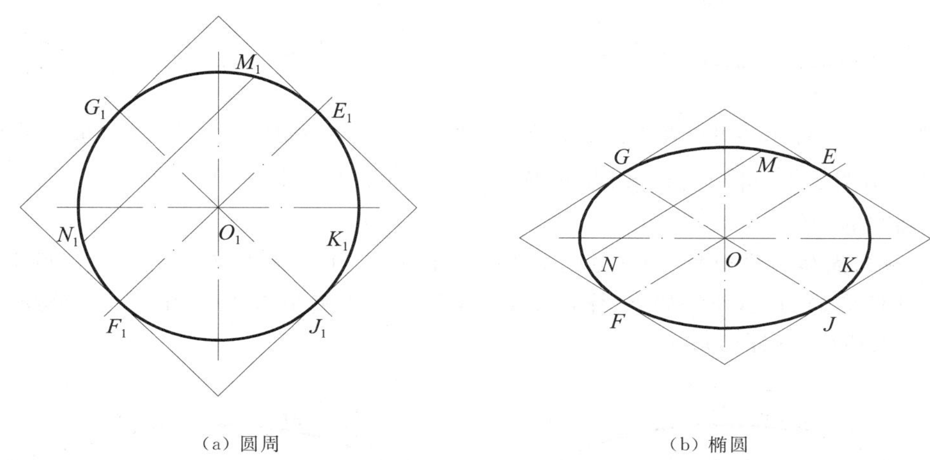

(a) 圆周　　(b) 椭圆

图 7-10　椭圆的共轭直径

在图 7-10(b) 中，设椭圆 K 是图 7-10(a) 中圆周 K_1 的投影。K 上直径 EF，GJ 和弦 MN 分别为 K_1 的 E_1F_1，G_1J_1 和弦 M_1N_1 的投影。EF 和 GJ 成为椭圆的共轭直径。由于作投影时，直线的平行、分比和曲线的切线等性质不变，故得上述的一些结论。

不过，由于直角的投影一般不再成为直角，故椭圆的一对共轭直径一般不垂直，即圆周的外切正方形一般成为椭圆的外切平行四边形。特别情况下，当椭圆的一对共轭直径互相垂直时，则成为椭圆的长、短轴。

(2) **由椭圆共轭直径求长、短轴**——如图 7-11 所示，已知椭圆的一对共轭直径 EF 和 GJ，其交点 O 为椭圆心，求椭圆的长、短轴(证略)。

如先由 O 作 $OG_0 \perp OG$，且使 $OG_0 = OG$。并以连线 EG_0 的中点 S 为圆心、SO 为半径作半圆，与 EG_0 的延长线交于点 M，N。于是连线 OM，ON 分别为长、短轴的位置线。然后在 OM 上量取 $OA = OB = G_0M$ 或 $= EN$，以及在 ON 上量取 $OC = OD = G_0N$ 或 $= EM$，则 AB 和 CD 就是椭圆的长、短轴。

(3) **已知椭圆上一点和长、短轴之一，求另一轴**——由图 7-11 可引出图 7-12，即在图 7-12 中，如已知点 E 和长轴 AB，求 CD。

首先，作 AB 的中垂线，必为短轴的位置线，垂足为椭圆心 O。再以点 E 为圆心，长半轴长度 $a = \frac{1}{2}AB$ 为半径作圆弧，与短轴位置线交于点 N 或 N_1。作连线 EN 或 EN_1，与长轴 AB 交于点 M 或点 M_1。则连线 EM 或 EM_1 的长度等于短半轴长度 b，于是由点 O 量取 $OC = OD = b$，即得短轴 CD。

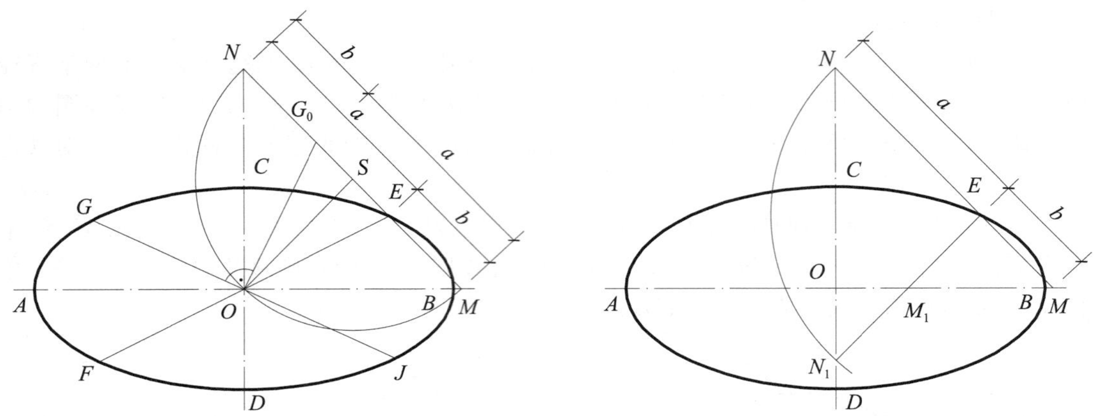

图 7-11　由椭圆的共轭直径求长、短轴　　　图 7-12　已知椭圆上的一点及一轴求另一轴

同样，由图 7-12 可知，如已知点 E 及短轴 CD，也可作出长轴 AB。

4. 椭圆的切线

(1) **由焦点作椭圆切线**——见图 7-13(a)，已知椭圆 K 的焦点 F_1，F_2，以椭圆上一点 E 为切点，作椭圆的切线，作法如下：作连线 EF_1，EF_2，再作夹角 F_1EF_2 补角的平分线，即为椭圆于 E 点的切线 T(证略)。

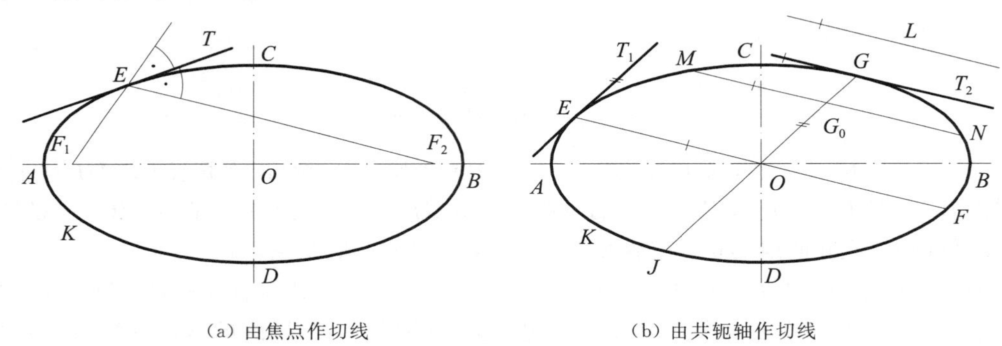

(a) 由焦点作切线　　　(b) 由共轭轴作切线

图 7-13　椭圆的切线作法

(2) **由共轭轴作椭圆切线**——见图 7-13(b)，已知椭圆 K 和 K 上一点 E，以 E 为切点作切线。

根据图 7-13(b)，过点 E 作直径 EOF。再作其平行弦如 MN，取中点 G_0，作连线 OG_0，与 K 交得 EF 的共轭直径 GJ。于是由点 E 作 GJ 的平行线 T_1，即为 K 于点 E 的切线。

(3) **作椭圆切线平行于已知直线**——见图 7-13(b)，已知椭圆 K 和直线 L，作平行 L 的椭圆切线 T_2 及定出切点 G。

作椭圆切线如 T_2 平行 L，可利用三角板可推平行线，本题的关键是准确地定出切点 G 的位置。可作平行于 L 的椭圆弦如 EF，MN，取它们中点 O，G_0 作连线，与 K 的交点 G 即为切点。

5. 椭圆的投影

(1) **椭圆平行于投影面时，其投影是一个等大的椭圆。**

(2) **当椭圆平面垂直于投影面时，其投影是一条直线，长度相当于椭圆上与投射线共轭的一条直径的投影长度。**

(3) **当椭圆平面倾斜于投影面时，椭圆的投影仍是一个椭圆。椭圆的一对长、短轴的投影，成为投影椭圆的一对共轭直径；但当长轴平行于投影面时，长、短轴的投影仍分别为投影椭圆的长、短轴；又当短轴平行于投影面时，长、短轴的投影可以互换，甚至相等**，此时，当长、短轴的投影长度相等时，投影椭圆成为一个圆周。一般情况下，**椭圆的一对共轭直径的投影仍成为投影椭圆的一对共轭直径**。

图 7-14(a) 为一个椭圆 K，设 K 及其一对共轭直径 GJ，EF 及平行弦 MN 的投影为 k，gj，ef 和 mn，如图 7-14(b) 所示。此时，mn 仍平行 ef，端点 m，n 在 k 上，且其中点在 gj 上，即它们之间的位置、距离和长度之比等仍保持不变。k 的这些性质完全相同于 K 的性质，可见 k 也是一个椭圆。其实，此时的 k，也相当于空间一个圆周的投影。该圆周的直径长度，等于投影椭圆 k 长轴的长度。

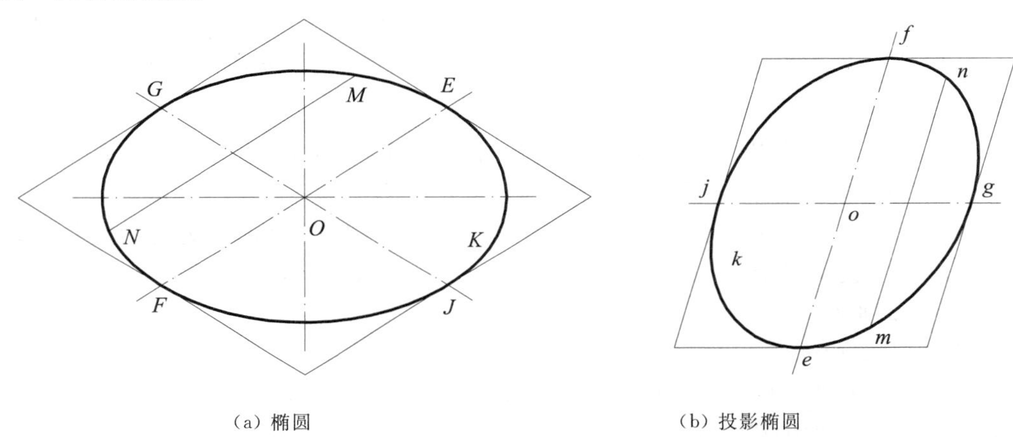

(a) 椭圆　　　　(b) 投影椭圆

图 7-14　椭圆的投影图

由于椭圆投射成投影椭圆 k 的过程中，曲线的切线性质不变，故椭圆 K 的长、短轴和每对共轭直径的投影，将是 k 的共轭直径。只有 K 的一对共轭直径的投影互相垂直时，才能成为 k 的一对长、短轴；或者 k 的长、短轴之一平行于投影面时，由于此时直角的投影仍是直角，因而长、短轴的投影仍成为投影椭圆的长、短轴。

由上所述，圆周的投影可为圆周或椭圆，椭圆的投影也可为圆周或椭圆。实际上，**圆周为椭圆的所有直径相等时的特殊情况**。

三、抛物线

1. 抛物线的形成

平面内一动点 E_1 到一个定点 F 和到一条定直线 L 的距离相等时($E_1F = E_1G_1$)，形成一条抛物线 K，如图 7-15 所示，F 称为**焦点**，L 称为**准线**。F 到 L 的距离用字母 p 表示。于是得：

抛物线的一种作法 —— **由焦点和准线作抛物线**：

如图 7-15 所示，任取一个长度 r，以焦点 F 为圆心，以 r 为半径作圆弧，与距准线 L 为 r 的平行线的交点 E_1，E_2 为抛物线 K 上两点。同法，取一些长度 r，可作出许多点来连得抛物线 K。

当 $r = p/2$ 时，只能作出一点 A；当 r 无限增大时，K 的两端也无限延伸。

因 E_1 和 E_2 对称于 AF，故 K 对称于直线 AF，AF 为通过焦点 F 而垂直于准线 L 的直线，称为抛物线的**轴**，常用字母 X 来表示。轴 X 与 K 的交点即为点 A，称为抛物线的**顶点**。且 A 为

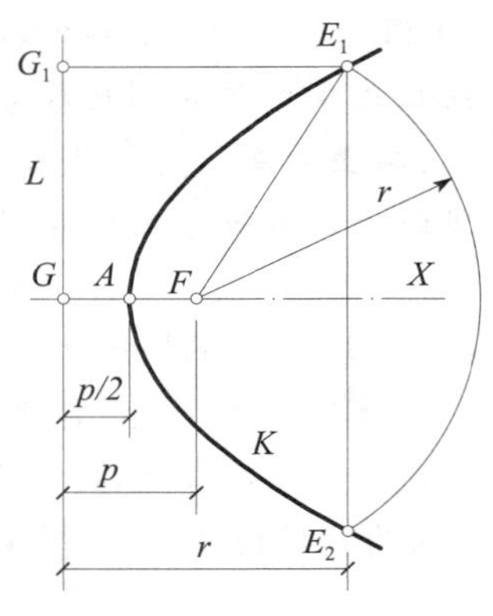

图 7-15　抛物线

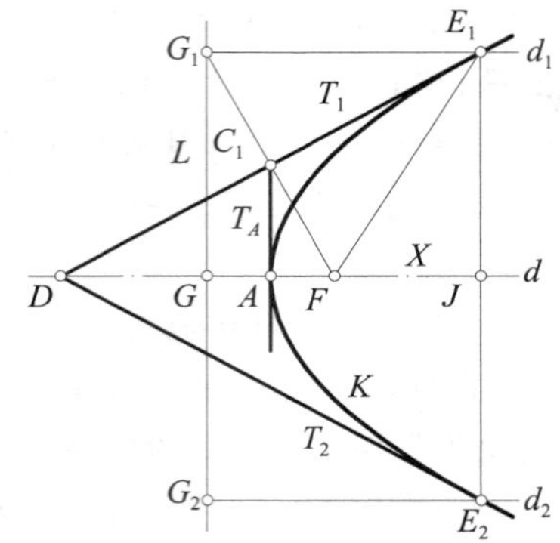

(a) 弦 E_1E_2 垂直 X 轴

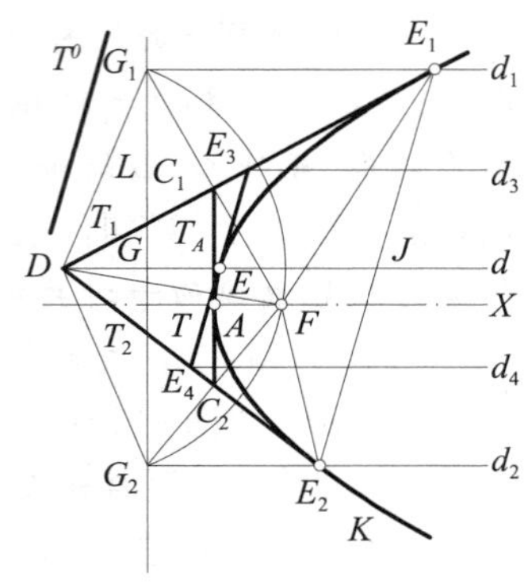

(b) 弦 E_1E_2 不垂直 X 轴

图 7-16　抛物线的弦、直径和切线

FG 的中点。

抛物线上任两点的连线，称为抛物线的**弦**，如图 7-16 所示。图(a) 的弦 E_1E_2 垂直于轴 X，垂足 J 为 E_1E_2 的中点；图(b) 的弦 E_1E_2 倾斜于轴 X。

过抛物线上任一点平行于轴 X 的直线，或各平行弦中点的连线，称为抛物线的**直径**。如图 7-16(a) 中通过 K 上点 A，E_1，E_2 的直径 d，d_1 和 d_2。本图中，d 与 X 重合，d_1，d_2 与由 E_1，E_2 向 L 所引的垂线 E_1G_1，E_2G_2 重合。

2. 抛物线的切线

(1) **由焦点和准线作抛物线的切线** —— 如图 7-16(a) 所示，过 E_1 作 K 的切线 T_1：作 $\angle FE_1G_1$ 的平分线即为切线 T_1。

抛物线 K 于顶点 A 的切线 T_A，称为**顶点切线**，垂直于轴 X。

(2) **由焦点、轴 X 作抛物线的切线** —— 如图 7-16(a)，设已经用前法作出抛物线 K 于点 E_1 的切线 T_1，因 $E_1F = E_1G_1$，则 $\triangle E_1FG_1$ 为等腰三角形，且切线 T_1 为 $\angle E_1$ 的平分线，也为三角形的中线，且垂直于底边 FG_1，故垂足 C_1 为 FG_1 的中点。因顶点 A 为 FG 的中点，故点 C_1 位于顶点切线 T_A 上。

再设延长切线 T_1 与轴 X 交于点 D，由于 $\triangle DFC_1 \cong \triangle E_1G_1C_1 \cong \triangle E_1FC_1$，故 $FD = FE_1$。于是：在 X 上量取 $FD = FE_1$，得点 D；连线 DE_1 即为 K 于点 E_1 处的切线 T_1。由于 E_1 和 E_2 对称于轴 X，故连线 DE_2 为 K 于 E_2 点的切线 T_2。

(3) **由顶点、轴 X 作抛物线的切线** —— 如图 7-16(a) 所示，由点 E_1 向轴 X 引垂线，垂足为点 J。如已作出点 D，则在 $\triangle E_1DJ$ 中，由于 $E_1C_1 = C_1D$，故 C_1 为 DE_1 的中点，因而顶点 A 为 DJ 的中点，于是：

在 X 上量取 $AD = AJ$，得点 D，连线 DE_1 即为 K 于 E_1 处的切线 T_1。

(4) **斜弦两端的抛物线切线作法** —— 如图 7-16(b) 所示。设抛物线 K 于点 E_1，E_2 的切线 T_1，T_2 已利用焦点 F 和准线 L 作出，相交于一点 D。因 D 位于 $\angle E_1$，$\angle E_2$ 的平分线 T_1，T_2 上，且 F 与 G_1，F 与 G_2 分别对称于 T_1，T_2，所以 $DG_1 = DF = DG_2$，故过点 D 的直径 d 与 L 的交点 G 为 G_1G_2 的中点。因而直径 d 与直径 d_1，d_2 等距，即 d 与 E_1E_2 的交点 J 为 E_1E_2 的中点。

现设 E_1E_2 沿着直径方向作平行移动。当 J 到达 d 与 K 的交点 E 处时，则 E_1，E_2 在 K 上

无限接近于 E 点，E_1E_2 成为 K 于 E 点处的切线 T。

又设想 E_1，E_2 分别沿着切线 T_1，T_2 到达点 E_3，E_4。再过 E_3，E_4 作直径 d_3，d_4。由于 E_3，E_4 分别为切线 T_1 与 T，T_2 与 T 的交点，故按上述，d_3，d_4 也分别与 d 和 d_1，d 和 d_2 等距。因而这些直径之间的距离均相等，故 E 为 E_3E_4 的中点；E_3，E_4 就分别为 DE_1，DE_2 的中点。由之并可得出 E 为 DJ 的中点，如图 7-16 所示。于是：

① K 上斜弦 E_1E_2 的两端的切线 T_1，T_2 的作法：过 E_1E_2 的中点 J 作直径 d，与 K 交于点 E。再在 d 上量 $ED = EJ$，得点 D。连线 DE_1，DE_2 即为切线 T_1，T_2。

② E 处切线 T 为 DE_1，DE_2 中点 E_3、E_4 的连线。

(5) **作切线平行于已知直线 T^0**：如图 7-16(b) 所示，作弦线 E_1E_2 平行 T^0，取中点 J，作直径 $d \parallel X$，如 X 未作出，则取两条平行弦的中点连得 d 与 K 的交点 E 即为切点。过 E 作 T^0 的平行线 T，即为所求切线。

从图中可以看出，抛物线 K 也为切线 T_1，T 和 T_2 的包络线，切点为 E_1，E 和 E_2。

3. 包络线法作抛物线

设有一抛物线 K 上两点 E_1，E_2 和切线 T_1，T_2，求作 K，如图 7-17 所示。

设利用上述作法，作出许多切线，并定出切点来作出抛物线，步骤如下：

设切线 T_1，T_2 交于点 D，先将 DE_1，DE_2 作同数等分，再将分点编号。如图 7-17 所示，将编号次序相同的点作连线 11_1，22_1，…，即为 K 的切线。其切点为每条切线与相邻两切线的交点间线段的中点，如点 A 为 $1B$ 的中点。并作出通过各点的直径 d_1，d_{11}，… 等，它们的距离必相同。于是作切于各切线的切点处的包络线，即为所求抛物线 K。实际作图时，各直径不必作出。

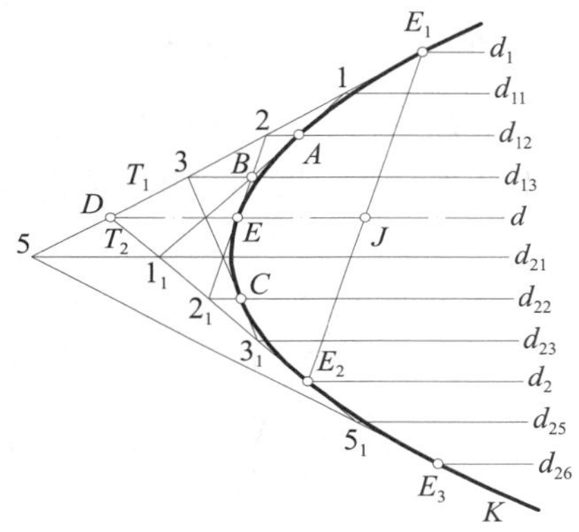

图 7-17　包络线法作抛物线

4. 作抛物线的延长线

图 7-17 中，在 T_1，T_2 的延长线上，取等分点 5，5_1，并作出直径 d_{25}，d_{26}，则可作出 K 的延伸线，与连线 55_1 切于 55_1 与 d_{26} 的交点 E_3 处。

5. 抛物线的投影

抛物线平面平行或垂直于投影面时，抛物线的投影分别反映实形和积聚成一直线；一般情况下，抛物线的投影仍是一条抛物线。当轴线为投影面的平行线或为最大斜度线时，则轴线的投影为投影抛物线的轴线。

如前所述，当已知抛物线上两点及其切线时，可用图 7-17 的方法，用包络线法作出抛物线。现设想将图 7-17 中抛物线的两点、两条切线，作图过程中的等分点以及它们连成的切线和切点等，随同抛物线一起作投影。由于直线和曲线的相切、相连、平行和等分等性质，在投影中均不变，即投影曲线也必切于原来切线的投影等。既然用图 7-17 的方法作出的曲线肯定是一条抛物线，故具有同样方式形成的投影曲线也必是一条抛物线。

包络线法作抛物线的投影抛物线——实际作图时不必作出原来所有切线的投影，只要作出两点连同两条切线的投影，即可在投影中用包络线法作出投影抛物线。

当抛物线的轴为某投影面平行线或最大斜度线时，垂直于轴的对称弦的投影，仍必垂直

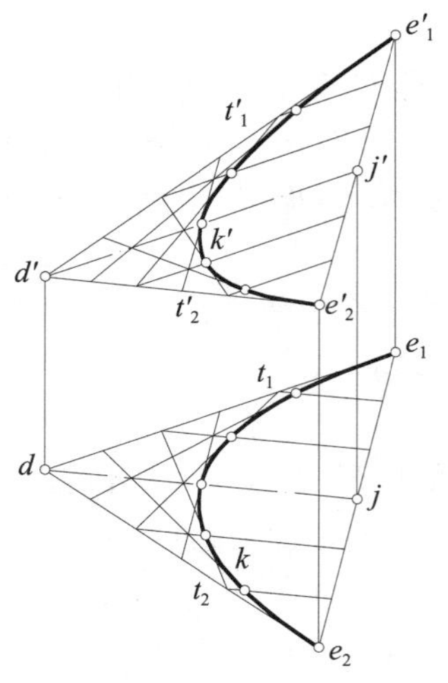

图 7-18　抛物线的投影图

于轴的投影，抛物线的投影仍对称于轴的投影，即轴的投影为投影抛物线的轴。

［例 7-1］　如图 7-18，为空间一般位置平面上一条抛物线 K 的投影图。设先作出 K 上两点 E_1、E_2 和两条切线 T_1、T_2 的投影，就可应用图 7-17 的方法，作出 K 的投影 k 和 k'。两条切线的交点 D 的投影，为两条切线的投影的交点 d、d'，故位于同一条连系线上。

四、双曲线

1. 双曲线的形成

平面内一动点 E_1 到两定点 F_1，F_2 的距离差为定长 $2a$ 时，形成一条双曲线 K，如图7-19 所示。F_1，F_2 称为**焦点**，距离 $F_1F_2 = 2c$ 称为**焦距**。

双曲线的一种作法 —— **由焦点作双曲线**：取一个长度 r，分别以 r 和 $2a+r$ 为半径，以 F_1，F_2 为圆心作圆弧，可交双曲线 K 上 E_1，E_2，E_3 和 E_4 四点。同法，取一些长度 r，可作许多点来连得双曲线 K。

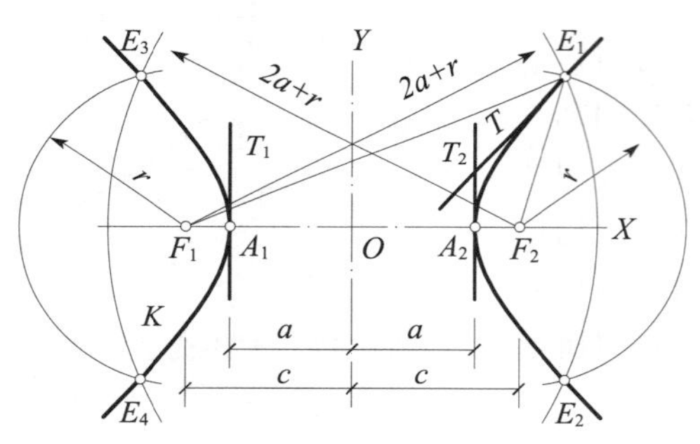

图 7-19　双曲线及其切线

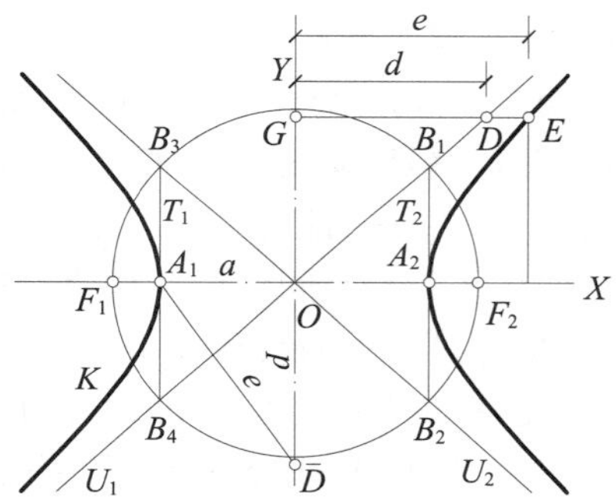

图 7-20　双曲线的渐近线

当 $r = c - a$，即以半径 $c - a$ 和 $2a + r = a + c$ 作圆弧时，仅能作得 K 上两点 A_1，A_2；当 r 无限增长时，K 也无限延伸。

由于点 E_1 与 E_2，E_3 与 E_4 对称于一直线 X，又 E_1 与 E_3，E_2 与 E_4 对称于另一直线 Y，故双曲线 K 有 X 和 Y 两条轴。X 与 K 相交，称为**实轴**；Y 与 K 不交，称为**虚轴**。K 与 X 的交点即点 A_1、A_2，称为双曲线的**顶点**。$A_1A_2 = 2a$，称为**顶点距**。两轴的**交点** O，为 E_1 与 E_4，E_2 与 E_3 的对称点，故为 K 的**对称中心**，称为**双曲线的中心**，也为 F_1F_2，A_1A_2 的中点。

2. 双曲线的切线

(1) **由焦点作双曲线的切线** —— 如图 7-19，以双曲线上任一点 E_1 为切点，作双曲线的切线 T：连线 E_1F_1，E_1F_2，作 $\angle F_1E_1F_2$ 的平分线，即为双曲线于点 E_1 处的切线 T。

双曲线 K 于顶点 A_1，A_2 的切线 T_1，T_2，称为双曲线的**顶点切线**，T_1，T_2 均垂直于实轴 X。

(2) 渐近线 —— 切双曲线于无限远点的直线，称为**渐近线**，因双曲线对称于 X、Y 轴，故渐近线有两支，如图 7-20 中直线 U_1，U_2，并交于中心点 O 和对称于 X、Y 轴。

双曲线的渐近线 U_1，U_2，与顶点切线 T_1，T_2，以及由焦距 F_1F_2 为直径的称为焦点圆的圆周，交于四点如 B_1，B_2… 等，如图 7-20 所示。于是，如已知渐近线、顶点和焦点三种中的任两种时，即可作出另一种。

渐近线作法：双曲线上点、渐近线上点和顶点到 Y 轴的距离，即 e，d，a，将构成一个直角三角形。（如图 7-20 所示，过双曲线 K 上一点如 E，由之作 Y 轴垂线，与渐近线 U_1，Y 轴各交于 D，G 点，设取 $e = EG$，$d = DG$ 和 $OA_1 = a$。于是以 $OA_1 = a$ 为一直角边，在 Y 上取 $O\overline{D} = d$ 为另一直角边，斜边 $A_1\overline{D} = e$，即 $\triangle OA_1\overline{D}$ 构成一个直角三角形。）于是，如已知双曲线，过点 E 作 Y 轴的垂线 EG，得长度 e。于是以 A_1 为圆心，e 为半径作圆弧，与 Y 轴交得点 $\overline{D}$，得出长度 d。于是在 EG 上取长度 $DG = d$，就可作得渐近线 U_1。作 U_1 的对称于轴 X 的直线，即为渐近线 U_2。

3. 双曲线的弦和直径

（1）弦 —— 双曲线上任两点的连线，称为双曲线的**弦**。如图 7-21 所示的弦 E_1E_2，E_3E_4。

（2）直径 —— 双曲线上平行弦的中点连线，必过双曲线的中心，称为双曲线的**直径**。如图 7-21 中过平行弦 E_3E_4、E_5E_6 中点 J_3，J_5 的直径 d 通过双曲线的中心 O。

（3）**双曲线弦上介于双曲线和渐近线间两线段的长度相等** —— 如图 7-21 中，弦 E_1E_2 垂直 X 轴，由于对称关系，很明显地 $E_1D_1 = E_2D_2$。当弦 E_3E_4 倾斜时，$E_3D_3 = E_4D_4$（证略）。

（4）通过弦线中点的直径与双曲线交点处的切线，平行于这些弦，该交点成为切点，且切点为切线位于与渐近线内长度的中点。因为，如图 7-21 中的弦 E_3E_4，使其中点 J_3 沿着直径 d 作平行移动，当 J_3 经过 E_5E_6 的中点 J_5 而到达直径 d 与双曲线 K 的交点 E 时，点 E_3，E_4 也在 K 上经过 E_5，E_6 而趋近于点 E。因而 E_3E_4 成为 K 于点 E 的切线 T。E_3E_4 与渐近线 U_1，U_2 的交点 D_3，D_4，则 U_1，U_2 上到达切线 T 与 U_1，U_2 的交点 T_1，T_2，而点 E 成 T_1T_2 的中点。

（5）已知双曲线的渐近线求双曲线上一点的切线 —— 如图 7-21 中，设过点 E 作 $ED \parallel U_1$，因 $ET_1 = ET_2$，故 ED 与 U_2 的交点 D，为 OT_2 的中点。故已知 U_1，U_2，求点 E 的切线，可作 $ED \parallel U_1$，与 U_2 交于点 D。再在 U_2 上量 $DT_2 = DO$，得 T_2 点。则连线 T_2E 即为所求切线 T。

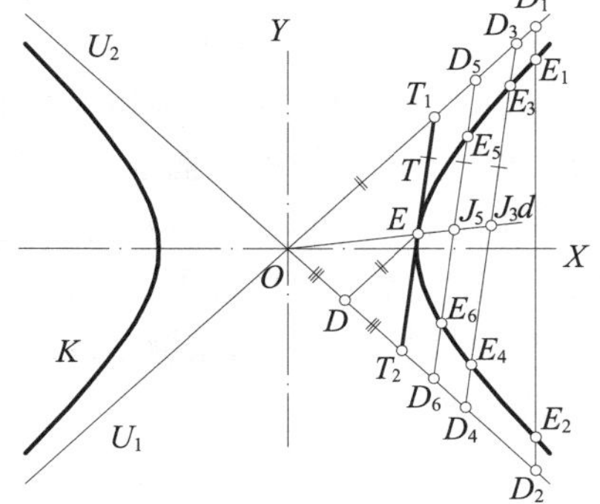

图 7-21　双曲线的弦线、直径和切线

4. 弦线法作双曲线

已知渐近线 U_1，U_2 及双曲线上任一点 E 作双曲线 K，见图 7-22。

由于双曲线上一弦介于双曲线和渐近线间线段等长，故过点 E 作许多弦如 12，34，…。与 U_1，U_2 交于 1，2 和 3，4 等点，取点如 E_1，使 $E_12 = E1$；又取 E_2，使 $E_24 = E3$，…，于是得出 E_1，E_2，… 许多点，即可连得双曲线 K。

已知双曲线的两点、一轴和两条渐近线的方向，作双曲线的中心和渐近线 —— 如图 7-23 所示，如已知渐近线 U_1、U_2，由两已知点 E_1，E_2 作 U_1，U_2 的平行线，构成一平行四边形 $O_1E_1O_2E_2$。对角线 O_1O_2 平分另一对角线的弦线 E_1E_2，中点为 J。又设弦线 E_1E_2 交渐近线 U_1 于点 D_1。则 $\triangle JE_1O_1 \backsim \triangle JD_1O$。因 J，E_1，D_1 共线，故 JO_1O 也共线。

于是，设已知平行于渐近线的方向线 $\overline{U}_1$，$\overline{U}_2$，实轴（或虚轴）和两点 E_1，E_2。先定出弦线

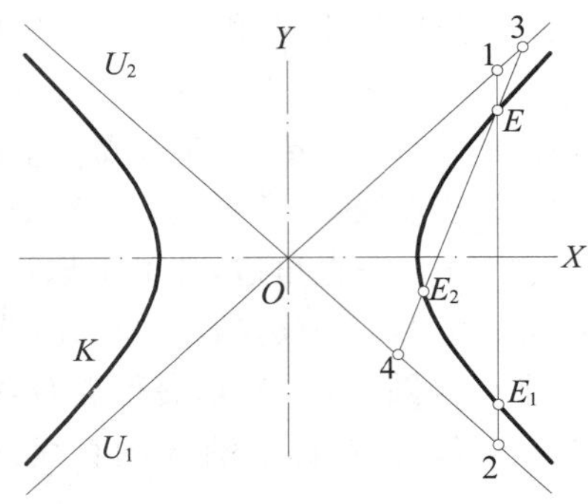

图 7-22　弦线法作双曲线

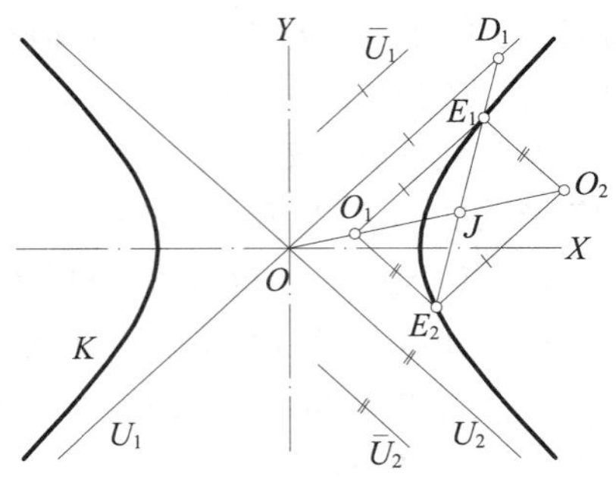

图 7-23　由渐近线的方向等作双曲线的中心和渐近线

E_1E_2 的中点 J；并由 E_1、E_2 作 $\overline{U}_1$，$\overline{U}_2$ 的平行线，得交点如 O_1。则连线 JO_1 与实轴(或虚轴)交得中心 O；由之即可作出渐近线 $U_1 \parallel \overline{U}_1$，$U_2 \parallel \overline{U}_2$。于是可由弦线法作出双曲线。

5. 双曲线的投影

双曲线平面平行或垂直于投影面时，双曲线的投影分别反映实形和积聚成直线；一般情况下，双曲线的投影仍是双曲线，渐近线的投影是投影双曲线的渐近线。当双曲线的任一轴线为投影面的平行线时，实轴、虚轴的投影仍分别是投影双曲线的实轴和虚轴。

现将图 7-22 中的双曲线连同两条渐近线及许多弦线作投影。由于直线上两等长线段的投影仍相等，故一条弦线上介于双曲线和渐近线间的两线段投影长度仍相等。也就是根据双曲线上一点的投影及两条渐近线的投影，可作出双曲线的投影。既然图 7-22 中的曲线是双曲线，故采用同样方式作出的投影曲线也必是双曲线，且渐近线的投影为投影双曲线的渐近线。

实际作图时，只要作两条渐近线的投影和双曲线上一点的投影，即可在投影中用弦线法作出投影双曲线。

当轴线之一平行投影面时，两轴线的投影仍互相垂直，即投影双曲线对它们的对称性也不变，故它们也为投影双曲线的实轴和虚轴。

[**例 7-2**]　图 7-24 所示为空间一般位置平面上一条双曲线 K 的一支的 V 面投影和 W 面投影。设先作出双曲线上一对渐近线 U_1，U_2 和任一点 A 的投影，就可应用图 7-22 的方法，作出 K 的投影 k'，k''。两条渐近线的交点 O，即为双曲线的中心的投影，故投影 o'，o'' 位于同一条连系线上。

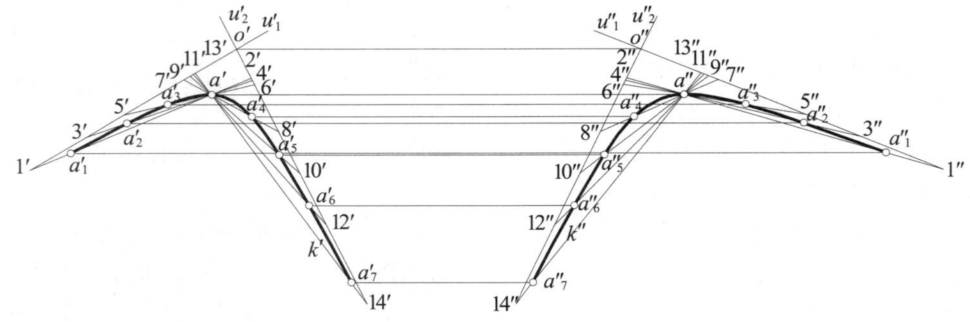

图 7-24　双曲线一支的投影图

复习思考题

(1) 曲线是如何形成的?怎样分类?

(2) 曲线的投影如何形成?何谓投射曲面?

(3) 主要的二次曲线有哪些?

第八章　曲面和曲面立体

第一节　曲面的一般知识

一、曲面的形成和分类

1. 曲面的形成

曲面可视为一条线运动的轨迹，也可视为一系列线的集合。

形成曲面的动线称为**母线**，母线的任一位置称为**素线**。用来控制母线运动规律的点、线、面，分别称为**导点**、**导线**和**导面**。母线和导线可以是直线或曲线；导面也可以是平面或曲面。图8-1中所表示的曲面P，是由曲母线L，使其一点A沿着曲导线K作平行移动形成的。L的任一位置L_1，L_2，… 为素线。

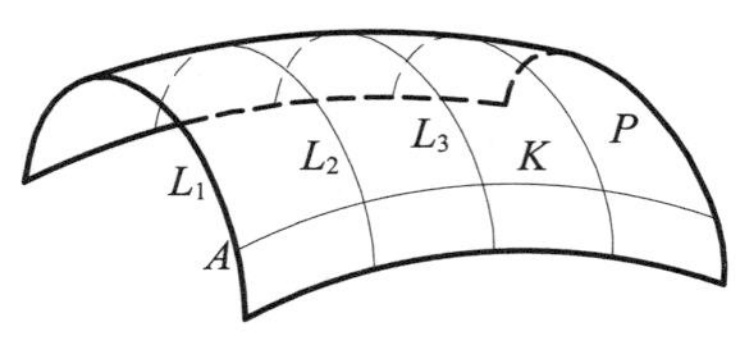

图8-1　曲面的形成

2. 曲面的分类

(1) 按曲面形成是否有规律分 —— 母线按一定规律运动而形成的曲面，或由一些线有规律地组合而形成的曲面，称为**规则曲面**；母线任意运动而形成的曲面，或由一些线无规律地组合而形成的曲面，称为**不规则曲面**。

(2) 按母线的形状分 —— 母线为直线的曲面，称为**直线面**或**直纹面**；母线为曲线的曲面，称为**曲线面**。一个曲面既可由直母线，也可由曲母线形成时，一般仍称为直线面。

(3) 按母线运动时是否变形分 —— 当母线运动过程中，如形状或长度等发生变化的，称为**变线曲面**；不变化的称为**定线曲面**。

(4) 按曲面能否展开成平面分 —— 曲面能展开成平面时，称为**可展曲面**；不能展开成平面时，称为**不可展曲面**。只有直线面才有可展和不可展之分，曲线面都是不可展的。

(5) 按曲面能否由旋转来形成分 —— 母线绕一轴线旋转而形成的曲面，称为**旋转面**(或**回转面**)；否则为非旋转面。

二、曲面上线和点

1. 曲面上线 —— 一线上各点都在一曲面上，则该线在曲面上。
2. 曲面上点 —— 一点在线上，线又在曲面上，则该点在曲面上。

三、曲面的切线、切平面和法线

1. 曲面的切线

曲面上曲线的切线，也是曲面的切线。因为曲线与切线，视为有两个无限接近的点，而这两点也是曲面上两个无限接近的点，故这条原来是曲线的切线，也必定与曲面相切。如图 8-2 所示，切线 T_1 与曲面 P 上曲线 L_1 相切于点 A，故 T_1 也与曲面 P 切于点 A。

2. 切平面

通过曲面上一点的所有曲面切线位于一个平面上时，该平面称为曲面于该点的切平面。如图 8-2 所示，作曲面 P 在 A 的切平面 T 时，只要作出曲面上通过点 A 的任意两条曲线 L_1，L_2 于点 A 的切线 T_1 和 T_2，就确定了切平面 T。如曲面为直线面，通过一点的素线本身就是曲面的切线。

但在曲面上个别的特殊点，例如圆锥面的顶点处，则属例外情况，有不止一个切平面。

3. 法线

曲面上一点的**曲面法线，为通过该点且垂直于曲面在该点的切平面的直线**。如图 8-2 所示，曲面于点 A 的法线 N，垂直于曲面在点 A 的切平面 T，也必垂直曲面在点 A 的切线 T_1，T_2 等。

反之，当曲面上点的法线方向已知时，于该点作法线的垂直面即为切平面。

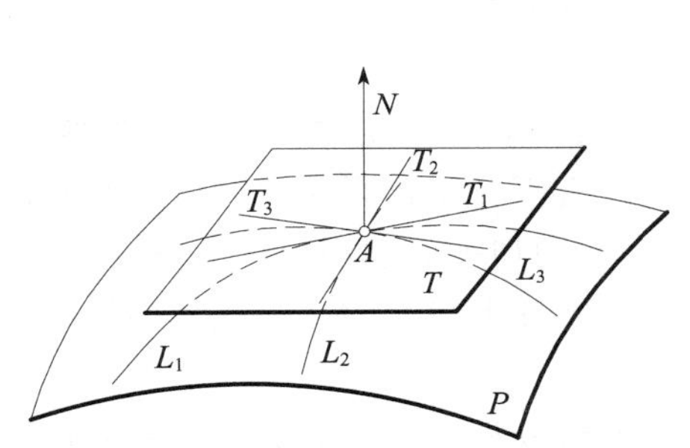

图 8-2 曲面的切平面

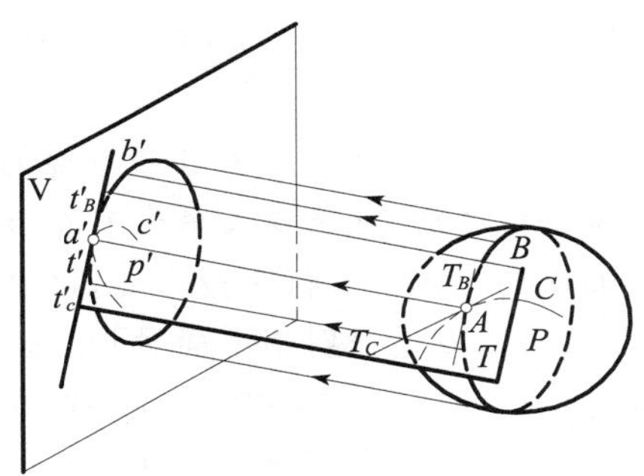

图 8-3 曲面外形线的形成

四、曲面的投影

1. 投影图的表示

投影图中，只要有足以确定曲面形状、大小和位置的一些点、线的投影，即可表示曲面。

对于有规则的曲面，只要具有形成曲面的要素，如母线、导点、导线和导面等，则曲面即被确定，并由此可以定出曲面上的任一素线。曲面的投影，也由这些要素的投影表示。当曲面有边界线时，则要画出边界线的投影。

但是，为了使得投影图所表示的曲面更为明显，还应画出曲面投影范围的外形线。

2. 外形线

外形线分为投影外形线和空间外形线，如图 8-3 所示。

(1) 外形线与投射线的关系——**投影外形线为切于曲面的各投射线与投影面的交点的连线**。如图 8-3 中曲面 P 在投影面 V 上的投影外形线为 b'，它是切于曲面的各投射线如 Aa' 等与 V 面的交点 a' 等的连线。

空间外形线为投射线与曲面的切点的连线。如图 8-3 中投射线 Aa' 与曲面 P 的切点 A 等的连线。

因 b' 实为 B 线在投影面 V 上的投影，故得**投影外形线为空间外形线的投影**。因此，如预先根据曲面的形状、大小以及对投影面的相对位置，能先判断出空间外形线，则其投影即为投影外形线，反之也是。于是，已知空间外形线和投影外形线之一，可求另一种。

(2) 外形线与投射切平面的关系 —— 曲面上一点的切平面包含投射线时，称为**投射切平面**。

投影外形线为曲面投射切平面积聚投影的包络线。如图 8-3 中投射切平面 T 包含了投射线 Aa' 而垂直于 V 面，故 T 在 V 面上的投影积聚成一直线 t'。再由于 T 也包含了空间外形线 B 在点 A 的切线 T_B，所以投影 t'_B 也积聚在 t' 上。因为 B 的投影 b' 与切线 T_B 的投影 t'_B 相切，所以 b' 为 t'_B 的包络线。因此，如能作出曲面的一些投射切平面的积聚投影，它们的包络线即为投影外形线。

(3) 外形线与曲面上曲线的关系 —— **投影外形线为曲面上与空间外形线相交的各曲线投影的包络线**。如图 8-3 中，曲面 P 上曲线 C 如与空间外形线 B 相交于点 A，则 C 于点 A 的切线 T_C 也位于投射切平面上，故 C 和 T_C 的 V 面投影 c' 与 t'_B 相切。因投影外形线 b' 也与 t'_B 相切，故 c' 与 b' 相切。因而如作出曲面上一些与空间外形线相交的曲线 C 的投影，则它们的包络线即为投影外形线 b'。又如图 8-1 中曲面图上的外形线，为曲面上各曲线 L_1、L_2 等的包络线。

(4) 外形线与曲面上平行于投影面的对称平面的关系 —— **曲面上平行于投影面的对称平面与曲面的交线，就是曲面的空间外形线**。因曲面有平行于投影面的对称平面时，则对称平面与曲面的交线必平行于投影面，该交线上任一点的切平面，必垂直于对称平面，也垂直于投影面，所以就是投射切平面。因而这种交线是空间外形线，且它的投影，即投影外形线，与空间外形线的形状、大小和方向完全相同。

(5) 空间外形线与可见性的关系 —— **空间外形线也是曲面上可见部分和不可见部分的分界线**。**故投影外形线，也是曲面上可见部分和不可见部分在投影中的分界线**。

曲面上点、线的可见性，与所在曲面部分的可见性相同。

五、曲面立体

表面都由曲面组成，或由曲面和平面共同组成的立体，称为**曲面立体**。**曲面立体的投影，就是组成它表面的曲面及平面的投影**。

曲面有两个或以上的对称平面时，则对称平面的交线，称为**轴线**，或简称为**轴**。投影图上，轴线用细单点长画线表示，两端伸出图形 2 ~ 3 mm。

六、曲面和曲面立体的图示和图解问题

基本上与平面立体的图示和作图问题以及作图方法相同。

作图问题有：① 分析已知条件，选择哪些投影、投影外形线和有关的作图问题；② 已知曲面上点、线的补投影问题；③ 作截交线、贯穿点和相贯线问题；④ 表面展开问题；⑤ 可见性问题等。

作图方法有：① 积聚投影法；② 表面上取点、取线法；③ 辅助投影面法；④ 辅助平面或辅助曲面法；⑤ 根据有关图形的特征而采用直接的作图方法；⑥ 变换形体的位置如旋转法等；⑦ 变换形体形状的方法。将在以后各种曲面中根据需要而陆续介绍。有的方法适用于多种曲

面和曲面立体，有的则适用于某种形体；有的曲面和曲面立体已有简单的图解方法，则不再介绍较繁的方法。

第二节　旋转面和旋转体

一、旋转面的形成和基本性质

1. 旋转面的形成和投影

以一线为母线，绕一条定直线旋转而形成的曲面，称为旋转面（或回转面），该定直线称为旋转面的轴线。

图 8-4(a) 是以一条平面曲线 L 为母线，平面内的直线 O 为轴线所形成的旋转面。

母线上任一点如 A 绕轴线旋转时的轨迹，是一个垂直于轴线的圆周。由于放置旋转面时，一般使其轴线垂直于某投影面，通常是垂直于 H 面。故这时一点旋转而形成的圆周，取名为**纬圆**。一纬圆比两侧相邻的纬圆都大时，称为**赤道圆**；都小时则称为**喉圆**或**腰圆**。一个旋转面上，可以有许多赤道圆和喉圆，也可以没有。当轴线垂直于其他方向的投影面时，也称为纬圆等。

旋转面的上、下边界线为纬圆时，则分别称为**顶圆**和**底圆**。

当轴线垂直 H 面时，这时所有纬圆的 H 面投影都是反映实形的圆周，如图 8-4(b) 所示。它们的 V、W 面投影则积聚成水平的线段。旋转面 H 面的投影外形线，必为赤道圆、喉圆以及顶圆、底圆等特殊纬圆的投影。

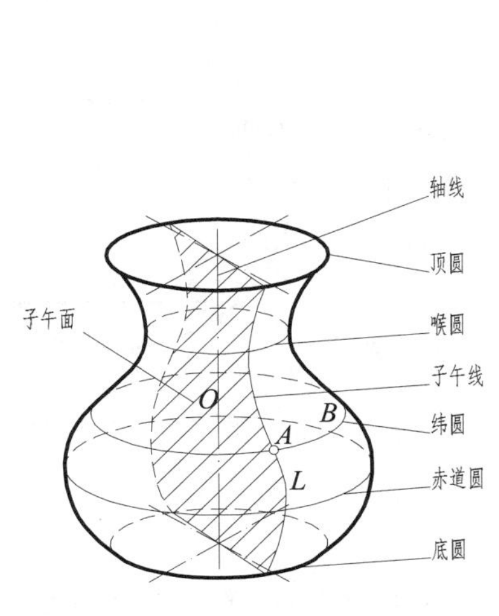

(a) 空间状况

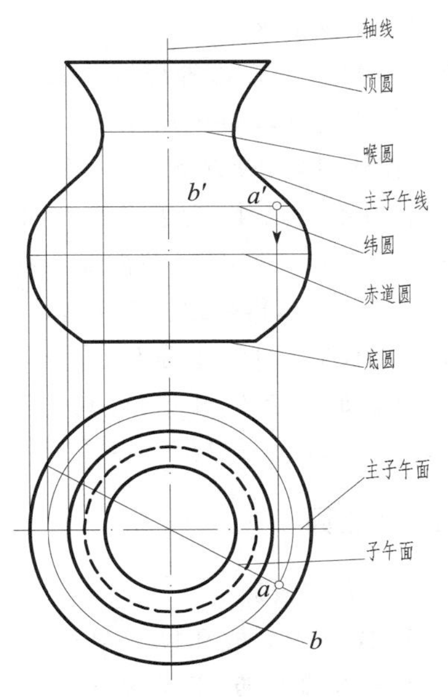

(b) 投影图

图 8-4　旋转面

通过轴线的平面称为**子午面**;故旋转面与子午面的交线就是素线,特称为**子午线**。如轴线平行于某投影面,则平行于该投影面的子午面,称为**主子午面**;相应的子午线称为**主子午线**。主子午线在它平行的投影面上的投影反映了母线的实形。主子午线是旋转面与其平行于投影面的平面的交线,故为空间外形线。因此,它在旋转面轴线所平行的投影面上的投影成为投影外形线。所有子午线即旋转面的素线,在轴线所垂直的投影面上的投影,为通过轴线的积聚投影的直线段,成直径方向的放射形,但不要画出。

旋转面只要两个投影即可表示,但其中之一为轴线所垂直的投影面上的投影,即能表示纬圆实形的投影。投影图中要用细单点长画线表示轴线的投影;圆形的投影中也应画出细单点长画线,即中心线。对于有限的旋转面,还应画出其边界线的投影。如顶圆、底圆的投影。

同一旋转面,也可由旋转面上任意一条平面曲线或空间曲线为母线来旋转而成。

2. 旋转体

旋转面为封闭时,例如:球面,本身即形成一个**旋转体**,其表面即为一个旋转面;若不封闭时,如图 8-4 所示,则加上顶面、底面来围成一个旋转体。若图 8-4(b) 表示一个旋转体时,则 H 面投影中,喉圆为不可见,其投影则以虚线表示。

3. 旋转面上点和线

旋转面上点,可以由旋转面上的纬圆来定出。如图 8-4(b) 所示,设已知旋转面上 A 点的 V 面投影 a' 可见,则可用纬圆 $B(b,b')$ 定出其 H 面投影 a,反之也可。

旋转面上线,则可取一些点来作出。

4. 一般形状旋转面的截断

如图 8-5 所示,求旋转面与 V 面平行面 $P(p)$ 相交时截交线 K 的投影。本图中,旋转面的 H 面投影,只画出主子午面前方的一半来表示。

该旋转面的 V 面投影外形线,由顶部一条水平线和以 o_1',o_2',o_3' 为圆心的 5 段圆弧所组成。

截交点作法:因截交线 K 的 H 面投影 k 必积聚在 p 上而为一直线,故不需求作。为了求作 V 面投影 k',可取水平的辅助平面如 $Q(q')$,它与旋转面交得纬圆 L_Q,其 H 面投影 l_Q 与 p 交得 a_1,a_2,再由之定出 a_1',a_2'。同法,可作出许多截交点的 V 面投影,即可连得 k'。

k' 的最高、最低点 b' 和 c',可利用 H 面投影中切于 p 的圆周 l_B,l_C 及 l_B',l_C' 来得出。

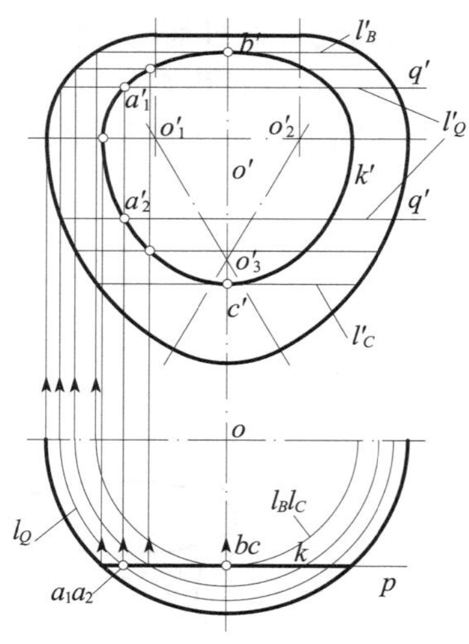

图 8-5 旋转面截断

二、正圆柱面

1. 正圆柱面的投影

(1) 正圆柱面的形成和投影图 —— **以平行两直线之一为轴,另一直线为母线旋转而形成的曲面,称为正圆柱面,简称圆柱面**。如图 8-6 所示,两直线均垂直于 H 面,因而轴线和所有素线均垂直于 H 面。平行于 H 面的顶圆 K、底圆 K_1 为与旋转圆周等大的圆周。

正圆柱面的 H 面投影是一个顶圆和底圆的重影圆周,也是圆柱面的积聚投影。显然,圆柱面上点、线的 H 面投影,均应积聚在这个 H 面投影圆周上。

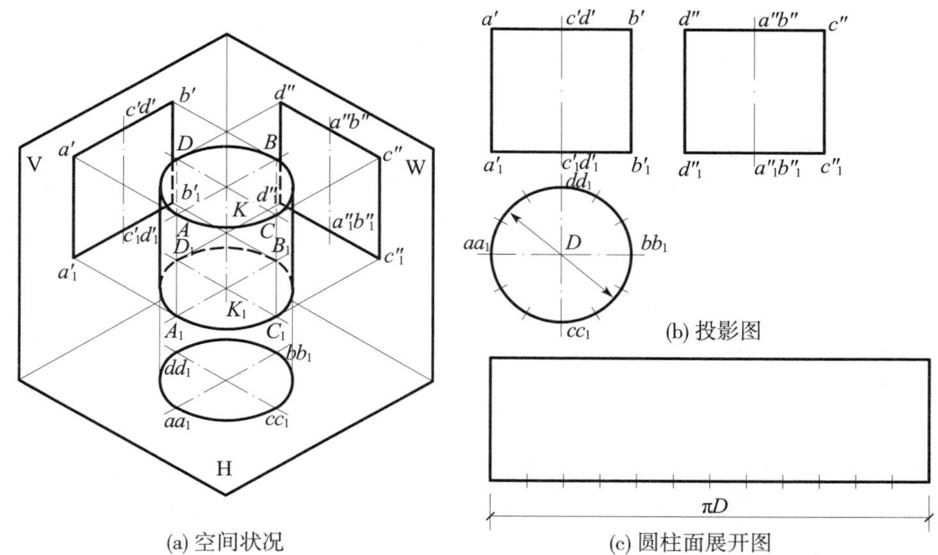

(a) 空间状况

(b) 投影图

(c) 圆柱面展开图

图 8-6　正圆柱

正圆柱面的 V 面和 W 面投影都是矩形。铅直的细单点长画线是圆柱轴线的投影，称为投影的**中心线**。两个矩形的上、下两条水平线，分别是顶圆 K 和底圆 K_1 的积聚投影。矩形左、右两边线即投影外形线 $a'a_1'$ 和 $b'b_1'$，分别是通过轴线的且平行于 V 面的对称平面与柱面相交成的、为空间外形线的圆柱面上最左、最右两素线 AA_1 和 BB_1 的 V 面投影；而与它们对应的 W 面投影 $a''a_1''$ 和 $b''b_1''$，则与轴线的 W 面投影重影，不予表示，即仍以中心线表示。W 面投影矩形两侧边线即投影外形线 $c''c_1''$ 和 $d''d_1''$，分别是圆柱面上为空间外形线的最前和最后两素线 CC_1 和 DD_1 的 W 面投影，与它们对应的 V 面投影 $c'c_1'$ 和 $d'd_1'$，同样与轴线的 V 面投影重影，也不予表示。

(2) 可见性 ——V 面投影，为可见的前半个圆柱面和不可见的后半个圆柱面的重影，其对应的 H 面投影，分别是前半个圆周 $acb(a_1c_1b_1)$ 和后半个圆周 $adb(a_1d_1b_1)$；其对应的 W 面投影分别是轴线 W 面投影右侧和左侧的半个矩形（空间应是前半个和后半个圆柱面）。同样，W 面投影的矩形，为可见的左半个和不可见的右半个圆柱面的重影；其对应的 H 面投影，分别是左半个圆周 $cad(c_1a_1d_1)$ 和右半个圆周 $cbd(c_1b_1d_1)$；其对应的 V 面投影，分别是轴线的 V 面投影左侧和右侧的半个矩形。

圆柱面可以由两个投影表示。当轴线垂直于某投影面时，则要画出这个投影面上的投影，即画出反映为圆周形状的投影，也就是图中的 H 面投影。否则若仅画出 V 面、W 面投影，就不像圆柱的投影，而像一个四棱柱的投影。

此外，图 8-6(b) 中的字母是为了便于说明而加的，实际的投影图不必标注。

(3) 圆柱体的投影 —— 如将圆柱面的顶圆和底圆作为圆柱体的顶面和底面，则图 8-6(b) 也是一个正圆柱体的投影。所以，投影图所表示的可为圆柱面也可为圆柱体的投影。而由图名或其他文字等来区别，如仅称圆柱，即指圆柱体。

(4) 圆柱面的展开图 —— 正圆柱面的展开图是一个矩形，如图 8-6(c) 所示。图中矩形的高度为圆柱面的高度，可由 V 面或 W 面投影中量取；矩形的长度为顶圆或底圆的周长 πD。

作图时,可将底圆周分成若干等分,图中为 12 等分,即把等分点间弦长作为弧长来近似地作出底圆的周长。当然,等分愈多则愈准确。

(5) 轴线不垂直于投影面时的圆柱面:如图 8-7 所示,柱轴为一条 H 面平行线 o_1o_2,于是垂直于轴线的两个顶圆 K_1 和 K_2 的 H 面投影各积聚成一直线 k_1 和 k_2;V 面投影则各成为一个椭圆 k_1' 和 k_2',可作出它们的长短轴,如 k_1' 的长轴 $a_1'a_2'$ 和短轴 $b_1'b_2'$,再用图 7-8 或图 7-9 的方法,作出椭圆 k_1';同法作出 k_2',因 K_2 的后方一半不可见而用虚线表示。

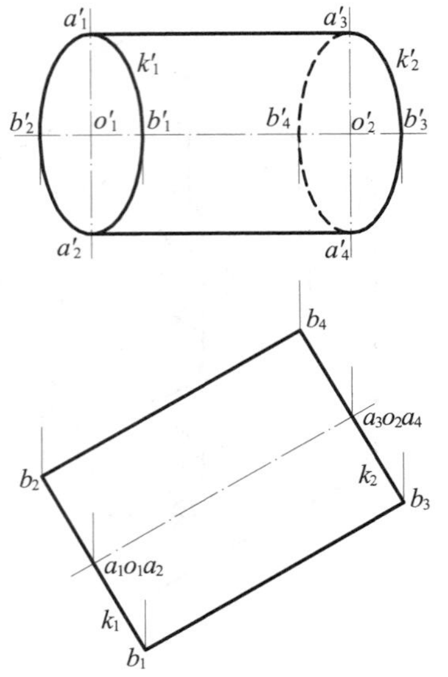

图 8-7　轴线平行于投影面的圆柱

2. 正圆柱的截断

正圆柱截交线的形状:平面截断正圆柱面时,由于截平面与圆柱面轴线的相对位置不同,会得出形状不同的截交线,如表 8-1 所示。

表 8-1　　**正圆柱截交线形状**

截平面位置	垂直于圆柱轴线	平行于圆柱轴线	倾斜于圆柱轴线
截交线形状	圆　　周	直　　线	椭　　圆
空间状况	P	P	P
投影图	p'　p''	p''　p	p'

(1) **当截平面垂直于柱轴时,截交线为圆周;**

(2) **截平面平行于柱轴时,截交线为直线;**

(3) **截平面倾斜于柱轴时,截交线为椭圆,其短轴为平行正圆柱底面的那条直径,长轴为最高和最低截交点间连线。**

[例 8-1] 如图 8-8 所示,求正圆柱与 V 面垂直面 $P(p')$ 相交时截交线 K 的投影、截断面实形和截断后下半部柱面的展开图。

[解] (1) 截交线:在 V 面投影中,截平面 P 的积聚投影 p' 与柱轴斜交,且未与正圆柱的顶面、底面相交,可知 P 面与圆柱面斜交成一个椭圆 K。

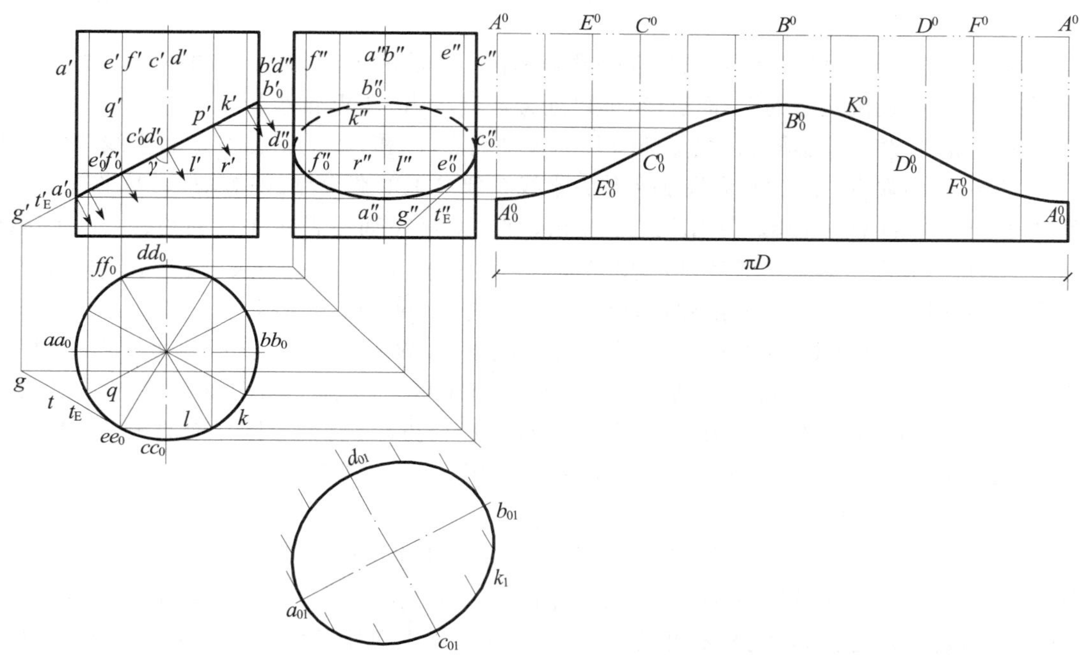

(a) 截交线和截断面实形的作法　　(b) 正圆柱面截断后下半部分的展开图

图 8-8　正圆柱的截断

K 的 V 面投影 k' 积聚在 p' 上而为一直线,H 面投影 k 在圆柱面的积聚投影上而为一圆周,W 面投影 k'' 可求出一些截交点的 W 面投影来连成;或者利用截交椭圆 K 的 W 面投影仍将是一个椭圆来直接作出。

(2) 截交点作法:

① 积聚投影法 —— 根据截平面和圆柱面的两积聚投影来求:如在 H 面投影圆周上任取一点 e_0,作为一个截交点 E_0 的 H 面投影。其 V 面投影 e_0' 必在 p' 上。故由 e_0 作连系线,与 p' 交得 e_0',再由 e_0 和 e_0' 作出 e_0''。

② 曲面上取线法 —— 在柱面上先取直素线或纬圆,再利用截平面的积聚投影来作出该直素线或纬圆上的截交点。

取素线 $E(e,e',e'')$,则 e' 与 p' 交得 e_0',于是可由 e_0' 作连系线,即可在 e'' 上交得 e_0''。同法,可求出一些特殊点的投影,如外形线上点 c_0'',d_0'',最低和最高点 a_0'',b_0''。

取纬圆 $L(l,l',l'')$,则 l' 与 p' 交得重影点 e_0',f_0'。由于 l'' 为水平方向,故先定出 H 面投影

e_0,f_0 后,由之作出 W 面投影 e_0'',f_0''。

③ 辅助平面法——取平行或垂直于柱轴的辅助平面,可与圆柱面交于直素线或纬圆;又与 P 面交于直线,则它们的交点即截交点。

取平行柱轴且平行于 W 面的辅助平面 $Q(q,q')$,则与柱面交于素线 $E(e,e',e'')$ 和 $F(f,f',f'')$,与 P 面交于直线 $E_0F_0(e_0f_0,e_0'f_0',e_0''f_0'')$,于是可得截交点 E_0 和 F_0 的 W 面投影 e_0'',f_0''。

取水平的辅助平面 $R(r',r'')$,则与柱面交于纬圆 $L(l,l',l'')$,与 P 面交于直线 $E_0F_0(e_0f_0,e_0'f_0',e_0''f_0'')$,也可交得截交点 E_0,F_0。但由于 l'' 与 $e_0''f_0''$ 重影,故应当先求出 e_0,f_0 后,再求得 e_0'',f_0''。

从上列各种作法可以看出,它们仅是理解和作图方法的不同,至于作图线可以说是几乎相同的。作出一些截交点的 W 面投影,即可连得截交线 K 的 W 面投影 k''。

④ 直接作 W 面投影椭圆:截交椭圆 K 的长轴端点 A_0 和 B_0,为最左和最右素线 A 和 B 上的截交点;短轴端点 C_0 和 D_0 为最前和最后素线 C 和 D 上的截交点。因短轴 C_0D_0 平行 W 面,故 A_0B_0,C_0D_0 的 W 面投影 $a_0''b_0''$,$c_0''d_0''$ 仍互相垂直,成为 W 面投影椭圆 k'' 的长、短轴。但因本图中 A_0B_0 的倾角 γ 大于 45°,故 $a_0''b_0''$ 反而成为 k'' 的短轴,$c_0''d_0''$ 则成为长轴。于是,求出 $a_0''b_0''$,$c_0''d_0''$ 后,利用图 7-8 或图 7-9 的作法,由它们作为长、短轴来作出椭圆 k''。

(3) 截交线的切线:如图 8-8(a) 所示,截交线 K 的 W 面投影 k'' 于 e_0'' 处切线 t_E'',为 K 于点 E_0 切线 T_E 的 W 面投影。T_E 则为截平面 P 与圆柱面于 E_0 点的切平面 T 的交线。T 与圆柱面切于过点 E_0 的素线 E 而为 H 面垂直面,H 面积聚投影 t 将切于圆柱面的积聚投影于点 e_0,t_E 与 t 重合,t_E' 位于 p' 上。设 T_E 上任取一点 G,则 g、g' 分别于 t_E、t_E' 上,由之求出 g''。连线 $g''e_0''$ 即为 t_E'',切 k'' 于 e_0''。

(4) 可见性:在图 8-8(a) 的 W 面投影中,k'' 的下半个椭圆 $c_0''a_0''d_0''$ 位于可见的左半个圆柱面上,故投影 $c_0''a_0''d_0''$ 画成实线;而上半个椭圆 $c_0''b_0''d_0''$ 位于不可见的右半个圆柱面上,故 $c_0''b_0''d_0''$ 画成虚线。显然,可见与不可见的分界点,为位于空间外形线 C,D 上的截交点 C_0,D_0,其投影为 c_0'',d_0''。

(5) 截断面实形:可用辅助投影面法,以平行于 P 的平面作为辅助投影面 H_1。

作法一——求出一些截交点的辅助投影 a_{01},c_{01},… 等来连成反映截交线 K 实形的辅助投影 k_1。

本图中未作辅助投影轴 $\frac{V}{H_1}$,但它必平行于 p'。因椭圆的长轴 A_0B_0 必平行 $\frac{V}{H_1}$ 及 p',故任取合适距离,作 $a_{01}b_{01} \parallel p'$,再按其余截交点与 A_0B_0 的垂直距离来作出截交点的辅助投影,然后连得截交线的辅助投影 k_1,反映了截断面的实形。

作法二——求出长短轴 A_0B_0,C_0D_0 的辅助投影 $a_{01}b_{01}$,$c_{01}d_{01}$,由之作出椭圆 k_1,如图 8-8(a) 右下方所示。

(6) 展开图

① 先按图 8-6 的方法,将 H 面投影圆周分成若干等分,图中为 12 等分,并过各等分点作柱面素线,先画出带有各等分点处素线的整个圆柱面的展开图,如图 8-8(b) 所示。

② 在 V 面或 W 面中量取各截交点的高度,以定出各素线上截交点在展开图上的位置。本图中,可直接由各截交点的 W 面投影,作水平线来截得各截交点在展开图中的位置。

③ 在展开图中顺次连接各截交点，即得截交线的展开图。图 8-8(b) 仅画出了下半部柱面的展开图。图中用细双点画线表示柱面截断后上半部的展开图，如果要表示下半部圆柱体的全部表面展开图，则应加上底面及截断面的实形。

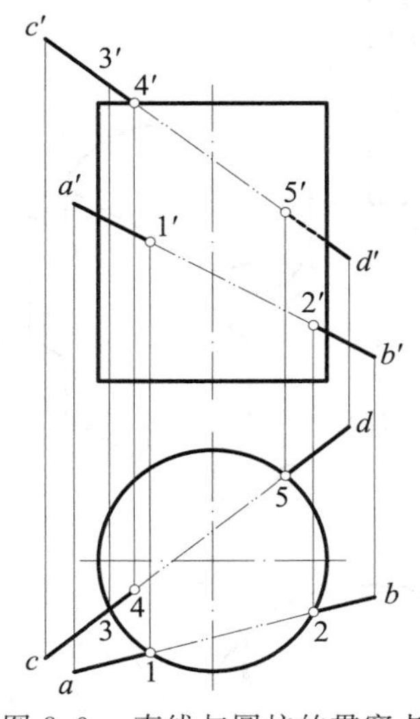

图 8-9 直线与圆柱的贯穿点

3. 正圆柱体的贯穿点

如图 8-9 所示，求直线 AB 和 CD 与圆柱的贯穿点。

因直线可能与圆柱面或顶面相交，故可利用圆柱面的 H 面积聚投影圆周和顶面的 V 面积聚投影直线来求贯穿点。

如图中直线 AB 的 H 面投影 ab 与圆柱面的 H 面积聚投影交于点 1 和 2，由之作连系线，与 $a'b'$ 交于 $1'$，$2'$ 点，位于圆柱面的 V 面投影范围内，所反映的点 Ⅰ，Ⅱ 为贯穿点。

如直线 CD 的 H 面投影 cd 与圆柱面的 H 面投影交于点 3，5。因 $3'$ 已越出圆柱的 V 面投影范围，故点 Ⅲ 不是贯穿点。现 $c'd'$ 与顶面的 V 面积聚投影交于点 $4'$，由于点 4 位于顶面的 H 面投影范围内，故点 Ⅳ 是贯穿点。

至于图中所示的点 Ⅴ($5,5'$) 则为 CD 的另一贯穿点。

可见性如图所示，因点 Ⅴ 位于后半个圆柱面上，故 $c'd'$ 由 $5'$ 到圆柱面 V 面投影外影线间一小段用虚线表示。

4. 两圆柱体相贯

(1) 相贯线：两曲面立体曲面部分的相贯线，一般情况下为空间曲线，特殊情况则是平面曲线，甚至是直线段。又如两曲面立体的表面都有平面部分相交，则相贯线也有直线段。甚至，由直线面和平面组成的曲面立体，则相贯线可能全部由直线段构成。

(2) 相贯线作法举例：

[例 8-2] 如图 8-10 所示，求两轴线平行的正圆柱的相贯线。

[解] 因两正圆柱面 F，F_1 均垂直于 H 面，故它们相交于两条直素线 AB，CD 也为 H 面垂直线。它们的积聚投影 ba 和 cd，为两圆柱面的 H 面积聚投影 f 和 f_1 的交点。

小圆柱的顶面，与大圆柱面交于圆弧 K。H 面投影 k 积聚在大圆柱面的 H 面投影圆周上；V 面投影 k' 积聚在小圆柱顶面的 V 面积聚投影上。

因两圆柱公有一个底平面，所以相贯线 AB—K—CD 并不闭合，下方是开口的。

相贯线段 AB 因位于两个圆柱面的前方，故其 V 面投影是可见的，$a'b'$ 画成实线。CD 位于两个圆柱面的后方，不可见，$c'd'$ 画成虚线。

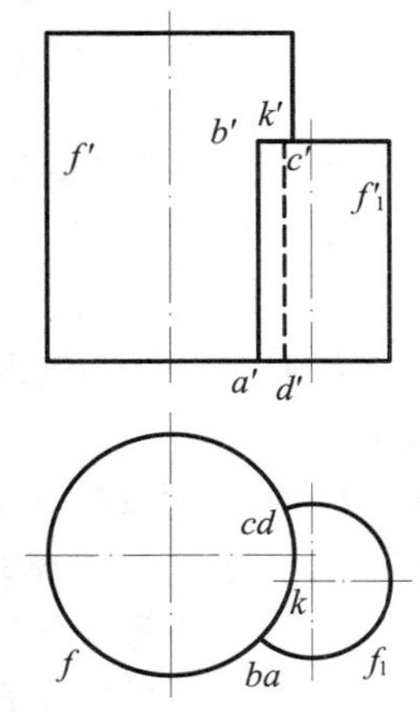

图 8-10 两正圆柱相贯

[例 8-3] 求两正圆柱的相贯线，如图 8-11 所示。

[解] (1) 相贯线形状：从投影图中可以看出，两个圆柱的轴线正交，且水平圆柱完全穿过直立圆柱，因此有两组相贯线。另水平圆柱的左右端面和直立圆柱的顶、底面都没参与相交，故相贯线为两圆柱面交成的封闭空间曲线。

相贯线的 H 面投影在直立圆柱面的 H 面积聚投影上，W 面投影在水平圆柱面的 W 面积聚投影上，故只要作出 V 面投影。

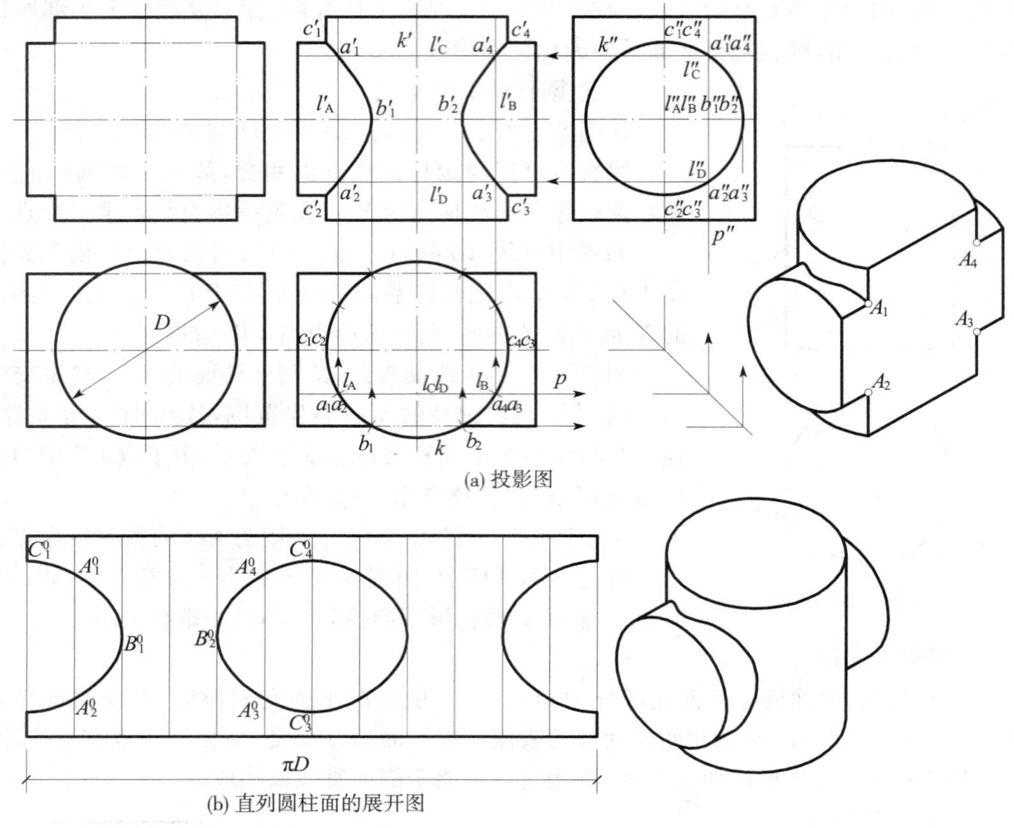

图 8-11　两圆柱相贯

由于两个圆柱的形状和相对位置是前后、左右、上下均对称的，故相贯线的 V 面投影是前后重影和左右、上下对称的。

(2) 相贯点作法：① 用辅助平面法时，因两圆柱的轴线均平行 V 面，故可取一些 V 面平行面如 $P(p,p'')$ 为辅助平面，与两柱面交于竖直素线 $L_A(l_A,l'_A,l''_A)$、$L_B(l_B,l'_B,l''_B)$，水平直素线 $L_C(l_C,l'_C,l''_C)$、$L_D(l_D,l'_D,l''_D)$。则它们的 V 面投影 l'_A，l'_B 与 l'_C，l'_D 交得四个相贯点 A_1，A_2，A_3，A_4 的 V 面投影 a'_1，a'_2，a'_3，a'_4。

当平行 V 面的辅助平面通过水平圆柱面的最前素线时，只能交得两点 B_1，B_2。

当辅助平面与两个柱面的前后对称平面重合时，所交四点 C_1，C_2，C_3，C_4 的 V 面投影 c'_1，c'_2，c'_3，c'_4，位于两个柱面的 V 面投影外形线交点处，所以遇到这种情况时，可直接定出 c'_1，c'_2，… 的位置。

② 设想用积聚投影法时，则可在圆柱面的 H 面积聚投影上任取一点如 $a_1(a_2)$ 作为相交点的 H 面投影，由之先求出 a''_1，a''_2 后，作出 a'_1，a'_2。

③ 如用表面取线法时，设在直立柱面上取直素线 $L_A(l_A,l'_A,l''_A)$，由 l''_A 与圆柱面的 W 面积聚投影交得 a''_1，a''_2；由之作连系线，与 l'_A 交得 a'_1，a'_2。

④ 也可在直立柱面上取水平纬圆 $K(k,k',k'')$，则 k'' 与水平圆柱面的积聚投影交得 a''_1，a''_4。由之求出 a_1，a_4 后得 a'_1，a'_4。

从上列的各种作法中可以看出的，仅是设想的不同，有关作图线几乎是相同的。本图中再多作一些相贯点的V面投影来相连，便可得到相贯线的V面投影。

（3）可见性：因相贯线前后对称而V面投影重影，且相贯线的前半部分别位于两圆柱面的可见的前半部上而也可见，故V面投影画成实线。

（4）展开图：图8-11(b)画出具有相贯线的直立圆柱面的展开图，画法与图8-8中正圆柱面具有截交线的展开图相同。

[例8-4]　求两正圆柱轴线交叉时的相贯线。

[解]　如图8-12所示，两正圆柱相交，但轴线不交，水平圆柱向前凸出直立圆柱，故只有一组相贯线。

其H面、W面投影分别在两圆柱面的积聚投影上，故只要作相贯线的V面投影。由于前后偏交，故前后相贯线的V面投影不重影，且两圆柱对V面的空间外形素线不相交，故位于两圆柱的V面投影外形线上相贯点的投影不是同一个点，如图中右下方放大图所示。相贯线的V面投影分别切于各圆柱的V面投影外形素线。

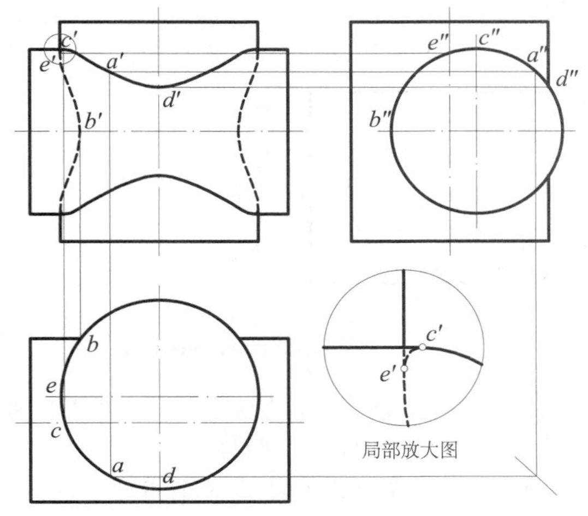

图8-12　偏交的两圆柱相贯

相贯线的作法同图8-11。图8-12所示为部分相贯点的作法。

因水平圆柱偏前，故对V面投影而言，只有位于前半个水平圆柱面上的相贯线可见而画成实线。

[例8-5]　如图8-13所示，两圆柱面的直径相同、轴线正交、且平行于同一投影面，试求作相贯线的投影。

[解]　如图所示，两圆柱的轴线平行于V面，两圆柱面相切于前后两对外形素线的交点即切点T_1、T_2处。

如用图8-11所述方法，作出相贯线的V面投影，将是通过两圆柱面的两对V面投影外形线的交点a_1'，b_1'和c_1'，d_1'的一对垂直相交直线$a_1'c_1'$和$b_1'd_1'$。实为两个圆柱面上共有的两个椭圆的积聚投影。

两圆柱的相贯线性质总述：

（1）**当两圆柱面的轴线平行时，相贯线为平行两直线，它们的投影仍为直线或积聚成点**。如图8-10。

（2）**当两圆柱面直径相等且轴线相交（正交或斜交），相贯线为一对椭圆，在与两轴线平行的投影面上投影为一对垂直直线**。如图8-13。

（3）**当两圆柱面直径不等，但轴线正交或斜交时，在与轴线所平行的投影面上投影为一条等边双曲线，并以直径相等的两大圆柱的相贯线的直线状积聚投影为渐近线**。如图8-14。

（4）**当两圆柱面轴线交叉时，两圆柱的相贯线为一条空间四次曲线**。如图8-12。

[例8-6]　如图8-14所示，求两圆柱相贯线的投影时，可应用渐近线作相贯线的投影。

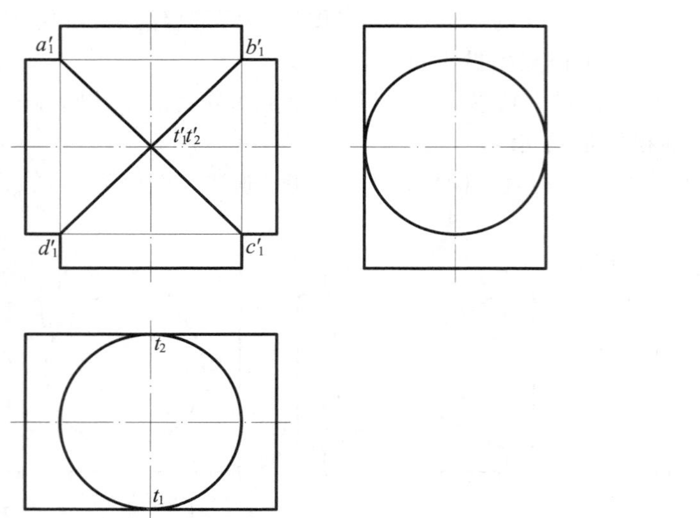

图 8-13　直径相同的两圆柱相贯

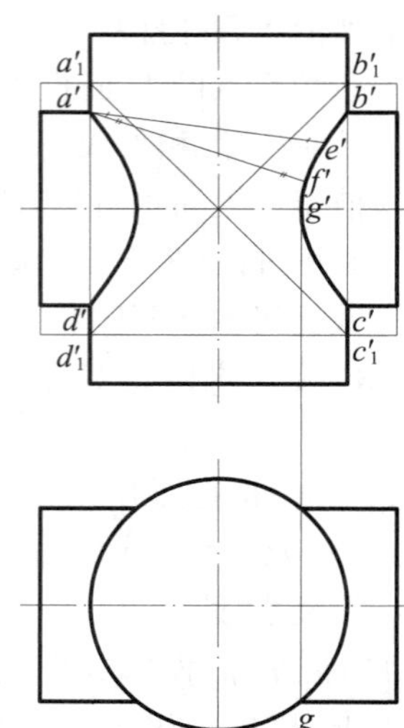

图 8-14　利用渐近线作两圆柱的相贯线

［解］ (1) 如将小圆柱改成一个(轴线不动)与大圆柱等大的圆柱，如图 8-14 中细线所示。

(2) 求出该圆柱与大圆柱的一对为正交直线的相贯线的 V 面投影 $a_1'c_1'$ 和 $b_1'd_1'$，即为所求相贯线的 V 面投影双曲线的渐近线。

(3) 利用原来两圆柱面上 V 面投影外形线上任一点如 a'，作为相贯线的投影双曲线上一已知点。

(4) 利用图 7-22 的弦线法，图上作出一点的投影，再作出一些点，即可连得相贯成的 V 面投影。

5. 切口和贯通孔

图 8-15 分别为图 8-11 和图 8-12 中的直立圆柱体被水平圆柱体贯通后的投影图。作法见图 8-11 和图 8-12。H 面和 V 面投影中应画出相当于水平圆柱的投影外形线，被直立圆柱遮住而用虚线画出。

三、正圆锥面

1. 正圆锥面的投影

(1) 正圆锥面的形成和投影图 —— **以相交两直线之一为轴线，另一直线为母线旋转而形成的曲面，称为正圆锥面，简称圆锥面**。图 8-16 中轴线垂直于 H 面。交点 S 称为**顶点**，圆周 K 称为**底圆**。所有直素线均通过顶点 S。

正圆锥面的 H 面投影是一个圆周，为底圆的投影，圆心相当于顶点和底圆心的重影，也为轴线的积聚投影。

正圆锥面的 V 面和 W 面投影都是等腰三角形。铅直的细单点长画线是锥轴的投影，称为投影的中心线。底边为底圆 K 的积聚投影。V 面投影三角形的两腰，即投影外形线 $s'a'$ 和 $s'b'$，是圆锥面与通过轴线的且平行于 V 面的对称平面与锥面相交成的、为空间外形线的最左和最右素线 SA 和 SB 的投影，与它们对应的 W 面投影 $s''a''$ 和 $s''b''$，则与正圆锥面轴线的 W 面投影重合，不予表示，即仍用中心线表示；H 面投影 sa 和 sb，成一条水平线，与 H 面投影圆

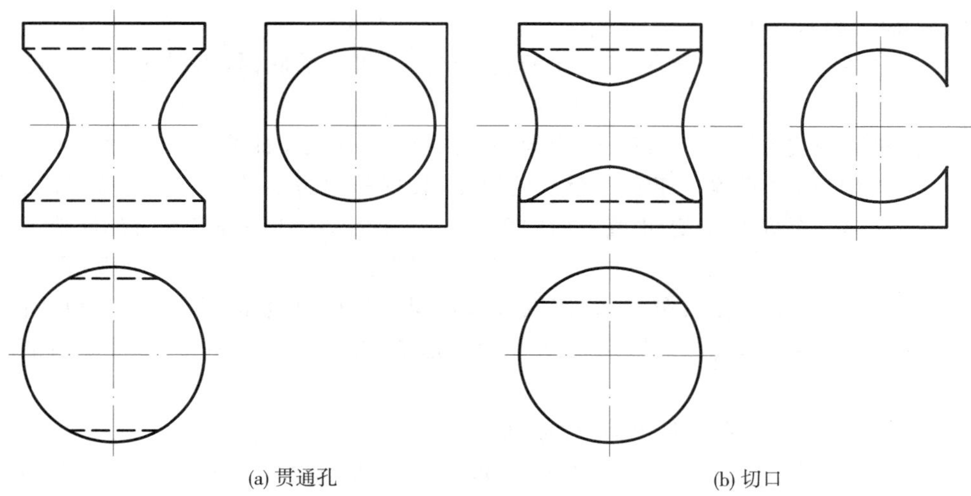

图 8-15　圆柱的贯通孔和切口

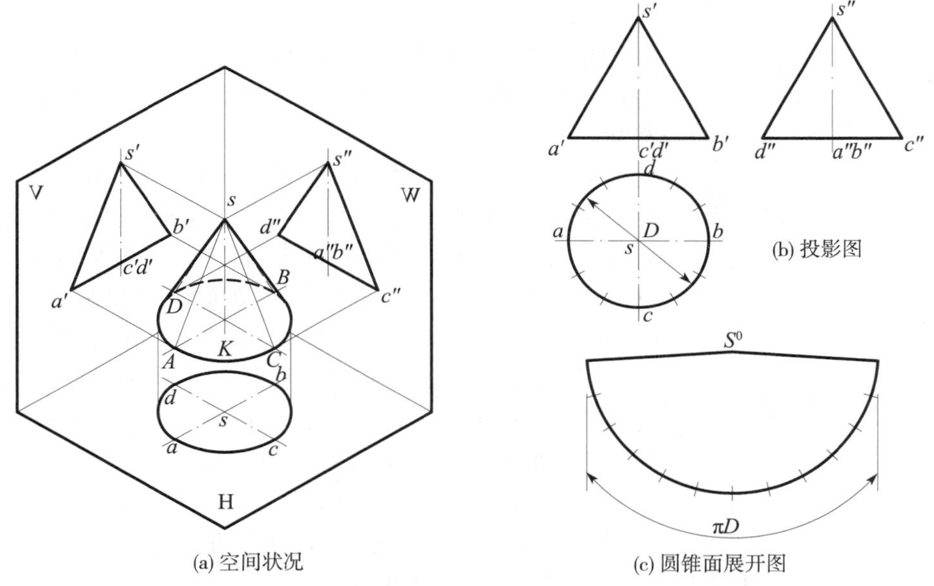

图 8-16　正圆锥

周的中心线重合，也不予表示。三角形范围是可见的前半个和不可见的后半个锥面的重影；其对应的 H 面投影，分别是下半个和上半个圆形；其对应的 W 面投影，分别是右半个和左半个（空间应为前半个和后半个）投影三角形。

同样，W 面投影中三角形两腰，即投影外形线 $s''c''$ 和 $s''d''$，分别是锥面上对 W 面的空间外形线（最前和最后两素线）SC 和 SD 的投影，与它们对应的 H 面投影 sc 和 sd，与 H 面投影圆形的竖直中心线重合；与它们对应的 V 面投影 $s'c'$ 和 $s'd'$，则与 V 面投影的中心线相重合。三角形范围是可见的左半个和不可见的右半个锥面的重影；其对应的 H 面投影，分别是左半个和右半个圆形；其对应的 V 面投影也分别是左半个和右半个投影三角形。

圆锥面也可由两个投影表示，但其中之一应是显示底圆形状的投影，即本图中不宜仅用

V面和W面投影来表示。

(2) 圆锥体的投影——如将圆锥面的底圆作为圆锥体的底面，则图8-16(b)也是一个正圆锥体的投影图。

(3) 圆锥面的展开图——正圆锥面的展开图是一个扇形，如图8-16(c)所示。因为正圆锥面的各素线等长，且素线交于一个公共的顶点，故展开图是半径等于素线长度、弧长是底圆周长度πD的一个扇形。由于正圆锥面的V面、W面投影中任一外形素线都反映了锥面素线的实长，例如$s'a'$。故作展开图时，任选一点S^0为圆心，以$s'a'$为半径作圆弧。再把底圆分成若干等分，本图中为十二等分，即把底圆等分点间弦长近似地作为弧长，在展开图的圆弧上量取同样数量的弦长，近似地作为弧长。最后将起点和终点与S^0相连，就得正圆锥面的展开图。

2. 轴线为一般位置直线时正圆锥面的投影

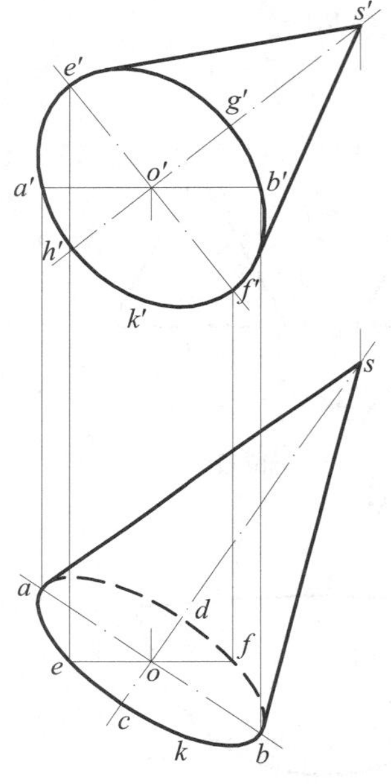

图8-17 斜置正圆锥

如图8-17所示，已知一个斜置的正圆锥。轴线为SO(so, $s'o'$)，S为顶点，O为底圆心，底圆直径长度为D。求正圆锥的投影图。

因轴线SO为一般位置直线，故与它垂直的底圆平面为一般位置平面，因而底圆K的H面、V面投影k、k'均为椭圆，可用多种方法作椭圆，现以求出投影椭圆的长、短轴来作出投影椭圆。

因轴线垂直于底圆，也必垂直于任一条底圆直径。又因K的H面投影k的长轴是底圆上一条与H面平行的直径AB的H面投影ab，因$AB \perp SO$，故$ab \perp so$，且ab的长度等于底圆直径D。对应的V面投影为水平线$a'b'$。K的H面投影椭圆k的短轴cd，必位于ab的中垂线上，这里与so重影(cd长度待定)。

同理，底圆K的V面投影椭圆k'的长轴$e'f' \perp s'o'$，长度也等于D，对应的H面投影也为水平线ef。而短轴$g'h'$位于$e'f'$的中垂线上，与$s'o'$重影($g'h'$长度待定)。

现在，H面投影k上除了长轴ab外，尚知一点e或f。于是可用图7-12的方法求短轴cd，同样可作出圆周K的V面投影k'的短轴$g'h'$。于是可用图7-9的四圆弧近似法作出k及k'。

顶点S与底圆K上任一点的连线为圆锥面的素线。在H面投影中，由s向k所引的切线为最外侧素线的投影，故为H面投影外形线，共有两条。但应注意，切点并非是端点a, b。如锥高很矮，s或s'位于底圆的投影椭圆内，则无投影外形线。

底圆的可见性可以利用底圆与轴线的同名投影的重影点来判别(本图略)。如H面投影中，因底圆不可见，故相应的d旁的k画成虚线。V面投影中，底圆为可见，故整条k'全部为实线。

3. 轴线为投影面平行线时正圆锥面的投影

如图8-18所示，已知正圆锥面的轴线SO(so, $s'o'$, $s''o''$)为V面平行线，顶点为S，底圆K的圆心为O，直径长度如图中下方线段D，作圆锥的三面投影。

(1) V面投影：因SO平行V面，故与它垂直的底圆平面垂直V面，因而底圆K的V面积聚投影k'垂直$s'o'$，为K上一条为V面平行线的直径CD的反映实长D的投影$c'd'$，连线

$s'c'$，$s'd'$ 为锥面的 V 面投影外形线。

(2) H 面投影：因底圆所在平面倾斜于 H 面，故底圆 K 的 H 面投影 k 是一个椭圆，长轴 ab 垂直 so，长度为 D；短轴 cd 为 K 上 V 面平行线 CD 的 H 面投影，其端点可由 V 面投影 c'，d' 作连系线来定出，于是可作得 k。由 s 作 k 的两条切线，为 H 面的投影外形线。因底圆为不可见，故右小半个椭圆画成虚线。

(3) W 面投影：底圆 K 也倾斜于 W 面，故 W 面投影 k'' 为一个椭圆，长轴 $a''b''$ 垂直 $s''o''$，长度为 D；短轴 $c''d''$ 为 K 上 V 面平行线 CD 的 W 面投影，与 $s''o''$ 重影，可由 c'、d' 作连系线来交得 c''、d'' 点，于是可作得 k''。由 s'' 作 k'' 的两条切线，为 W 面投影外形线。由 V 面投影可知，朝向 W 面观看时，K 全为可见，则 k'' 全用实线表示。

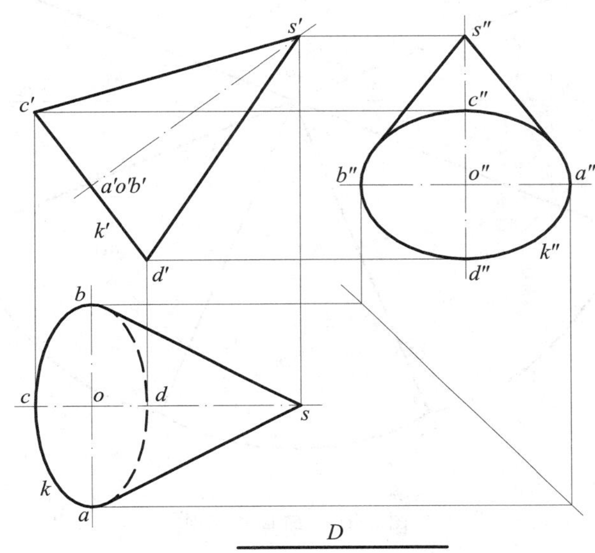

图 8-18　轴线平行 V 面时的正圆锥

[例 8-7]　图 8-19 为由 8 片斜置的正圆锥面上方部分组成的屋面。整个屋面的轴线为 H 面垂直线 SO，顶点为 S。每片屋面的顶点也为 S，但轴线呈倾斜位置。每片屋面屋檐的下方两端支于一个正八边形的端点 Ⅰ(1,1′)，Ⅱ(2,2′)，… 处。正八边形的中点即为点 O。8 片屋面高度相同。连线 SⅠ，SⅡ，… 为相邻两片屋面的交线，也为各锥面的直素线。故本屋面也相当于一片屋面陆续旋转 $360°/8 = 45°$ 后的位置。

[解]　8 片屋面的 H 面投影形状相同，仅方向不同，它们的作法相当于图 8-17 和图 8-18 的 H 面投影。V 面投影中，$s'1'2'$ 相当于图 8-18V 面的部分投影，$s'6'5'$ 则与其对称；$s'2'3'$ 相当于图 8-17V 面的部分投影，$s'5'4'$ 则与其对称；$s'3'4'$ 相当于图 8-18W 面的部分投影。

整个屋面，在图的 H 面投影中，后方 3 片未画出，其 V 面投影与前方 3 片重影。

4. 正圆锥的截断

正圆锥截交线的形状：平面截断正圆锥面时，由于截平面与正圆锥面相对位置不同，会得出形状不同的截交线，如表 8-2 所示。

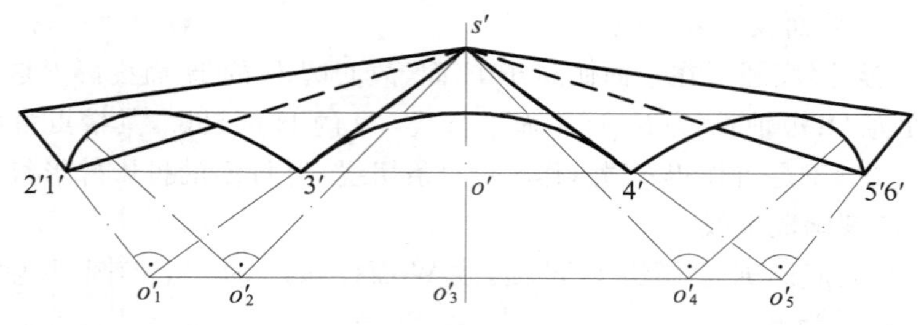

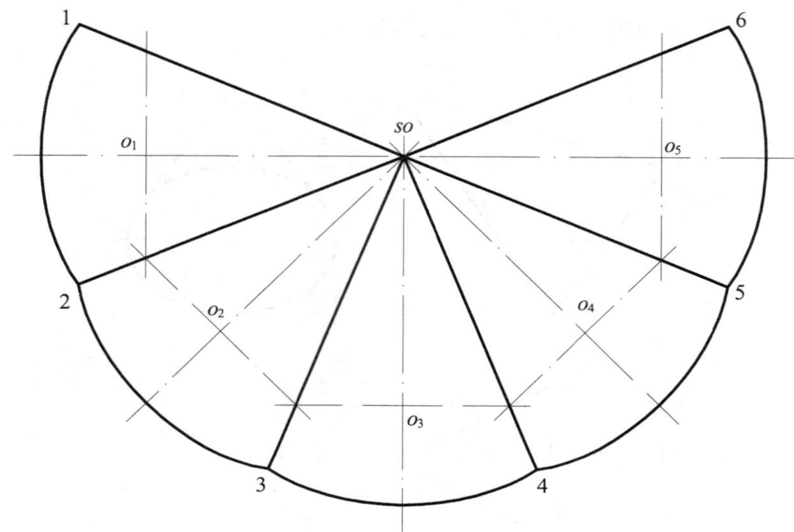

图 8-19　锥面片屋面

表 8-2　　**正圆锥截交线形状**

截平面位置	垂直于圆锥轴线 $\theta=90°$	与圆锥所有素线相交 $\theta>\alpha$	平行于圆锥一素线 $\theta=\alpha$	平行于圆锥两素线 $0\leqslant\theta<\alpha$	通过圆锥顶点
截交线形状	圆　周	椭　圆	抛物线	双曲线	直　线
空间状况					

截平面位置	垂直于圆锥轴线 $\theta=90°$	与圆锥所有素线相交 $\theta>\alpha$	平行于圆锥一素线 $\theta=\alpha$	平行于圆锥两素线 $0\leqslant\theta<\alpha$	通过圆锥顶点
投影图					

① **当截平面垂直于正圆锥面的轴线时，截交线为圆周；② 截平面与所有素线不平行而相交时，截交线为椭圆；③ 截平面平行于圆锥面的一条素线时，截交线为抛物线，轴线平行于该素线；④ 截平面平行于圆锥面的两条素线时，截交线为双曲线，双曲线的渐近线平行于这两条素线；⑤ 截平面通过圆锥面的顶点时，截交线成为两条素线。**其中，椭圆长轴的一个顶点、抛物线和双曲线的顶点，均为离开锥顶最近的点。

［例 8-8］　如图 8-20 所示，求正圆锥与 V 面垂直面 $P(p')$ 相交时截交线 K 的投影、截断面实形和截断后下半部锥面的展开图。

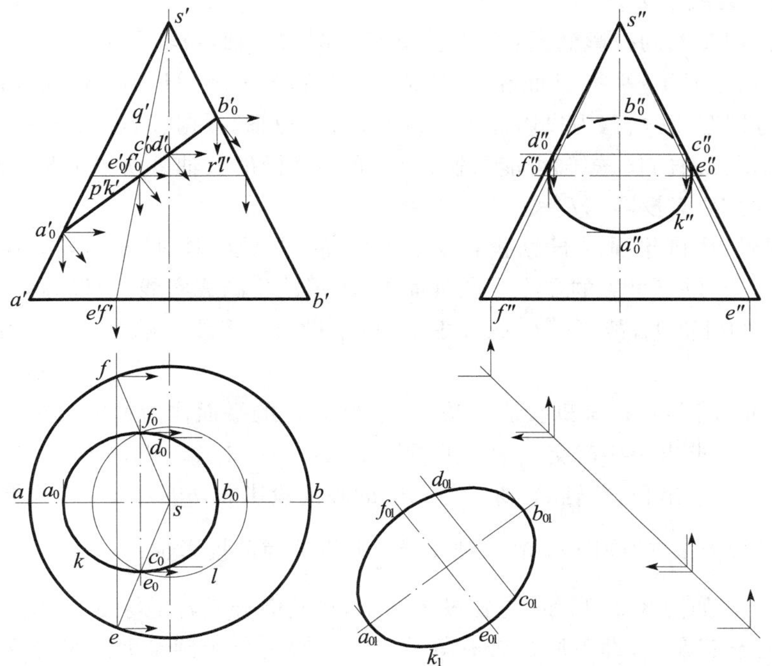

图 8-20　正圆锥截交线和截断面实形的作法

[解] (1) 截交线:在V面投影中,截断面的积聚投影 p' 与锥轴斜交,且与锥面上所有素线都相交,故 P 与圆锥面的截交线 K 是一个椭圆。

K 的V面投影 k' 积聚在 p' 上而为一直线,K 的H面、W面投影 k 和 k'' 仍是椭圆,可求出一些截交点的投影来连得;或者由长、短轴直接作出椭圆投影。

(2) 截交点作法

① 积聚投影法——根据截平面 P 的积聚投影,通过锥面上取点来求出截交点的投影。如在 p' 上任取一点 $e_0'f_0'$,作为锥面上前、后两个截交点 E_0 和 F_0 的V面投影。通过 e_0' 和 f_0' 可在锥面上引两素线 SE 和 SF 的V面投影 $s'e'$ 和 $s'f'$,并作出它们的H面和W面投影 se,sf 和 $s''e''$,$s''f''$,于是可作得 e_0,f_0 和 e_0'',f_0''。也可过 e_0',f_0' 引一个纬圆 L 的V面投影 l',由之求出 l。再由 e_0',f_0' 引连系线,在 l 上定出 e_0,f_0,由之可作出 e_0'',f_0''。

同法可求出一些特殊点,如最高、最低点 A_0,B_0(椭圆长轴端点)和W面投影外形线上的点 C_0,D_0 的三面投影,本例中 $e_0'f_0'$ 刚好为 $a_0'b_0'$ 的中点,E_0 和 F_0 也是特殊点(椭圆短轴端点)。特殊点必须全数作出,再适当作出一些中间点。

② 辅助平面法——● 过顶点 S 取V面垂直面 $Q(q')$ 为辅助平面,则与锥面交于直素线 $SE(se,s'e',s''e'')$ 和 $SF(sf,s'f',s''f'')$,并与 P 面交于直线 $E_0F_0(e_0f_0,e_0'f_0',e_0''f_0'')$,于是可交得截交点 $E_0(e_0,e_0',e_0'')$ 和 $F_0(f_0,f_0',f_0'')$;● 作水平的辅助平面 $R(r')$ 与 P 面交于直线 E_0F_0,也可交得截交点 E_0,F_0。

从上列几种作法可以看出,它们仅是理解和作图方法的不同。至于作图线,素线法与过顶点作辅助平面几乎相同,纬圆法与作水平辅助平面几乎相同。素线法和纬圆法在作图时各有优缺点。如H面投影中,锥面上靠近竖直中心线附近的点,因素线的H面投影较陡,与竖直连系线间夹角甚小而使交点 e_0 位置不易准确,故以纬圆法为好;相反地,靠近水平中心线附近的点,则以素线法为好。

③ 直接作截交线的投影椭圆:A_0B_0 为截交椭圆的长轴,短轴 E_0F_0 必过 A_0B_0 的中点,且垂直于V面,由于 E_0F_0 平行H面和W面,故 A_0B_0 和 E_0F_0 的H面和W面投影 a_0b_0 和 e_0f_0、$a_0''b_0''$ 和 $e_0''f_0''$ 分别互相垂直,为投影椭圆 k 和 k'' 的长、短轴。根据长、短袖可作出投影椭圆 k 和 k''。但W面投影椭圆的长、短轴可能互换,如本题中椭圆的长轴 A_0B_0 的W面投影 $a_0''b_0''$,反而比短轴 E_0F_0 的W面投影 $e_0''f_0''$ 短。

(3) 可见性:因圆锥面的H面投影全部可见,故 k 也全部可见而画成实线。W面投影中,因椭圆弧 $C_0A_0D_0$ 位于可见的左半个圆锥面上,故 $c_0''a_0''d_0''$ 画成实线;而椭圆弧 $C_0B_0D_0$ 位于不可见的右半个圆锥面上,故 $c_0''b_0''d_0''$ 画成虚线。位于投影外形线上的点 c_0'',d_0'' 为可见与不可见的分界点。

(4) 截断面实形:可用辅助投影面法,以平行于 P 的平面作为辅助投影面 H_1。

作法一——求出一些截交点的辅助投影 a_{01},e_{01},… 来连得椭圆 k_1。

作法二——求出长、短轴 A_0B_0 和 E_0F_0 的辅助投影 $a_{01}b_{01}$,$e_{01}f_{01}$ 来作椭圆 k_1。

图中用平行于 p' 的椭圆 k_1 的长轴 $a_{01}b_{01}$ 来代替辅助投影轴 $\frac{V}{H_1}$。

(5) 展开图:如图8-21所示,先在投影图中,将底圆分成若干等分,本图为12等分,并作出过等分点的锥面素线,即可画出带有等分点处素线的整个圆锥面的扇形展开图。然后,由V面投影中量取实长来定出素线上各截交点在展开图中的位置。本图中采用旋转法,由各截交点的V面投影作水平线，与反映实长的V面投影外形线的交点来确定实长。如由 c_0' 作水平线，相当于点 C_0 绕锥轴旋转时旋转圆周的V面积聚投影，与外形素线 $s'a'$ 交得 c_{01}'，该外形素线 $s'a'$ 相当于通过点 C_0 的素线 SC 绕锥轴旋转到与V面平行的位置，与素线 SA 重合。

于是在展开图上，在 S^0C^0 上取 $S^0C_0^0=s'c'_{01}$，得 C_0^0。同样地可作出其他各点，即可连得截交线 K 的展开图 K^0。

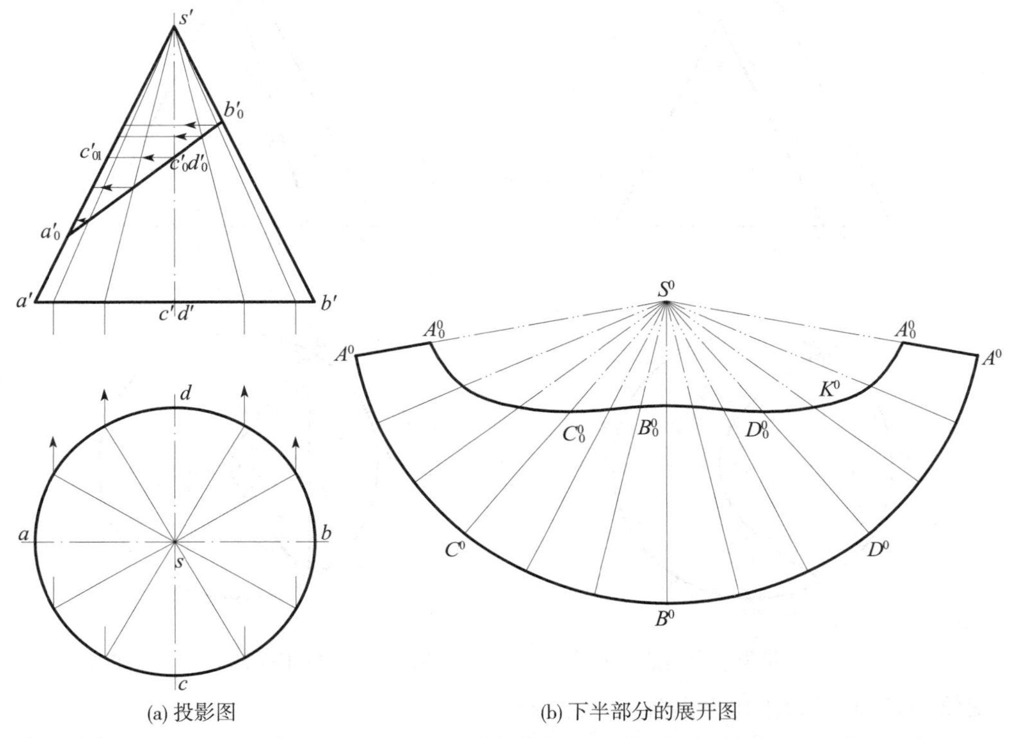

图 8-21　正圆锥面截断后下半部分的展开图

图中用细双点画线表示截断后圆锥面上半部分的展开图。如在圆锥面截断后下半部分的展开图上，再加上底面和截断面的实形，便成为下半部分圆锥体的全部表面展开图。

圆锥面截交线为抛物线：在图 8-22 中，垂直于 V 面的截平面 $P(p')$ 平行圆锥面上一条素线 $SA(s'a')$，故截交线 K 为一条抛物线，V 面投影 k' 积聚于 p' 上，H 面投影 k 也为一条抛物线，可用前述求圆锥面上椭圆截交线的各种方法，求出 k 上各点来连得 k。

现利用抛物线的特性来作 k：本图中，因圆锥面和截交抛物线均对称于过圆锥轴线且平行 V 面的平面，故抛物线轴线的 H 面投影与圆锥面的 H 面投影中心线 ab 重合。抛物线 K 的顶点 A_1 位于圆锥面的外形线 SB 上，于是由 a_1' 可求出 a_1。$P(p')$ 与底圆的交点 $B_1(b_1,b_1')$ 和 $B_2(b_2,b_2')$ 为抛物线上的点。按图 7-17 的作法，可先作出点 b_1，b_2 处切线，即由 b_1b_2 的中点 c，在 ab 上由点 a_1 量取长度 $a_1b=a_1c$。又从 V 面投影中可知，$\triangle a_1'c'b'$ 为等腰三角形，故 b 恰位于底圆上。于是可用图 7-17 的包络线法作出 k（图中作图线略）。

圆锥面截交线为双曲线：在图 8-23 中，垂直于 V 面的截平面 $P(p')$ 平行圆锥面上两条素线 $SC_1(s'c_1')$ 和 $SC_2(s'c_2')$，故截交线 K 为一条双曲线的一支，其渐近线 U_1 和 U_2 平行于 SC_1 和 SC_2。V 面投影 k' 积聚于 p' 上，H 面投影 k 也为双曲线的一支，可用前述求圆锥面上椭

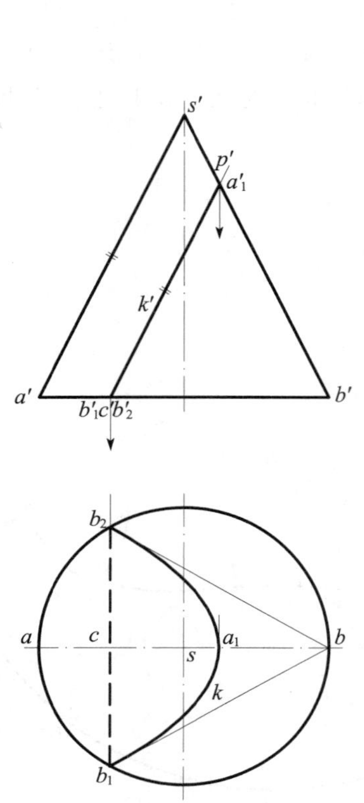

图 8-22 圆锥面截交线为抛物线

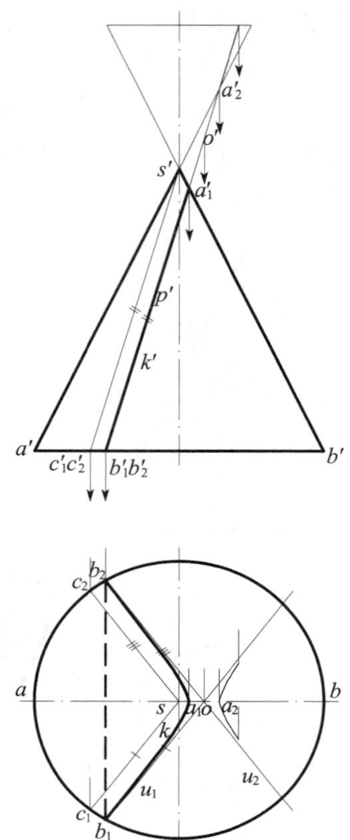

图 8-23 圆锥面截交线为双曲线

圆截交线的各种方法,求出 k 上各点来连得 k。

现利用双曲线的特性来作 k:本图中,因圆锥面和截交双曲线均对称于过圆锥轴线且平行 V 面的平面,故双曲线实轴的 H 面投影与圆锥面的 H 面投影中心线 ab 重合。$P(p')$ 与底圆交于点 $B_1(b_1,b_1')$ 和 $B_2(b_2,b_2')$。为作图需要,作出圆锥面的对顶锥面,投影 p' 与外形线交得双曲线顶点A_1,A_2 和中心O的V面投影 a_1',a_2' 和o',由之可作得 a_1,a_2 和o,于是过o作sc_1,sc_2 的平行线,为 k 的渐近线 u_1,u_2。实际上,由 a_1,a_2 及另一点如 b_1,也可作出 u_1,u_2(图 7-20),于是可用图 7-22 的弦线法作出 k(图中作法略)。

5. 正圆锥的贯穿点

求直线与曲面立体的贯穿点时,除利用积聚投影法,还可利用辅助平面法,但选用的辅助平面,应使它与曲面交得辅助截交线的投影为易于绘制的直线和圆周等。

[例 8-9] 如图 8-24 所示,求 V 面垂直线 L 与圆锥的贯穿点。

[解] 因 L 的 V 面投影 l' 有积聚性,故贯穿点 L_1 和 L_2 的 V 面投影 l_1' 和 l_2' 与 l' 重合而不需求作。求 H 面投影时:

(1) 可过 L 作一辅助平面平行 H 面,则辅助截交线为纬圆,其 H 面投影为一个等大的圆周,于是可定出其与 l 的交点 l_1 和 l_2,即为贯穿点的 H 面投影。

(2) 也可过 L 及顶点 S 作垂直于 V 面的辅助平面,则辅助截交线为直素线 SB_1,SB_2。于是 sb_1,sb_2 与 l 交得点 l_1,l_2 即为贯穿点的 H 面投影。

(3) 实际上，贯穿点 L_1，L_2 的 V 面投影 l_1'，l_2' 与 l' 重合而已知，于是成为已知圆锥面上点的一投影求另一投影问题。为此，可利用纬圆法或素线法求出 l_1、l_2。

因圆锥面对 H 面都是可见的，故截交点和其旁 L 也为可见的，故交点外的 l 画成实线。

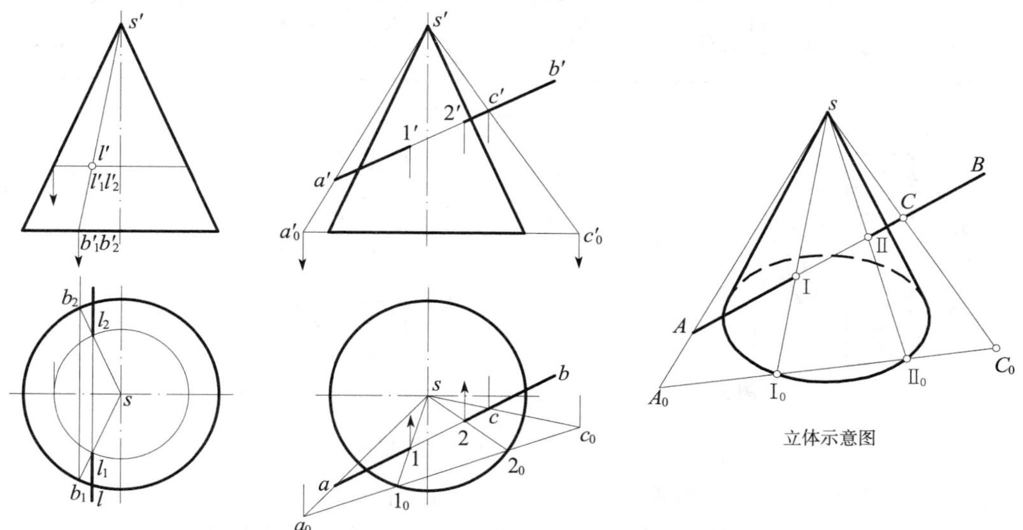

图 8-24　投影面垂直线贯穿圆锥　　　　图 8-25　一般位置直线贯穿圆锥

[例 8-10]　如图 8-25 所示，求一般位置直线与圆锥的贯穿点。

[解]　如过直线 AB 作投影面垂直面为辅助截平面，辅助截交线将为非圆周曲线而作图麻烦。现过锥顶与直线 AB 作一辅助截平面，可与锥面交于直素线而作图方便。

为此，过锥顶 S 与直线 AB 上任意两点 A 和 C 作辅助线 SA(sa，$s'a'$) 和 SC(sc，$s'c'$)。并求出与锥底平面的交点 A_0(a_0，a_0') 和 C_0(c_0，c_0')。连线 A_0C_0(a_0c_0) 为辅助截平面与锥底平面的交线。其与底圆交于两点 Ⅰ$_0$(1_0) 和 Ⅱ$_0$(2_0)。由之可作出辅助截交线 SⅠ$_0$($s1_0$) 和 SⅡ$_0$($s2_0$)，就与 ab 交得截交点 Ⅰ，Ⅱ 的 H 面投影 1，2。再作连系线求出 V 面投影 $1'$，$2'$。

可见性：在两投影中，因截交点 Ⅰ 和 Ⅱ 均位于可见的锥面上，故直线 AB 上位于截交点以外线段均为可见而画成实线。

6. 正圆锥体的相贯线

[例 8-11]　如图 8-26 所示，求正圆锥和三棱柱的相贯线。

[解]　(1) 相贯线形状：从投影图中可以看出，三棱柱完全贯穿圆锥，形成两组前后对称且封闭的相贯线。每组相贯线由三段截交线(一段圆弧和二段左右对称的椭圆弧)组成，截交线间的交点为三棱柱中三条垂直于 V 面的棱线与锥面的贯穿点。

(2) 相贯线的投影：V 面投影与三棱柱棱面的积聚投影重合，故只需求 H 面和 W 面投影。

图 8-26(a) 采用了水平的辅助平面 P，Q，R 等，它们分别与圆锥面交得平行于 H 面的圆周，与棱柱面交得垂直于 V 面的直线，两者的交点即为相贯点。由于 P 面重合于水平棱面，故不仅求得棱面与锥面交得的两段圆弧，同时也求出了棱线与锥面的贯穿点。顺次连接同一棱面上的所得各点，即组成相贯线。

在图 8-26(b) 中，采用了通过锥顶的 V 面垂直面 P，Q 等为辅助平面。它们分别与圆锥面

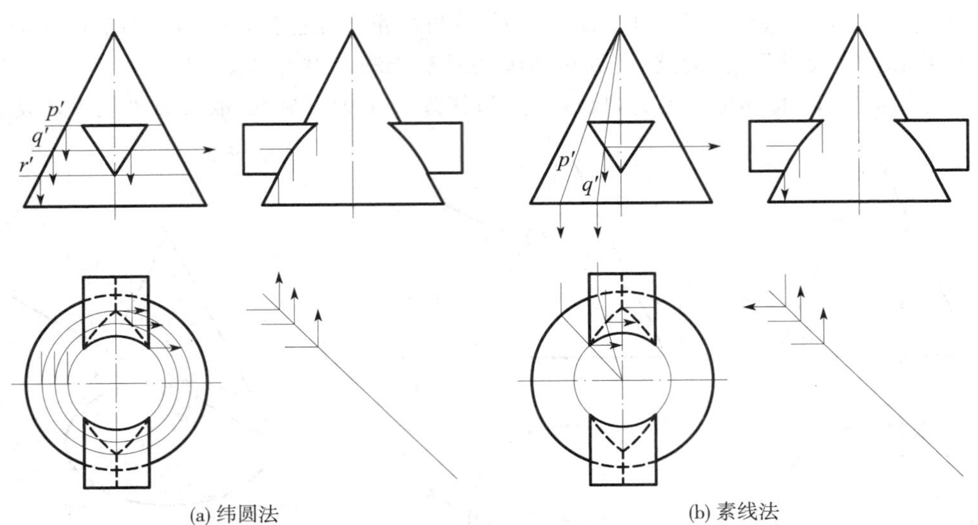

(a) 纬圆法

(b) 素线法

图 8-26　三棱柱与圆锥相贯

交得两条直素线,与棱柱面交得垂直于 V 面的直线,二者的交点即为相贯点。

(3) 可见性:H 面投影中,圆锥面是全部可见的,棱柱面的水平棱面也是可见的,故两段圆弧可见而画成实线。四段椭圆弧因位于不可见的斜棱面上,故画成虚线。

W 面投影中,相贯线左右对称,可见和不可见的相贯线重影,故仍画成实线。

[例 8-12]　如图 8-27 所示,求正圆锥与正圆柱的相贯线。

[解]　(1) 相贯线形状:从投影图中可以看出,圆柱完全穿过圆锥,形成两组左右、前后对称且封闭的相贯线(空间曲线)。

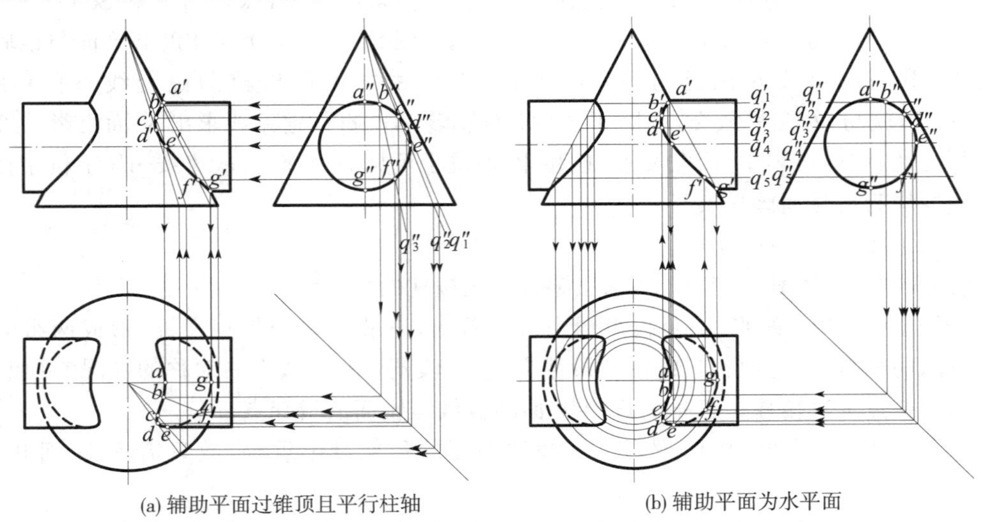

(a) 辅助平面过锥顶且平行柱轴

(b) 辅助平面为水平面

图 8-27　圆锥与圆柱相贯

因圆柱面垂直 W 面,故相贯线的 W 面投影与圆柱面的积聚投影重合,现只需求相贯线的 H 面和 V 面投影。

(2) 相贯点作法:首先,过圆锥和圆柱的轴线作 V 面平行面为辅助平面,它与锥面、柱面的截交线为 V 面的投影外形线（最左、最右素线及最高、最低素线），四根截交线间有四个交点（本题只作出右侧的两个交点 A,G）。

至于其他相贯点，可用如下两种辅助平面来作出：

方法一：如图 8-27(a)，辅助平面过锥顶且平行柱轴，并垂直 W 面，与锥面、柱面各交于直素线，直素线间的交点即为相贯点。本题中与柱面的 W 面积聚投影相切的辅助平面 Q_1、通过柱面最前素线的辅助平面 Q_2 必须作出，另外再作一些如 Q_3 的辅助平面，应用这些辅助平面可得一系列相贯点。图中可通过柱面和辅助平面的积聚投影先求出相贯点的 W 面投影，再求出 H 面、V 面投影。如由切点 d'' 通过锥面上取点法（素线法）求出 d,d'。

方法二：如图 8-27(b)，辅助平面为 H 面平行面，由于它垂直锥轴并平行柱轴，必与锥面、柱面分别交得水平的纬圆和直素线，它们间的交点即为相贯点。本题中各相贯点的 W 面投影已知（在柱面的积聚投影上），通过向 H 面作连系线，与各水平辅助平面(Q_1,Q_2…) 交得的纬圆相交，即为各相贯点的 H 面投影，再向上作连系线得各相贯点的 V 面投影。

本题只作出了右前方一系列相贯点的投影，根据对称性可作出右后方及左方的相贯点投影，最后顺次相连。

(3) 可见性：相贯线的 V 面投影，是前方可见的和后方不可见的重影，故仍画成实线；H 面投影中，锥面的投影都可见，故只有位于圆柱面下半部不可见的 H 面投影画成虚线，E 是可见和不可见的分界点。

四、旋转单叶双曲面

以交叉两直线之一为轴线，另一直线为母线来旋转，则形成一个旋转单叶双曲面。

图 8-28 为一个旋转单叶双曲面的投影图。V 面投影外形线，是切于各素线 V 面投影的包络线，为双曲线，也反映了该曲面的主子午线形状，故旋转单叶双曲面也可以双曲线为母线，以虚轴为轴线来旋转而形成。

H 面投影中，顶圆和底圆恰巧重影，而与各素线 H 面投影相切的包络线为旋转单叶双曲面的 H 面投影外形线，是曲面上喉圆的 H 面投影。

此外，如图 8-55 中的单叶双曲面，当为导线的三个椭圆蜕化成圆周时，单叶双曲面就成为旋转单叶双曲面。所以旋转单叶双曲面也是一个扭面，是由一条直母线沿着三个圆周，如顶圆、底圆及喉圆运动而形成。

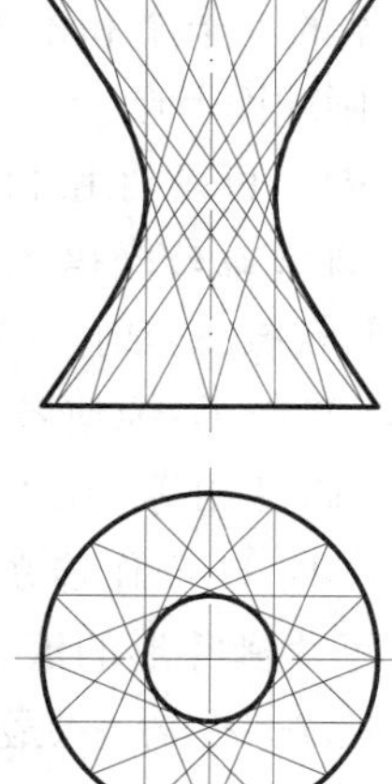

图 8-28　旋转单叶双曲面

五、圆球面

以曲线为母线的旋转面，如图 8-4 所示，称为曲线旋转面。曲线旋转面又如上述由双曲线绕虚轴或实轴旋转来形成外，最常见的为以圆周为母线的旋转面，有圆球面和环面。

1. 圆球面的形成和投影图 —— 如图 8-29 所示，**以圆周为母线，并以它的一条直径为轴线来旋转，则形成一个圆球面**，简称**球面**或**圆球**。

母线圆周的圆心，成为球面的中心，称为**球心**。球面的直径长度，等于母线圆周的直径长度。过球心的平面与圆球交得的圆周，因大于不通过球心的平面与圆球交得的圆周(如纬圆)，故称为**大圆**。大圆的直径长度等于圆球的直径长度。

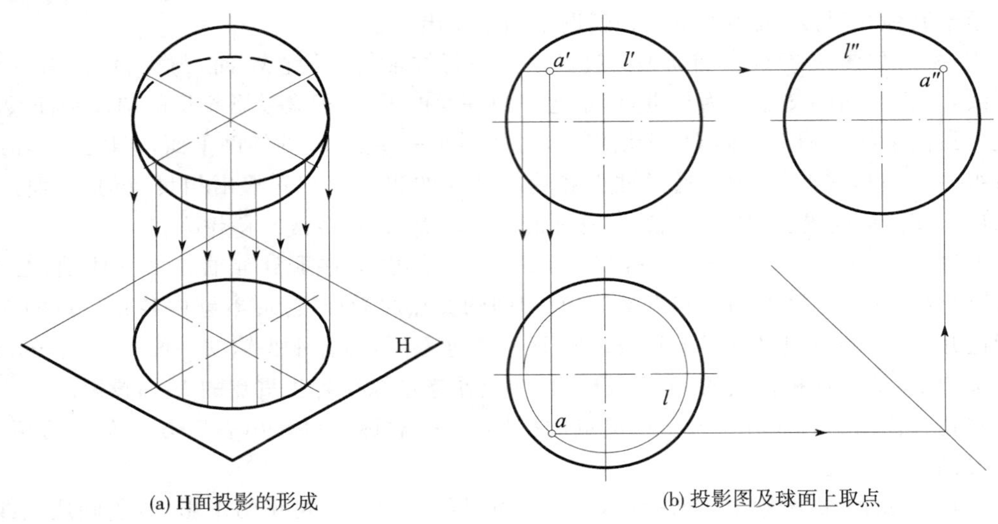

(a) H面投影的形成

(b) 投影图及球面上取点

图 8-29　圆球面

球面上平行 H 面的大圆为赤道圆，平行 V 面、W 面的大圆为主子午线，它们分别为平行各投影面的空间外形线，在对应投影面上的投影即为投影外形线，如 H 面投影为圆球上赤道圆的投影。

2. 可见性 —— 球面的投影，为球面上可见的和不可见的两个半球面的重影。如 H 面投影是可见的上半个和不可见的下半个球面的重影。

3. 圆球面上点 —— 球面上点可应用平行于投影面的圆周来定位。如图 8-29(b) 中，A 点由纬圆 L 来定位，可以利用球面上圆周及由点的一个投影求另外的投影来求得，本图由 a' 求 a，a''。

4. **圆球面的近似展开** —— 由于圆球面不是直线面，只能近似展开，下面介绍两种方法：

(1) **柱面法**：如图 8-30(a)，在 H 面投影中将圆 12 等分，为作图方便，将 AB 弧对应的弦 AB 垂直 V 面，另为使各小块近似平面(端部的 ⅠAB 为近似三角形，中部的 $ABDC$… 等为近似梯形) 高度相等，在 V 面投影中将左半圆 12 等分(只作了上半的 6 等分)，得等分点 $1'$，$2'$，…，$7'$。向 H 面作连系线，得 1，2，…，7，由此得反映实长的弧线 ab，cd，ef…。

在每片柳叶形的近似平面中，$Ⅰ^0Ⅱ^0 = Ⅱ^0Ⅲ^0 = \cdots = Ⅵ^0Ⅶ^0 = \pi R/12$，$A^0B^0$、$C^0D^0$、$E^0F^0$…等于弧长$\overset{\frown}{ab}$，$\overset{\frown}{cd}$，$\overset{\frown}{ef}$…。最后将 A，C，E… 及 B，D，F 分别连成光滑曲线，并作出对应的下半部分成一完整的柳叶片，共 12 片相同的柳叶构成了球面的展开图。

(2) **锥面法**：如图 8-30(b)V 面投影仅画出了上半个球面。① 将上半圆弧左侧 3 等分，得 $1'$，$2'$，$3'$，S_3'，其中 $1'2'$，$2'3'$ 段球面近似圆台面(截去头的圆锥面)，$3'S_3'$ 段球面近似圆锥面。② 将二段近似圆台面和一段近似圆锥面展开成平面。上下半球各三段，共六段。

圆球面还有其他的近似展开方法，如足球表面可用五边形或六边形等近似平面拼接而成。分片、分段、分块越多则精确度越高。

5. 圆球面的截交线和相贯线 —— **圆球面与平面相交而形成的截交线，必为圆周**。由于截平面平行、垂直和倾斜于投影面，截交线的投影分别为圆周、积聚成直线和椭圆。

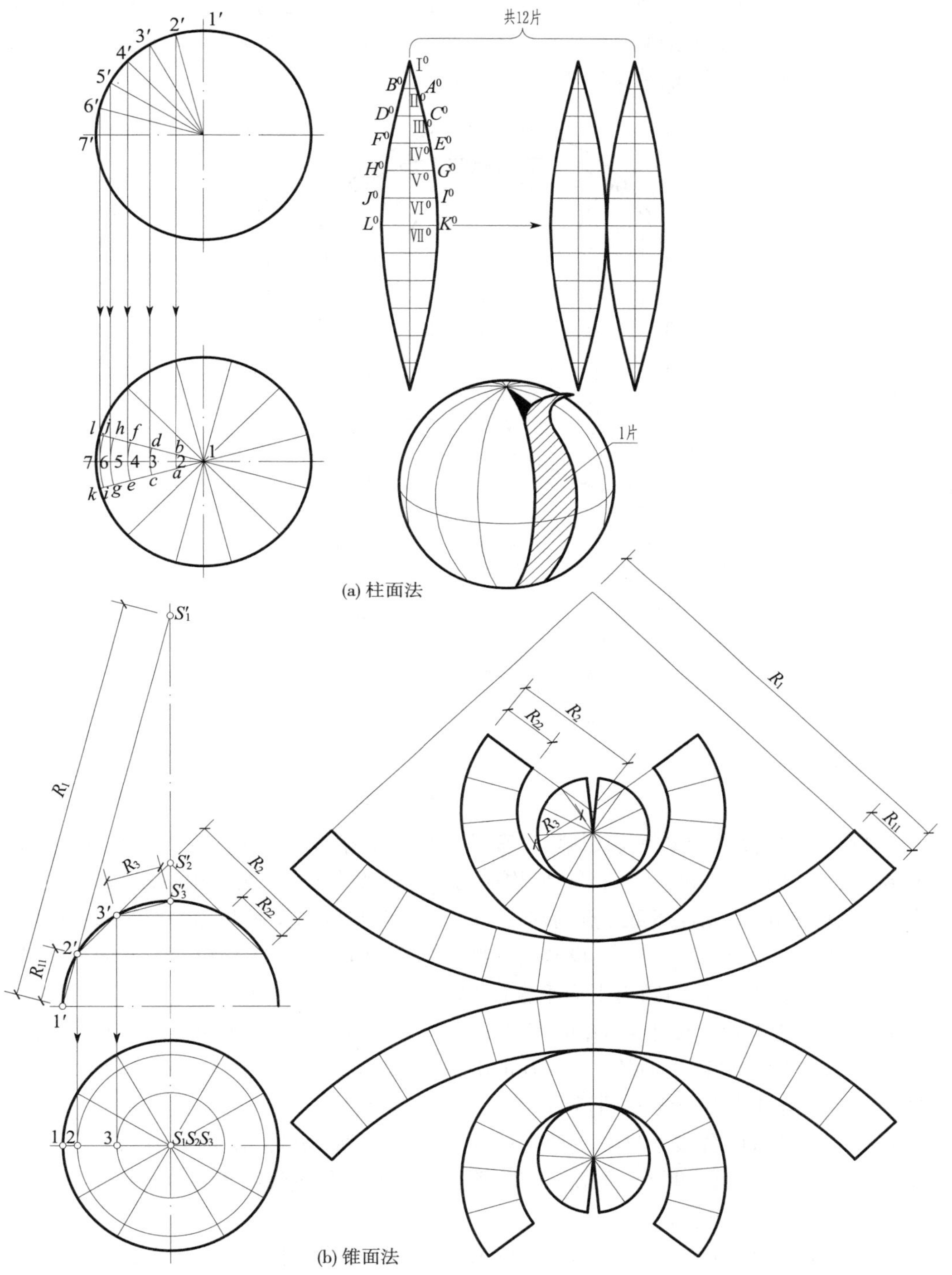

图 8-30　圆球面近似展开图

两个圆球面相交时，相贯线必为一个圆周，该圆周平面垂直于两球心的连线，且圆心在该线上。

[例8-13]　如图8-31所示，有一圆球面构成的屋面，球心为$O(o,o')$，图中V面投影为上半个球面，屋面支于距赤道圆上方h处的纬圆$K(k,k')$上四点A,B,C,D处。该屋面被对称的两对H面垂直面所截，截交线为圆弧L_1,L_2,L_3,L_4。

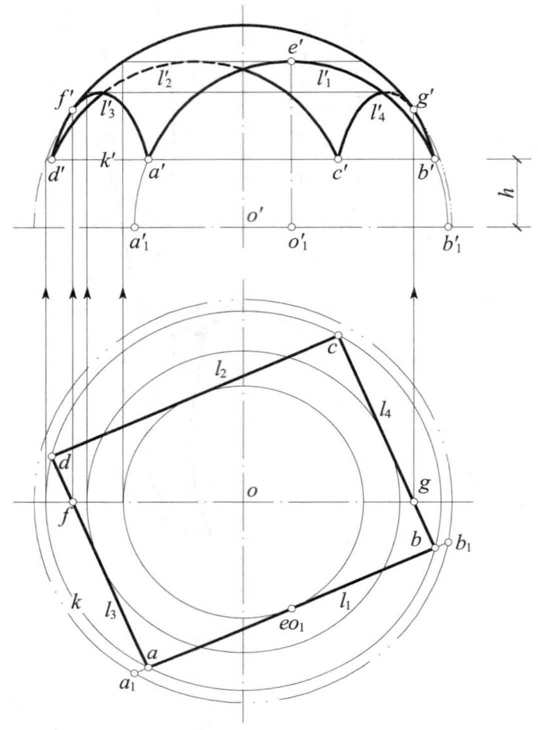

图8-31　圆球面屋面

圆弧L_1的V面投影l_1'为椭圆弧：H面垂直面与半球面的截交线为半圆弧A_1EB_1，其V面投影将是由短轴$a_1'b_1'$和长半轴$o_1'e'$所构成的半椭圆弧$\widehat{a_1'e'b_1'}$，l_1'为其中一段$a'e'b'$。同法可作出其余三条椭圆弧，可见性用重影点判别。f',g'为l_3',l_4'与球面V面投影外形线的相切点。

[例8-14]　如图8-32所示，设有两片圆球面屋面P和Q，球心O_1和O_2的连线平行V面，P和Q的交线L所在的圆周平面垂直O_1O_2且垂直V面，L的圆心O_3在O_1O_2的连线上。P,Q的V面投影外形线交于d'，L的V面积聚投影l'垂直$o_1'o_2'$。H面投影l为一段椭圆弧c_1dc_2。L所在圆周上垂直V面的直径AB的H面投影ab为l的长轴，O_3D的H面投影o_3d为l的短半轴。于是可作出交线L圆弧的H面投影椭圆弧l。

两个球面P和Q各被通过L上两点C_1和C_2的正垂面所截，截交线为圆弧L_P和L_Q，圆心O_P和O_Q分别为从O_1和O_2向L_p和L_Q所在截平面所作垂线的垂足。L_P和L_Q的H面投影为椭圆弧l_P和l_Q，作法同l。

6. 圆球面的贯穿点——如图8-33所示。求一般位置直线MN与圆球面的贯穿点。

过MN作垂直于H面的辅助截平面，与球面交得的辅助截交线是一个圆周，其H面投影与mn重合，V面投影将是一个椭圆。为了避免绘制辅助投影椭圆，现用投影变换法求解。

(1) 辅助投影面法：图8-33(b)，作平行MN的辅助投影面V_1，则辅助截交线在V_1上的投影为反映实形的圆周，其与$m_1'n_1'$交于a_1',b_1'，必为贯穿点A、B的辅助投影。由之可求出H

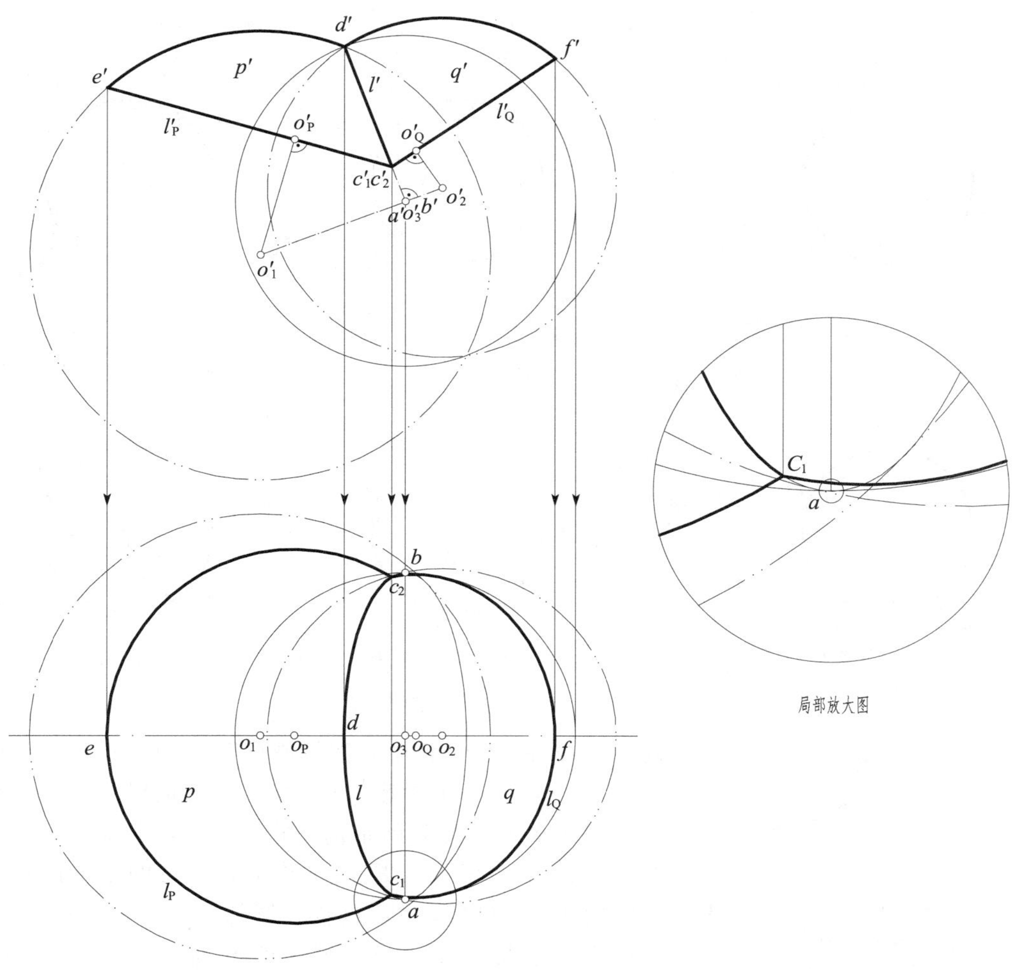

图 8-32 两相交的圆球面屋面

面、V 面投影 a,b 及 a',b'。

(2) 旋转法:如图 8-33(c) 所示,以通过球心的 H 面垂直线为旋转轴,把辅助截平面连同 MN 旋转到平行于 V 面。在旋转后的 V 面投影中,辅助截交线为反映实形的圆周,其与 $m_1'n_1'$ 交于 a_1',b_1'。然后旋转回去,得出 a',b' 和 a,b。

可见性:由 H 面和 V 面投影可知,A 点在前上方的球面上,故 a' 和 a 可见,a' 和 a 到球面的 V 面、H 面投影外形线间的直线段为可见;B 点在后下方的球面上,故 b',b 均不可见,b',b 到球面的 V 面、H 面投影外形线间的直线段均为不可见,应画成虚线。

7. 球体的相贯线

[例 8-15] 如图 8-34 所示,求正圆锥体与球体的相贯线。

[解] (1) 相贯线形状:从 V 面投影可以看出,圆锥的底面与圆球不相交,故实为圆锥面与圆球面相贯。又从 H 面投影可以看出,两个曲面具有同一个平行 V 面的对称平面,故相贯线前后对称,其 H 面投影也前后对称,V 面投影则前后重影。在 V 面投影中,球面与圆锥面的投影外形线相切于一点 b',故球面与圆锥面也相切于一点 B。

(2) 相贯点作法:以平行 V 面的对称平面作为辅助平面,与两曲面各交于平行 V 面的空

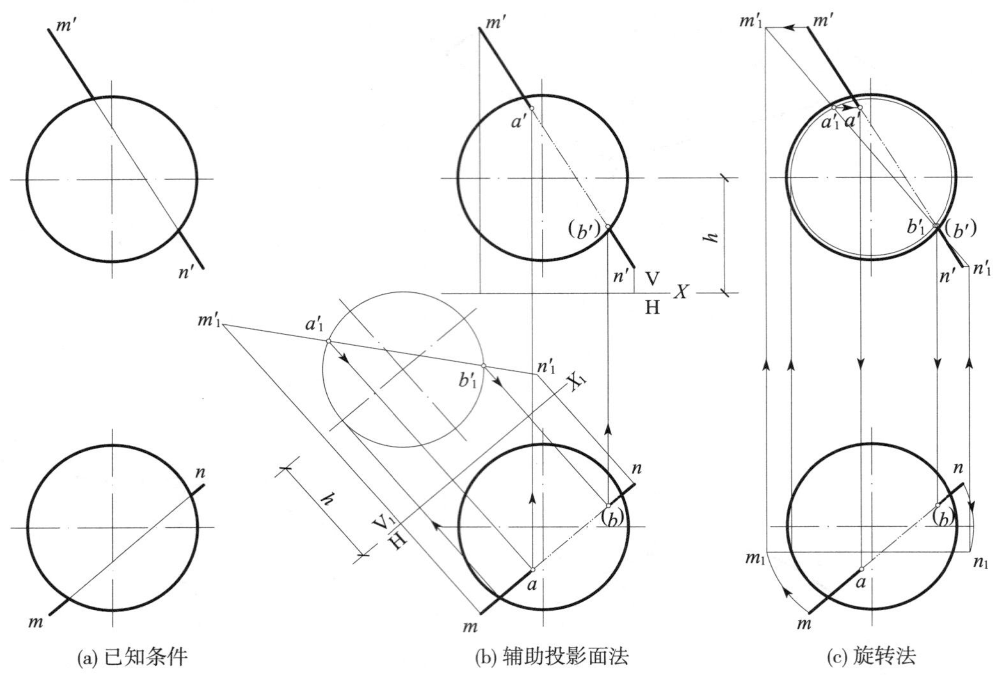

(a) 已知条件　　(b) 辅助投影面法　　(c) 旋转法

图 8-33　直线贯穿圆球

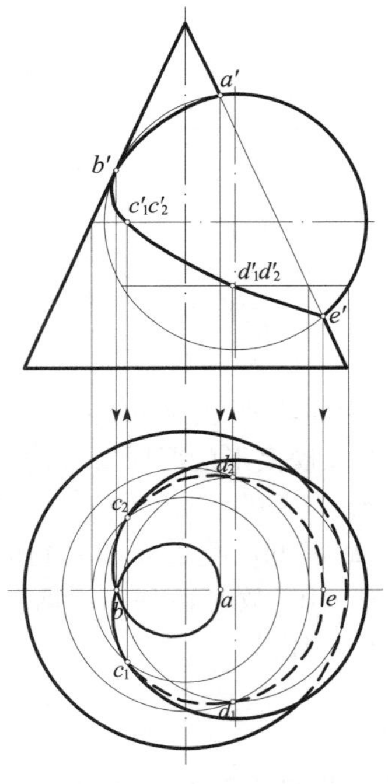

图 8-34　圆锥体与圆球体相贯

间外形线,故两曲面的 V 面投影外形线的交点 a',e' 及切点 b',为相贯点的 V 面投影,由之可求出 H 面投影 a,e 及 b。

现作水平面为辅助平面,分别与两个曲面交成两个纬圆,它们的交点即为相贯点。如作通过球心的水平面与球面和锥面交得两纬圆,它们 H 面投影的交点 c_1,c_2 为两个相贯点的 H 面投影;由之可求出重影的 V 面投影 c_1',c_2'。同法,再求出一些中间点如 D_1,D_2,即可顺次连得相贯线。

一般情况下,每个辅助平面可求得两个相贯点。但当辅助平面从上或从下逐渐移向切点 B 时,这两个相贯点逐渐靠近,直到辅助平面通过点 B 时,两个点将重合成一点,称为**二重点**。故该点可视为相贯线上两个重合的点,因而相贯线必在该点自行相交。相贯线的 V 面投影在 b' 处与球面和锥面的投影外形线相切。

(3) 可见性:相贯线的 V 面投影为可见和不可见部分的重影,故画成实线。H 面投影中,由于位于下半球面的相贯线是不可见的,故画成虚线,可见不可见的分界点,为球面赤道圆上的相贯点 C_1,C_2。

六、环面

1. 环面的形成——**以圆周为母线,并以圆周平面上一直线为轴线旋转而形成的曲面,称为环面。**

2. 环面的投影图 —— 图 8-35 为一个环面的投影图。轴线垂直 H 面，H 面投影中两条粗实线表示的圆周，分别为空间外形线赤道圆和喉圆的投影。V 面投影为环面上两个主子午圆周的投影及顶圆、底圆的积聚投影。H 面投影中细点画线表示的圆周是母线圆心旋转所形成的投影。该旋转圆周称为**中心圆**。

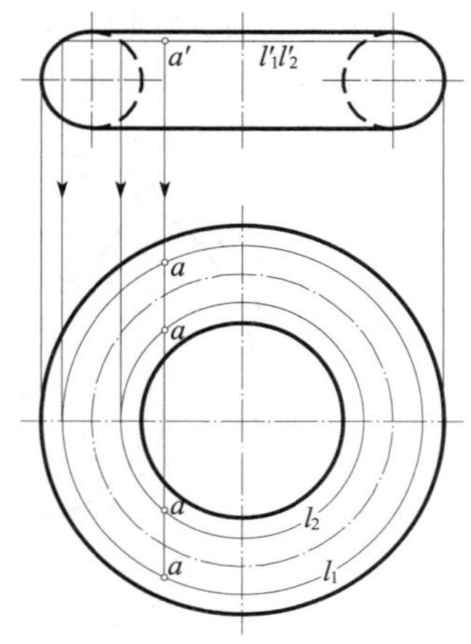

图 8-35　环面(轴线与母线不相交)

图 8-36 为旋转轴线与母线相切、相交时所形成的特殊环面的投影图。

3. 环面上点和线 —— 环面上点可由纬圆来定位。如图 8-35 中已知环面上 A 点的 V 面投影 a'(可见性未知)，则可过 A 作水平的纬圆 L_1，L_2，在其 H 面投影 l_1，l_2 上求得 a(共有四解)。若已知环面上一线的投影，则可作出线上一些点的投影顺次相连，便求得线的投影。

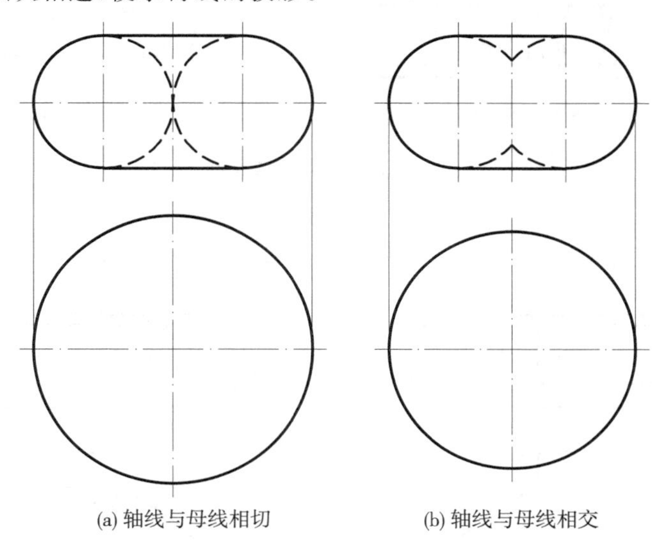

(a) 轴线与母线相切　　(b) 轴线与母线相交

图 8-36　环面(轴线与母线相切、相交)

4. 环面的截交线

① 通过旋转轴的截平面与环面相交所形成的截交线为素线圆周。

② 垂直旋转轴的截平面与环面相交所形成的截交线为纬圆圆周。

[例 8-16]　如图 8-37(a) 所示，为轴线垂直于 V 面的环面与平面 P_1，P_2 及 Q_1，Q_2 相交后的投影图。

(1) 截平面 P_1 通过轴线且垂直 V 面，截交线 L_1 为素线圆周，其 H 面投影 l_1 为一椭圆。

(2) 截平面 Q_1 垂直轴线且平行 V 面，截交线 K_1，K_3 为平行 V 面的圆周，其 V 面投影 k_1'、k_3' 反映实形。

(3) 此外截平面 P_2 对称于 P_1，其所形成的截交线为 L_2。Q_2 对称于 Q_1，其所形成的截交线为 K_2，K_4。

现将 P_1，P_2 及 Q_1、Q_2 所截余的中心圆以上局部环面作为某屋面的造型放大后画出，如

图 8-37(b) 所示。每相邻两截交线交于 A,B,C,D 四点,位于一个 H 面平行面上,从原完整圆周 L_1,L_2 及 K_1,K_2 截得的圆弧段成为屋面的屋檐线。

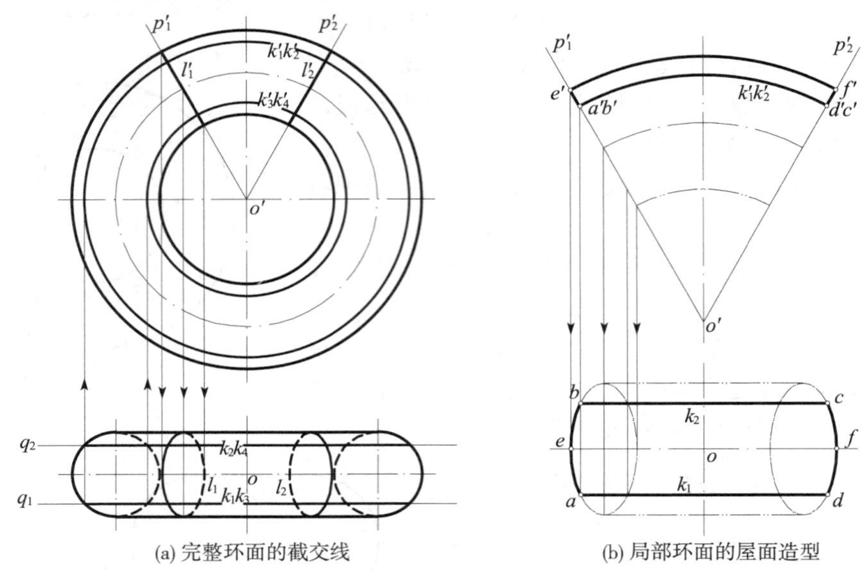

(a) 完整环面的截交线　　(b) 局部环面的屋面造型

图 8-37　环面的截交线

5. 环体的相贯线

[例 8-17]　如图 8-38(a) 所示,求长方体与圆环体的相贯线。

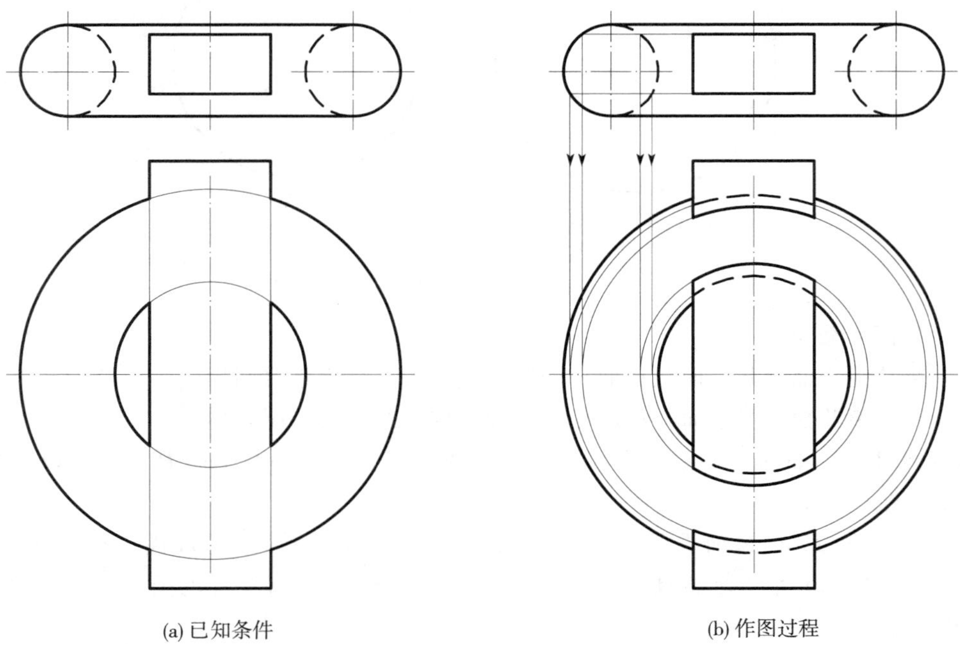

(a) 已知条件　　(b) 作图过程

图 8-38　长方体与圆环体相贯

从投影图中可知:两立体的放置位置为左右、前后对称,上下不对称,故相贯线也是左右、前后对称，上下不对称。长方体完全穿过圆环体，形成四组相贯线，V 面投影在长方体的顶面、底面、左右侧面的积聚投影上，H 面投影只要作出长方体顶面、底面与环面圆弧状的交线（H 面投影反映实形），在上半个环面上的为可见而画成实线，下半个环面上的为不可见而画成虚线。

七、特殊情况的相贯线

1．相贯线的形状 —— 圆周、椭圆

（1）相贯线为圆周。如图 8-39 所示，两同轴的旋转面必相交于垂直轴线的圆周，该圆周为它们公有的纬圆。当轴线垂直于投影面如 H 面时，这些圆周的 H 面投影反映了实形，V 面投影则积聚成水平方向直线。

两旋转面相切又为其特殊情况，如图 8-40 所示。这时的相贯线成为两曲面的相切圆周，也即公有的一个纬圆。由于在相切处锥面与球面是光滑连接，实际上不存在任何线，故在图中不必画出相切圆周。

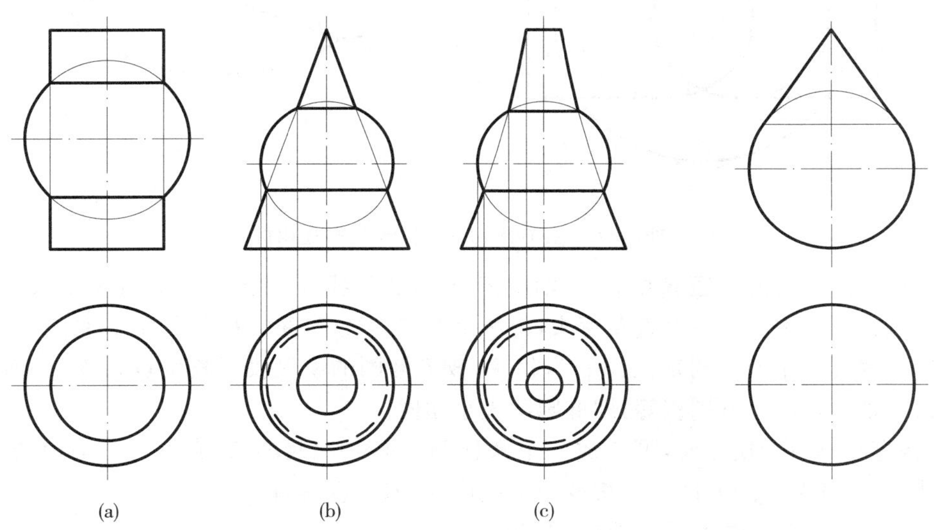

图 8-39　同轴旋转面相贯　　　　图 8-40　圆锥与圆球相切

（2）相贯线为椭圆。如图 8-41 所示，圆锥与圆柱公有内切球，图 8-42 所示两圆柱也公有内切球，它们的相贯线均为两个椭圆。公有内切球的两个圆柱，实际上是直径相等和轴线相交的两圆柱。当轴线正交时，两个椭圆的大小相等；当轴线斜交时，则两个椭圆的大小不等。公有内切球的两圆锥的相贯线也为两个椭圆（未图示）。

在这几个图中，因**两旋转面的相交轴线均平行 V 面，所以相贯线的 V 面投影均积聚成直线**。积聚直线的交点为两椭圆前、后两个交点的重影，也为两个曲面的相切点。

图 8-43 为十字拱顶，它由内、外直径各为相等的两个管状半圆柱柱面所构成。内外圆柱面分别相交成两个半椭圆。它们的 H 面投影积聚成两段十字形直线，V 面投影则在半圆柱面的积聚投影上。

图 8-44(a) 为由一节节薄壁圆柱面连续相交所构成的弯头在平行于柱面轴线的 V 面上

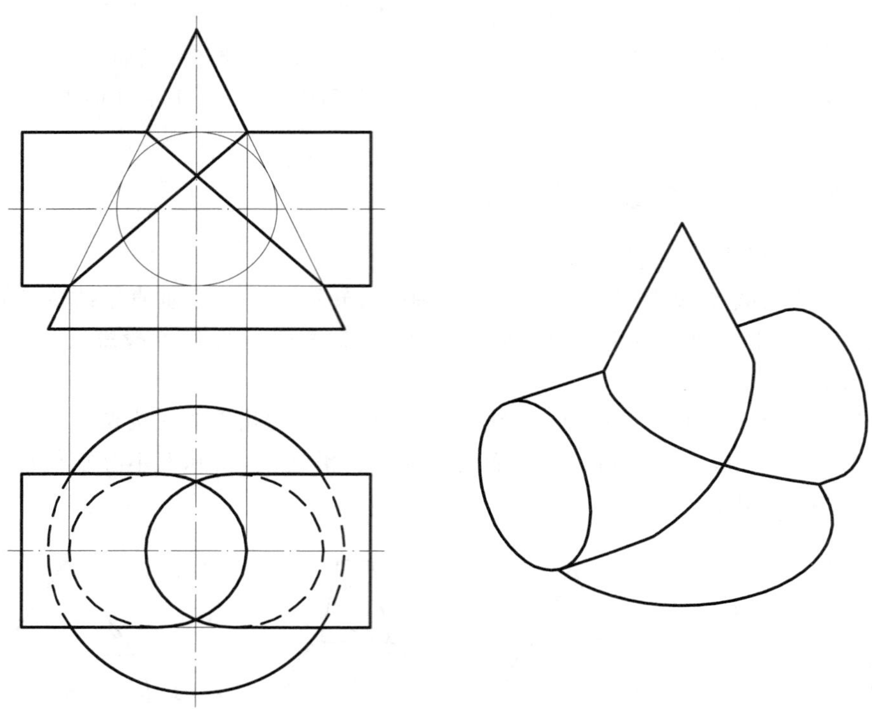

图 8-41　公有内切球的圆锥与圆柱相贯

的投影。这些圆柱面的半径 R 相等，且轴线相交，故相贯线为一个个椭圆，其 V 面投影则积聚成为一段段直线。本例是一个直角弯头，由两个全节 B、C 和首尾两个半节 A、D 组成。从图中可以看出，因各个半节所对应的圆心角相等，故各椭圆的积聚投影长度也相等，因而各个椭圆的长、短轴的长度也分别相等，即椭圆的大小相同。

如将弯头隔节调换方向，可拼成一个圆柱面，如图8-44(b) 所示。图 8-44(c) 是其展开图。显然，由于各节的展开图可以拼成一个矩形，故能节省材料。

2. 相贯线的投影作法 —— 辅助球面法

旋转面处于特殊情况时，可用辅助球面法作相贯线的投影。根据一系列辅助球面的球心是否相同而分成两种：

(1) 同心球面法

用同心球面法求作两曲面的相贯线，要满足下列三个条件：① 两曲面都是旋转面；② 两旋转轴相交；③ 两旋转轴同时平行某投影面。以两轴线的交点为球心，作辅助球面，必与两个旋转面各交于一个纬圆，两个纬圆的交点即为相贯点。于是通过作一系列的辅助球面，可得出若干相贯点，即可顺次连得相贯线。这种使用球心相同的一系列辅助球面作相贯线的方法，称为**同心辅助球面法**，简称**同心球面法**。

根据图 8-39，当圆球的球心位于平行某投影面的旋转轴上时，则旋转面与圆球面交得的纬圆在这个投影面上的投影积聚成直线。辅助球面与两旋转面交得纬圆的积聚投影(直线段)间的交点，即为相贯点的投影，再求得其他投影面上的投影。

如果两相交的旋转轴不同时平行于任一投影面，则可利用投影变换的方法，使其与投影

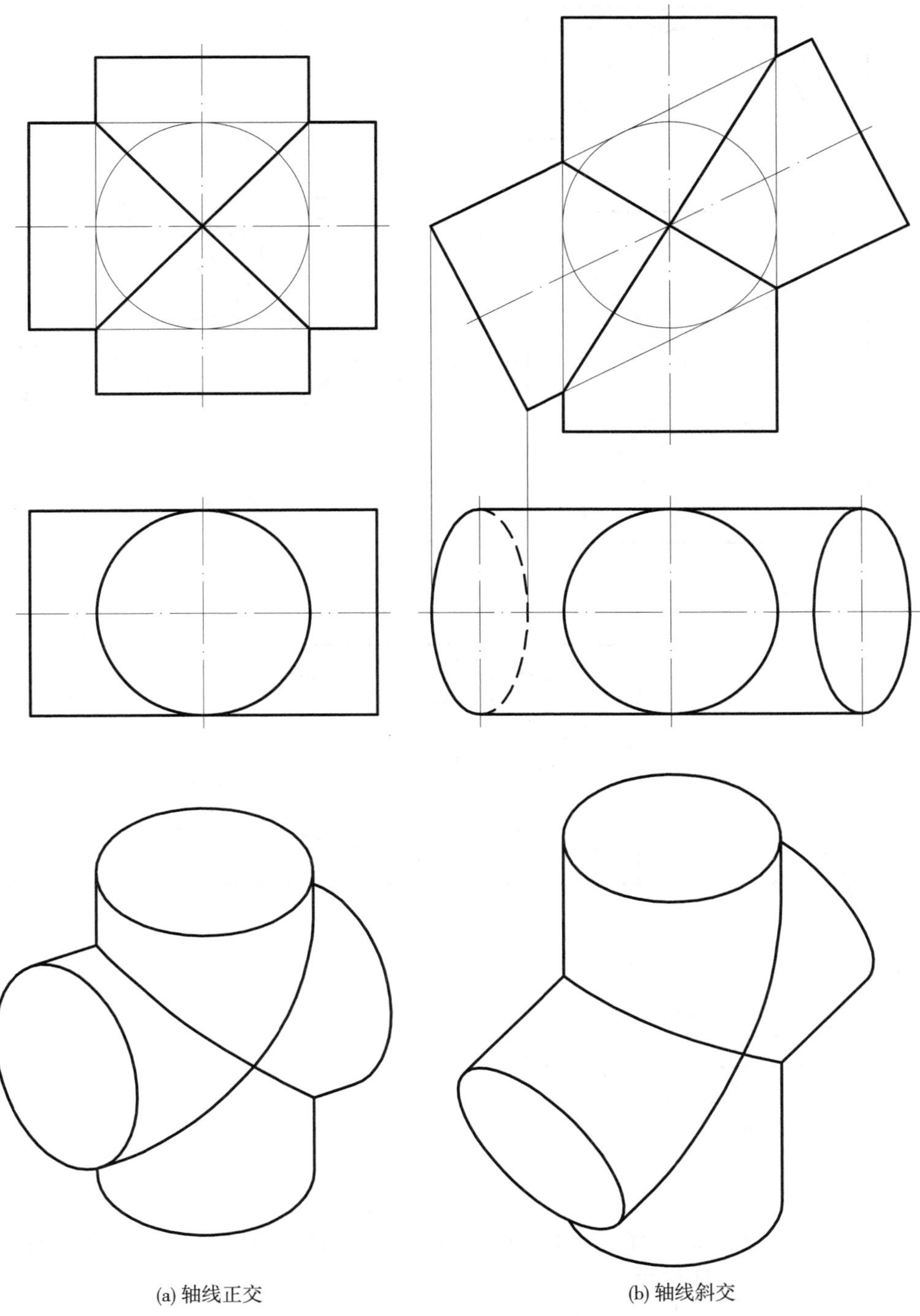

(a) 轴线正交　　(b) 轴线斜交

图 8-42　公有内切球的两圆柱相贯

面平行。

[例 8-18]　如图 8-45 所示,求旋转面与轴线倾斜的柱面的相贯线。

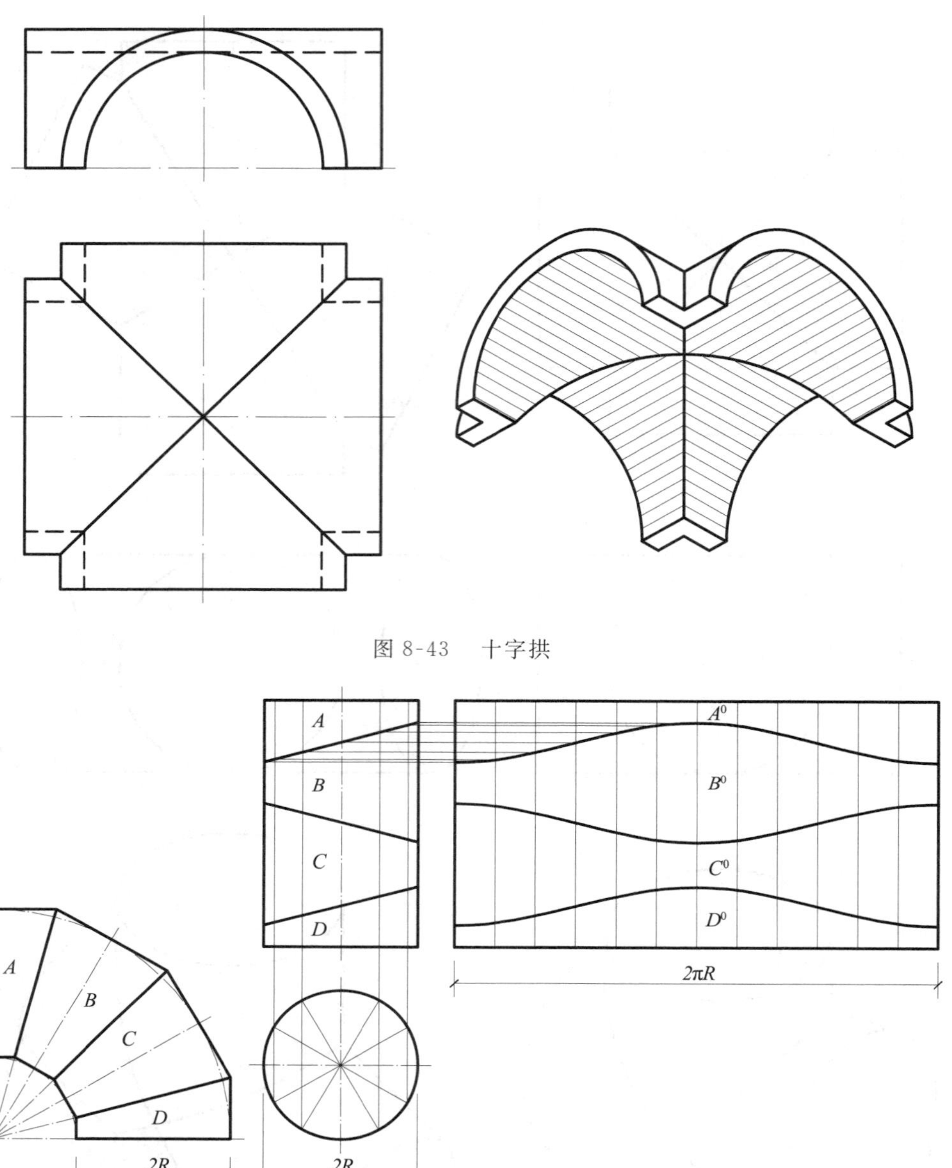

图 8-43　十字拱

(a) V面投影　(b) 拼接成完整的圆柱面　(c) 展开图

图 8-44　直角薄壁弯头

［解］　由于两个曲面具有同一个平行V面的对称平面，故相贯线前后对称，因而相贯线的V面投影成为重影，H面投影则前后对称。

在V面投影中，因两个曲面的投影外形线的交点 a_1' 和 a_2' 为空间外形线上相贯点 A_1 和 A_2 的V面投影，故可直接定出，并由之求出H面投影 a_1，a_2。

至于其他的相贯点，由于符合前述三个条件，故可用同心球面法作出。设以两曲面的轴线交点 O 为球心作辅助球面，即在V面投影中，以 o' 为圆心，R 为半径作圆弧 m'，为辅助球面的V面部分投影外形线。该辅助球面分别与旋转面和柱面交于纬圆 L_1，L_2，它们的V面积聚投影l_1',l_2'的交点,即为相贯点B的V面投影b',向下作连系线与l_1交于b。同法可作出C、D等点。

辅助球面的大小是有一定限制的。最大球面为通过外形线上距球心最远的相贯点A_1,即最大球面半径为$o'a_1'$。最小球面则为内切于两个旋转面中的那个较大的内切球面。

从本例中可以知道,在旋转轴平行于投影面时,可以不利用其他投影面上的投影,单独地用球面法作出相贯线在这个投影面上的投影。

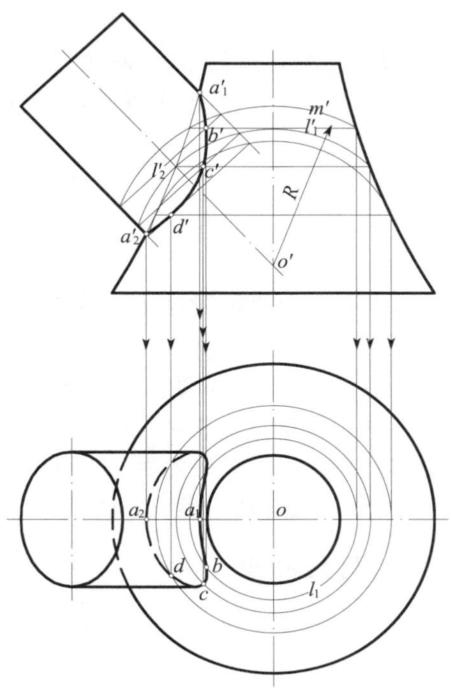

图 8-45　旋转体与圆柱体表面的相贯线

(2) 变心球面法

用变心球面法作两曲面的相贯线,要满足下列三个条件:① 一个为旋转面,另一个旋转面为一系列圆周曲线所引成;② 旋转面的轴线与圆周曲线的轴线(过圆心的圆周平面的垂线)相交;③ 两轴线同时平行于某投影面。这时,可把旋转面轴线与另一曲面上圆周曲线轴线的交点取为球心,并通过该圆周曲线作一辅助球面,该辅助球面必与旋转面交于纬圆,纬圆与圆周曲线的交点,即为相贯点。通过一个曲面上的一系列圆周曲线,可作得一系列的圆周轴线、球心和作出一系列的辅助球面,因而交得一系列的相贯点,即可顺次连得相贯线。由于各圆周曲线的轴线位置是不同的,使得球心的位置随之变动,所以这种使用球心位置变动的一系列辅助球面求作相贯线的方法,称为**变心辅助球面法**,简称**变心球面法**。

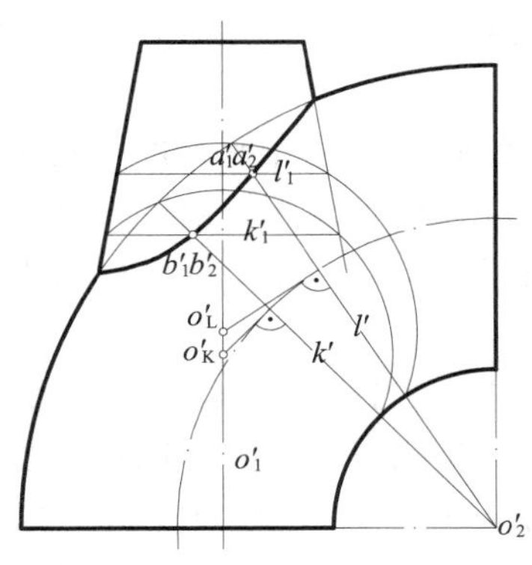

图 8-46　变心球面法作相贯线

[例8-19]　如图8-46所示,求圆台面与环面相贯线的V面投影。

[解]　由于两个曲面具有同一个平行V面的对称平面,故两曲面前后对称,相贯线也前后对称,因而相贯线的V面投影成为重影。

V面投影外形线的两个交点,也为两个相贯点的V面投影,可以直接定出。

两曲面虽均为旋转面,但轴线$O_1(o_1')$和$O_2(o_2')$交叉垂直并不相交,故不能使用同心球面法解。但由于环面是以圆周曲线为母线绕O_2旋转而形成,被通过O_2的V面垂直面截得圆周曲线L,其V面投影l'积聚成直线,且L的轴线位于圆台面和环面共同的对称平面上,必与O_1轴相交,故符合上述的三个条件,可使用变心球面法解。

以L的轴线与O_1轴的交点$O_L(o_L')$为球心,并通过L作一个球面,与圆台面交得纬圆L_1,则L与L_1的交点A_1,A_2即为相贯点。在V面投影中,l'与l_1'交得重影点$a_1'a_2'$。

再通过O_2作V面垂直面与环面交得圆周曲线K,K的轴线与O_1轴交得球心$O_k(o_k')$,以

O_K 为球心，通过 K 作一个球面与圆台面交得纬圆 K_1，于是得到 k' 与 k_1' 的交点 $b_1'b_2'$，为相贯点 B_1，B_2 在 V 面上的重影。同法可求出一系列相贯点的 V 面投影后顺次连得相贯线。

从图中可以看出，两个球心 O_L 和 O_K 不是同一点。

第三节　直线面

直线面是由直母线运动而形成的曲面，也称为直纹面。当相邻两直素线平行或相交时，所形成的曲面可以展平在一个平面上而称为**可展曲面**，如上节所介绍的正圆柱面和正圆锥面也是直纹面。当相邻两直素线交叉时，因曲面不能展平成平面而称为**不可展曲面**，如上节所介绍的旋转单叶双曲面。本节将进一步介绍土建工程中遇到的一般形式的柱面、锥面和其他直母线所形成的可展曲面和不可展曲面。可展曲面必属直线面，不可展曲面有直线面和曲线面（由曲母线运动而形成的曲面）。

一、可展曲面

可展曲面共有柱面、锥面和切线曲面三种。

1. 柱面

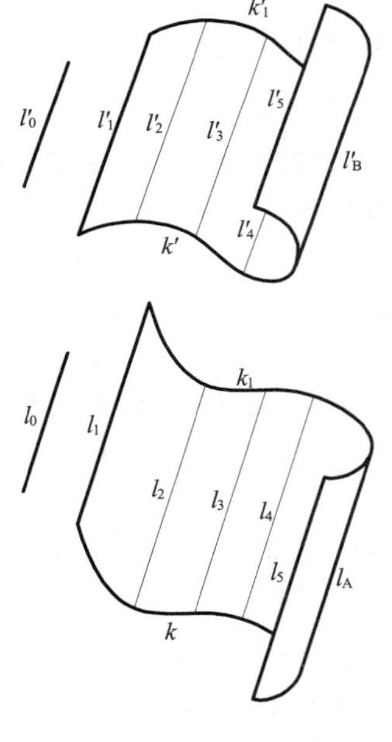

图 8-47　柱面

（1）柱面的形成 —— **一直母线平行一直导线且沿着一曲导线运动而形成的曲面，称为柱面**。

图 8-47 为一个柱面的投影图。该柱面为一条直母线 L 平行一条直导线 L_0、且沿着一条曲导线 K 运动时，由素线 L_1，L_2，…等形成。

该柱面的边线为 K，K_1，L_1 和 L_5。H 面投影上有投影外形线 l_A，V 面投影上有投影外形线 l_B'。它们为空间外形线 L_A，L_B 的投影，对应的 l_A'，l_B 不必画出。

（2）柱面特性 —— **柱面是可展曲面**。由于平行的两相邻素线组成一个狭窄的平面，因而整个柱面可以视为由许多狭窄的平面所组成，它们可以连续地展开成一个平面，所以柱面为可展曲面。

（3）柱面的类别 —— 一般以垂直于母线（素线）的平面与柱面的交线形状来区分。如交线为圆周时，称为**圆柱面**；交线为椭圆时，称为**椭圆柱面**。有时也以边界曲线的形状以及它所在平面与素线是否垂直来区分。如边界曲线为圆周，圆周平面与素线互相垂直时，称为**正圆柱面**；如与素线倾斜时，称为**斜圆柱面**。

（4）柱面的投影图 —— 图 8-48 为以水平的圆周 K 为曲导线，平行于 V 面但倾斜的轴线 OO_1 为直导线所形成的斜圆柱面的投影图。该斜圆柱面实际上是一个**椭圆柱面**，因为垂直于轴线的平面，将与柱面交于一个椭圆，但通常仍称为**斜圆柱面**。

斜圆柱的 H 面投影的外形线，为平行于轴线的素线的 H 面投影、且与底圆和顶圆的投影相切的直线，本图中也为最前和最后两素线的 H 面投影；其 V 面投影的外形线则为通过平行于 V 面的底圆（或顶圆）直径的端点的两条素线 L_A，L_B 的 V 面投影。

(5) 斜圆柱面上点和线 —— 斜圆柱面上点，可在柱面上取素线来定出。如已知圆柱面上一点 A 的 V 面投影 a'，利用通过点 A 的素线 $L(l, l')$ 来求得 H 面投影 a，如图所示。设朝 V 面观看时 A 为可见点，即位于前半个柱面上，作图时，可过 A 作素线 L，则 l' 通过 a'，作出（位于前半柱面上的）l 后，即可求得 a。

斜圆柱面上曲线，则可求出一些点来连得。柱面除了素线外，无其他直线。

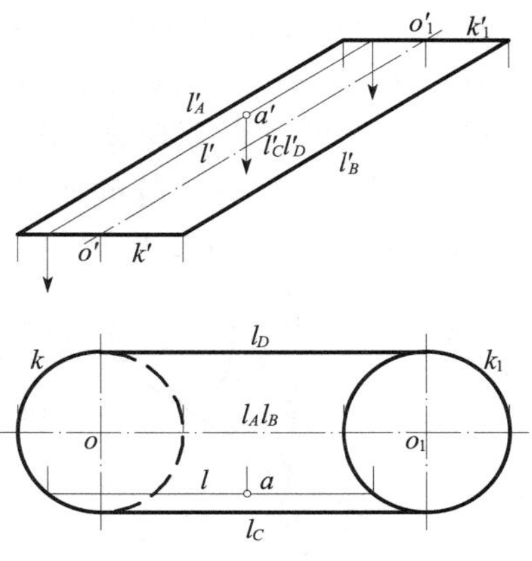

图 8-48　斜圆柱

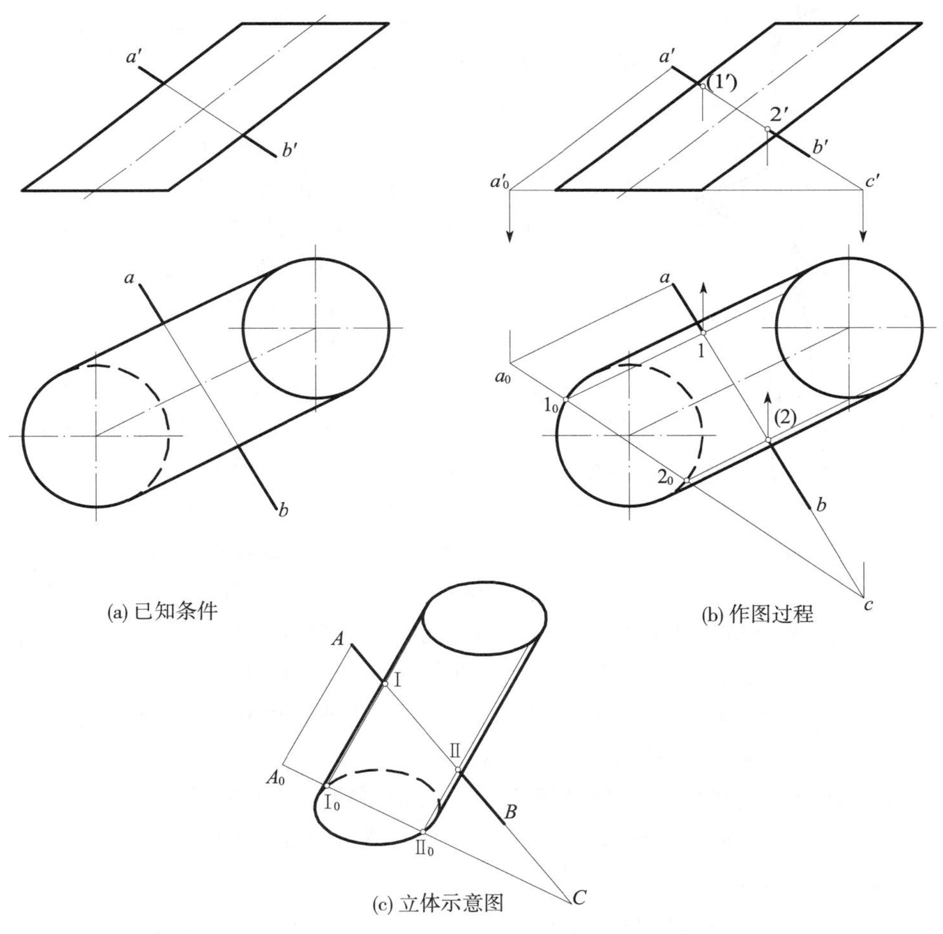

图 8-49　直线贯穿斜圆柱

(6) 斜圆柱面的贯穿点 —— 图 8-49 所示，如过 AB 作投影面垂直面为辅助截平面，辅助截交线将为椭圆而作图麻烦。如过 AB 作平行于柱面轴线（或素线）的辅助截平面，可与柱面交于直素线而作图方便。

为此,如过直线上一点如 $A(a,a')$,作平行于素线的辅助线 $AA_0(aa_0,a'a_0')$,求出与柱底平面的交点 $A_0(a_0)$,或再作这样的辅助线来求出第二个点,本图中则利用 AB 与柱底平面的交点 $C(c,c')$,可连得辅助截平面与柱底平面的交线 $A_0C(a_0c)$,与底圆交于 $\mathrm{I}_0(1_0)$ 和 $\mathrm{II}_0(2_0)$。由之可作得为素线的辅助截交线 $\mathrm{I}_0\mathrm{I}(1_01)$ 和 $\mathrm{II}_0\mathrm{II}(2_02)$,就与 ab 交得截交点 Ⅰ,Ⅱ 的 H 面投影 1,2,由之可在 $a'b'$ 上作得 V 面投影 $1',2'$。

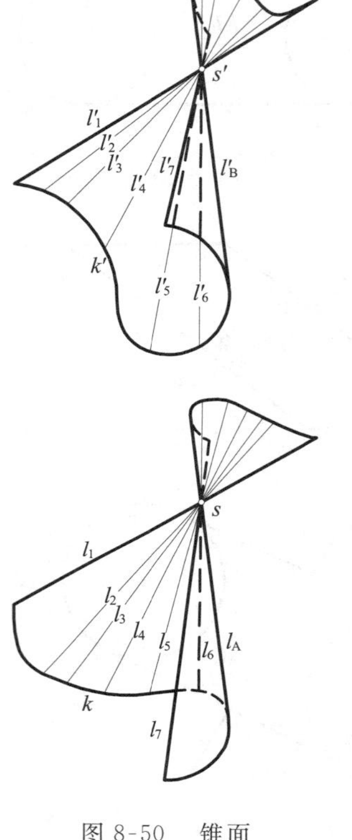

图 8-50　锥面

可见性:对于 H 面投影,因截交点 Ⅱ 位于下方不可见柱面上,对于 V 面投影,因截交点 Ⅰ 位于后方不可见柱面上,故 2 和 $1'$ 到投影外形线间线段均为不可见而画成虚线。

2. 锥面

(1) 锥面的形成 —— **一直母线通过一导点且沿着一曲导线运动而形成的曲面,称为锥面**。该导点称为**顶点**。

图 8-50 为一个锥面的投影图。该锥面为一条直母线 L 通过顶点 $S(s,s')$、且沿着一条曲导线 K 运动时,由素线 L_1,L_2,… 形成。H 面和 V 面投影外形线,分别为 l_A 和 l_B',为由过 s,s' 切于 k,k' 的直线。

若母线通过顶点且位于顶点两侧,则锥面也将形成两部分,分别位于顶点两方。每方的锥面,称为锥面的**叶**。

(2) 锥面特性 —— **锥面是可展曲面**。由于相交于顶点的两相邻素线组成一个狭窄的三角形平面,因而整个锥面可以视为由许多狭窄的平面所组成,它们可以连续地展开成一个平面,所以锥面也是可展曲面。

(3) 锥面的类别 —— 一般以垂直于轴线的平面与锥面的交线形状来区分。如交线为圆周时,称为**圆锥面**;交线为椭圆时,称为**椭圆锥面**。有时也以边界曲线的形状以及它与轴线是否垂直来区分。如边界曲线为圆周且与轴线垂直时,称为**正圆锥面**;如与轴线倾斜时,称为**斜圆锥面**。

(4) 斜圆锥面的投影图 —— 图 8-51(a) 为以顶点 S 为导点,水平的圆周为曲导线所形成的斜圆锥面的投影图。该斜圆锥面实际上是一个椭圆锥面,因为垂直于轴线的平面将与锥面交于一个椭圆,但通常仍称为斜圆锥面。

H 面投影的外形线,是由 s 向底圆的 H 面投影圆周所作的切线 $s4$,$s8$。V 面投影的外形线,是最左、最右两条素线的 V 面投影 $s'0'$、$s'6'$。

(5) 斜圆锥面上点和线 —— 斜圆锥面上点,也可在锥面上取素线来定出。如已知锥面上一点 A 的 H 面投影 a,求 V 面投影 a' 时,可过 a 作素线的 H 面投影 $s1$,由之定出素线的 V 面投影 $s'1'$,即可求得 a'。

斜圆锥面上曲线的求得同斜圆柱面。同样锥面上除了素线外,无其他直线。

(6) 斜圆锥面的展开图 —— 如图 8-51(b) 所示。作图时,先在图 8-51(a) 的底圆周上取若干点,并作出通过它们的素线。然后把相邻两素线以及相邻点所连成弦线构成的三角形,近似地视为两素线间的锥面。为此,先要定出各素线的实长。图中除最左、最右两素线可由 V 面投影 $s'0'$ 和 $s'6'$ 反映其实长外,其余素线的实长均以通过锥顶 S 的 H 面垂直线为轴的旋转

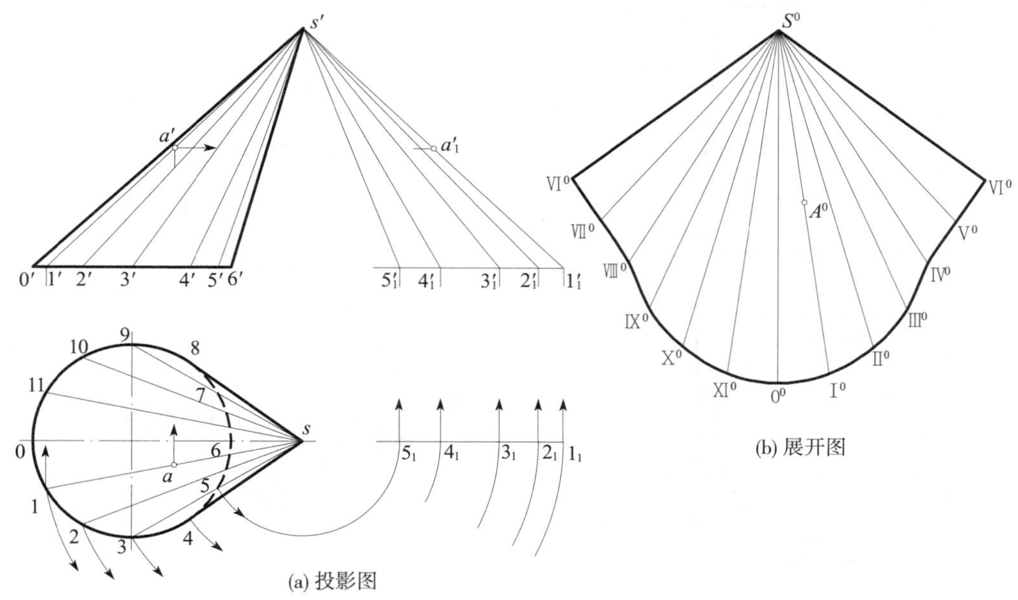

图 8-51　斜圆锥面

法求出，如图中反映实长的 $s'5'_1$ 等。于是在图 8-51(b) 中，连续作出各三角形的展开图，再将底圆上的点 0^0，I^0，… 连成曲线，即可作全展开图。

图中并作出了位于素线 SⅠ 上点 A 在展开图上的位置 A^0。长度 S^0A^0 等于 $s'a'_1$。

［**例 8-20**］　图 8-52(a) 为连接上方圆管和下方方管的变形接头的投影图。该接头由 4 个三角形平面如 ABG 和 4 个 1/4 斜圆锥面如 BFG 所组成。图(c) 为其展开圆。1/4 圆锥面视为由 4 个狭窄的三角形所构成。4 个三角形平面的底边和各狭窄三角形为弦长的底边，均可由 H 面投影中量取；所有三角形其他边实长均可用旋转法求出，如图所示。

3. 切线曲面

(1) 切线曲面的形成 —— **一直母线切于一曲导线运动而形成的曲面，称为切线曲面。**

图 8-53(a) 为一空间曲线 L 上有许多点 A，B，…，两点的连线 AB，BC，… 是 L 的割线。当这些点两两无限接近时，割线 AB，BC，… 的极限位置，分别成为 L 在 A，B，… 点的切线 T_A，T_B，…，如图 8-53(b) 所示。这些切线形成了一个切线曲面，而每条切线则成为切线曲面的素线。

(2) 切线曲面的特性 —— 切线曲面是可展曲面。

切线曲面是除了柱面和锥面以外唯一的一种可展曲面。因为每相邻两割线交于曲线上一点，因而相邻两割线组成一平面，即每条割线与其两侧相邻的割线组成相交于该割线的两个平面。而每条切线又视为通过曲线上无限接近的两点，故每条切线可视为与其相邻的切线公有曲线上一点而互相相交，它们组成一个狭窄的平面，即每条切线与两条相邻切线组成相交于该切线的两个狭窄的平面。因而这些相邻的狭窄平面可以连续地展开成一个平面，所以切线曲面也为可展曲面。

由于相邻两直素线，除了平行、相交以外，便是交叉。因为交叉两直线即使无限接近，也

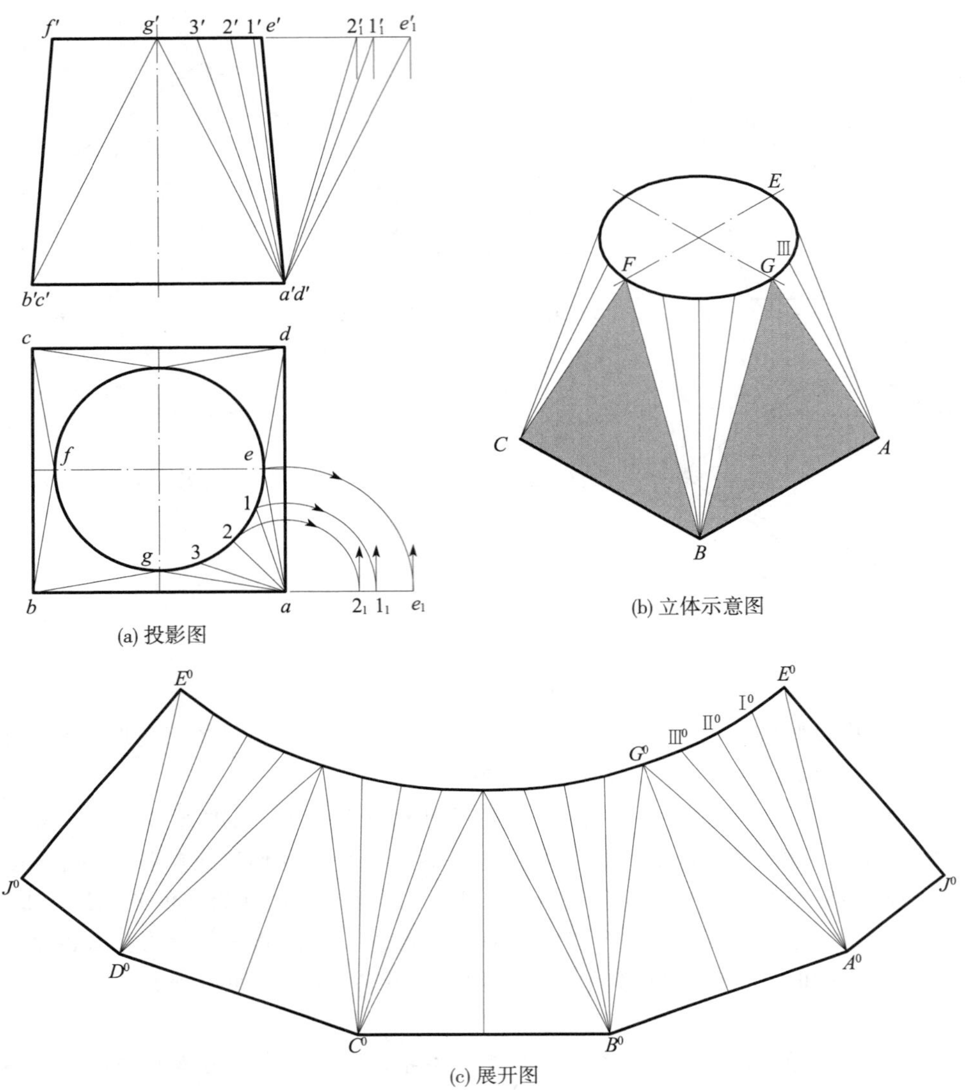

(a) 投影图

(b) 立体示意图

(c) 展开图

图 8-52　变形接头

不能组成一个平面，故除了由直素线平行、相交形成的柱面、锥面和切线曲面以外，其他直线面的相邻两直素线均为互相交叉，故不可能是可展曲面。

(3) 切线曲面的投影图 —— 图 8-53(c) 所示为一条曲线 L 的切线组成的一个切线曲面 P 的投影图。图中还画出了它与 H 面的交线 P_H，为各切线与 H 面交点即迹点的连线。故 P_H 为曲面 P 的 H 面迹线。

二、不可展曲面

1. 不可展曲面也称为扭面

(1) 扭面的形成 —— **一直母线沿着三条导线运动而形成的曲面，称为扭面。**

如图 8-54 所示，设有三条导线 A、B 和 C，它们可以是曲线或直线，当一条直母线沿着 A，

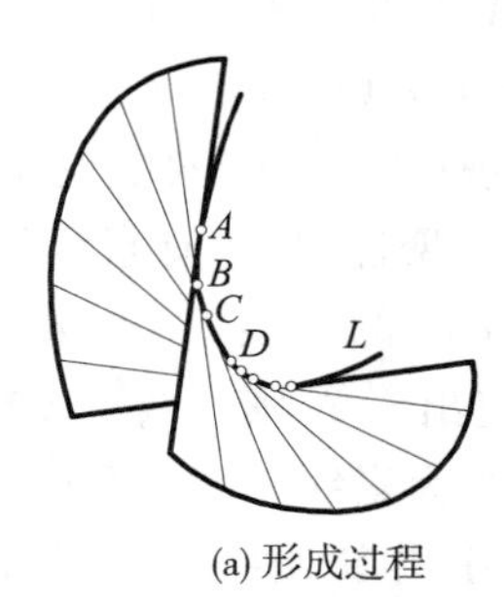

(a) 形成过程

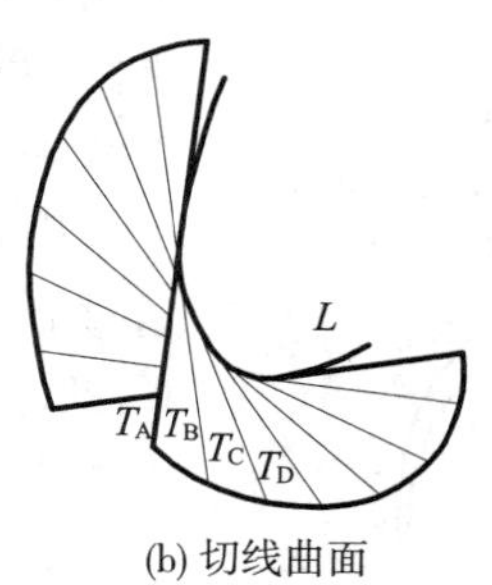

(b) 切线曲面

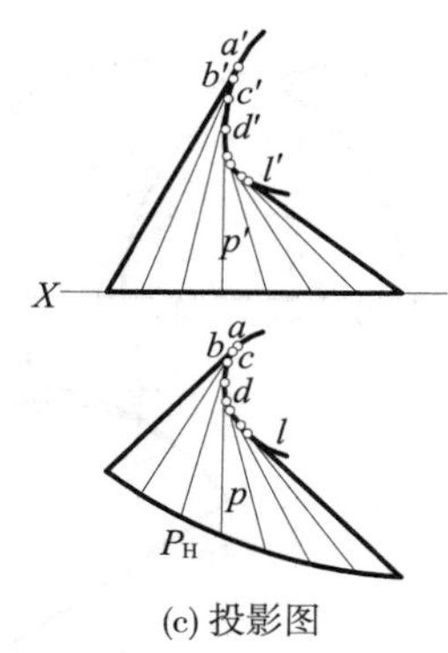

(c) 投影图

图 8-53　切线曲面

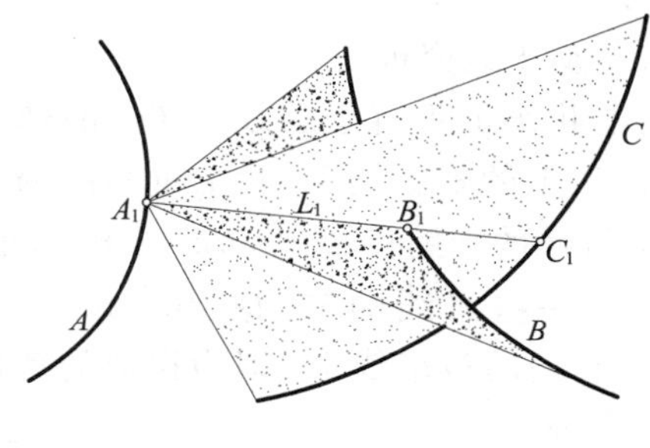

图 8-54　扭面的形成

B,C 运动时,将形成一个扭面。

扭面的素线作法:要确定素线的位置,可在任一导线如 A 上任取一点 A_1,A_1 与 B,C 可各形成一个锥面,这两个锥面因公有一顶点 A_1,它们的交线 L_1 必与 A,B,C 交于 A_1,B_1,C_1 三点,故 L_1 就是扭面的一条素线。同法可作出许多素线来形成一个扭面。

如导线中有一条是直导线,则通过该直导线的任一平面,与另外两导线各交于一点,则这两个交点的连线,必与该直导线也相交于一点,故为扭面的一素线。

(2) 扭面特性 —— **扭面是不可展曲面**。因为按上述方法形成的扭面,其相邻两素线是交叉直线,不能组成一个狭窄平面,整个扭面也就不能展开成一个平面,故扭面为不可展曲面。但是,扭面是直线面,在工程中可由直线状构件来组成曲面而为其优点。

[例 8-21]　图 8-55 所示的曲面为单叶双曲面。它可以视为由直母线 L 沿着作为导线的三个椭圆 A_1,A_2 和 A_3 运动所形成。由于每条直母线可有两个倾斜位置,故曲面上存在着两族素线。其中,同族素线中每两条素线呈交叉位置,且不同时平行于一个平面,但却能与异族曲线相交。故通过单叶双曲面上任一点,必有属于异族的两条素线。因此,一个单叶双曲面也可由一条直母线 L 沿着不平行于同一平面的三条交叉直导线来形成。

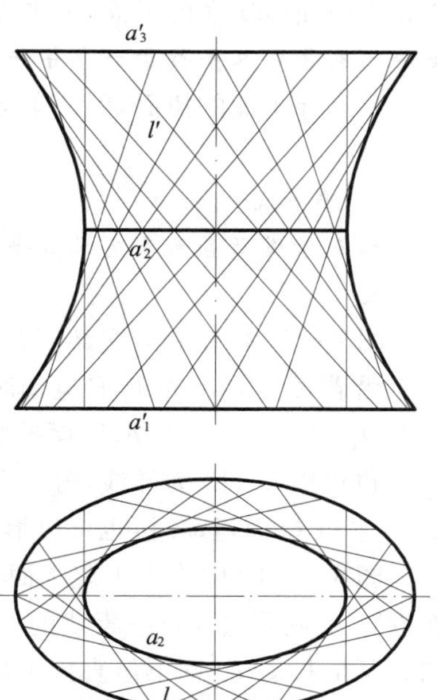

图 8-55　单叶双曲面

图 8-55 为单叶双曲面的投影图。该单叶双曲面对称于导线 A_2 所在的水平面,故素线的 H 面投影切于 a_2。导线 A_1 和 A_3 也对称于 A_2 所在平面,故它们的 H 面投影重影。

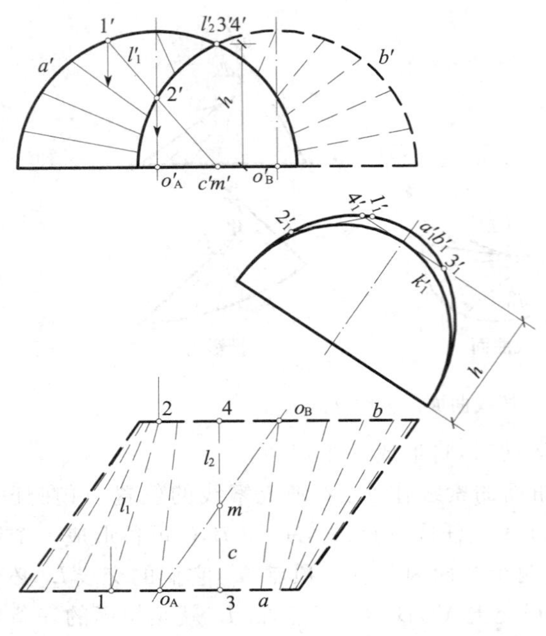

图 8-56　扭面的应用——斜涵洞

[例 8-22]　图 8-56 为由扭面形成的斜涵洞，导线 A、B 是平行 V 面的两个等大的半圆，圆心为 O_A，O_B；导线 C 是一条 V 面垂直线，并通过轴线 O_AO_B 的中点 M。

因 c' 有积聚性，故所有素线的 V 面投影通过 c'。设过 c' 的直线 l_1'，与 a'，b' 交于点 $1'$，$2'$，由之定出 1，2。则连线 12(与 c 的延长线相交)，$1'2'$ 为素线 L_1 的 H 面、V 面投影。

同样可作出其他一些素线的投影。其中，通过 a' 与 b' 交点 $3'4'$ 处素线 l_2' 积聚成一点，故 L_2 为 V 面垂直线，因而与 C 平行，可视为与 C 交于无穷远处。

图中并作了垂直于轴线 O_AO_B 的辅助投影面 V_1 上的辅助投影。除了重影的两个半圆 A 和 B 的辅助投影 a_1' 和 b_1' 半椭圆外，还作出了一些素线的辅助投影，如 $1_1'2_1'$，$3_1'4_1'$ 等。它们的包络线 k_1'，即为扭面的辅助投影外形线，显然其净高 h 小于导线半圆的半径。

(3) 具有导平面的扭面——当三条导线中的一条为直线或为平面曲线，且位于无穷远时，则交于该导线的所有素线，与这导线交于无穷远处，于是可理解为这些素线将平行于直线和平面曲线所在的平面，该平面成为曲面的导平面。因而，这时的扭面就成为：**一条直母线沿着两条导线且平行于一个导平面运动而形成。**

具有导平面的扭面，因两条导线为直线或曲线的不同，共有三种：翘平面、锥状面和柱状面。

2. 翘平面

一直母线沿着两条交叉直导线且平行一导平面运动而形成的曲面，称为翘平面或双曲抛物面。

图 8-57 中，以一对交叉直线 K_1 和 K_5 为导线，H 面垂直面 P 为导平面，直线 L 为母线。当 L 沿着 K_1，K_5 且平行 P 运动时，则素线 L_1，L_2，… 所形成的曲面是一个翘平面。在 H 面投影中，$l_1 \parallel l_2 \parallel \cdots \parallel p$；V 面投影的外形线，为切于 l_1'，l_2'，… 的包络线，是一条抛物线。

也可以 L_1，L_5 为导线，另一个平行于 K_1，K_5 的 H 面垂直面 Q 为导平面，母线 K 沿着 L_1，L_5 且平行 Q 面运动时，也可以形成同一个翘平面。

图 8-57(b) 中作出了翘平面上一点 A 的投影，该点位于曲面的一素线 L_2 上。如已知其 H 面投影 a，则可过 a 作一素线的 H 面投影如 $l_2 \parallel p$。再求出 l_2'，即可定出 V 面投影 a'；但若已知其 V 面投影 a'，则不能直接定出 a，作图时，可先估计 a 的位置，试作一些素线的 H 面投影，再作出它们的 V 面投影，当其中一条如 l_2' 恰通过 a' 时，则 a 必在 l_2 上。

[例 8-23]　图 8-58(a) 为翘平面应用于屋面之例。整个屋面可以视为由四片翘平面组成，并且都是以墙面作为它们的导平面。

图 8-58(b) 为翘平面应用于岸坡过渡处之例。该翘平面可将铅垂面 P 过渡到倾斜面 Q。

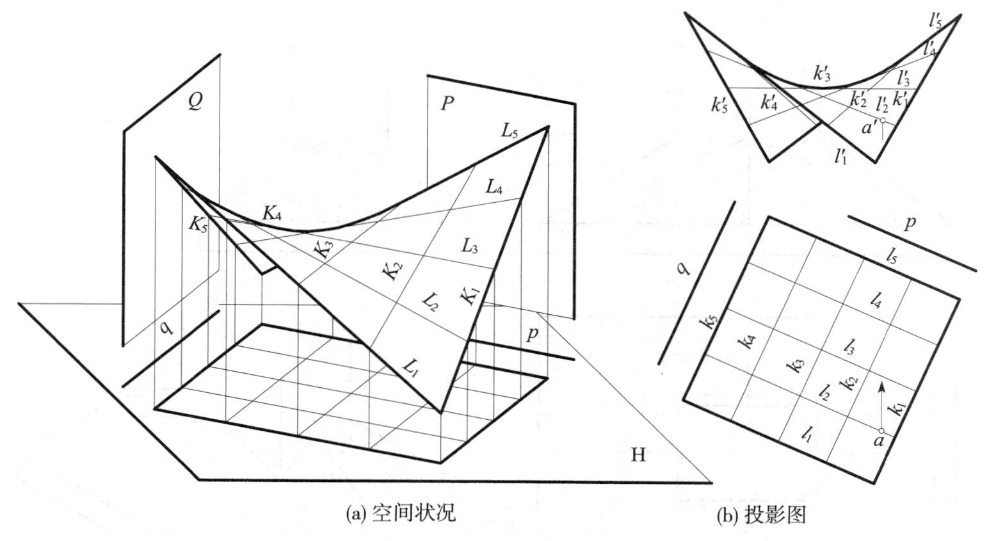

(a) 空间状况　　(b) 投影图

图 8-57　翘平面

翘平面的导线是直线 AB 和 CD，导平面是地面；或者导线是直线 AC 和 BD，导平面是平行于 AB 和 CD 的铅垂面 R。

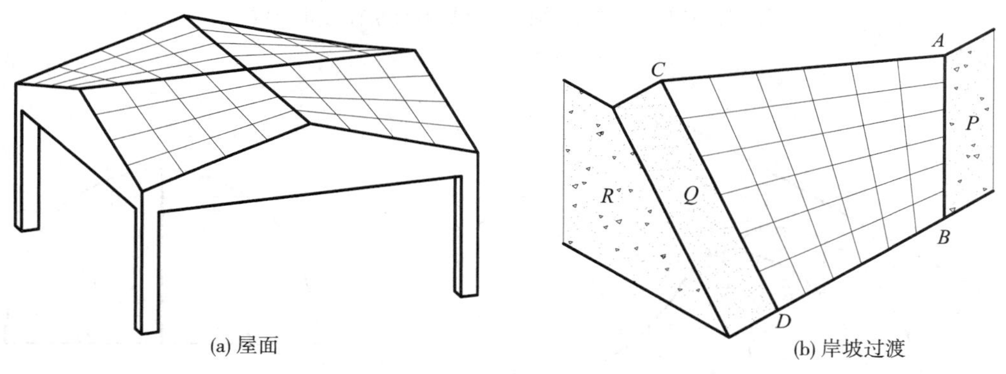

(a) 屋面　　(b) 岸坡过渡

图 8-58　翘平面的应用

［例 8-24］　如图 8-59 所示，求一个双曲抛物面扭壳基础表面与棱柱面的相贯线。

［解］　该基础顶面为四片双曲抛物面，上方为四棱柱。抛物面两个方向的导面和母线分别平行于四棱柱的直立棱面，故抛物面的素线平行于四棱柱的棱面，四棱柱的棱面与双曲抛物面必交于直素线。

3. 锥状面

一直母线沿着一直导线和一曲导线且平行一导平面运动而形成的曲面，称为锥状面。

图 8-60 中，以直线 A 和曲线 K 为导线，H 面为导平面，直线 L 为母线。当 L 沿着 A 和 K 且平行 H 面运动时，则素线 $L_1, L_2, \cdots$ 所形成的曲面是一个锥状面。因 $L_1, L_2, \cdots$ 均为 H 面平行线，故 V 面投影 $l'_1, l'_2, \cdots$ 均为水平；又因导线 A 垂直 H 面，故素线的 H 面投影均通过积聚投影点 a。

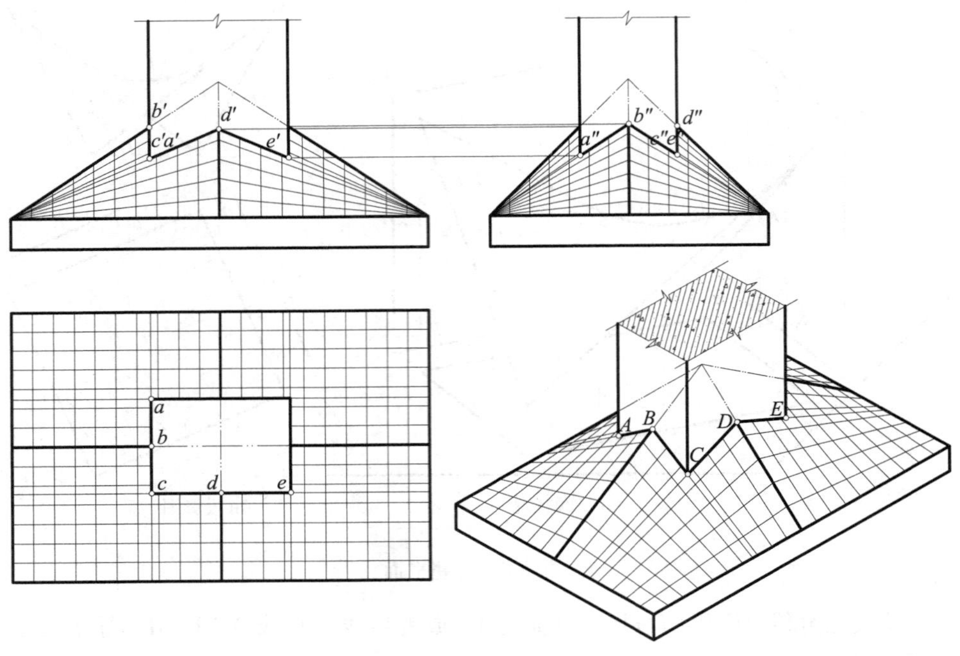

图 8-59　双曲抛物面扭壳基础与立柱的相贯线

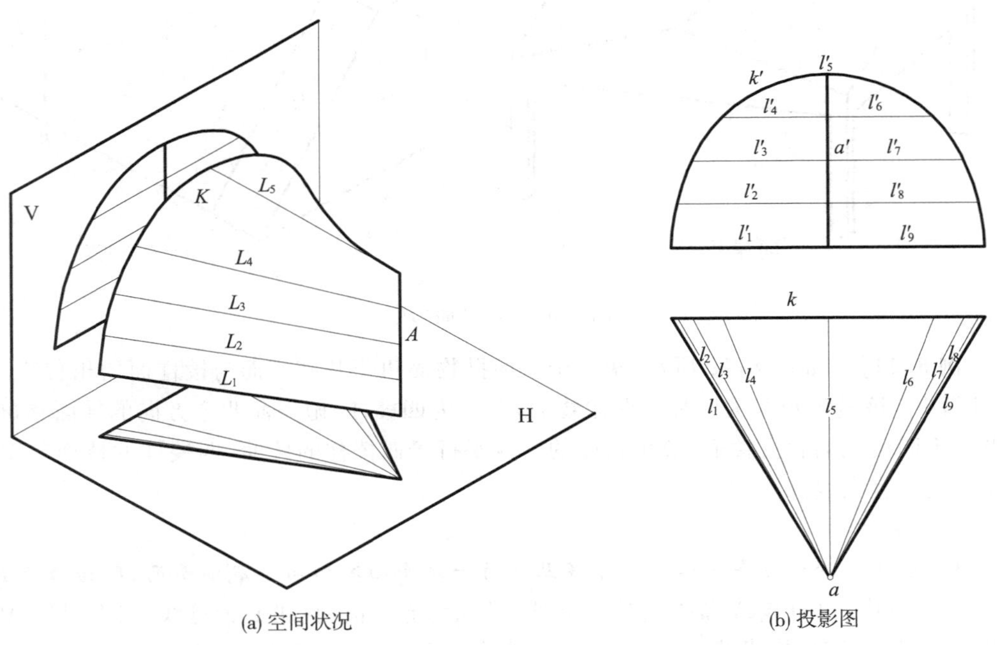

图 8-60　锥状面

[例 8-25]　图 8-61 所示为锥状面应用于桥台护坡之例。该锥状面的直导线为 L，曲导线为圆弧 K，导平面为 P。

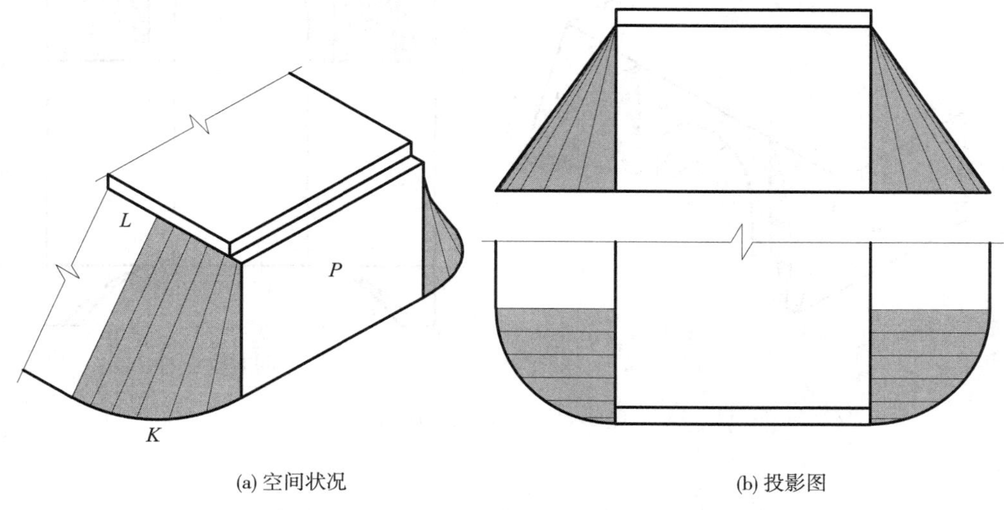

(a) 空间状况　　(b) 投影图

图 8-61　锥状面的应用

4. 柱状面

一直母线沿着两条曲导线且平行一导平面而形成的曲面，称为柱状面。

图 8-62 中，以曲线 K_1 和 K_2 为导线，H 面垂直面 $P(p)$ 为导平面，直线 L 为母线。当 L 沿着 K_1 和 K_2 且平行 P 面运动时，素线 L_1，L_2，… 形成的曲面是一个柱状面。在投影图中，因 L_1，L_2，… 均为 H 面垂直面 P 的平行线，故 H 面投影 $l_1 \parallel l_2 \parallel \cdots \parallel p$。

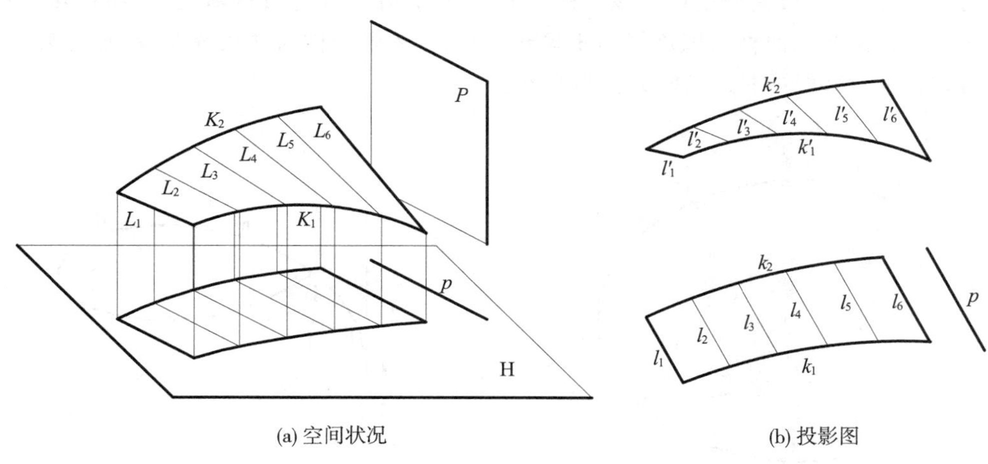

(a) 空间状况　　(b) 投影图

图 8-62　柱状面

[例 8-26]　图 8-63 所示为柱状面应用于隧道出口两侧的护坡之例。该柱状面的两条曲导线为 K_1，K_2，导平面为出口正面 P，左侧柱状面与右侧相对称。

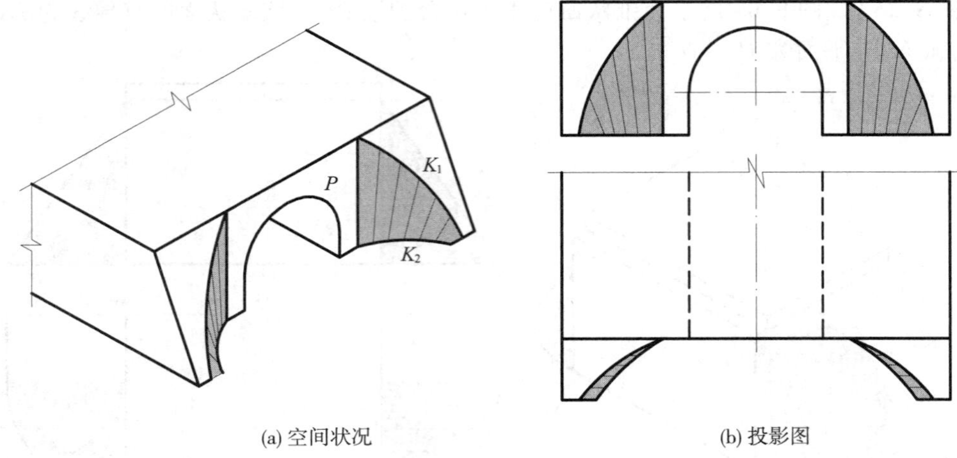

(a) 空间状况

(b) 投影图

图 8-63　柱状面的应用

第四节　圆柱螺旋线和螺旋面

一、圆柱螺旋线

1. 圆柱螺旋线的形成和分类

一点沿着一直线作等速移动，直线本身又绕着一条平行的轴线作等速旋转，则直线形成一个圆柱面，而该点形成的是位于该圆柱面上的空间曲线，称为**圆柱螺旋线**，简称**螺旋线**，如图 8-64 所示。该圆柱面称为螺旋线的**导圆柱**，导圆柱的半径称为**螺旋线半径**，该点旋转一周后，沿轴线方向移动的一段距离 S，称为**导程**。

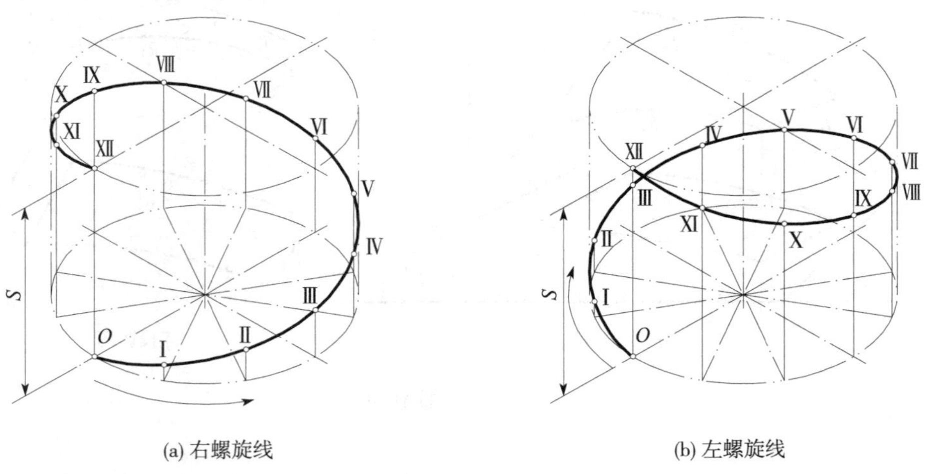

(a) 右螺旋线

(b) 左螺旋线

图 8-64　圆柱螺旋线的形成

圆柱螺旋线有右旋左旋之分。设以翘起的拇指表示一点沿直线移动的方向，半握的四指表示直线的旋转方向，若符合右手情况时，称为**右螺旋线**，如图 8-64(a) 所示；若符合左手情况时，称为**左螺旋线**，如图 8-64(b) 所示。

2. 圆柱螺旋线的投影图

如已知螺旋线半径、导程和旋转方向(右旋或左旋) 三个基本要素，即可定出螺旋线，因而可作出其投影图。

在图 8-65 中，设轴线垂直于 H 面，已知螺旋线半径 R、导程 S 和螺旋线的起点 $O(o,o')$ 的位置，作旋转一周的右螺旋线 L 的 H 面、V 面投影。

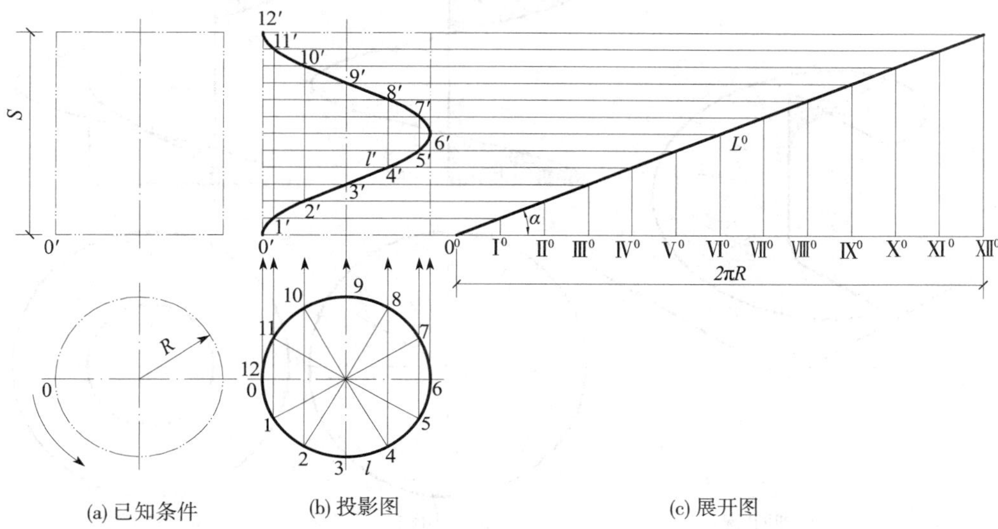

图 8-65　圆柱螺旋线的画法

先以已知螺旋线半径 R 作导圆柱的 H 面投影圆周，再以已知导程 S 作导圆柱的 V 面投影矩形。

螺旋线 L 的 H 面投影 l 在导圆柱的 H 面积聚投影圆周上。

螺旋线 L 的 V 面投影 l' 作法如下：

(1) 将 H 面投影圆周分为任意等分，本图分为十二等分，并按旋转方向编号；再在 V 面投影中将导程 S 作同样数目的等分。

(2) 由 H 面投影中各等分点向上作连系线，与 V 面投影中过导程上各等分点所作水平线交得 $0',1',2',\cdots$。

(3) 把 $0',1',2',\cdots,12'$ 顺次光滑地连接起来，即为 l'。l' 实际上是一条正弦曲线。l' 在 $0',6',12'$ 点应与连系线相切。

3. 圆柱螺旋线的展开图

螺旋线随着导圆柱面展开成平面而形成的展开图，称为**螺旋线的展开图**。

如图 8-65(c) 所示，根据螺旋线的形成规律，螺旋线上点作等速运动，在展开图中各点的高度与水平向长度(导圆柱底圆弧的长度) 之比，是一个常数，因此各点的展开图位于一条直线 L^0 上，它是以导程 S 和底圆周长 $2\pi R$ 为一对直角边的一个直角三角形的斜边。L^0 与 $2\pi R$ 直角边长间的夹角 α，称为螺旋线的升角，它表示了螺旋线运动中上升时方向的倾角。

二、螺旋面

1. 螺旋面的形成和分类

一直母线绕着一条轴线作螺旋运动而形成的曲面，称为**螺旋面**。螺旋面可分为**平螺旋面**(图 8-66)和**斜螺旋面**(图 8-67)。

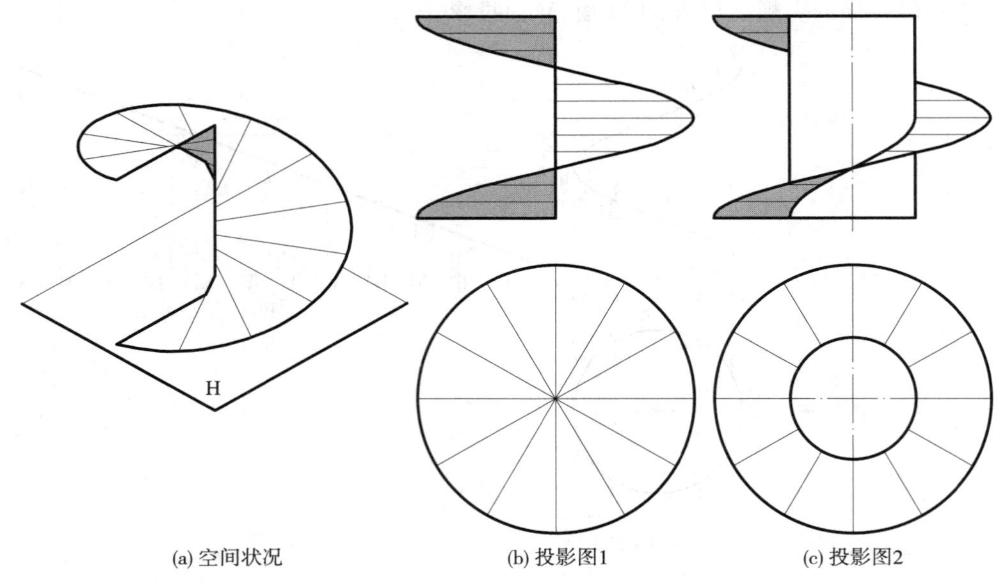

图 8-66　平螺旋面

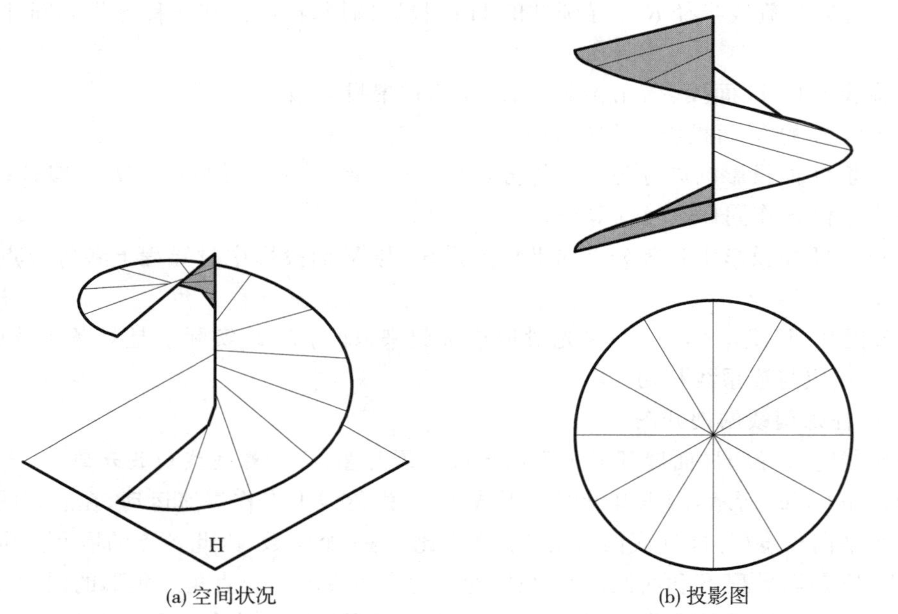

图 8-67　斜螺旋面

（1）平螺旋面

如图 8-66(a) 所示，以螺旋线为曲导线，螺旋线的轴线为直导线，一条与轴线垂直相交的直线为母线运动时所形成的螺旋面，称为**平螺旋面**或**正螺旋面**。因轴线垂直 H 面，故母线运动时平行 H 面，相当于以 H 面为导平面，故平螺旋面也属锥状面，图 8-66(b) 为其投影图。

图 8-66(c) 为中间有一同轴圆柱的局部平螺旋面的投影图。该圆柱与螺旋面的交线，也是一条螺旋线。显然，螺旋面上这内外两条螺旋线的导程相同，仅半径不等。V 面投影中，右半侧是螺旋面的顶面、左半侧是螺旋面的底面。

（2）斜螺旋面

如图 8-67 所示，以螺旋线为曲导线，螺旋线的轴线为直导线，一条与轴线成定角相交的直线为母线运动所形成的曲面，称为**斜螺旋面**。因轴线垂直 H 面，故各素线的 H 面投影，通过轴线的积聚投影而呈放射状。各素线的 V 面投影与轴线交点之间的相互距离，等于导程的各等分点距离。其中，正平素线与轴线 V 面投影间的夹角，反映了素线与轴线间夹角的实大。于是由该素线与轴线的交点，可定出其余素线与轴线的交点位置。把轴线与螺旋线上对应点相连，即得所有素线的 V 面投影。

2. 螺旋楼梯画法

图 8-68 为平螺旋面应用于螺旋楼梯和扶手之例。

螺旋楼梯的底面为平螺旋面，内、外边缘为两条螺旋线；楼梯扶手的顶面和底面也为螺旋面，内、外边缘共有上、下四条螺旋线。

螺旋楼梯的画法如下：

（1）根据圆弧范围内的踏步数或每个踏步的圆心角，作出踏步踢面的 H 面投影，以及栏杆（简化为实心小圆点）和扶手（简化为单线圆弧）的 H 面投影。

（2）在 V 面投影中，根据踏步数及各级踏步的高度，画出表示所有踏步高度的水平线；再由 H 面投影画出各踏步踢面的 V 面投影。

（3）由各踏步的两侧，向下量出楼梯板的垂直方向高度，即可连得平螺旋楼梯底面的两条边缘螺旋线。

（4）量出栏杆高度，并画出扶手的 V 面投影。为使作图清晰，本图中内圈的栏杆及扶手的 V 面投影均未画出。

用类似的方法画出楼梯扶手内外边缘的四条螺旋线。为显清晰，图中扶手断面尺寸有所放大。

可见性问题可用重影点来进行判别，但比较麻烦。本例可根据远近高低关系来判别楼梯及扶手的可见性，从图中可以看出，轴线左侧是后低前高，因此相应底面为可见；右侧是前低后高，则相应的踏步踢面及扶手顶面可见。

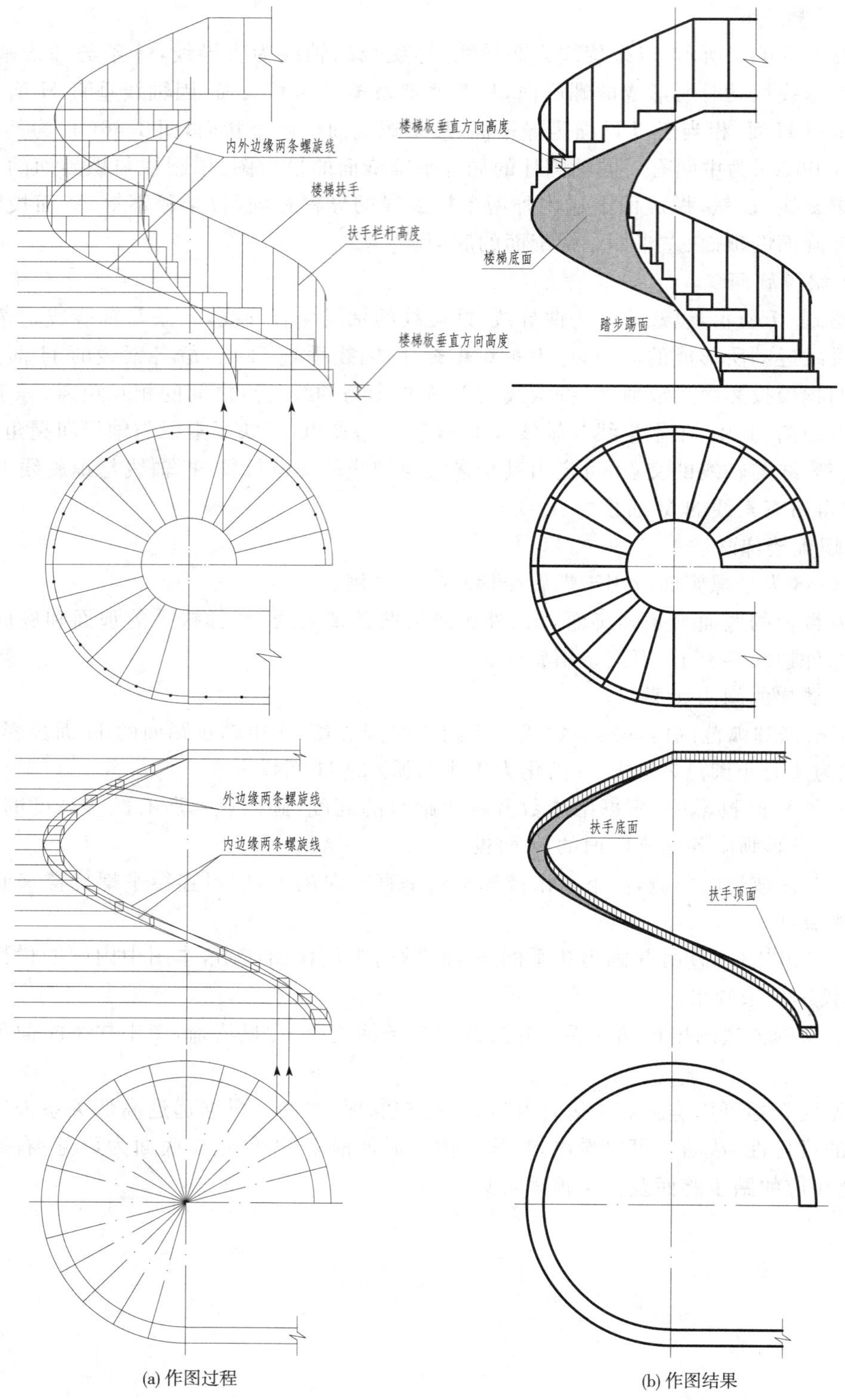

(a) 作图过程

(b) 作图结果

图 8-68　螺旋楼梯及其楼梯扶手的画法

复习思考题

(1) 曲面是如何形成的？怎样分类？

(2) 曲面的投影如何表示？

(3) 何谓母线、素线、导线(点、面)、外形线？

(4) 何谓曲面立体？

(5) 对于图 8-4 的空间状况，如把它看成是旋转体，则对应的投影图是否要更改？如要更改的话如何改？

(6) 正圆柱面(正圆锥面) 与正圆柱体(正圆锥体) 的三面投影图有无区别？

(7) 分析圆柱和圆锥与不同位置平面相交所得截交线的形状。

(8) 为何圆、椭圆、抛物线、双曲线可称为圆锥曲线？

(9) 在圆柱面、圆锥面上能截得直线段，在圆球面和环面上也能截得直线段吗？为什么？

(10) 何谓可展曲面和不可展曲面？不可展曲面是怎样形成的？

(11) 举例日常生活中我们所看到的圆柱螺旋线和螺旋面的应用。

第九章　轴测投影

第一节　轴测投影的基本知识

空间形体及其定位的空间直角坐标系在一个投影面上的平行投影，可以测量形体平行坐标轴的投影长度而称为轴测投影。

一、轴测投影的形成

图 9-1 是一个正方体向投影面 V 作正投影时的空间状况。如该正方体的正面平行 V 面，投射线垂直 V 面。这样得出的投影，能够反映出正方体正面的真实形状和大小，但是不能反映其余表面的形状。因此，必须要有几个方向的正投影组合起来，互相补充，才能共同表示出一个立体。也就是说，正投影图中的每一个投影，不能反映出立体的空间形象，因而缺乏立体感。

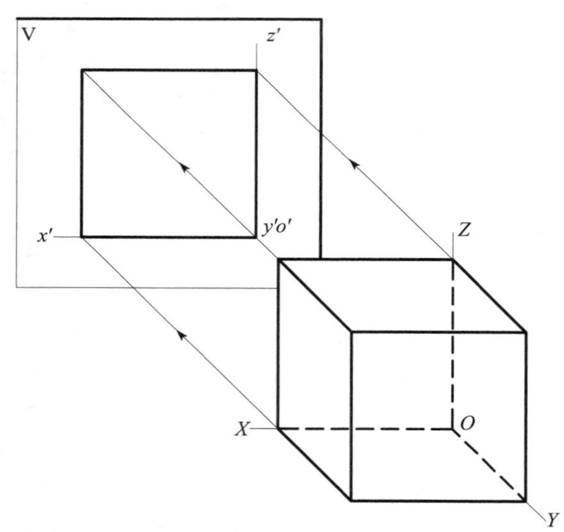

图 9-1　正投影的形成

现若改变立体对投影面的相对位置，或者改变投射线的方向，则能得到富有立体感的平行投影。

1. 改变立体对投影面的相对位置

如图 9-2(a)，将正方体对投影面 P 放成倾斜位置，但投射线仍垂直于投影面，这时所得到的正投影就能反映出正方体三个方向的表面，也就是能反映出立体的空间形象，因而具有立体感。

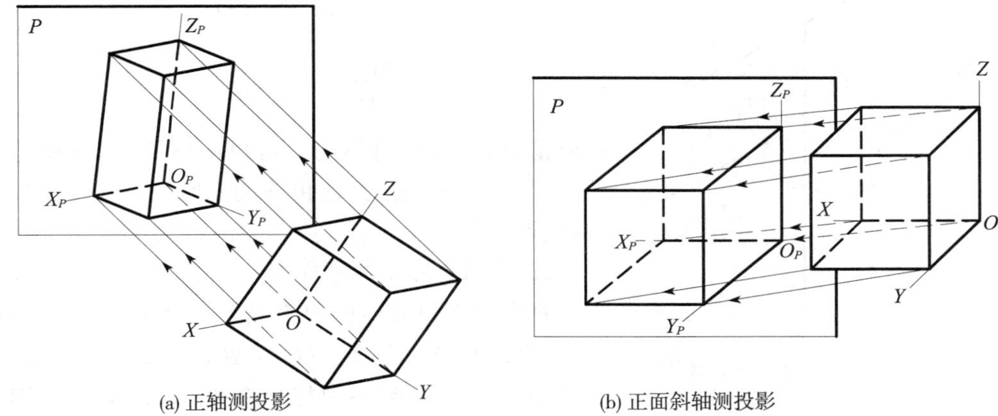

图 9-2　轴测投影的形成

2. 改变投射线对投影面的方向

如图 9-2(b)，仍使正方体的正面平行于投影面 P，而使投射线与投影面斜交，则这时所得到的斜投影，除了反映立体的正面实形外，还能反映出另外两个方向的表面，也就能反映出立体的空间形象，因而也具有立体感。

此外，还可以使得正方体非但对投影面倾斜，并且使得投射线对投影面也倾斜，同样也能够得到立体感的投影。由于这种情况较为复杂，一般不予采用。

如上所述，为了得到具有立体感的投影，必须使得投射线的方向，也就是人们观看立体的方向，能够通过立体的三个表面。

这种具有立体感的平行投影，称为**轴测投影**，轴测投影所在的投影面，相应地称为**轴测投影面**。

二、轴测投影的性质

1. 平行两直线的平行投影特性

从图 9-2 中可以看出，正方体上不平行投影面 P 的平面，在投影中将会变形，不平行投影面 P 的直线，它们的投影方向和长度也会发生变化。如能了解这种变形和变化规律，就为轴测投影的作图提供理论依据。

轴测投影是平行投影(包括正投影和斜投影)，而平行两直线又是一种常见的几何形状，它们平行投影的特性将为轴测投影的基本特性，现说明如下：

(1) **平行性——平行两直线的平行投影仍为平行。**

如图 9-3 所示，设两直线 $AB \parallel CD$，又因投射线 $AA_P \parallel BB_P \parallel CC_P \parallel DD_P$，即投射平面 $ABB_PA_P \parallel CDD_PC_P$，于是两投射平面与投影面的交线，即轴测投影 $A_PB_P \parallel C_PD_P$。

(2) **同比性——平行两直线的平行投影的伸缩系数相等。**

如图 9-3 所示，分别过 A 和 C 作 $AB_1 \parallel A_PB_P$，$CD_1 \parallel C_PD_P$，与 BB_P，DD_P 交于点 B_1，D_1。由于 $AB_1 = A_PB_P$，$CD_1 = C_PD_P$；并由于 $AB \parallel CD$，$BB_1 \parallel DD_1$，$AB_1 \parallel CD_1$，故 $\triangle ABB_1 \backsim \triangle CDD_1$，于是

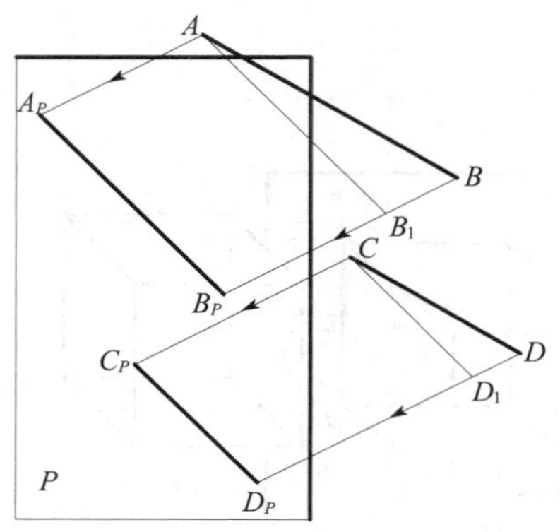

图 9-3　平行两直线的平行投影

$$\frac{AB_1}{AB} = \frac{CD_1}{CD}$$

即

$$\frac{A_PB_P}{AB} = \frac{C_PD_P}{CD} = p$$

也就是说,平行两直线的平行投影的长度,分别与各自的原来长度的比值 p 是相等的。该比值称为**伸缩系数**(或变形系数)。

2. 轴测坐标系的建立

将定位空间形体的原直角坐标系投射到轴测投影面 P,得到 O_PX_P,O_PY_P,O_PZ_P 就构成了轴测坐标系,它们统称为**轴测坐标轴**,简称**轴测轴**。在原 X,Y,Z 轴上各取单位长度 E,在 P 面上的投影长度分别为 E_X,E_Y,E_Z,由于各轴与 P 面的倾斜角度不同,投影长度也不会相同,投影长度与原轴上单位长度之比为:

$$\frac{E_X}{E} = p,\quad \frac{E_Y}{E} = q,\quad \frac{E_Z}{E} = r$$

p,q,r 分别称为 **X 轴、Y 轴、Z 轴的伸缩系数**。

如果知道了轴测投影中轴测轴的方向和伸缩系数,则与每条坐标轴平行的直线,其轴测投影必平行于轴测轴,其投影长度等于原来长度乘以该轴的伸缩系数。

例如:$AB \parallel OX$(图略),则 $A_PB_P \parallel O_PX_P$,且 $A_PB_P = p \cdot AB$。于是,图 9-2 中正方体的轴测投影就不难作出。

所谓"**轴测**",**就是沿坐标轴的方向,即平行于坐标轴的直线,其轴测投影可以测量出长度**。它既可以由空间长度乘以伸缩系数来得出投影长度($A_PB_P = p \cdot AB$);也可以由投影长度除以该轴的伸缩系数,得出原来长度($AB = A_PB_P/p$)。轴测投影之名即来源于此。

3. 点的轴测投影和轴测坐标

如已知轴测轴的方向和伸缩系数,如图 9-4(b);并知一点 A 的坐标(x_A,y_A,z_A)或正投影图,如图 9-4(a),可作出点 A 的轴测投影。即于图 9-4(b) 中,从 O_P 开始,先量取 $O_Pa_{XP} = p \cdot x_A = x_{AP}$,得 a_{XP};再由 a_{XP} 作 O_PY_P 的平行线,并量取 $a_{XP}a_P = q \cdot y_A = y_{AP}$,得 a_P;最后,自 a_P 作 O_PZ_P 的平行线,再量取 $a_PA_P = r \cdot z_A = z_{AP}$,得 A_P,即为点 A 的轴测投影。x_{AP},y_{AP},z_{AP} 称为点 A 的轴测坐标。显然,按任意顺序使用轴测坐标,都可得到 A 点的轴测投影 A_P。

由此可知,已知轴测轴的方向和伸缩系数,对于任何空间形体,都可根据它们对坐标面的相对位置,即已知它们的正投影图或顶点的坐标作出它们的轴测投影。

三、轴测投影表达形体的条件

轴测投影中,在轴测轴的方向和伸缩系数为已知的情况下,若仅知一点 A 的轴测投影 A_P 的位置,则还不能确定点 A 在空间对坐标面的相对位置。因为,只有当轴测投影中有了坐标折线,即图中的 $O_Pa_{XP}a_PA_P$,由各折线长度即相应的轴测坐标,才能算出空间点的坐标。如在图 9-5 中,当仅知 A_P 的位置,若不知道 a_P,则画不出坐标折线,自然得不出轴测坐标,因而也得不出空间点的坐标。

现在，除了轴测投影 A_P 外，还知道 A 在任一投影面上正投影的轴测投影，如 H 面投影 a 的轴测投影 a_P，则可以由之作出轴测投影中的坐标折线，见图 9-4(b)，于是可算出点 A 的空间坐标，即确定 A 在空间对坐标面的位置。

空间几何形体在任一坐标面上正投影的轴测投影，如点 A 在 H 面投影 a 的轴测投影 a_P，均称为**次投影**。

由此可知，**在轴测投影中，已知轴测轴的方向和伸缩系数，则空间几何形体的形状、大小和位置，可由其轴测投影和任何一个次投影来确定**。

轴测投影虽具有立体感，但不能直接反映物体的确切形状和大小，故只能用作反映物体空间状况的辅助性图样。轴测投影也称为轴测图，通常不画出看不见的轮廓线，即不画虚线。

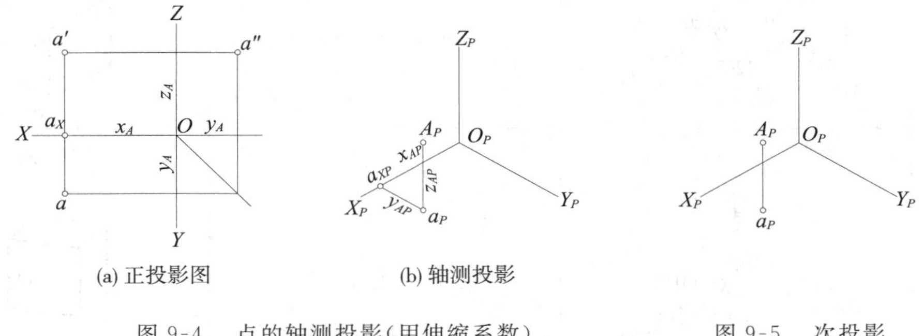

(a) 正投影图　　(b) 轴测投影

图 9-4　点的轴测投影(用伸缩系数)　　图 9-5　次投影

第二节　轴测投影的分类和选择

一、轴测投影的分类

画轴测投影时，首先必须确定轴测轴的方向和伸缩系数。随着空间直角坐标系对轴测投影面的相位位置、以及投射线对轴测投影面的投射方向不同，轴测轴有无限多的方向和伸缩系数。

1. 按投射线对投影面是否垂直，分为：

(1) **正轴测投影** —— 投射方向垂直于投影面；

(2) **斜轴测投影** —— 投射方向倾斜于投影面。

2. 按三个轴的变形系数是否相等，分为：

(1) **三等轴测投影** —— 三个伸缩系数都相等，简称为等轴测投影，即 $p = q = r$；

(2) **二等轴测投影** —— 任意两个伸缩系数相等，如 $p = r \neq q$；

(3) **不等轴测投影** —— 三个伸缩系数都不相等。

至于具体的每种轴测投影，还要由两个分类名称合并而得。如正轴测投影中的二等轴测投影，称为正二等轴测投影。

此外，在斜轴测投影中，如轴测投影面平行于正立坐标面 OXZ 或水平坐标面 OXY，则在有关名称前加“正面”或“水平”两字，如正面斜二等轴测投影。

二、常用的几种轴测投影

表9-1列出了国家标准中规定的以及工程上常用的几种轴测投影名称及其轴测轴方向和伸缩系数。现将表中内容说明如下：

表 9-1　　常用的几种轴测投影

种类		轴间角和轴向伸缩系数	轴测轴作法	相应正方体的轴测投影
正轴测	正等轴测投影	Z_P 0.82(1) 120° O_P 120° 0.82(1) 120° 0.82(1) X_P Y_P	Z_P 30° O_P 30° X_P Y_P	Z_P O_P X_P Y_P
	正二等轴测投影	Z_P 0.94(1) 97°10′ 0.94(1) O_P 131°25′ X_P 131°25′ 0.47(0.5) Y_P	Z_P 7 8 1 O_P X_P Y_P	Z_P O_P X_P Y_P
斜轴测	正面斜等轴测投影	Z_P 1 90° X_P 1 O_P 135°,120°,150° 1 Y_P	Z_P X_P O_P 45°,30°,60° Y_P	Z_P X_P O_P Y_P
	正面斜二等轴测投影	Z_P 1 90° X_P 1 O_P 135°,120°,150° 0.5 Y_P	Z_P X_P O_P 45°,30°,60° Y_P	Z_P X_P O_P Y_P
	水平斜等轴测投影	Z_P 1 120°,150°,135° O_P 1 90° 1 X_P Y_P	Z_P O_P 30°,60°,45° 60°,30°,45° X_P Y_P	Z_P O_P X_P Y_P

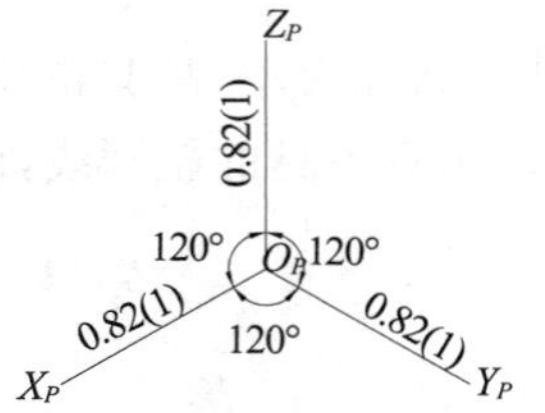

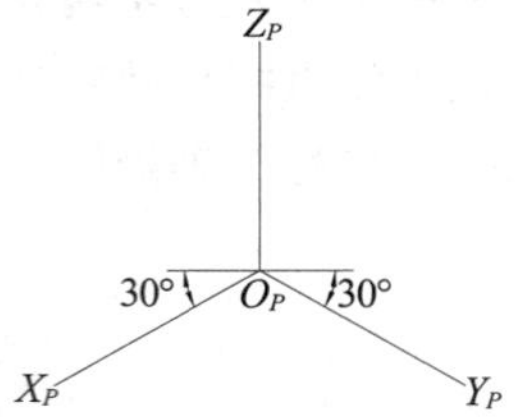

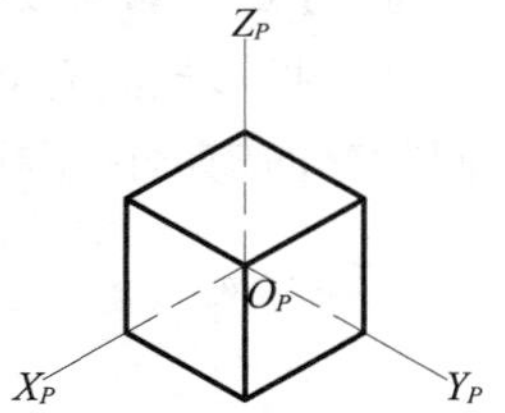

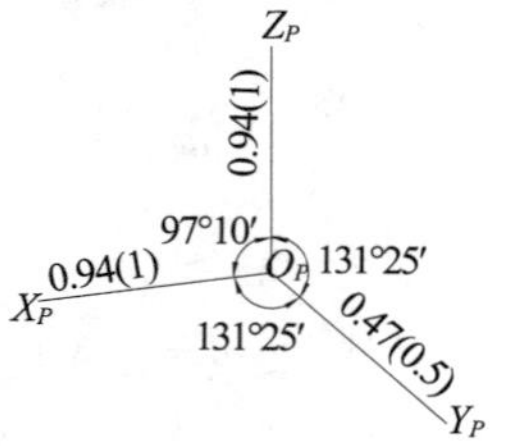

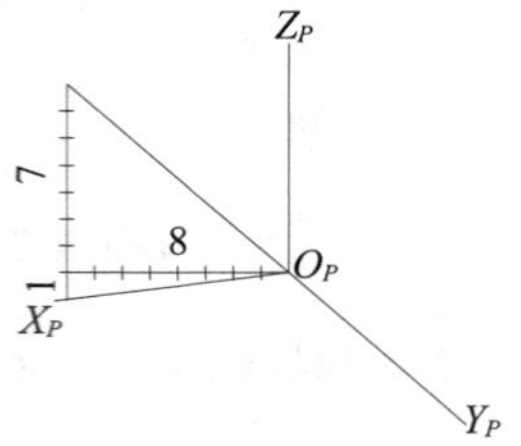

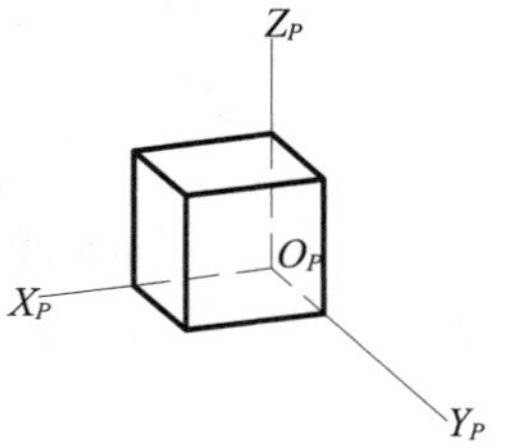

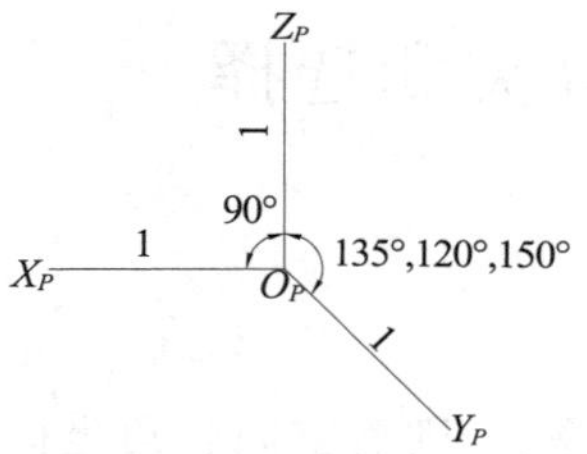

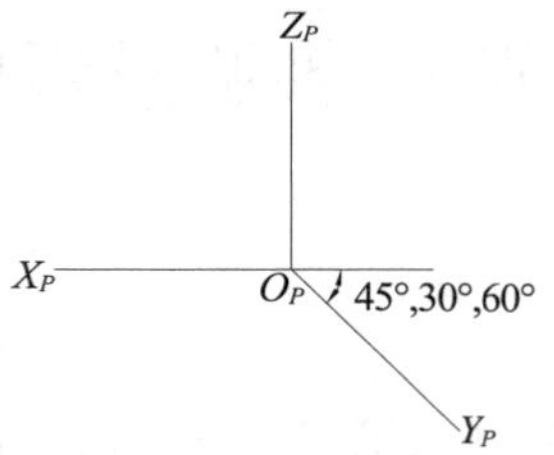

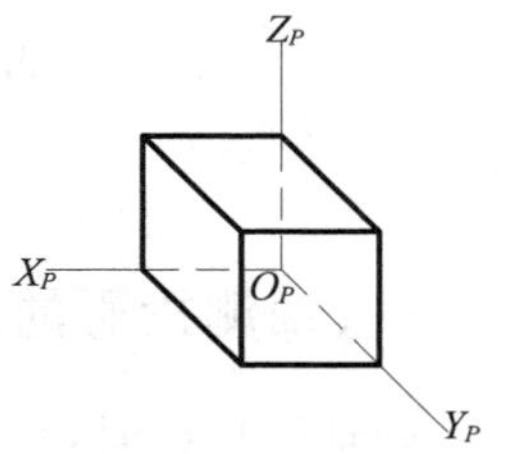

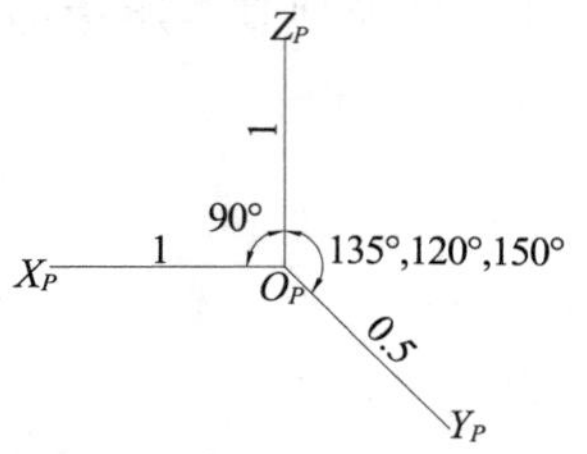

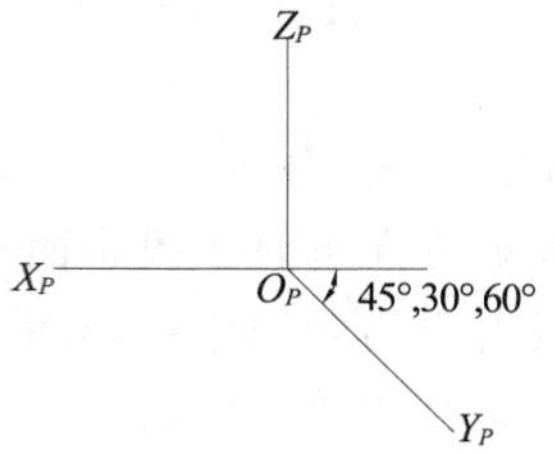

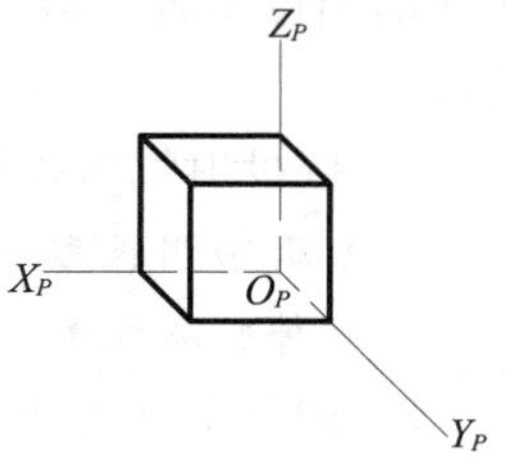

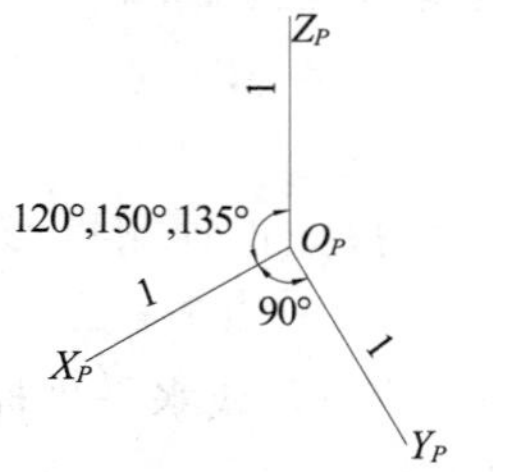

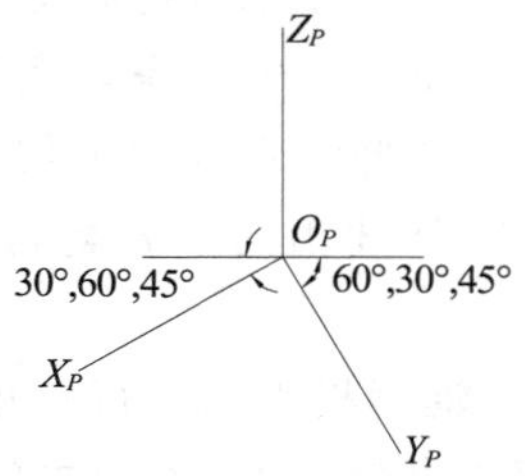

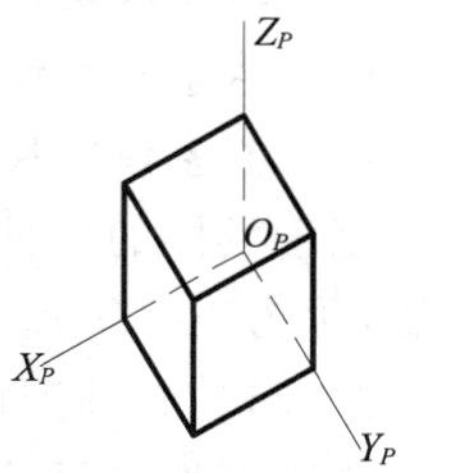

1. 轴测轴方向

各轴测轴方向，除 O_PZ_P 在图纸上一般呈竖直方向外，其余两轴均由各轴之间的夹角表示。轴测轴间夹角，称为**轴间角**。为便于作图，还表示了一些轴与水平方向间的夹角。如正二等轴测投影中，O_PX_P，O_PY_P 与水平方向的夹角分别为 $7°10'$ 及 $41°25'$，可取比值 1∶8 及7∶8 来近似确定。又如正面斜轴测投影中，除了 O_PX_P 应垂直 O_PZ_P 外，O_PY_P 的方向将随投射线方向的变化而变化，可为任意方向，通常可使 O_PY_P 与水平方向成 30°，45° 或 60°。以便用三角板作图。同样，水平斜轴测投影中，除了 O_PX_P 应垂直于 O_PY_P 外，至于 O_PX_P 或 O_PY_P 与水平方向间的夹角，可为 30°，45°，60°。

2. 伸缩系数

伸形系数均注于有关的轴测轴上。正轴测投影中括号内数字，称为**简化伸缩系数**，简称**简化系数**。它们实际上是各伸缩系数之间的比值。如正等轴测投影中 $p:q:r=0.82:0.82:0.82=1:1:1$。正二等轴测投影中 $p:q:r=0.94:0.47:0.94=1:0.5:1$。这是由于画正轴测投影时，如用伸缩系数计算尺寸较为麻烦，使用简化系数就方便多了。但是使用简化系数所画出的图形，要比用原来的伸缩系数所画得的图形来得大，所以当投影图画在附近时，显得不相称。如正等轴测投影的轴向放大倍数为 $\frac{1}{0.82}=1.22$ 倍；正二等轴测投影为 $\frac{1}{0.94}=\frac{0.5}{0.47}=1.06$ 倍。这种简化系数与伸缩系数的比值 1.22 和 1.06 等，称为**放大率**。

国家标准规定如下：

(1) 正等轴测图、正二等轴测图，均采用简化伸缩系数。分别简称为**正等测**和**正二测**。

(2) 正面斜轴测图，采用斜等轴测和斜二等轴测，但正面斜二等轴测中，Y 轴的伸缩系数 q 只采用 0.5 一种。分别简称为**斜等测**和**斜二测**。

(3) 水平斜轴测图，除采用等测外，还有二等测，但对 r 值没有说明。分别简称为水平斜等测和水平斜二测。

三、轴测坐标系的伸缩系数和轴间角

表 9-1 所列的几种轴测投影的伸缩系数和轴间角的数值证明如下，以供参考。

1. 正轴测投影

如图 9-6 所示，空间直角坐标系的三条坐标轴 X，Y，Z 与轴测投影面 P 交于迹线集合点 P_X，P_Y 和 P_Z；P 与三个坐标面交于迹线 P_XP_Y，P_YP_Z 和 P_XP_Z。

原点 O 在 P 面上的正投影 O_P 为轴测坐标系的原点；连线 O_PP_X，O_PP_Y 和 O_PP_Z 位于轴测轴 X_P，Y_P 和 Z_P 上，为空间坐标轴上长度 OP_X，OP_Y 和 OP_Z 的轴测投影，故各轴的伸缩系数为：

$$p=\frac{O_PP_X}{OP_X},\quad q=\frac{O_PP_Y}{OP_Y},\quad r=\frac{O_PP_Z}{OP_Z}$$

轴间角为 $\angle P_XO_PP_Y$，$\angle P_YO_PP_Z$ 和 $\angle P_XO_PP_Z$。

(1) 正轴测投影的性质一：**三个轴向伸缩系数的平方和等于 2**。

在图 9-6 中，投射线 OO_P 与 X，Y，Z 轴夹角分别为 α_1，β_1 和 γ_1；三条轴测轴与 X，Y，Z 轴的夹角分别为 α，β 和 r。则 $\alpha=90°-\alpha_1$，$\beta=90°-\beta_1$ 和 $\gamma=90°-\gamma_1$。在直角三角形 OO_PP_X，

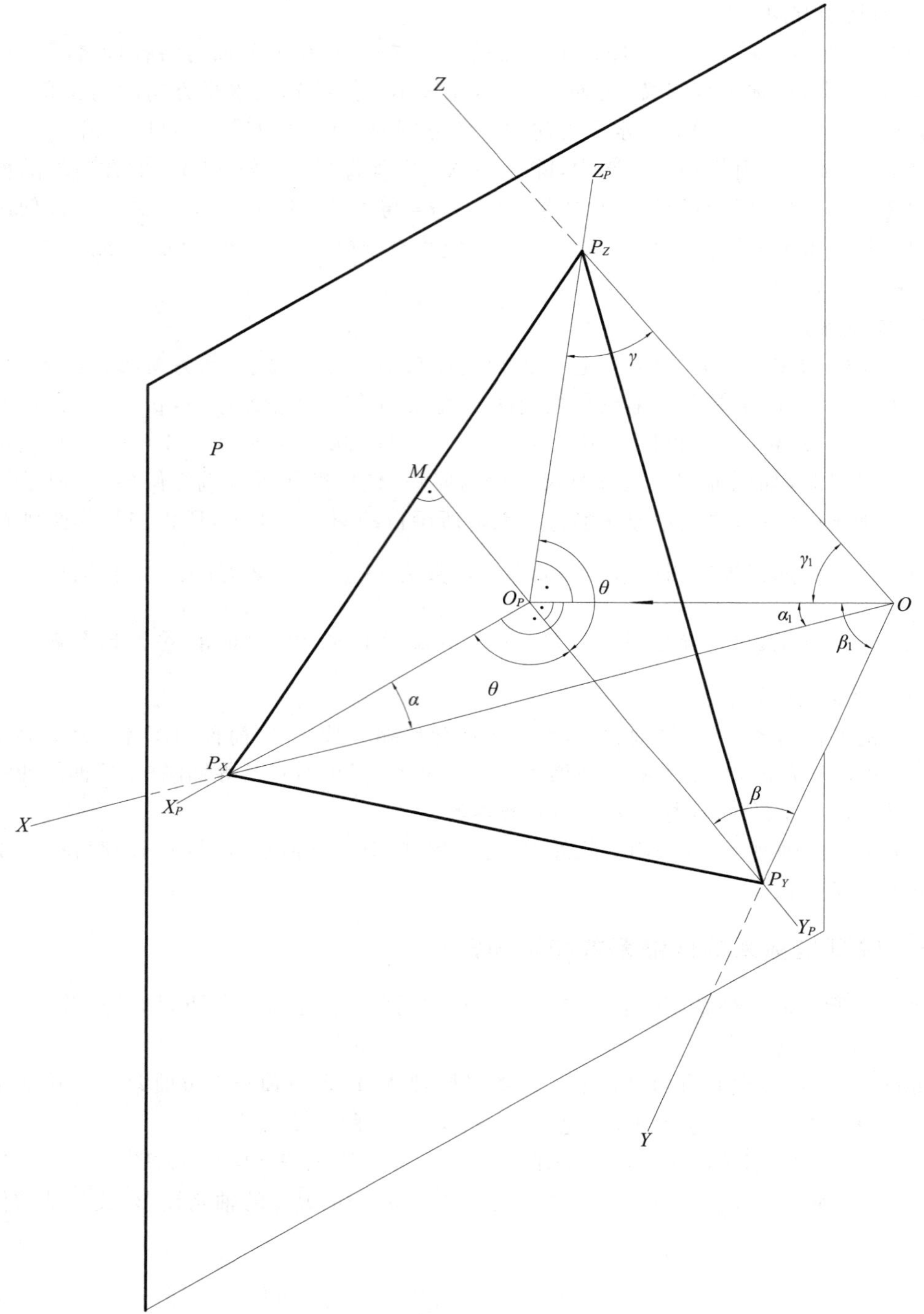

图 9-6　空间直角坐标系的正轴测投影

OO_PP_Y 和 OO_PP_Z 中：

$$p = \frac{O_PP_X}{OP_X} = \cos\alpha = \sin\alpha_1$$

$$q=\frac{O_PP_Y}{OP_Y}=\cos\beta=\sin\beta_1$$

$$r=\frac{O_PP_Z}{OP_Z}=\cos\gamma=\sin\gamma_1$$

由空间解析几何中余弦定理可知：

$$\cos^2\alpha_1+\cos^2\beta_1+\cos^2\gamma_1=1$$

故
$$(1-\sin^2\alpha_1)+(1-\sin^2\beta_1)+(1-\sin^2\gamma_1)=1$$

即
$$(1-p^2)+(1-q^2)+(1-r^2)=1$$

得
$$p^2+q^2+r^2=2 \tag{1}$$

① 正等轴测投影的伸缩系数 $p=q=r$，由式(1)得

$$p=q=r=\sqrt{\frac{2}{3}}\approx 0.82$$

② 正二等轴测投影的伸缩系数，因 $p=r,q=\frac{p}{2}=\frac{r}{2}$，即 $p=r=2q$，故得

$$p=r=\frac{2\sqrt{2}}{3}\approx 0.94$$

$$q=\frac{p}{2}\approx 0.47$$

（2）正轴测投影的性质二：**每条轴测轴是迹线三角形的高线。**

如图 9-6 中，延长 P_YO_P 交迹线 P_XP_Z 于 M 点，迹线 P_XP_Z 是轴测投影面 P 与空间坐标面 XOZ 的交线。因投射线 OO_P 垂直 P 面，故 OO_P 垂直 P_XP_Z；又因 OP_Y 垂直 XOZ，故 OP_Y 垂直 P_XP_Z。即 P_XP_Z 垂直 $\triangle OO_PP_Y$，则 P_XP_Z 也垂直 O_PP_Y（即轴测轴 Y_P）。同理可证明 X_P 垂直 P_YP_Z，Z_P 垂直 P_XP_Y，故每条轴测轴是迹线 $\triangle P_XP_YP_Z$ 对应边上的高。

① 正等轴测投影的轴间角——由于三个伸缩系数相同，故 $\alpha=\beta=\gamma$，迹线 $\triangle P_XP_YP_Z$ 为等边三角形，O_P 为其中心，故三个轴间角 $P_XO_PP_Y=P_YO_PP_Z=P_XO_PP_Z=360°/3=120°$。

② 正二等轴测投影的轴间角——设 $p=r$，则 $\alpha=\gamma$，$O_PP_X=O_PP_Z$；另 $\triangle O_PP_YP_X\cong\triangle O_PP_YP_Z$，则 $P_YP_X=P_YP_Z$，故 $\triangle P_XO_PP_Z$，$\triangle P_XP_YP_Z$ 均为等腰三角形。又设长度 $OP_X=OP_Z=1$，则 $P_XP_Z=\sqrt{2}$。于是 $MP_X=MP_Z=\sqrt{2}/2$。又 $O_PP_X=O_PP_Z=1\times p=1\times r=2\sqrt{2}/3$。

又由性质二，$O_PM\perp P_XP_Z$，故 $\triangle O_PP_XM$ 和 $\triangle O_PP_ZM$ 为两个全等的直角三角形，因此：

$$\sin\angle P_XO_PM=\sin\angle P_ZO_PM=\frac{MP_X}{O_PP_X}$$

$$=\frac{\sqrt{2}}{2}:\frac{2\sqrt{2}}{3}=\frac{3}{4}$$

即 $$\angle P_XO_PM = \angle P_ZO_PM = \arcsin\frac{3}{4} = 48°35'$$

$$\angle P_XO_PP_Z = 97°10'$$

于是得 $$\theta = \angle P_XO_PP_Y = \angle P_ZO_PP_Y = \frac{(360° - 97°10')}{2} = 131°25'$$

此外，利用 $\tan(97°10' - 90°) \approx \frac{1}{8}$ 和 $\tan(131°25' - 90°) \approx \frac{7}{8}$，得出表 9-1 中所示的1：8 和 7：8 作出 O_PX_P 和 O_PY_P 的方法。

2. 正面斜轴测投影

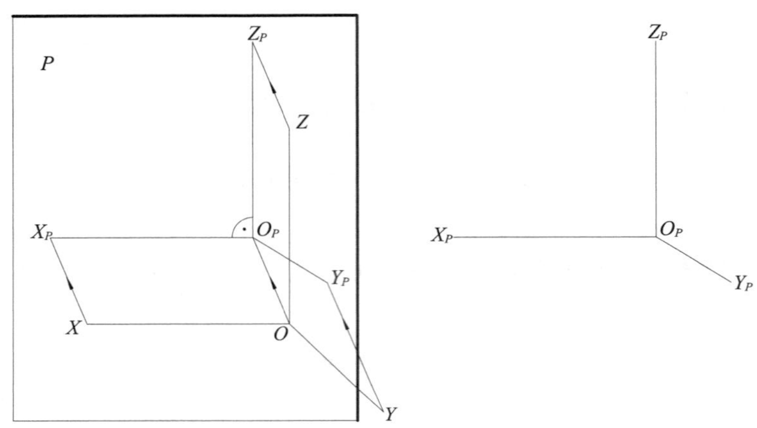

图 9-7　空间直角坐标系的正面斜轴测投影

如图 9-7 所示，空间直角坐标系 $OXYZ$ 的坐标面 XOZ 平行轴测投影面 P，因此轴测轴 O_PX_P，O_PZ_P 同原坐标轴，方向和长度均不变。而 Y 轴由于不平行 P 面，在不同方向的投射线作用下，在 P 面上也形成不同方向和长度的轴测轴 O_PY_P，而在实际应用中一般使 O_PY_P 与水平方向的夹角为 30°，45° 或 60°，以便利用三角板作图，伸缩系数一般取 $q = \frac{1}{2}$。

相应地，对于水平斜轴测投影，使坐标面 OXY 平行水平的轴测投影面，并按任意方向投射，得任意方向和长度的 O_PZ_P。一般使 O_PX_P 与水平方向成 30°，45° 或 60°，O_PZ_P 成竖直方向。伸缩系数一般取 $r = 1$。

四、轴测投影的类型选择

1. 轴测轴方向的变更

实际上画轴测投影时，只要保持轴间角不变，可以根据表达要求来变更轴测轴的方向。

(1) 如图 9-8 所示，当用正等轴测投影表示水平方向的圆柱时，可使一轴平行于圆柱的轴线而布置成水平方向。

(2) 如图 9-9 所示，以正二等轴测投影表示了自前向后观看正方体时的四种典型情况：上面两图为自下向上观看，即正方体位于高处，称为**仰视轴测投影**；下面两图为自上向下观看，即正方体位于低处，称为**俯视轴测投影**。又左方两图为自右向左观看；右方两图为自左向右观看。画图时,各种轴测投影均可根据表达要求而予以选用。

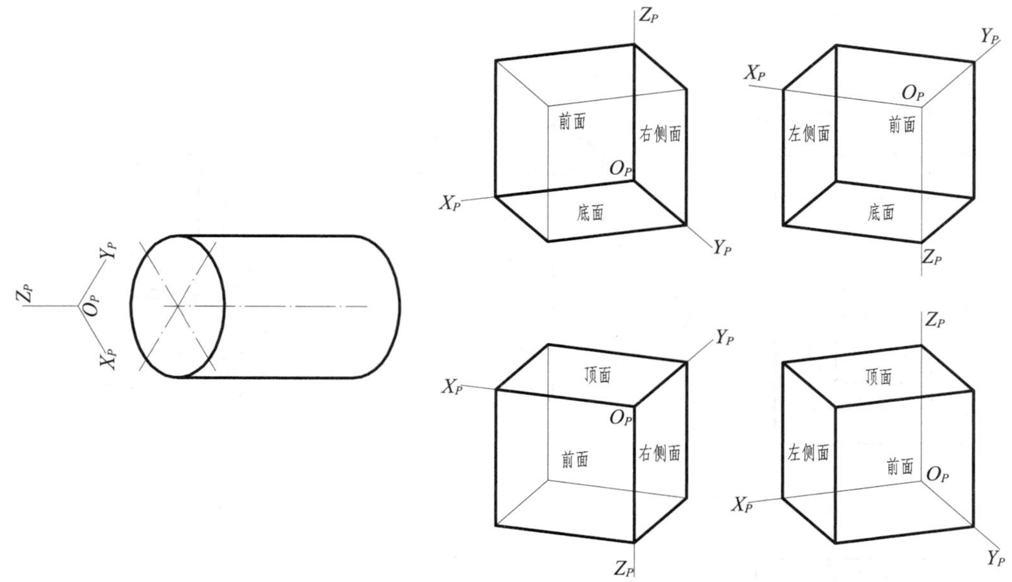

图 9-8　轴线水平的圆柱的正等轴测投影　　　图 9-9　正方体轴测投影的不同形式

在图 9-9 各图上,还画出了轴测轴。实际上,过正方体任一顶点的三条棱线都可以作为轴测轴。

(3) 图 9-10 和图 9-11 为轴测投影的选择实例。其中梁板柱节点的正二等轴测投影,采用仰视形式,以表示节点的详细情况;木弦杆的正面斜二等轴测投影,采用上图自右向左观看形式为佳,以示切口形状。

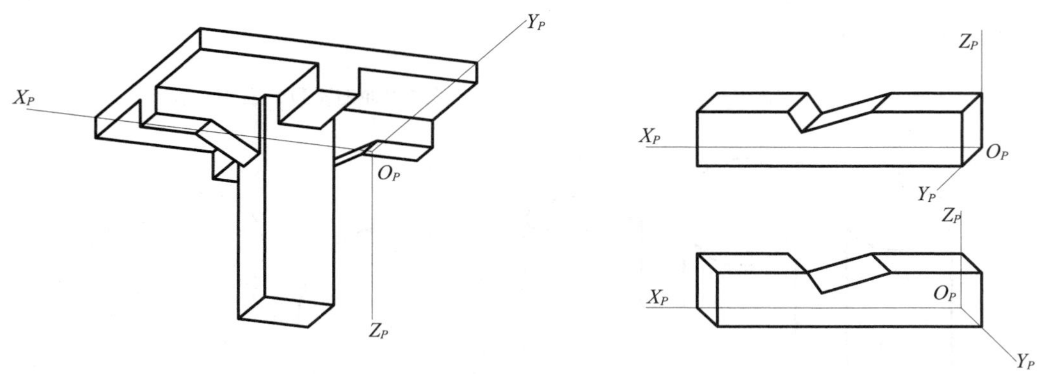

图 9-10　梁板柱节点的正二等轴测投影　　　图 9-11　木弦杆的正面斜二等轴测投影(上图较佳)

2. 轴测投影种类选择

(1) 图 9-12 中柱基和图 9-13 中拱顶,不宜采用正等轴测投影,因这时的斜面交线成为竖直方向而与上、下方棱线在一条线上,两曲面的相贯椭圆弧成一竖直线而显不出曲线形状,使图示效果不佳。

(2) 图 9-14 为圆柱与圆球的轴测投影,为避免有较大的变形,以正轴测投影为佳。

以上所述,应根据所示形体的形状和方向来选择合适的轴测投影种类,甚至变更轴向。

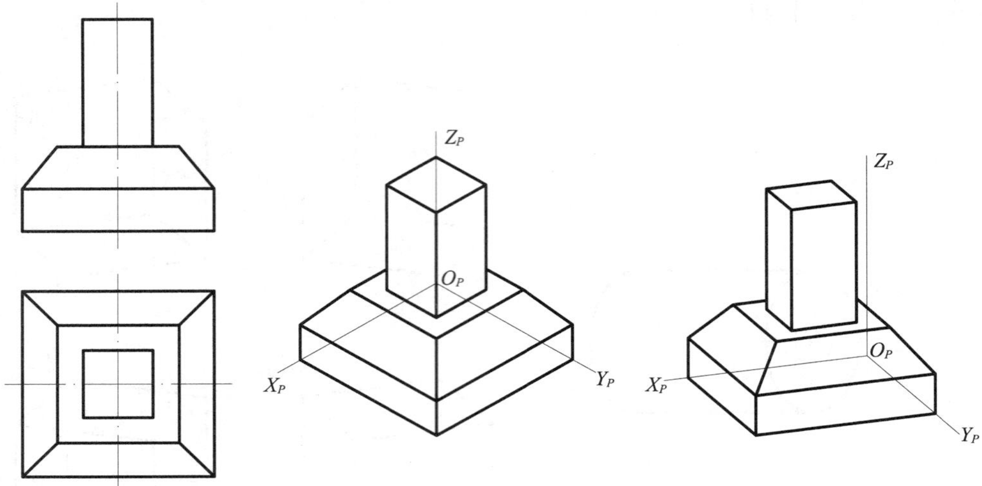

图 9-12　柱基的正等及正二等轴测投影(用伸缩系数)(右图较佳)

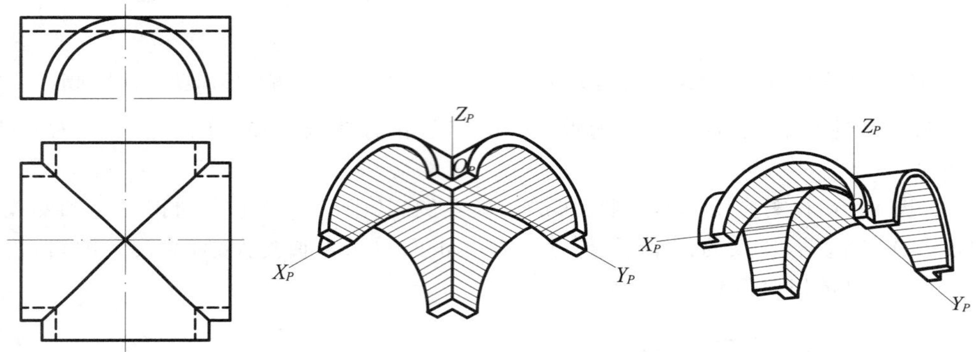

图 9-13　拱顶的正等及正二等轴测投影(用伸缩系数)(右图较佳)

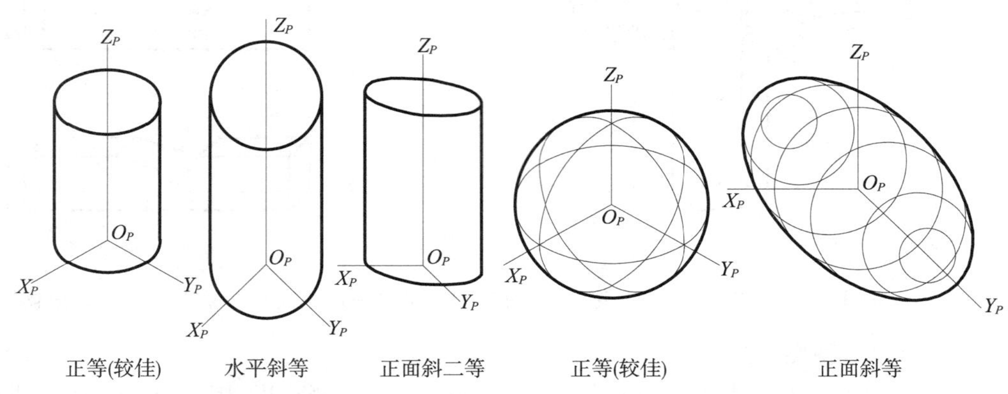

图 9-14　圆柱和圆球的轴测投影

第三节　轴测投影的画法

作形体的轴测投影时，应根据形体的形状特点，利用如直线的平行性等几何特性、辅助直线、次投影，应用形体分析法，甚至近似法等来简化作图。

一、平面立体

作平面立体的轴测投影，归结为作出其棱线的轴测投影。当棱线平行坐标轴时，则直线的长度可利用轴测轴的伸缩系数来量度；当棱线为一般位置直线，则作出其端点的轴测投影来连成，还可利用所述的各种方法来简化作图。

［**例 9-1**］　如图 9-15 所示，已知正六棱柱的正投影图，用伸缩系数画出其正等轴测投影。

［**解**］　设置坐标轴 OZ 与柱轴重合，OX，OY 轴位于底面上。标注出相应的 ΔX，ΔY 和 ΔZ 等尺寸。

作出轴测轴 O_PX_P，O_PY_P 和 O_PZ_P，再作正六边形底面的轴测投影：用 $\Delta X_{1P}=0.82\times\Delta X_1$ 作出位于 X_P 上的两点，再用 $\Delta Y_P=0.82\times\Delta Y$ 和 $\Delta X_{2P}=0.82\times\Delta X_2$ 作出其余四个顶点，连成底面的轴测投影。

最后，由底面上各顶点，作平行于 O_PZ_P 的直线，长度 $\Delta Z_P=0.82\times\Delta Z$，于是可连成顶面的轴测投影。也可以利用 ΔZ_P 只作出顶面上一点的轴测投影，由之连续作底面上各边的平行线来形成顶面的轴测投影，最后加粗可见的轮廓线。

从图中可以看出，正等轴测投影如与正投影图排列在一起时，用伸缩系数作图，所得轴测投影大小，与正投影图相仿（右上图）；如用简化系数作图，由于放大了 1.22 倍，所得轴测投影（右下图）与正投影图相比，将显得大小不协调，故此时不宜用简化系数作图。

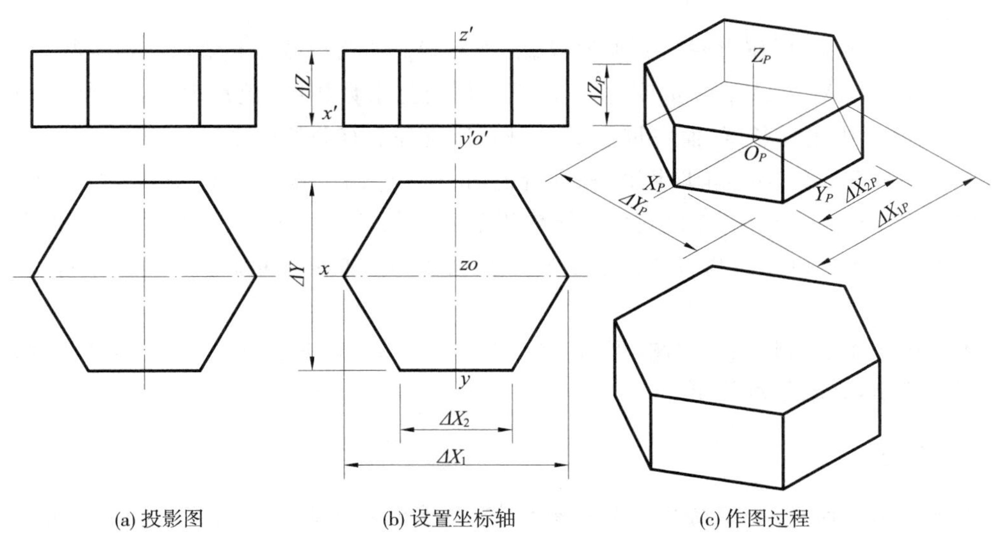

图 9-15　六棱柱的正等轴测投影（用伸缩系数）

［例 9-2］ 如图 9-16 所示，已知正五棱台的正投影图，用简化系数画出其正二等轴测投影。

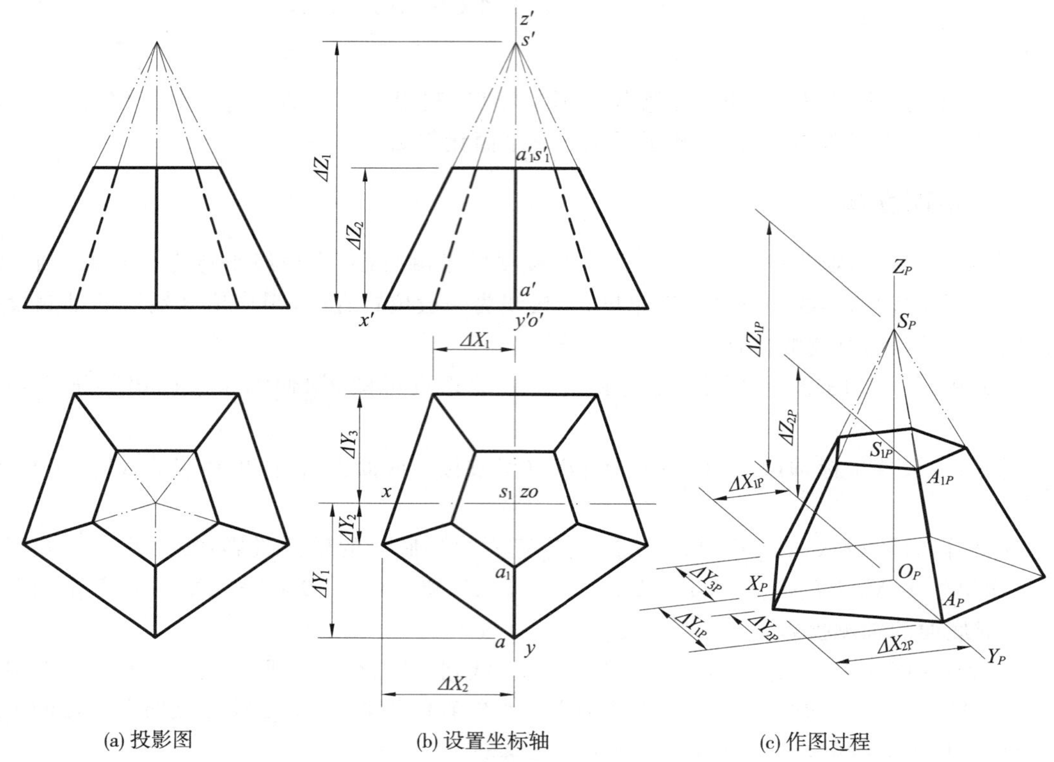

(a) 投影图　(b) 设置坐标轴　(c) 作图过程

图 9-16　正五棱台的正二等轴测投影(用简化系数)

［解］ 设坐标轴位置如正投影图中所示。投影图中并画出了五棱锥(台)锥顶 S 的投影，以利作图。

先作出轴测轴，再作出底面的轴测投影：顶点 A_P 可在 O_PY_P 上量取 ΔY_{1P}，其余四点用 ΔX_{1P}、ΔY_{3P} 及 ΔX_{2P}、ΔY_{2P} 来量取。由于本图使用简化系数作图，故量取 X_P 坐标时，其长度等于 H 面投影中坐标长度，而在量取 Y_P 坐标时，应等于有关长度之半。

其次，在 V 面投影中，量取锥顶 S、锥台顶面中心 S_1 高度 ΔZ_1，ΔZ_2。然后，在 O_PZ_P 轴上，直接定出 S_P，S_{1P}。再由 S_P 连接底面上已作得的五点如 A_P，可画得五棱锥的轴测投影。然后由 S_{1P} 作直线平行 O_PY_P，与 S_PA_P 交得 A_{1P} 点，再由 A_{1P} 连续作底面上各边的平行线来完成全图。

本图虽应用了简化系数作图，但由于仅放大 1.06 倍，故所绘轴测投影与正投影图相比，大小基本相仿，肉眼很难看出。

二、曲线

曲线的轴测投影，一般情况下仍是曲线，只要作出曲线上足够数量点的轴测投影，顺次连接起来即是。

平面曲线所在平面，若平行于投射方向，则其轴测投影成为一直线；若平行于轴测投影

面时，则其轴测投影反映实形。

画平面曲线的轴测投影时，也可以先在反映曲线实形的图形中，作出方格网；然后画出方格网的轴测投影，在上按照原来图形中曲线的位置画出曲线的轴测投影。这一方法，称为**网格法**。

空间曲线的轴测投影，可先作出曲线上一系列点的次投影，再逐点求作其轴测投影来连成。

［**例 9-3**］　如图 9-17 所示，已知圆柱螺旋线的正投影图，用简化系数画出其正等轴测投影。

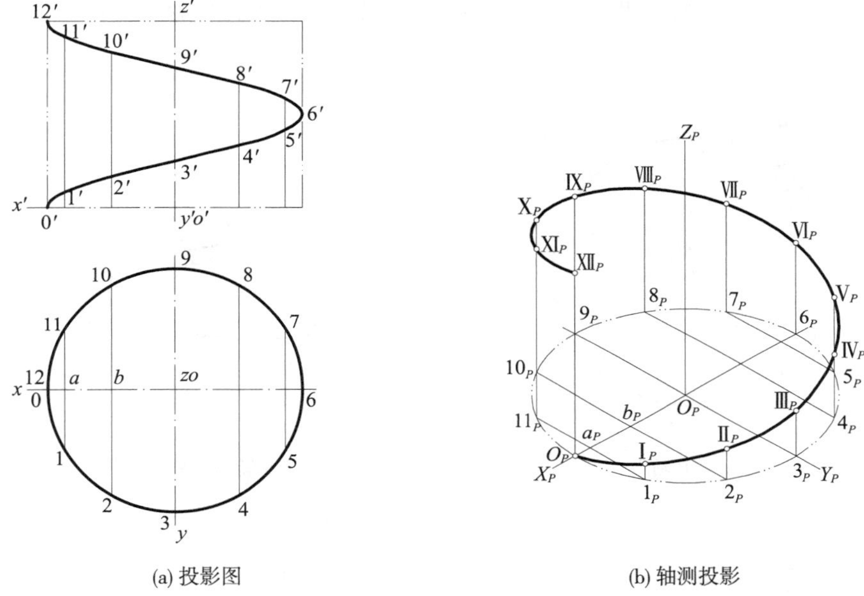

(a) 投影图　　　　(b) 轴测投影

图 9-17　圆柱螺旋线的正等轴测投影(用简化系数)

［**解**］　以螺旋线的轴线作为 OZ 轴，再以 H 面投影圆周的中心线作为 OX，OY 轴。画出轴测轴如图 9-17(b) 所示。

再作螺旋线上各等分点的次投影。例如：将对称于 OX 轴的点连成平行于 OY 轴的平行弦线，如 1-11，2-10，…，与 OX 轴交于 a，b，… 点。由于应用简化系数作正等轴测投影，故在 O_PX_P 上直接量取 a_P，b_P 等点的距离等于 a，b 等点到圆心的距离。再以 a_P，b_P 等点为中点，作 O_PY_P 的平行线，量取 $a_P1_P = a1$，$b_P2_P = b2$ 等，得 1_P，2_P 等，就可连得螺旋线的次投影。

最后，由各点的次投影，作 O_PZ_P 的平行线，量取 V 面投影中相应点的高度，得螺旋线上各点的轴测投影 I_P，II_P，…，就可连成圆柱螺旋线的轴测投影。

由于以简化系数作图，故所得轴测投影形状比正投影图要大。

三、圆周

1. 圆周的轴测投影形状：

(1) **当圆周平面平行于投射方向时，其轴测投影为一直线；当圆周平面平行于轴测投影面时，其轴测投影为一个等大的圆周。**

例如：平行于坐标面 XOZ 的圆周的正面斜轴测投影，以及平行于坐标面 XOY 的圆周的水平斜轴测投影，均为等大的圆周。

(2) **一般情况下，圆周的轴测投影为一个椭圆，椭圆心为圆心的轴测投影；椭圆的直径为圆周直径的轴测投影，圆周上任一对互相垂直的直径，其轴测投影为椭圆的一对共轭直径。**

2. 圆周的轴测投影椭圆作法：

(1) **共轭直径和长短轴作法** —— 求出圆周上任一对互相垂直直径的轴测投影，即为轴测椭圆的一对共轭直径，由之求出椭圆的长、短轴(参考图7-11)。再用四圆弧近似法(参考图7-9)，可作出轴测投影椭圆。此法适用于求圆周轴测椭圆的各种场合。

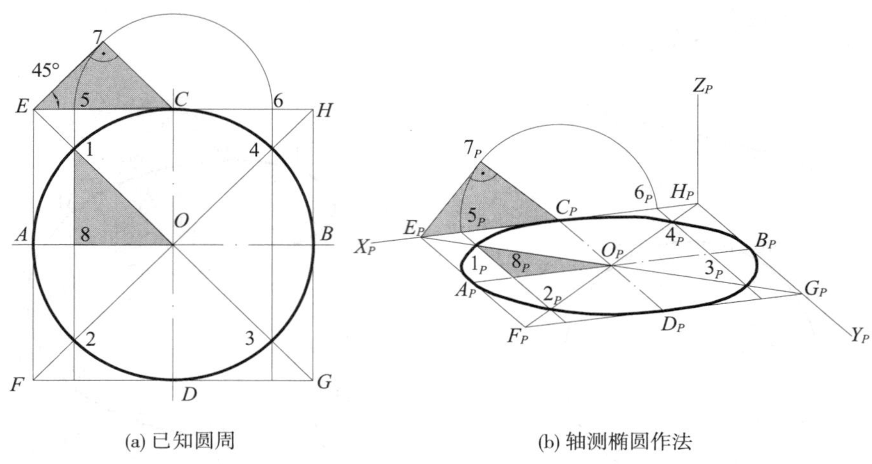

(a) 已知圆周　　(b) 轴测椭圆作法

图 9-18　八点法作圆周的轴测椭圆(用简化系数)

(2) **八点法** —— 由共轭直径用八点法作轴测椭圆：如图 9-18(a) 所示，已知圆周一对互相垂直的直径 AB 和 CD，设已作出其轴测投影 A_PB_P 和 C_PD_P 为轴测椭圆的一对共轭直径，如图 9-18(b) 所示。除端点 A_P，B_P，C_P 和 D_P 为轴测椭圆上四点外，再求出四点，即可连成轴测椭圆。

过 A_P，B_P，C_P 和 D_P，作共轭直径的平行线，得平行四边形 $E_PF_PG_PH_P$，必为圆周上外切正方形 $EFGH$ 的轴测投影。

平行四边形的对角线 E_PG_P，F_PH_P，为圆周外切正方形对角线 EG，FH 的轴测投影。则 EG，FH 与圆周的四个交点 1，2，3 和 4 四点的轴测投影，必在 E_PG_P，F_PH_P 上。

设在平行四边形任一边，以边长之半如 C_PE_P 为斜边，作一等腰直角三角形，再以 C_P 为圆心、腰长为半径作圆弧，交 E_PH_P 边于两点 5_P，6_P，由这两点作 C_PD_P 的平行线交对角线于 1_P，2_P，3_P 和 4_P 四点。因为在图 9-18(a) 中，$\triangle O18 \cong \triangle CE7$，$C5 = C7 = O8$；而 $C5 : CE = C_P5_P : C_PE_P$，故可由 5_P，6_P 来作图。

最后，光滑连接八点，即得轴测椭圆。此法称为**八点法**，适用于求圆周轴测椭圆的各种场合。

(3) **平行弦法** —— 在图 9-17 中，由 H 面上圆周作轴测椭圆时所应用的方法，称为平行弦法。特别适用于求圆周平行于坐标面，且要准确地求出部分轴测椭圆弧上一些点的场合。

3. 常用轴测投影中，圆周位于或平行于坐标面时，其轴测投影椭圆的长、短轴定法和用四圆弧近似法作图如下：

(1) 圆周的正等轴测投影

① **轴测椭圆的长、短轴方向和长度**——当圆周平面不平行也不垂直于轴测投影面时，它的正等轴测投影为椭圆，椭圆的长轴为圆周上平行于轴测投影面直径的投影，长度等于圆周直径。当有直线垂直圆周平面时，则该直线的正等轴测投影垂直于投影椭圆的长轴。

因而在正等轴测投影中，位于或平行于坐标面的圆周，在轴测投影面上的投影椭圆长轴，与垂直于该坐标面的坐标轴的轴测投影(轴测轴)互相垂直，由于长轴也垂直短轴，故短轴必平行于该轴测轴。

所以，在正等轴测投影中，位于或平行于三个坐标面的圆周的轴测椭圆的长、短轴方向，如图 9-19 所示。各长轴的长度为 $d(1.22d)$，短轴长度为 $0.58d(0.71d)$(证略，可利用图7-11作法引出，d 为圆周直径，括号内数字为用简化系数作图的长度)。

② **由共轭直径应用四圆弧近似法作正等轴测椭圆**——如图 9-19 所示，位于或平行于 XOY 坐标面上圆周的轴测椭圆，已作出了平行于轴测轴的共轭直径 A_PB_P 和 C_PD_P，由之作出圆周上切于 A,B,C,D 四点的正方形 $EFGH$ 的轴测平行四边形 $E_PF_PG_PH_P$，必切轴测椭圆于四点 A_P,B_P,C_P,D_P。由于边长相等，故为一个菱形。对角线 F_PH_P，E_PG_P 垂直和平行于轴测轴 Z_P，长短轴位于其上。

设轴测椭圆由四段圆弧拼成，相切于共轭直径的四个端点 A_P,B_P,C_P,D_P。端点为 C_P，A_P 的圆弧圆心，必位于通过 C_P,A_P 且垂直于 E_PF_P,E_PH_P 的直线上而为它们的交点，在正等轴测投影中就是 G_P。同样，B_P 和 D_P 间圆弧的圆心为点 E_P。又 B_PC_P 圆弧的圆心，为 F_PG_P，F_PE_P 于 B_P,C_P 点的垂线交点 1，即为 B_PE_P 和 C_PG_P 的交点。同样，可得出圆弧 A_PD_P 的圆心 2。1，2 并位于长轴、即菱形的长对角线 F_PH_P 上。

由于每段圆弧不与椭圆弧吻合，故这样作出的近似椭圆不通过长、短轴的顶点而略有差异。

图中并表示位于或平行于另两个坐标面圆周的轴测椭圆，作法相同。此法只适应于圆周外切正方形的轴测投影为菱形的场合。

(2) 圆周的正二等轴测投影

① **轴测椭圆的长轴方向和长度**——位于或平行于各坐标面圆周的正二等轴测投影椭圆的长轴，也垂直于与该坐标面相垂直坐标轴形成的轴测轴，如图 9-20 所示。各长轴的长度为 $d(1.06d)$。位于或平行坐标面 XOZ 的圆周的轴测椭圆的短轴长度为 $0.88d(0.94d)$，其他两个轴测椭圆的短轴长度为 $0.33d(0.35d)$，括号内数字为用简化系数作图的长度。

② **由共轭直径应用四圆弧近似法作正二等轴测椭圆**——位于或平行 XOZ 坐标面圆周的外切正方形的轴测投影，由于伸缩系数 $p=r$，所以也是一个菱形，作该菱形四边的中垂线，交得 1，2，3，4 四点，以之为圆心、到相应的各端点距离为半径作圆弧，也可作得轴测椭圆，1，2，3，4 四点分别位于菱形的对角线即长、短轴上；位于或平行 XOY，YOZ 坐标面圆周的外切正方形的轴测投影为平行四边形。XOY 坐标面上圆周的轴测投影中，共轭直径为 A_PB_P 和 C_PD_P，长轴因垂直于 O_PZ_P 而为水平方向，短轴 C_1D_1 则平行 O_PZ_P。

本图设已作出轴测椭圆的短轴 C_1D_1，设有一段圆弧通过短轴端点 C_1 和 A_P，则该圆弧的圆心必在 C_1A_P 的中垂线上，并在 C_1 处的法线即短轴(延长线)上，而为它们的交点 5，$O5$ 的长度约等于 A_PB_P。故不必作 C_1A_P 的中垂线，直接量取 $O5=A_PB_P$，得点 5。又通过点 A_P 的

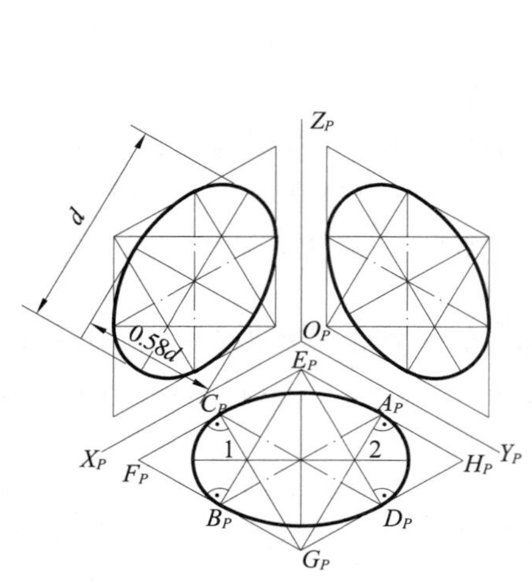

图 9-19　圆周的正等轴测投影四圆弧近似法画轴测椭圆

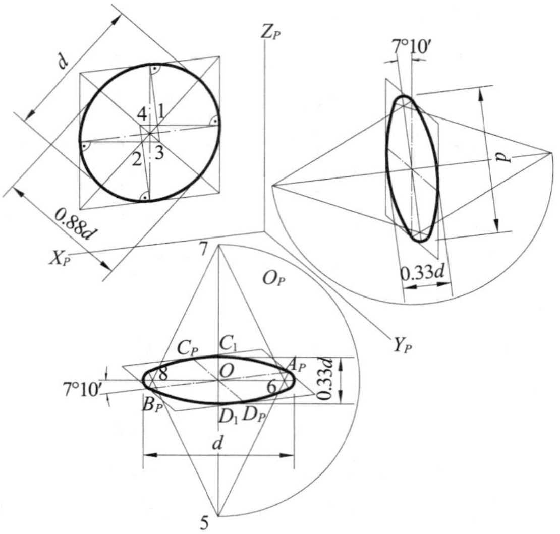

图 9-20　圆周的正二等轴测投影四圆弧近似法画轴测椭圆

另一段圆弧圆心 6 应在长轴上。由于两段圆弧相切于点 A_P，故圆心 6 实为连线 A_P5 与长轴的交点。

同法，短轴上方取 $O7 = A_PB_P = O5$，得点 7；作连线 B_P7，与长轴交得点 8。于是以 6，8，5，7 为圆心到相应的共轭直径端点作四段圆弧，即可连成轴测椭圆。

同样，可作出位于或平行坐标面 YOZ 的圆周的轴测椭圆，如图 9-20 所示。

本法由于仅使得圆弧 C_1A_P 通过点 A_P，没有与菱边相切，所以所作近似椭圆会凸出 A_P 处菱边；且长度 $O5$，$O7$ 为近似值，故所画轴测椭圆不通过长、短轴顶点，但误差不显著。

(3) 圆周的正面斜等轴测投影

① 位于或平行坐标面 OXZ 的圆周的正面斜轴测投影，为一个等大的轴测圆周，可先作出圆心的轴测投影来画得，如图 9-21 所示。

② 位于或平行 OXY、OYZ 的圆周的轴测投影 —— 可先作出圆周上平行于两坐标轴的一对互相垂直直径和外切正方形的轴测投影，为轴测椭圆的一对共轭直径和外切菱形，如图 9-21 所示。椭圆的长、短轴分别重合于菱形的长、短对角线方向，长轴长度为 $1.31d$，短轴长度为 $0.54d$。设用四圆弧近似法作轴测椭圆，可作菱形四边的中垂线，交得四个圆心 1，2，3，4，分别是位于长、短轴(延长线上) 即菱形对角线上。

此法同样适用于水平斜等轴测投影。

(4) 圆周的正面斜二等轴测投影

① 位于或平行坐标面 OXZ 的圆周的正面斜轴测投影也为一个等大的轴测圆周，如图 9-22 所示。

② 位于或平行 OXY，OYZ 的圆周的轴测投影 —— 也可先作出圆周上平行两坐标轴的一对互相垂直直径和外切正方形的轴测投影，为轴测椭圆的一对共轭直径和外切平行四边形。椭圆长轴方向与一条共轭轴 A_PB_P 成 $7°10'$ 夹角，长度为 $1.07d$；短轴与之垂直，长度为$0.33d$。

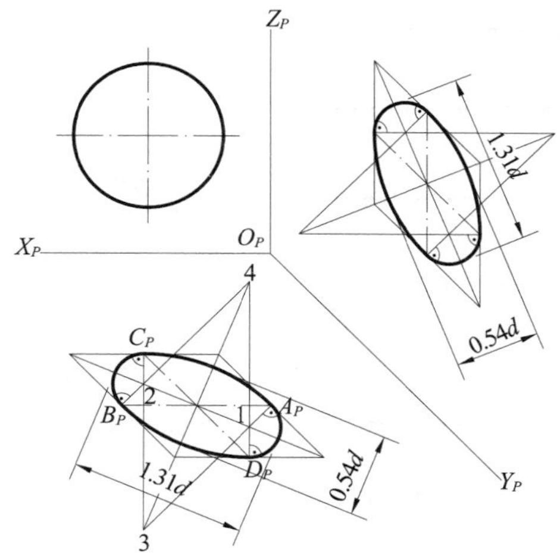

图 9-21　圆周的正面斜等轴测投影四圆弧近似法画轴测椭圆

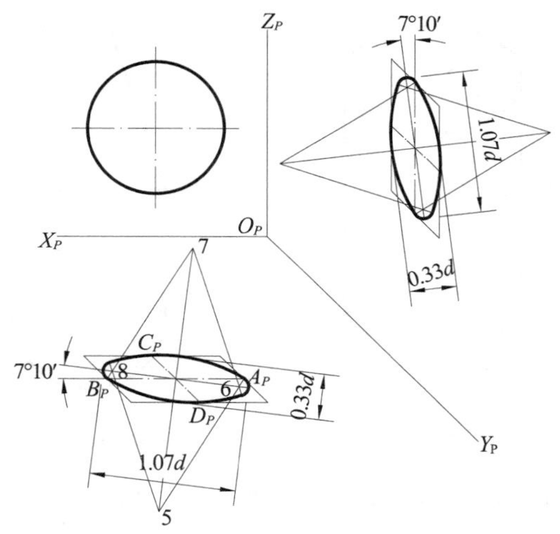

图 9-22　圆周的正面斜二等轴测投影四圆弧近似法画轴测椭圆

四圆弧近似法作轴测椭圆的作法，相同于图 9-20 正二等轴测投影的作法，仅长、短轴方向略斜而已。

图 9-23 为正等轴测投影中作 1/4 圆周之例。

四、曲面立体

圆柱、圆锥和旋转体的轴测投影，都可归结为画圆周的轴测投影。

1. 圆柱 —— 如图 9-24 所示，圆柱的轴测投影，是在作出底圆和顶圆的轴测投影后，再作两椭圆的外公切线（图中平行于轴线），即为圆柱的轴测投影外形线。显然，它们不是 V 面投影外形线的轴测投影。

2. 圆锥 —— 如图 9-25 所示，圆锥的轴测投影，是在作出锥顶及底圆的轴测投影后，自前者向后者作两条切线，即为圆锥的轴测投影外形线。同样，它们不是 V 面投影外形线的轴测投影。

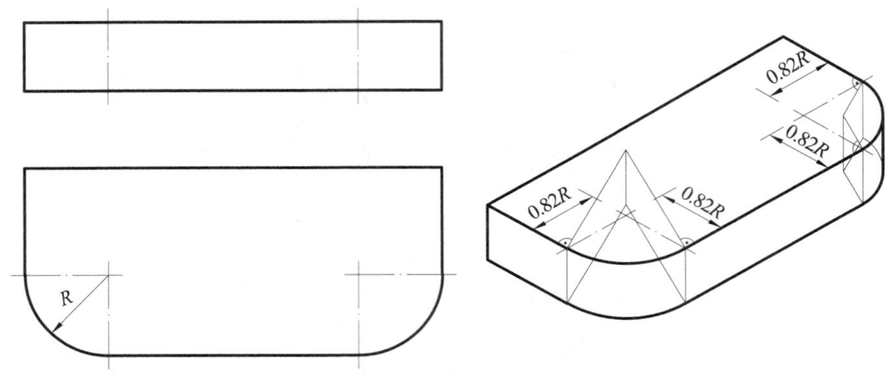

图 9-23　1/4 圆周角的正等轴测投影(用伸缩系数)

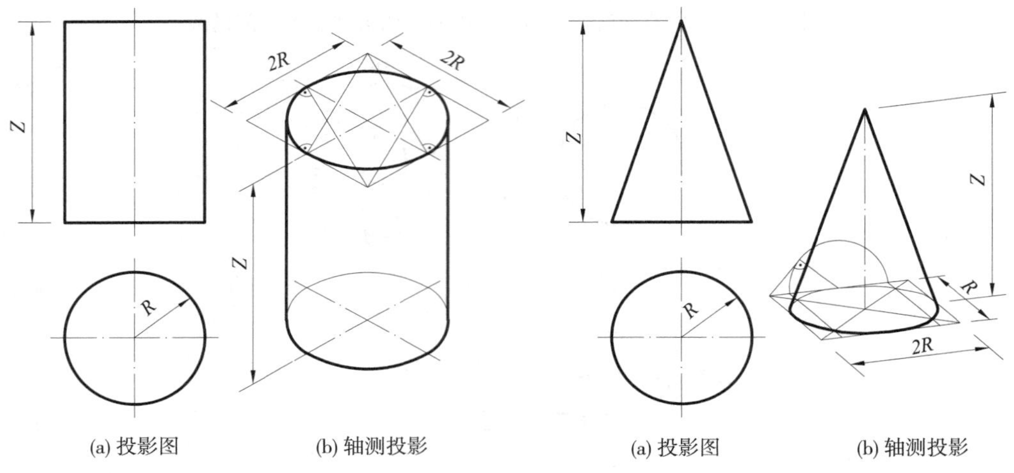

图 9-24　圆柱的正等轴测投影(用简化系数)　　图 9-25　圆锥的正二等轴测投影(用简化系数)

3. 旋转体 —— 如图 9-26 所示,可先作出许多纬圆(包括顶圆、喉圆、赤道圆及底圆)的轴测投影椭圆后,再作出与它们外切的外形线。

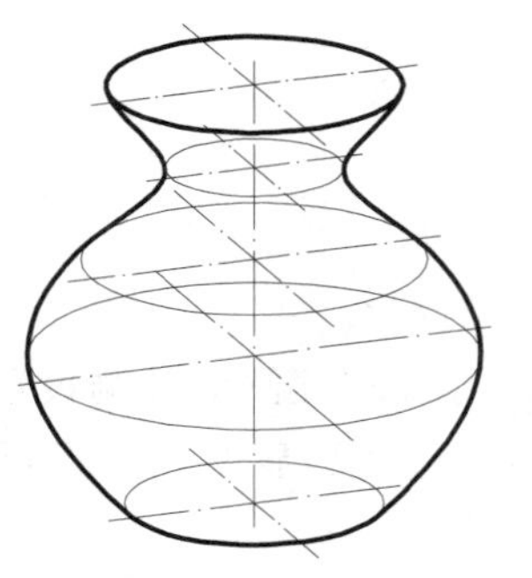

图 9-26　旋转体的正二等轴测投影

五、截断和相贯

根据投影图中所作出的截交线和相贯线,可以先作它们的次投影,再作出它们的轴测投影。但是当截平面垂直某投影面,或相贯体之一参与相贯的面垂直某投影面时,则不必利用投影图中已作出的截交线和相贯线,只要作出截平面和相贯体之一在投影面上积聚投影的轴测投影,即可在立体的轴测投影上,直接作出截交线和相贯线的轴测投影。

如图 9-27、图 9-28 所示,因截平面和三棱柱参与相贯的面都垂直 V 面,可用 V 面的次投影来直接作出截

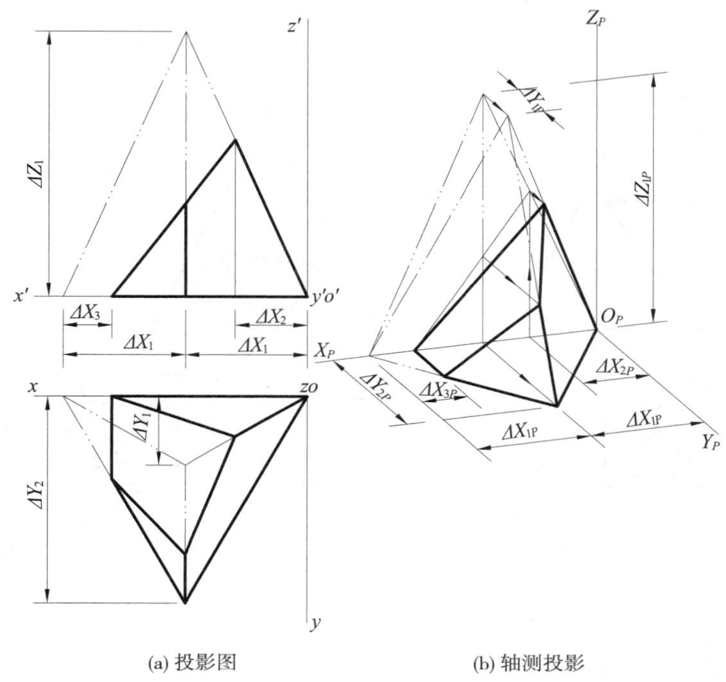

(a) 投影图　　(b) 轴测投影

图 9-27　三棱锥截断后的正二等轴测投影(用伸缩系数)

交线和相贯线的轴测投影。

在轴测投影中直接作截交线和相贯线,应根据立体的可见性,直接作出位于立体的轴测投影外形线上的截交点和相贯点,以及看得见的截交点和相贯点,其余看不见的就不必作出。

六、工程形体

现结合一些实际工程形体,介绍几种轴测投影作法:

1. **形体分析法** —— 如图 9-29 所示,已知某工程形体的投影图,用简化系数画出其正等轴测投影。

将该形体分解成 A,B,C,D 四个基本部分,用叠加法分步作出它们的轴测投影,注意叠加成整体后形成同面或相切面时交接处无线条。最后把可见的轮廓线加粗,以示明显。

2. **次投影法** —— 如图 9-30 所示,已知房屋模型的投影图,用简化系数画出其正等轴测投影。

首先,在轴测投影中,画出 H 面投影的次投影,再由之量取屋檐、屋脊高度,分别得出屋檐、屋脊上的一些点,如 A_P,B_P,…,再作出屋檐、屋脊等有关连线,最后加粗可见的轮廓线,即为房屋模型的轴测投影。

3. **网格法** —— 如图 9-31 所示,已知墙面花格的正面形状及厚度,画出其正面斜二等轴测投影及正二等轴测投影(用简化系数)。

凡是不规则图形,特别是由曲线构成的平面图形,则图形上的点可用方格网来近似定位。先画出方格网的轴测投影;再按点、线在原方格网中的大概位置,移到轴测网格中。

在图 9-31(b) 中,因正面的形状不变,先用网格原样画花格的正面形状;再沿轴向量取

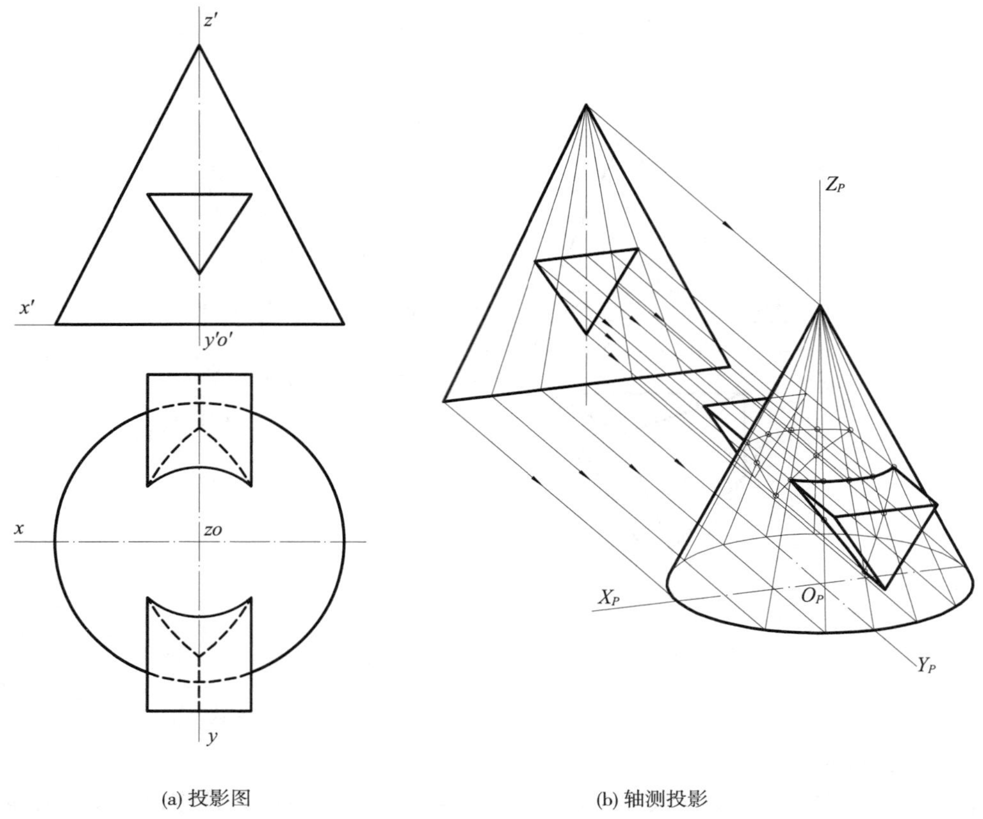

图 9-28　三棱柱与正圆锥相贯后的正二等轴测投影(用简化系数)

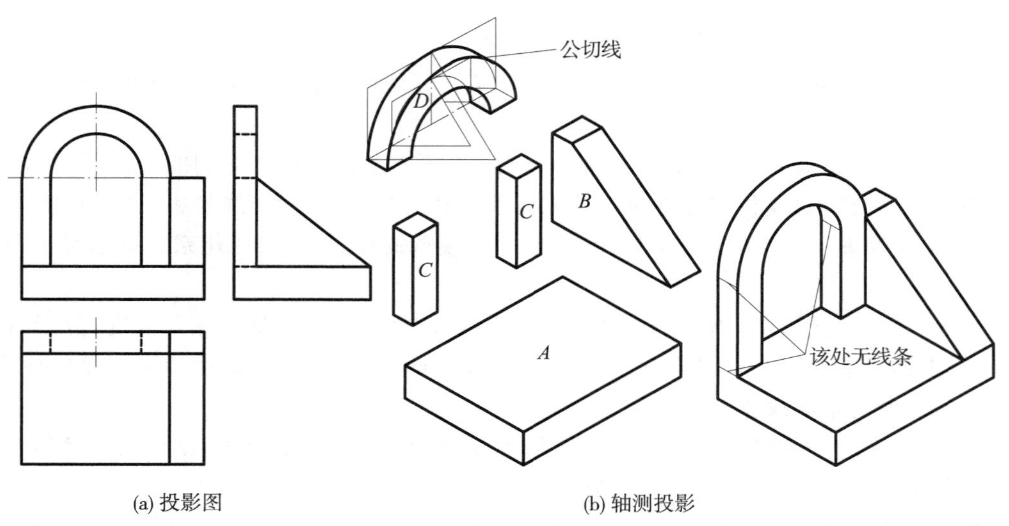

图 9-29　某工程形体的正等轴测投影(用简化系数)

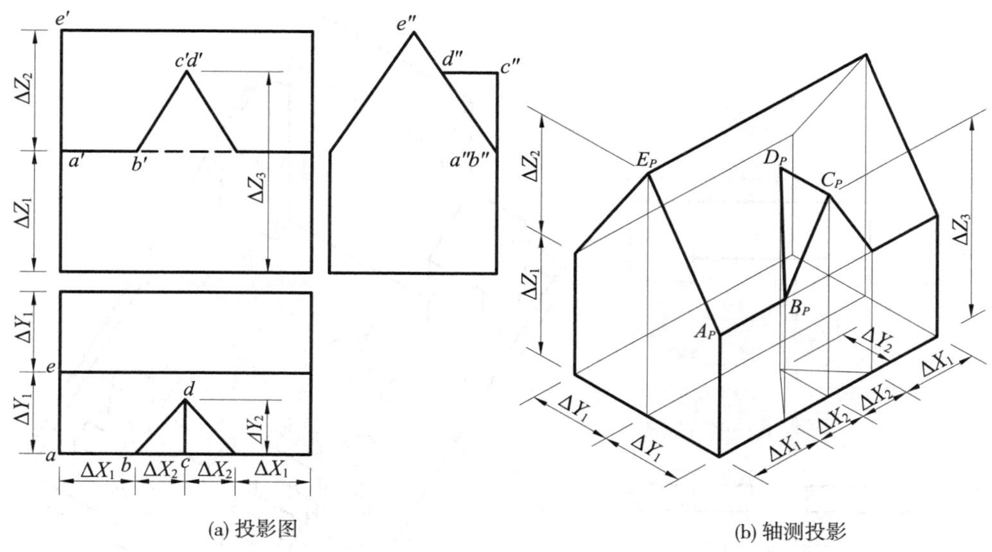

(a) 投影图　(b) 轴测投影

图 9-30　某房屋模型的正等轴测投影(用简化系数)

1/2 厚度,画出看得见的、与正面形状相同的背面形状,即可画全花格的轴测投影。

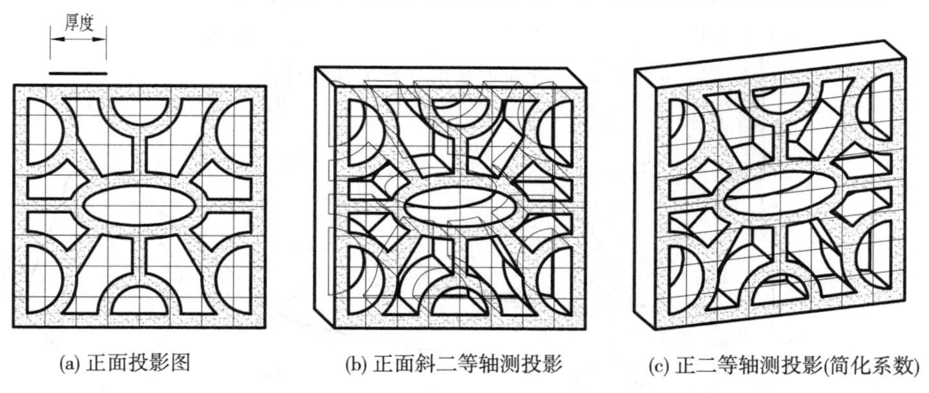

(a) 正面投影图　(b) 正面斜二等轴测投影　(c) 正二等轴测投影(简化系数)

图 9-31　墙面花格的轴测投影

在图 9-31(c) 中,花格的正二等轴测投影也是同样画出的。

[例 9-4]　如图 9-32(a) 所示,已知建筑群的总平面图,并知有关建筑物的形状和高度(另外提供),画出其水平斜等轴测投影。

[解]　图 9-32(b) 为建筑群的水平斜等轴测投影。它是把建筑总平面图偏转一个角度后,再加画各建筑物的高度而作出的。显然,用水平斜等轴测投影来表达建筑群,既有总平面图的优点,又具有直观性。

[例 9-5]　如图 9-33(a) 所示,已知由等高线表示的地形图(参考后面标高投影章节),画出其水平斜等轴测投影。

[解]　在水平斜等轴测投影中,平行于 *OXY* 坐标面的平面上图形保持不变,故各等高线的轴测投影的形状和大小,分别与地形图中各等高线形状和大小相同。因此只要根据各等高线的高度,在轴测投影中按地形图中各等高线的形状和大小原样画出,最后将各等高线轴测投影的端点连成曲线,即为坐标面及其平行面与地面的交线。

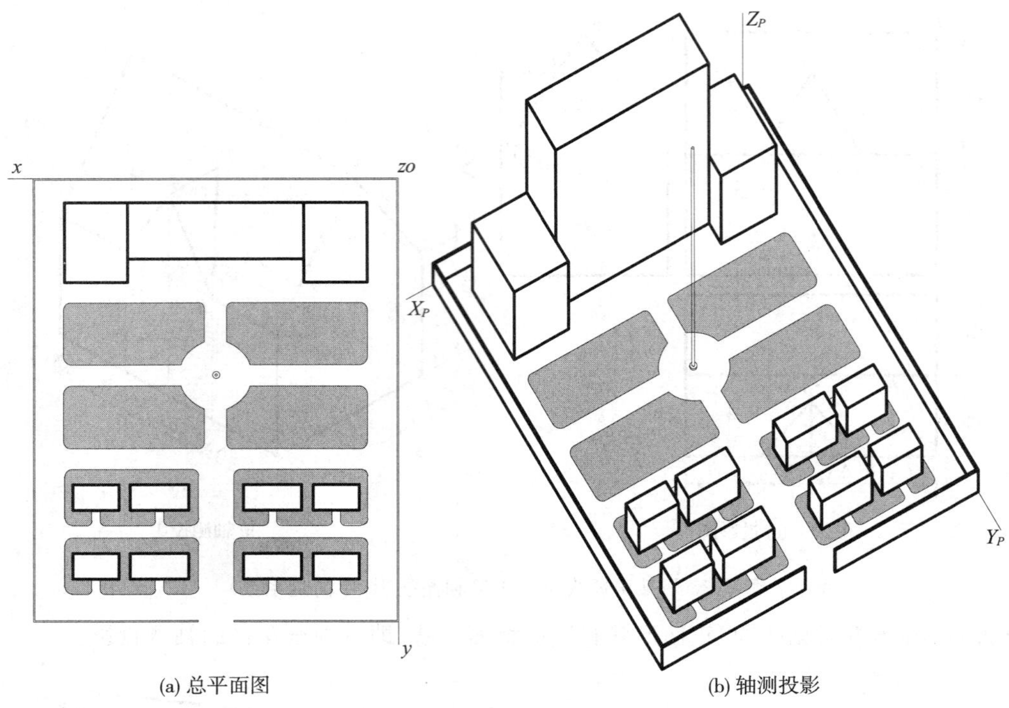

(a) 总平面图　　(b) 轴测投影

图 9-32　建筑群的水平斜等轴测投影

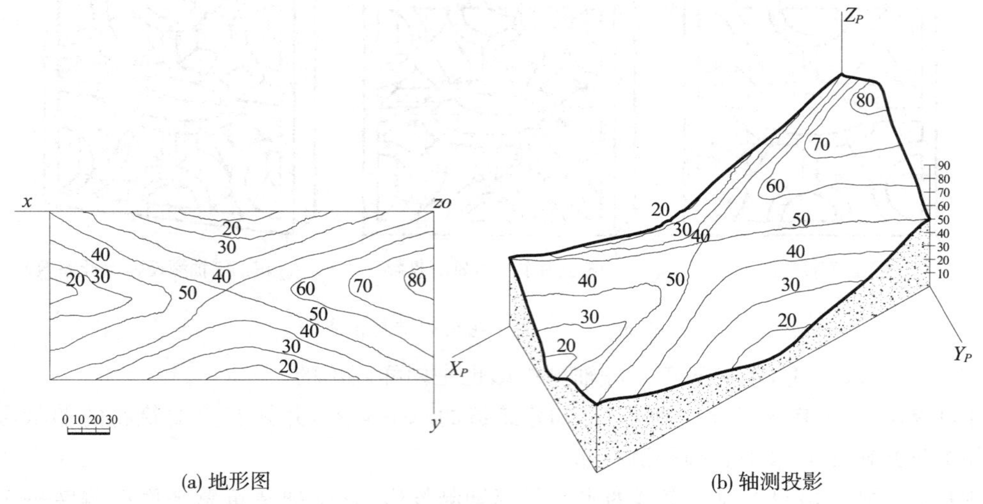

(a) 地形图　　(b) 轴测投影

图 9-33　地形的水平斜等轴测投影

复习思考题

(1) 轴测投影是如何形成的?它有哪些性质?何谓次投影?

(2) 伸缩系数、简化系数、放大率如何定义?轴测投影如何分类?

(3) 几种常用轴测投影的伸缩系数和轴间角如何求得?

第十章　标高投影

标高投影为空间形体标以离开一水平基准面高度时在水平投影面上的正投影。

第一节　点和直线

一、标高投影

土木建筑工程中，对于形状不规则的地面，弯曲的道路等，不宜也不便采用前面所述的各种投影方法来表达，因而采用水平投影并标注出点、线、面等离开一水平基准面的高度来表达空间形体，这种标注方法称为**标高投影法**，这时的投影称为**标高投影**。由于水平投影是正投影，故标高投影具有正投影的特性。

二、点

在点的水平投影旁，标以带有该点离开水平投影面高度数字的字母时，就是该点的标高投影。

如图 10-1 所示，设空间有三个点 A，B，C，作出它们在一个水平基准面 H 上的投影 a，b，c，并在字母的右下角，标以各点离开 H 面的高度数字 5，0，－3，就是各点的标高投影。高度数值称为**标高**，一般以米(m) 为单位。当一点高于 H 面时，标高为正，如 a_5，在 H 面上时为零(0)，如 b_0，低于 H 面时为负，于数字前加负(－) 号，如 c_{-3}。图中并应画出带有刻度的、水平方向的一粗一细的平行双线所表示的**比例尺**。

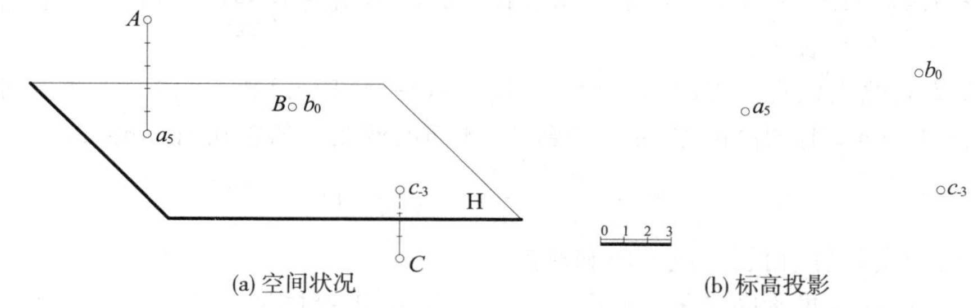

图 10-1　点的标高投影

反之，根据一点的标高投影，就可确定该点在空间的位置。如由点 a_5 作垂直于 H 面的投射线，向上量 5m，即得点 A。

三、直线

1. 直线的标高投影表示法

直线的标高投影表示和标注的方法如下：

(1) **由直线的水平投影加注其上两点的标高投影来表示**。如图 10-2 中一般位置直线 AB、竖直线(H 面垂直线)CD 和水平线(H 面平行线)EF，它们的标高投影分别为 a_5b_2，c_5d_2 和 e_3f_3。

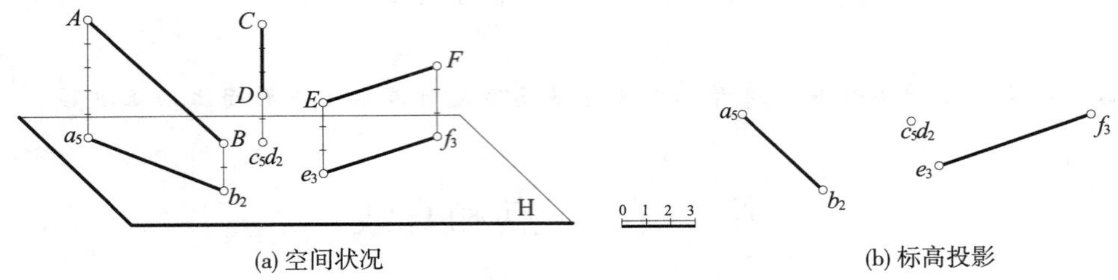

(a) 空间状况　　(b) 标高投影

图 10-2　直线的标高投影

(2) **水平线也可由其水平投影加注一个标高来表示**。如图 10-3 所示，这是由于水平线上各点标高相等之故。因而**水平线本身及其标高投影，均称为等高线**。

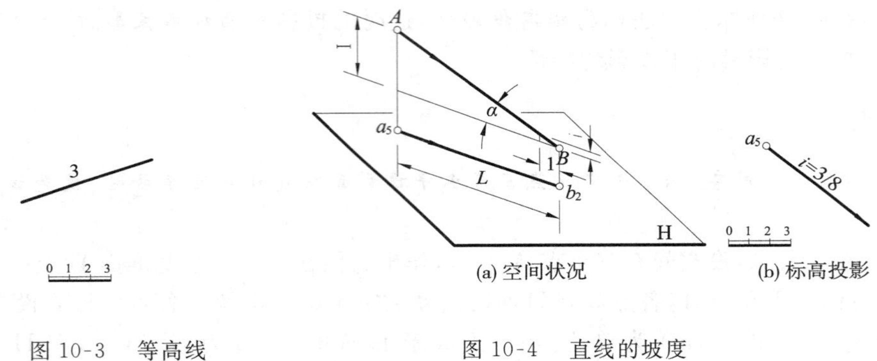

(a) 空间状况　　(b) 标高投影

图 10-3　等高线　　图 10-4　直线的坡度

(3) **一般位置直线也可由其水平投影加注直线上一点的标高投影以及直线的下降方向和坡度 i 来表示**。如图 10-4(a) 中直线 AB，其标高投影见图 10-4(b)，由 a_5 及下降方向的箭头和坡度 $i=3/8$ 来表示。

坡度 i 为直线上任意两点间的高度差 I 同其水平距离 L 之比，也相当于两点间的水平距离为单位长度 1(m) 时的高度差，也为直线对 H 面的倾角 α 的正切值 $\tan\alpha$。即

$$\text{坡度}\quad i=\frac{I}{L}=\frac{i}{1}=\tan\alpha$$

2. 直线的实长、倾角、刻度、平距和坡度

(1) 直线的标高投影同实长、倾角之间的关系：同正投影图一样，可由直角三角形来表示。如图 10-5，即以直线的标高投影为一直角边，两点的高度差为另一直角边，斜边为实长，斜边与水平方向间的夹角为倾角 α。

在图 10-5(b) 中，如已知 a_5b_2，作 $A^0a_5 \perp a_5b_2$，取 $A^0a_5=5-2=3\text{m}$，则 $A^0b_2=AB$，$\angle a_5b_2A^0=\alpha$。

(2) 刻度：标高投影的**刻度**，为直线上有整数标高各点的投影，但不标注各点的字母而仅标注各点的标高。如图 10-5(a)，(c) 中 a_5b_2 上仅注数字 3，4。

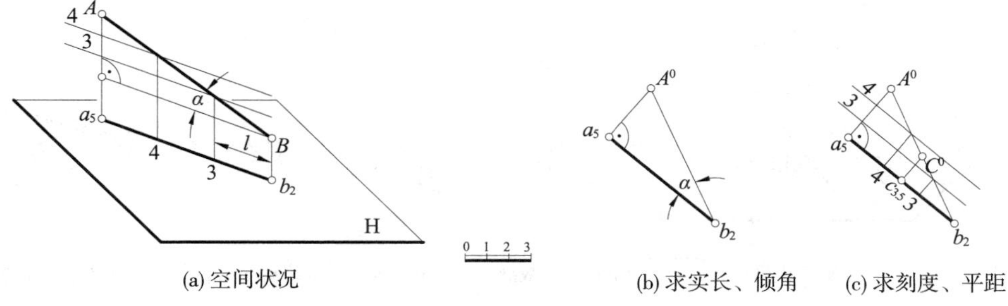

(a) 空间状况 (b) 求实长、倾角 (c) 求刻度、平距

图 10-5 直线的实长、倾角、刻度和平距

在图 10-5(c) 中，如已知 a_5b_2，可在表示实长的三角形上，作出相当于标高为 3,4 的直线，3,4 平行于 a_5b_2，则由它们与斜边 A^0b_2 的交点，向 a_5b_2 引垂线，垂足即为刻度 3,4。

(3) 平距 l：直线上的两点间水平距离 L 与高度差 I 之比 l，也相当于两点间高度差为 1 单位长度(m) 时的水平距离，称为**平距或间距**。即

$$平距 \quad l = \frac{L}{I} = \frac{l}{1} = \frac{1}{\tan\alpha} = \frac{1}{i}$$

故**平距 l 与坡度 i 互为倒数**。由此可见，两刻度间的距离即为平距。

［**例 10-1**］ 如图 10-5(c) 所示，已知直线 AB 的标高投影 a_5b_2 和直线上一点 C 的水平投影 c，求 C 的标高。

［**解**］ 由 c 作 a_5b_2 的垂线，与 A^0b_2 交于点 C^0，量取 cC^0 的长度可得出 C 的标高为 3.5m。

第二节 平面和平面立体

一、平面

1. 平面的标高投影

(1) 平面的标高投影，可由下列五种几何图形的标高投影来确定：① 不在一直线上的三点；② 一直线和线外一点；③ 相交两直线；④ 平行两直线；⑤ 其他平面图形。

(2) 平面的标高投影，可由下列几种形式表示，如图 10-6 所示。

① **平面由面上一组等高线表示**：如图 10-6(a) 和(b) 所示，一个平面上的各等高线必互相平行，且它们之间的平距相等。**一组等高线的标高数字的字头应朝向高处**，好像由低处向上看，因此有时图中数字有颠倒的情况。**等高线用细线表示**。为了易于查看，**也可每隔四条加粗一条，并且可以仅标注粗线的标高**。

② **平面由坡度比例尺表示**：如图 10-6(a) 和(c) 所示，**坡度比例尺**就是平面上带有刻度的最大坡度线(最大斜度线) 的标高投影，仍用平行的一粗一细双线表示。因为平面的坡度就是平面上最大坡度线的坡度。并且最大坡度线与等高线互相垂直。故根据坡度比例尺就可定出等高线来确定平面。

③ **平面由面上任意一条等高线和一条最大坡度线表示**：如图 10-6(d) 所示，该**最大坡度线**用标注有坡度 i 和带有下降方向箭头的细实线表示。

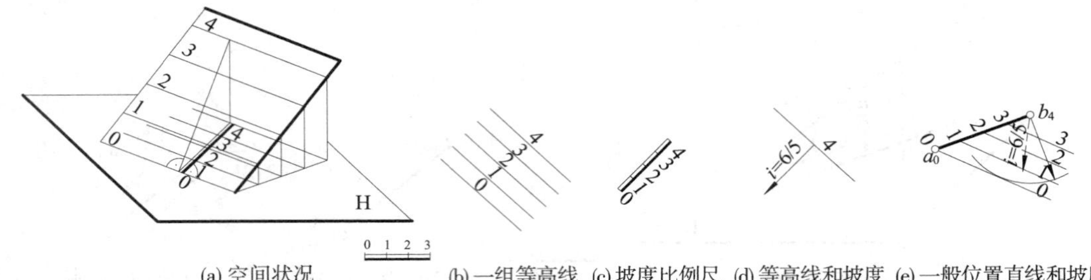

(a) 空间状况　(b) 一组等高线　(c) 坡度比例尺　(d) 等高线和坡度　(e) 一般位置直线和坡度

图 10-6　平面的标高投影表示形成

④ **平面由面上任意一条一般位置直线、平面坡度和大致的下降方向表示：**如图 10-6(e) 所示，大致的下降方向用细虚线表示。已知 a_0b_4，并知标注有坡度和带有下降方向箭头的虚线，即可确定一个平面。也即可作出平面的一组等高线，因为最大坡度线的方向必与等高线垂直，且它们的平距相等，又因平距为坡度的倒数，即 $l=5/6$。故要作等高线 0 时，可以 b_4 为圆心，以 $4\times\dfrac{5}{6}=3.33\text{m}$ 为半径作圆弧，再由 a_0 向其作切线，即为等高线 0。再由刻度 1、2、3 等作等高线 0 的平行线，即得等高线 1,2,3。

⑤ **水平面(H 面平行面)除了作出轮廓线的水平投影外，则用一个完全涂黑的等腰直角三角形加注标高来表示，**该三角形的高约 3mm。例如：图 10-9 中标高为 40m 的水平面。

［**例 10-2**］　如图 10-7 所示，已知一平面上 A,B,C 三点的标高投影 $a_0,b_4,c_{1.5}$ 求该平面的等高线、坡度比例尺、平距 l 和倾角 α。

［**解**］　(1) 作等高线：先任作两点连线如 a_0b_4 和 $b_4c_{1.5}$，并求出它们的刻度 0,1,2,3。然后把刻度相同的点相连，可得平面的等高线 2、3，再由 a_0b_4 上刻度 0(a_0)，1 作它们的平行线，又得等高线 0,1。

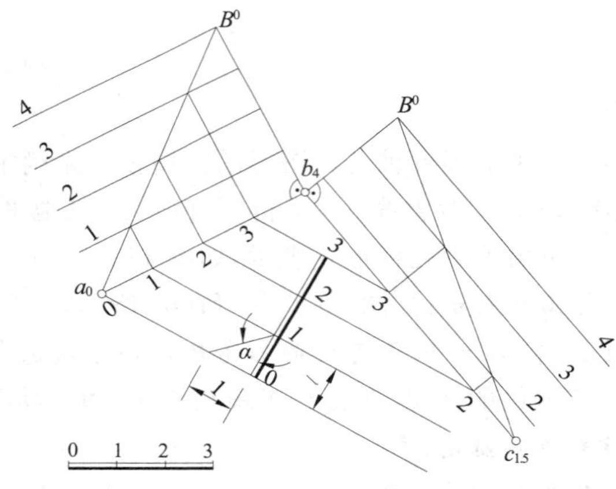

图 10-7　不在一直线上的三点所确定的平面等高线、坡度比例尺、平距和倾角的作法

(2) 作坡度比例尺：在任一合适位置，作等高线的垂线，即可画出坡度比例尺。

(3) 定平距：任意两相邻等高线间距或坡度比例尺上刻度间距离，即为平距 l。

(4) 求倾角：作一个直角三角形，使两直角边分别为 l 和 1 单位长度(m)，则斜边与坡度比例尺间的夹角 α 即为倾角。

2. 平面的交线

在标高投影中，两平面上标高相同的两条等高线的交点，必为两个平面交线上的点，且该点的标高等于等高线的标高。于是作出这样的两个交点，相连即为两平面交线的标高投影。

[例 10-3]　如图 10-8 所示，已知两个平面的标高投影，其中一个由坡度比例尺 a_0b_4 表示，另一个由等高线 3 和最大坡度线表示，坡度为 1/2。求两平面交线的标高投影。

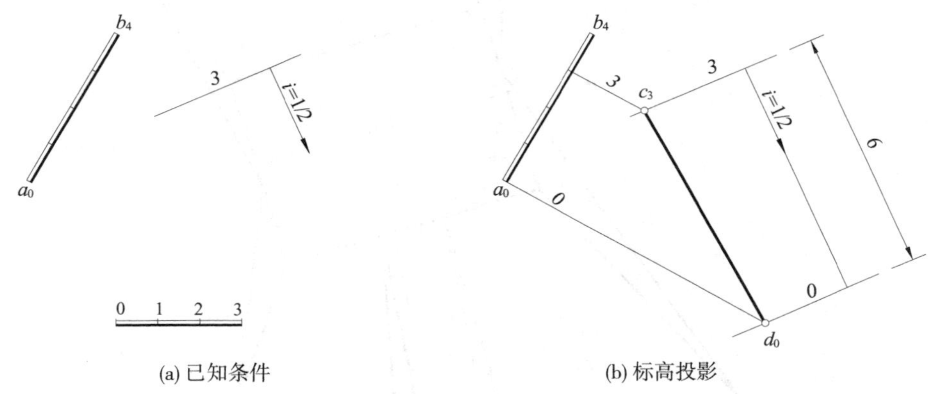

(a) 已知条件　　(b) 标高投影

图 10-8　两平面的交线

[解]　设取两组标高为 0 和 3 的等高线来求解。为此，在由坡度比例尺表示的平面上，由刻度 0 和 3，作坡度比例尺的垂线，可得出等高线 0 和 3；再在由等高线 3 和最大坡度线表示的平面上，以坡度1/2 的倒数 2 为平距，求等高线 0，则等高线 3 与 0 间距为 $3 \times 2 = 6$m，由之可作得该平面的等高线 0。

两对标高相同的等高线 3，0，分别交于 c_3，d_0，则连线 c_3d_0 即为两平面交线的标高投影。

二、平面立体

标高投影中，平面立体由其棱面、棱线和顶点等的标高投影来表示。

图 10-9 是带有斜坡道的一座平台的标高投影。其中，地面为倾斜的平面，由等高线表示，平台顶是一个标高为 40m 的水平矩形平面，前方斜坡道是由等高线 34 至 39 表示的倾斜面。平台四周有边坡，由于平台的左前方高于地面，故边坡为填方，平台的右后方低于地面，故边坡为挖方。填挖方的分界点，是标高为 40 的平台顶矩形边线与地面上标高为 40 的等高线的交点。图中还作出了边坡间交线，它们均为各面上标高相同的各等高线交点的连线，且三个面上的三条交线相交于一点。除斜坡道的填方坡度及其他挖方坡度为 1∶1，其余的填方坡度都为 2∶3。于是作平台四周边坡时的平距分别为填挖方坡度的倒数，即 3∶2 和 1，斜坡道旁边边坡的等高线作法，同图 10-6(e)。

在完成后的图形中，为了增强立体感，可在边坡上，由坡顶开始，画上长、短相间的直线，称为**示坡线**。其方向平行于最大坡度线，即垂直于相应面上的等高线。短划应画在高的一侧，其间距宜小于相应坡面上等高线间的平距。当边坡范围较大时，可局部地画出示坡线，甚至长划也可不画到对边上。

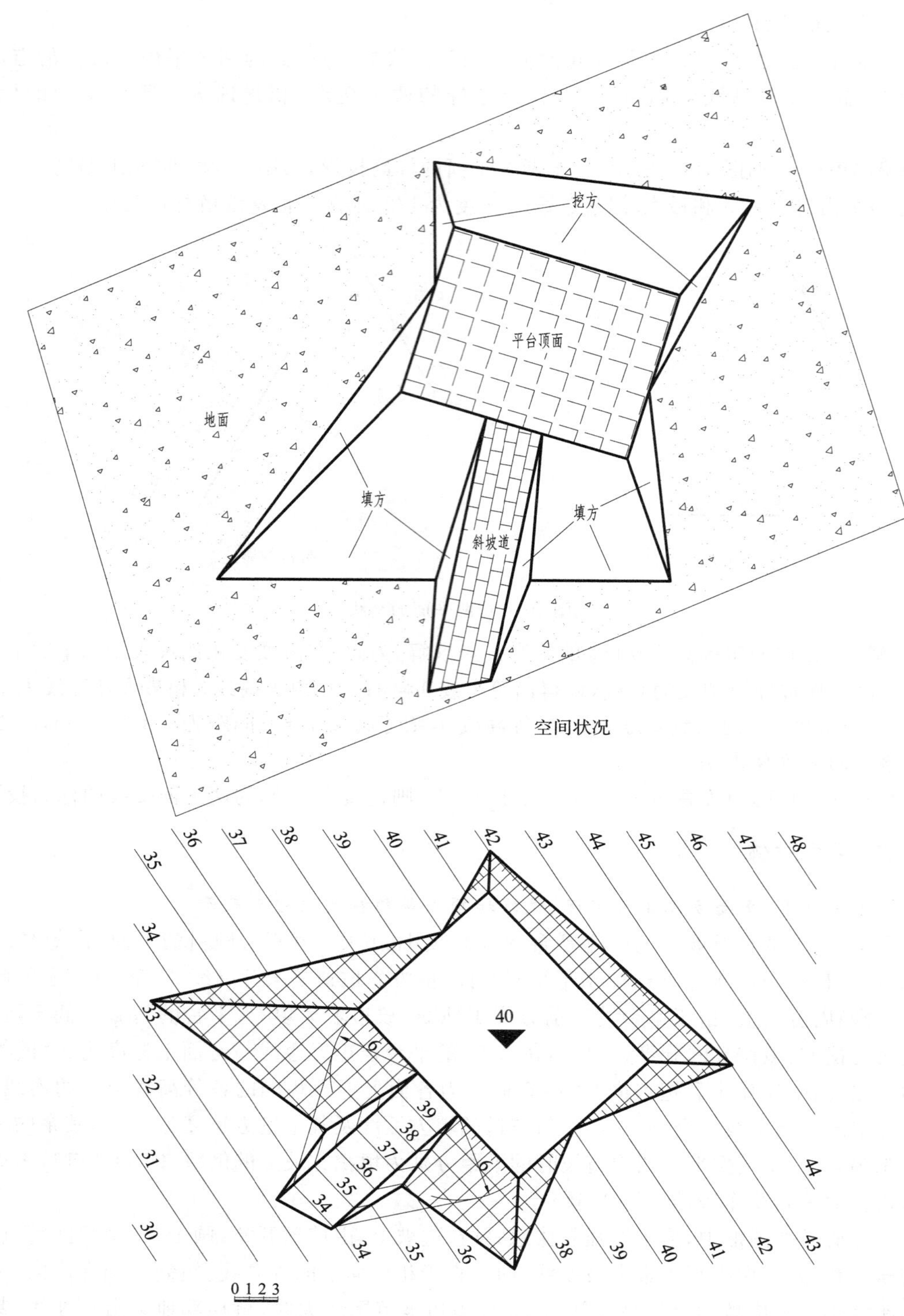

图 10-9　平面立体的标高投影

第三节　曲线、曲面和曲面立体

一、曲线

曲线的标高投影，由曲线上一系列点的标高投影的连线来表示，如图 10-10(a) 所示。呈水平位置的曲线，即为等高线，一般只标注一个标高，如图 10-10(b) 所示。

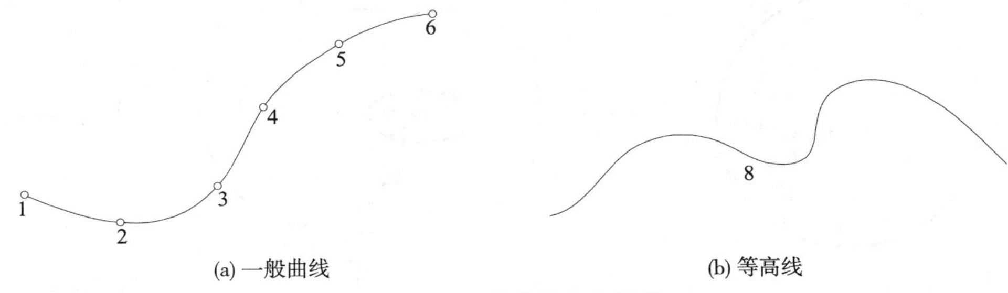

图 10-10　曲线的标高投影

二、曲面

曲面的标高投影，由曲面上一组等高线表示。这组等高线，相当于一组水平面与曲面的交线。

图 10-11 和图 10-12 分别为正置和倒置的正圆锥面的空间状况和标高投影，也为正圆锥体的标高投影。在它们的标高投影中，所有等高线均为一些等间距的同心圆，前者的标高向圆心递增，后者向圆心递减。

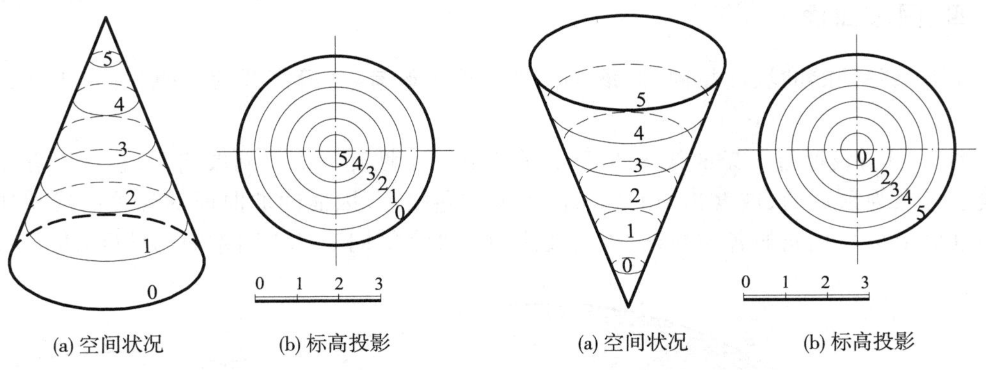

图 10-11　正置正圆锥面的标高投影　　图 10-12　倒置正圆锥面的标高投影

图 10-13 为一个正置的斜圆锥（锥底为一个水平圆），下方为标高投影，该锥面左侧素线的坡度大，右侧素线的坡度小，故等高线间距左侧密，右侧稀，等高线成为一些不同心的圆周。

三、地形图

图 10-14 为地面的标高投影，它是由一些高度不同的等高线来表示地面的形状，称为**地**

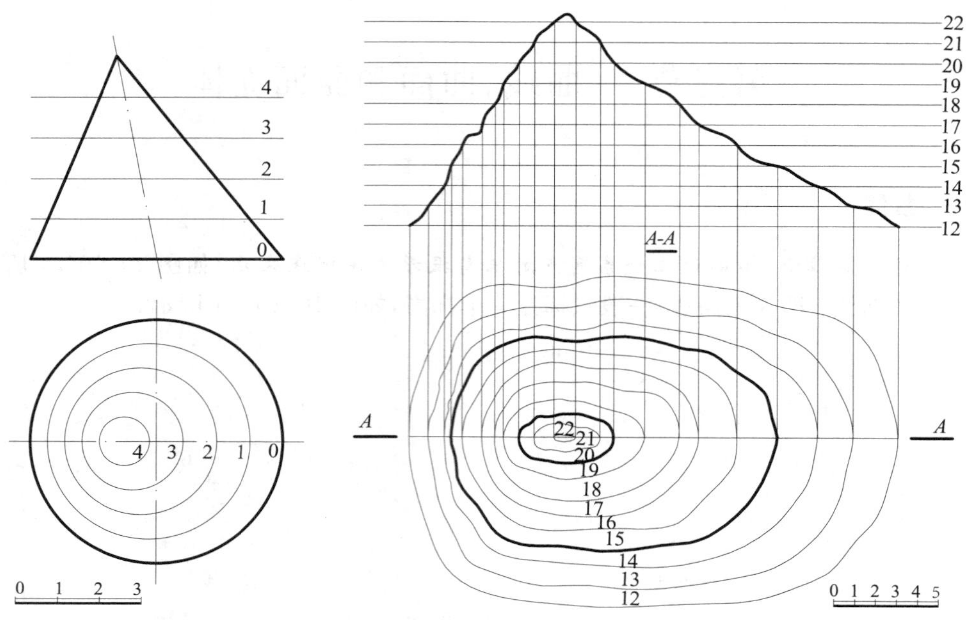

图 10-13 斜圆锥的标高投影

图 10-14 地形图

形图。这些等高线各由地面上高度相同的点所连成，一般为不规则的平面曲线。图示中部的标高大，故为山丘的标高投影。为了标注方便，等高线可每隔四条加粗一条，加粗的等高线称为**计曲线**，可只标注计曲线的标高，如图中的标高 15 和 20，其余等高线的标高可省略不标。

该地形图的上方，为 A—A 断面图，为平行于 V 面的剖切面与山丘的交线，可以明显地表示出该处地面的起伏状况。

四、同坡曲面

曲面上各处的的坡度相同时，该曲面称为**同坡曲面**，各等高线的间距相同。正圆锥面即为一例。

图 10-15，设通过一条曲线 *ABCD* 在前方有一个坡度 2/1 的同坡曲面，它可以看作是以曲线上各点为顶点的、坡度相同的各正圆锥面的包络面，因而同坡曲面的各等高线相切于各正圆锥面上标高相同的各等高线，该同坡曲面的坡度等同于各正圆锥面的坡度，也为 2/1。

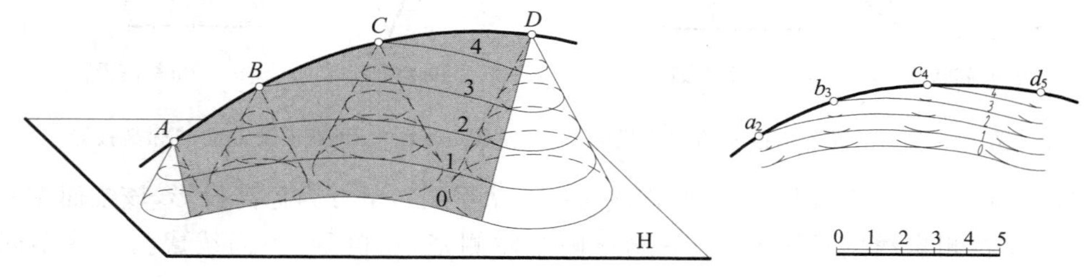

图 10-15 同坡曲面

因此，如已知曲线的标高投影，并知同坡曲面的坡度，则以其倒数即平距为半径差来作出各圆锥面上同心圆形状的各等高线，由之可作出同坡曲面上与它们相切的一组等高线。

［例 10-4］　如图 10-16 所示，已知地形图（具有等高线）中路面边线的水平投影以及路面上等高线的标高投影。填挖方坡度都是 2/3，求道路边坡上的各等高线以及边坡与地面的交线。

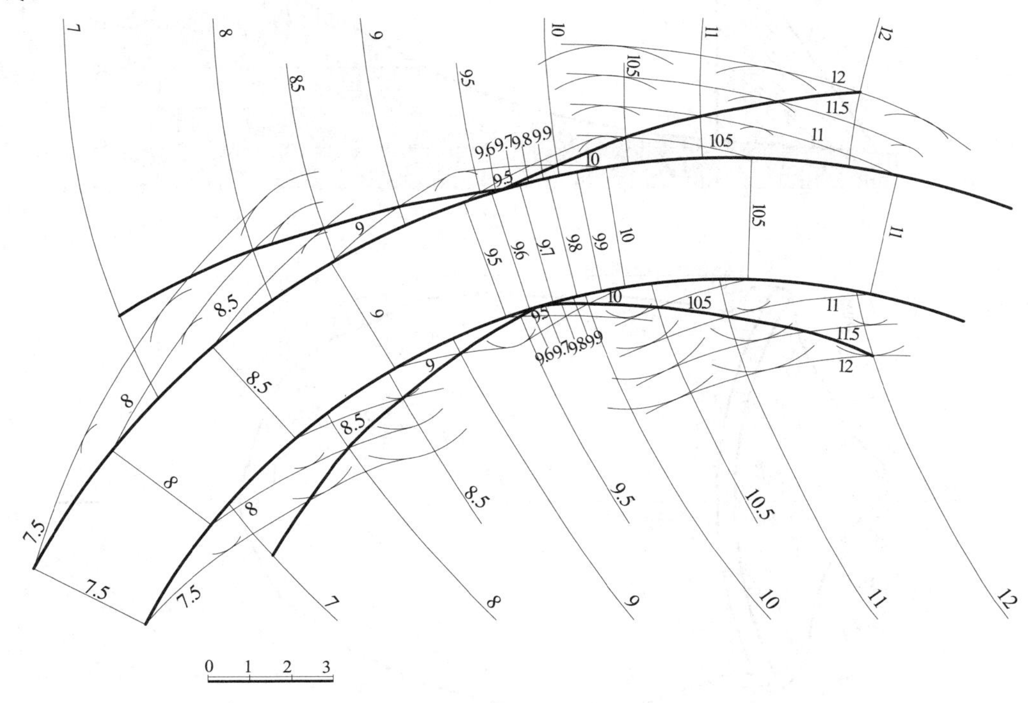

图 10-16　道路的标高投影

［解］　土建工程中施工时，填土石的地方，称为填方，挖土石的地方，称为挖方。其体积用 m^3 为单位，$1m^3$ 称为一方。本图中，由于左端路面的标高如 8m 处大于地面的标高 7，故左端道路的边坡为填方，相反地，右端路面的标高如 11m 处小于地面的标高 12，故右端道路的边坡为挖方。道路边坡为同坡曲面，这些面上等高线的间距，由坡度可算得间距为 3/2，以之为半径差，按图 10-15 的方法，在路边上刻度 8，9… 处作同心圆，即可作出边坡上与它们相切的各等高线。作图时添加了标高 8.5，9.5，10.5 的等高线，由之可作出较多的同心圆来使得边坡上各等高线作得精确些。

边坡的各高等线同地面上标高相同的等高线交点的连线，即为边坡与地面的交线。

由地面、路面的等高线可知，道路两侧的填挖方分界点都在 9.5 与 10 之间，为做到尽量精确，在 9.5 与 10 之间又插入了 9.6 ～ 9.9 的地面、路面等高线，在该范围内可知分界点在 9.6 与 9.7 之间。

［例 10-5］　如图 10-17 所示，已知地面的等高线及一水坝的圆弧形坝顶的标高投影，坝坡的 $i = 3/2$，并知坝的断面 A—A 和水面的标高为 38.5m。试完成标高投影。

［解］　先作出坝坡的等高线，为半径差等于平距 $l = 2/3$ 的同心圆弧，再求出它们与地面等高线的交点，即可连得坝坡与地面的交线。图中水面与地面的交线为一条标高为 38.5m 的等高线。

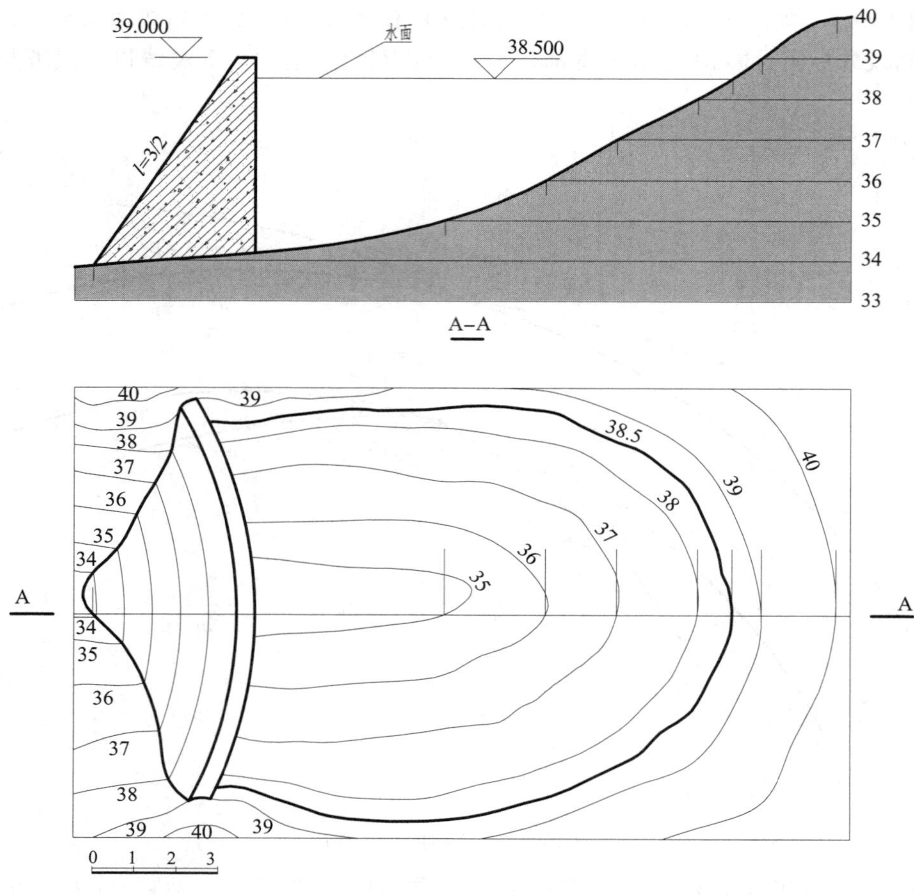

图 10-17　水坝的标高投影

复习思考题

(1) 何谓标高投影?

(2) 点的标高投影如何表示?

(3) 直线的标高投影有哪几种表示方法?

(4) 平面的标高投影有哪几种表示方法?

(5) 曲线、曲面的标高投影如何表示?

(6) 何谓同坡曲面?

第十一章　透视投影

第一节　透视投影的基本知识

观看者透过一个面来看物体时，其视线同该面所交成的图形，称为透视图。

一、透视投影的形成

透视图相当于以人的一眼为投影中心时的中心投影，所以也称为**透视投影**。透视图和透视投影常简称为透视。图 11-1 是一座校门的透视图。

图 11-1　校门的透视图

如把透视图在图纸上描述出来，这时所得到的视觉形象，好像在原处观看实物时一样。工程上常常用透视图来逼真地表达建筑物等空间形体，以供设计人员研究、分析，并供他人予以评价、欣赏。作为工程技术人员，需要研究有关透视投影的特性和作图方法，以便在图纸上绘制透视图。

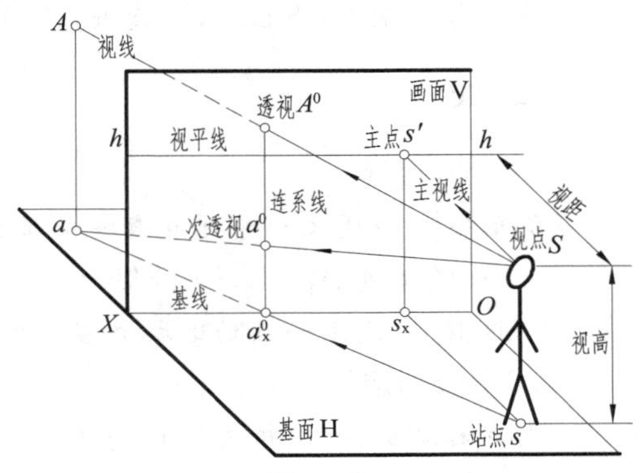

图 11-2　透视图的基本术语

二、基本术语

绘制透视图的面，称为**画面**。一般取竖直方向的平面，如图 11-2 中以投影面 V 作为画面。以水平投影面 H 作为观者站立的平面，称为**基面**。V 面和 H 面相交的 OX 轴，称为**基线**。

眼睛所在位置点 S，即投影中心，称为**视点**。视点的 H 面投影 s，称为**站点**，高度 Ss 称为**视高**。视点的 V 面投影 s' 称为**主点**，连线 Ss' 称为**主视线**，距离 Ss' 称为**视距**。过 s' 的画面水平线 $h—h$ 称为**视平线**，相当于通过 S 的水平面与画面 V 的交线。

空间一点 A 与视点 S 的连线 SA，即为**视线**。它与画面 V 的交点 A^0，即为点 A 的透视。点和其他形体的透视用与空间形体相同的字母，并在右上角加“0”表示。点 A 的 H 面投影 a 的透视 a^0 称为点 A 的**次透视**。连线 A^0a^0 称为**连系线**。

三、透视投影表达形体的条件

要使透视能够表达出空间形体的位置，除了要知道画面、基面及视点外，还需知道物体的次透视。在图 11-2 中，如已知画面 V、基面 H 和视点 S，仅由透视 A^0 不能确定点 A 在视线 SA^0 上的位置。但若知次透视 a^0，则可作 Sa^0 与 H 面交得 a，再由 a 作投射线与 SA^0 交得 A。同样地由一系列次投影可求得空间形体的位置。

但是，人们在观看透视图时，是凭生活经验来体会出建筑物等空间形体的大致形状和大小的，并且透视图是非生产用的辅助性图样，所以在画透视图时，一般不需表示出视点、基面对画面的相对位置，也不必画出次透视。

第二节　透视特性

一、点

点的透视仍为一点，是通过该点的视线与画面的交点。图 11-3 中，设一点 A 位于画面 V 之后，则视线 SA 与 V 面的交点 A^0，即为点 A 的透视。因视线是一条直线，它与一个平面仅能交于一点，故一点的透视仍是一点。

设点 B 位于画面之前，则延长视线 SB，与 V 面交得透视 B^0。

若一点 C 恰在 V 面上，则透视 C^0 与 C 重合。

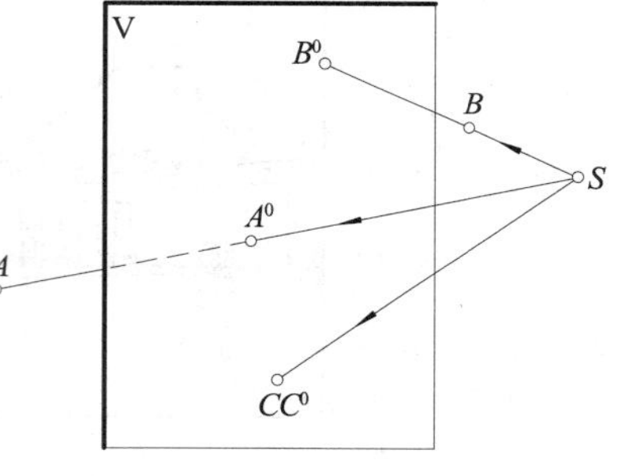

图 11-3　点的透视

二、线

1. 线的透视

线的透视为线上一系列点透视的集合。如图 11-4 中，曲线 A 的透视 A^0，是 A 上一系列点 $A_1, A_2, \cdots$ 的透视 $A_1^0, A_2^0, \cdots$ 的集合。

同时得出：**线上一点的透视必在线的透视上**。

2. 直线的透视

直线的透视，一般情况下仍为直线；只有当直线通过视点时，其透视蜕化成为一点。图 11-5 中，直线 A 的透视为通过直线 A 上各点的视线所组成的视平面与画面 V 交成的直线 A^0，故直线的透视仍为直线。但当直线 B 通过视点 S 时，直线上各点的视线，实际上只有一

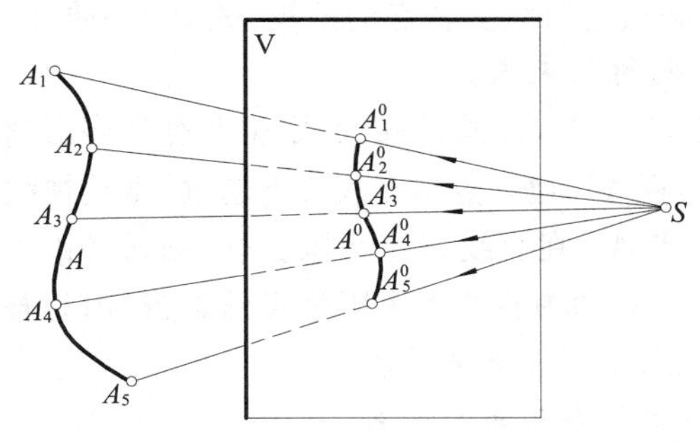

图 11-4　曲线的透视

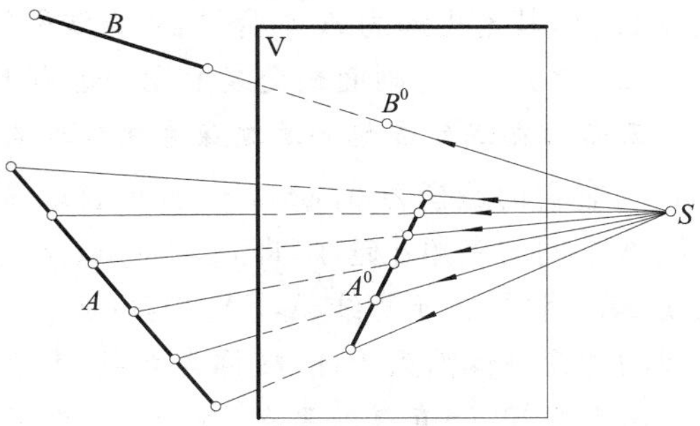

图 11-5　直线的透视

条,故这时直线的透视 B^0 必蜕化成为一点。

当直线在画面上时,其透视与本身重合。

直线对画面的相对位置,可分为两大类:即**画面平行线**——与画面平行的直线和**画面相交线**——与画面相交的直线。它们有不同的透视特性。

3．画面平行线的透视特性

(1) **画面平行线的透视,与直线本身平行**。图 11-6 中,直线 AB 平行画面 V,则通过它的视平面 SAB 与 V 面的交线,即透视 A^0B^0 应与 AB 平行,如画面为铅垂面,则铅垂线的透视仍为铅垂,但长度不同。

(2) **画面平行线上各线段的长度之比,等于这些线段的透视长度之比**。如图 11-6 中,虽然画面平行线 AB 的透视 A^0B^0 的长度不等于 AB 的长度。但 AB 上各点的视线,被平行两直线 AB、A^0B^0 相截,A^0B^0 上各线段的长度之比,应与 AB 上对应的各线段的长度之比相同。即 $A^0C^0 : C^0B^0 = AC : CB$。

故一条画面平行线上各线段的长度相同时,它的各段的透视长度也相同。

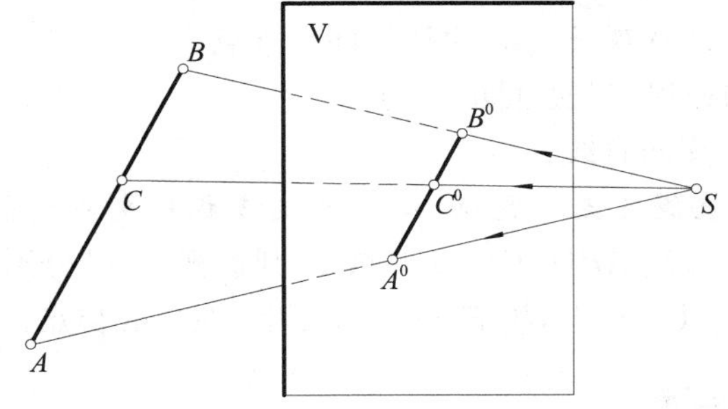

图 11-6　画面平行线的透视

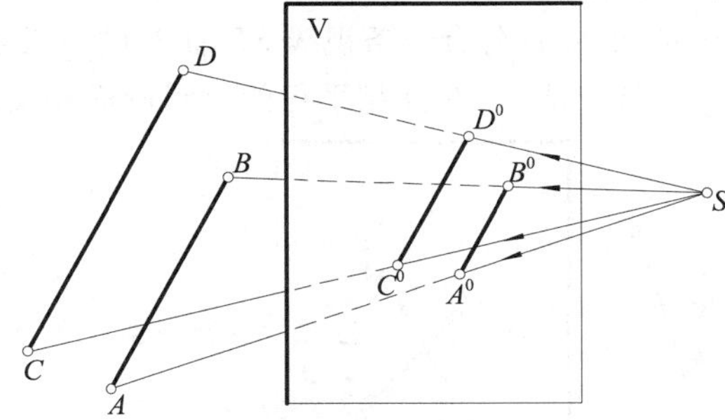

图 11-7　平行的两画面平行线的透视

(3) **平行的两画面平行线的透视仍互相平行**。图 11-7 中,如 $AB /\!/ CD$,且平行 V 面,因 $A^0B^0 /\!/ AB$,$C^0D^0 /\!/ CD$,故 $A^0B^0 /\!/ C^0D^0$。

推广之,所有互相平行的各画面平行线的透视仍互相平行。

4．画面相交线的透视特性

(1) **迹点**——画面相交线(或其延长线)与画面的交点,称为画面迹点,简称**迹点**或**画面交点**。

画面相交线的透视,必通过该直线的迹点。图 11-8 中,直线 A 与画面 V 交于迹点 $\overline{A}$。因 $\overline{A}$

在V面上，其透视即为$\bar{A}$本身。由于直线的透视必通过直线上各点的透视，故A^0必通过$\bar{A}$。

(2) **灭点**——画面相交线上无限远点的透视，称为**灭点**。

画面相交线的透视必通过该直线的灭点。图11-8中，设画面相交线A上有许多点A_1，A_2，…。它们的透视为A_1^0，A_2^0，…，构成直线A的透视A^0。当一点离开视点S越远，则其视线与直线A之间的夹角φ越小，即$\varphi_3 < \varphi_2 < \varphi_1$。设一点$A_\infty$在直线$A$上无限远处，则通过该点的视线$SA_\infty$将平行于直线$A$，$SA_\infty$与画面交于一点$F$，即为直线上无限远点的透视。因为整条直线的透视好像消灭于此，故称为灭点。本书中灭点用字母F表示。

从上可知：**一直线的灭点，为平行于该直线的视线与画面的交点**。

并可看出：直线A上各等长线段，如$\bar{A}A_1 = A_1A_2 = A_2A_3$，但透视$\bar{A}A_1^0 > A_1^0A_2^0 > A_2^0A_3^0$。即在空间，一条画面相交线上的线段，离视点越远，其透视长度越短，这种情况称为**近大远小**现象。

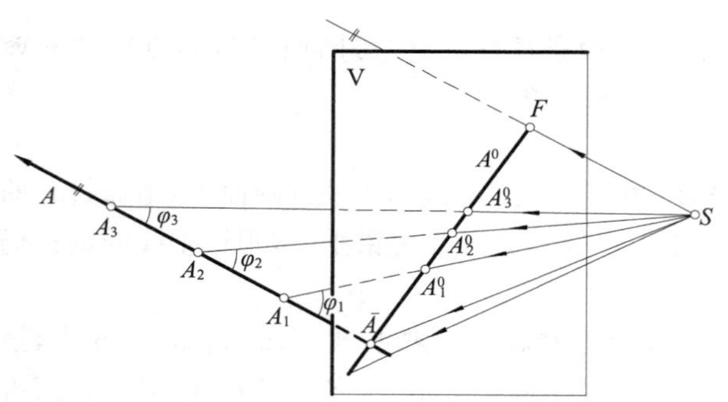

图11-8　画面相交线的迹点和灭点

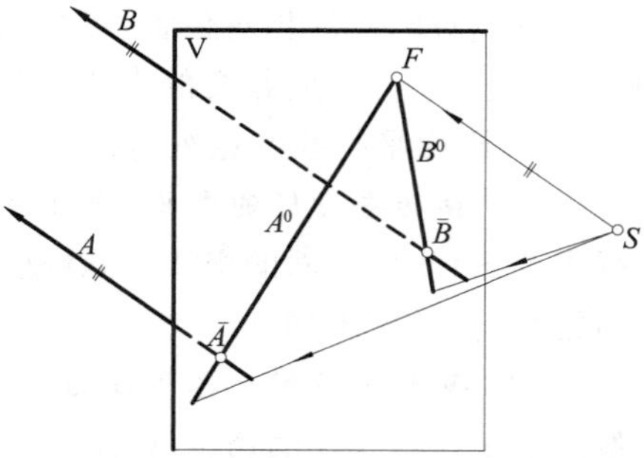

图11-9　平行的两画面相交线的透视

(3) **两平行的画面相交线有同一灭点，它们的透视应通过该同一灭点**。图11-9中，有平行的两条画面相交线A和B。平行其中一条如A的视线SF，也必平行另一条B，即$SF // A // B$，故A和B公有一条视线SF而有同一灭点F，即透视A^0、B^0通过该同一灭点F。

推广之，所有互相平行的一组画面相交线的透视，都通过同一灭点。

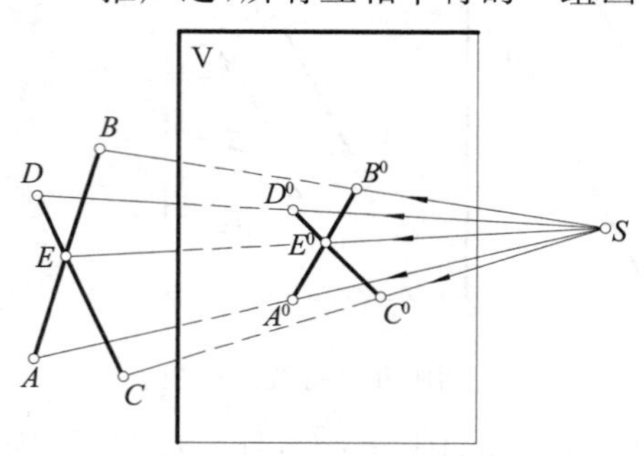

图11-10　相交两直线的透视

5. 相交两直线

相交直线交点的透视，必为直线透视的交点。图11-10中，直线AB和CD交于点E，则透视E^0必分别在A^0B^0和C^0D^0上，故E^0为A^0B^0和C^0D^0的交点。

三、平面

1. 平面图形的透视

平面图形的透视，为平面图形边线的透视。一般情况下，平面多边形的透视仍为一个边数相同的平面图形，只有当平面(或扩大后)通过视点时，其透视成为一直线。图11-11，一个五边形$AB\cdots E$的透视仍为一个五边形$A^0B^0\cdots E^0$。

当平面通过视点时，则通过平面各点的视线，包括通过边线上各点的视线，必位于与该平面重合的视平面上，故平面的透视相当于这个视平面与画面的交线。故该平面的透视成为一条直线。

平面图形位于画面上时，其透视即为图形本身，即形状、大小和位置等均不变。

2. 画面平行面的透视特性

与画面平行的平面，称为**画面平行面**。**画面平行面的透视，为一个与原形相似的图形**。如图 11-11，因为经过平面图形边线上各点的视线，组成一个以视点为顶点的锥面，其透视相当于以画面为截平面的截交线。又因 V 面与锥面的底面平行，故由截交线组成的透视图形，必与底面的形状相似。

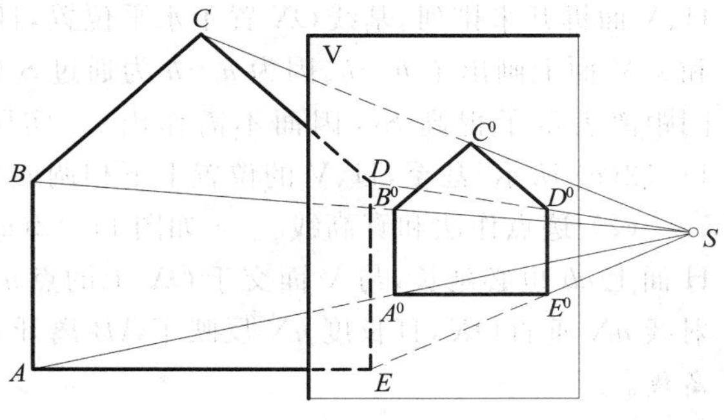

图 11-11　画面平行面的透视

第三节　透视画法

一、直线的透视作法

1. H 面平行线的透视作法

如图 11-12(a) 所示，已知画面 V、基面 H、视点 $S(s)$ 及视平线 $h—h$。设有一条与 V 面相交的 H 面平行线 AB，其 H 面投影为 ab。AB 离开 H 面的高度相当于投射线 Aa 和 Bb 的高度 h。视线 SA 和 SB 与 V 面交得透视 A^0 和 B^0，连线 A^0B^0 即为 AB 的透视。又视线 Sa 和 Sb 与 V 面交得次透视 a^0 和 b^0，连线 a^0b^0 为 ab 的透视，即为 AB 的次透视。连系线 A^0a^0 和 B^0b^0 分别为平行于 V 面的竖直方向投射线 Aa 和 Bb 的透视，故仍为竖直方向。

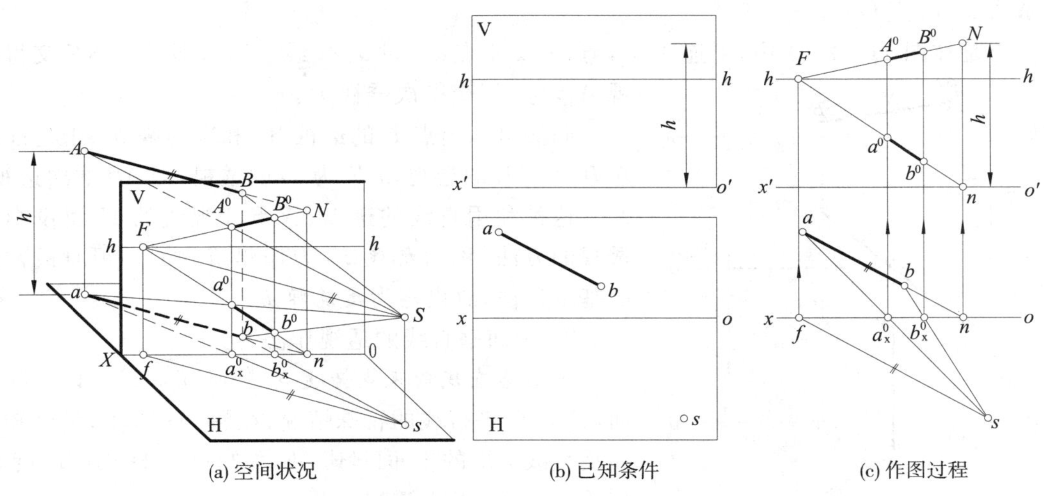

图 11-12　H 面平行线的透视作法

现介绍利用直线的迹点、灭点和视线的 H 面投影来作透视的方法：

(1) 投影图布置 —— 如图 11-12(b) 所示，为了使得 H 面、V 面上的图形不重叠，可将

H、V面拆开来排列。基线 OX 置于水平位置，且分别以 ox、$o'x'$ 表示。H面上并画出已知的 ab 和 s。V面上画出了 $h—h$。因为 $h—h$ 为通过 S 的H面平行面与V面的交线，故 $h—h$ 与 $o'x'$ 间距离表示了视高 Ss，因而不需作出 s'。实际作图时，也可不必画出H、V的边框，如图11-12(c)所示。甚至，H、V的位置上下相调或交叉，将如图11-17至图11-19所示。

(2) 迹点作法和真高线 —— 如图11-12(a)所示，延长 AB，可与V面交得迹点 N。此时，H面上 ab 也必延长，与V面交于 OX 上的点 n，则 n 为 ab 的迹点，也为 N 的H面投影。故投射线 nN 垂直 OX，且长度 nN 反映了 AB 离开H面的距离，故连线 nN 称为H面平行线的**真高线**。

于是在图11-12(c)中，如已知 ab，则延长后必与 ox 交于点 n。由 n 作竖直线，又与 $o'x'$ 交于 n，由之量取高度 h，即得 AB 的迹点 N，nN 即为真高线。

(3) 灭点作法 ——**H面平行线的灭点位于视平线 $h—h$ 上**。如图11-12(a)所示，现过 S 作视线 $SF \parallel AB$，可与V面交得灭点 F。因 AB 为H面平行线，故 SF 也为一条H面平行线，且位于通过 S 的水平视平面内，因而 SF 与V面交得的灭点 F，应位于该视平面与V面交得的视平线 $h—h$ 上。又因 $AB \parallel ab$，故 SF 也必平行 ab，即 F 也为 ab 的灭点。

SF 的H面投影为 sf，因 SF 为H面平行线，故 $sf \parallel SF$，又因 $SF \parallel AB$，$ab \parallel AB$，故 $sf \parallel ab$。sf 与 OX 的交点 f，为 F 的H面投影，故连系线 $fF \perp OX$。

于是在图11-12(c)中，先过 s 作 $sf \parallel ab$，与 ox 交于点 f，再由 f 作连系线 fF，即可与 $h—h$ 交得灭点 F。

(4) 由视线的H面投影作直线的透视 —— **视线法**。如上所述，如先求出 $AB(ab)$ 的迹点 N 和灭点 F，则连线 NF 为直线 AB 延长后的透视，A^0B^0 必在其上。这种迹点和灭点的连线 NF（以及延长线），也称为直线 AB 的全透视或透视方向。同样 a^0b^0 必在连线 nF 上。

现再利用视线的H面投影来定出端点 A、B 的透视 A^0、B^0 和次透视 a^0、b^0 的位置。如图11-12(a)所示，视线 SA 的H面投影为 sa，也为视线 Sa 的H面投影。sa 与 OX 的交点 a_x^0，故连系线 $a_x^0A^0 \perp OX$。

于是在图11-12(c)中，引连线 sa，与 ox 交于点 a_x^0，过 a_x^0 作线 $\perp ox$，即可与 NF 交得透视 A^0，与 nF 交得次透视 a^0。

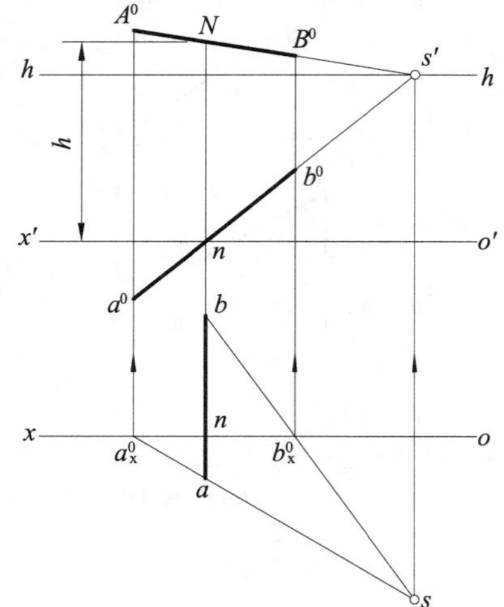

图11-13　画面垂直线的透视作法

同法可求出点 B 的透视 B^0 和次透视 b^0。于是线段 A^0B^0 为 AB 的透视，a^0b^0 为 ab 的透视，即 AB 的次透视。

这种利用直线的迹点、灭点和视线的H面投影作透视的方法，称为**视线法**，为作建筑物的透视时最常用的基本作法，故也称为**建筑师法**。

2. 画面垂直线的透视作法

画面垂直线的灭点为主点 s'。画面垂直线必平行H面，是H面平行线的特殊情况。在图11-13中，设已知画面垂直线 AB 的H面投影 ab，并知离开H面的高度 h，作透视 A^0B^0 及次透视 a^0b^0。

本图中，因 a、b 位于 ox 两侧，故 AB 穿过V面。ab 与 ox 交得 n。则由 n 作连系线，并在它与 $o'x'$ 的交点 n 处作真高线 $nN = h$，即可求得 AB 的迹点 N。

平行 AB 的视线，为主视线 Ss'，故主点 s' 为画面垂直线 AB 及 ab 的灭点。

由视线的 H 面投影 sa、sb 与 ox 的交点 a_x^0、b_x^0 作连系线，即可与 Ns'、ns' 交得透视 A^0B^0 和次透视 a^0b^0。

3. H 面垂直线的透视作法

如图 11-14(a) 所示，设空间有一条高度为 h 的 H 面垂直线 Aa（本图为点 A 的投射线），其下端 a 为点 A 的 H 面投影。在图 11-14(b) 中，已知 ox、s、a 及 $o'x'$、$h—h$，并知高度 h，作透视 A^0a^0。

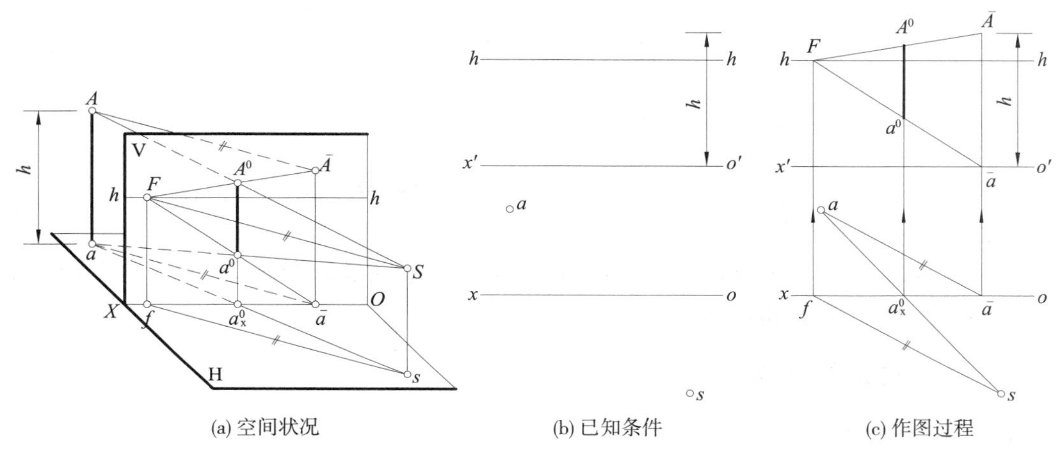

(a) 空间状况　　(b) 已知条件　　(c) 作图过程

图 11-14　H 面垂直线的透视作法

H 面垂直线也平行画面 V，故透视 A^0a^0 仍为一条竖直线。通过 sa 与 ox 的交点 a_x^0 作连系线，则 A^0a^0 必在其上。

至于端点 A^0、a^0 的位置，如图 11-14(a) 所示，可过 A、a 任作两条平行的 H 面平行线 $A\bar{A}$、$a\bar{a}$ 作为辅助线，并与 V 面交得迹点 $\bar{A}$、$\bar{a}$。因 a 在 H 面上，故 $\bar{a}$ 在 OX 上，且 $\bar{A}\bar{a} \perp OX$，其长度等于 Aa 的高度 h。

再作辅助线 $A\bar{A}$、$a\bar{a}$ 的灭点 F，则连线 $\bar{A}F$、$\bar{a}F$ 为辅助线的全透视，必通过 A^0、a^0。

故在图 11-14(c) 中，过 a 任作辅助线的 H 面投影 $a\bar{a}$，并在 $\bar{a}$ 作连系线，与 $o'x'$ 交得 $\bar{a}$。由之量取高度 h，得到 $\bar{A}$。再在 H 面上，作 $sf \,/\!/\, a\bar{a}$，过 f 的连系线与 $h—h$ 交得辅助线的灭点 F。

$\bar{a}F$、$\bar{A}F$ 可与通过 a_x^0 的连系线交得透视 A^0a^0。

本图也相当于：已知一点 A 的 H 面投影 a，并知点 A 离开 H 面的高度，求作点 A 的透视 A^0 和次透视 a^0。

4. 其他位置直线的透视作法

对于其他位置直线，如一般位置直线、画面平行线等，可以作出它们端点的透视来连成直线的透视。如能利用直线透视的其他特性，还可简化作图。

[例 11-1]　设已知画面平行线 AB 的 H 面投影 ab 及 ox、$o'x'$、$h-h$、s，又知它的左下端 A 离开 H 面的高度 h，以及 AB 的倾角 α 为 45°。求透视 A^0B^0 和次透视 a^0b^0，见图 11-15。

[解]　(1) 先过 A、a 分别作 V 面垂直线 $A\bar{A}$、$a\bar{a}$ 为辅助线，迹点为 $\bar{a}$、$\bar{A}$，$\bar{a}\bar{A} = h$。它们公有灭点 s'。sa 与 ox 交点 a_x^0 处的连系线与 $s'\bar{A}$、$s'\bar{a}$ 交得 A^0、a^0。

(2) 再作 A^0B^0，因 $AB \,/\!/\, V$ 面，故 $A^0B^0 \,/\!/\, AB$，即 A^0B^0 与水平方向夹角也为 45°，又因 $ab \,/\!/$

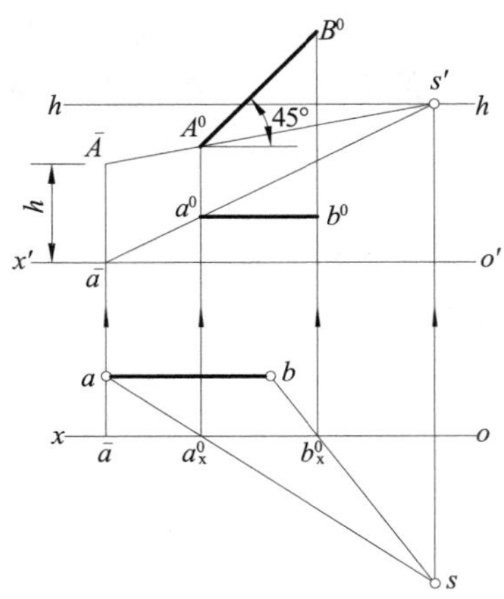

图 11-15　画面平行线的透视作法

V 面,故 a^0b^0 // ab,因而 a^0b^0 也为水平方向。

(3) 于是由 A^0 向右上方作 45° 直线,由 a^0 作水平线,与过 sb 与 ox 的交点 b_x^0 处的连系线相交,即可交得 B^0、b^0 来得出 A^0B^0 和 a^0b^0。

二、立体的透视作法

1. 立体的透视

立体的透视,即为立体表面的透视。立体的表面由平面、曲面所组成,故绘制立体的透视就是绘制平面或曲面的透视。

平面立体的表面形状、大小和位置,由它的棱线所确定。故作平面立体的透视,实为作各种位置直线的透视。当作曲面立体的透视时,除了画出其轮廓线的透视外,还要画出曲面的透视外形线等。

2. 视角

观看物体时,视线应在一定范围内才感舒适,并且可以使得画出的透视图不致变形过大而失真。视线间的最大夹角称为**视角**,视角一般应在 20° ~ 60° 的范围内,而以 30° 左右为佳。

视角通常可由 H 面投影中最外视线间的夹角来控制。如图 11-17,房屋的 H 面投影位于两条视线 si_2i_1、sl_2l_1 所构成夹角 φ 的范围内。当两旁视线不对称时,应以与主视线夹角为最大一侧的视线来量度。如图 11-16 中,右侧的半视角为 $\varphi/2$,故视角为 φ。高耸建筑物等还应注意竖直方向的视角。

3. 透视种类

画面、视点可对物体有各种不同的相对位置,因而形成的透视也有不同的名称。图 11-16 中画面与长方体房屋的正面平行,该透视称为**正面透视**,图11-17 中画面与房屋的两个方向墙面各成一夹角时,该透视称为**成角透视**,另外图 11-16 中,视点高于房屋,好像在高处观看,故这种透视也称为**鸟瞰图**。

4. 立体的透视作法举例

[例 11-2]　作长方体房屋轮廓的透视。如图 11-16 所示,已知房屋的 H 面、W 面投影及视点 $S(s,s')$。设地面恰为 H 面,故 $o'x'$ 与房屋 W 面投影中的底边平齐,又设画面平行于房屋的正面,且恰与侧屋的前墙重合,故 ox 与房屋 H 面投影的最前边重合。

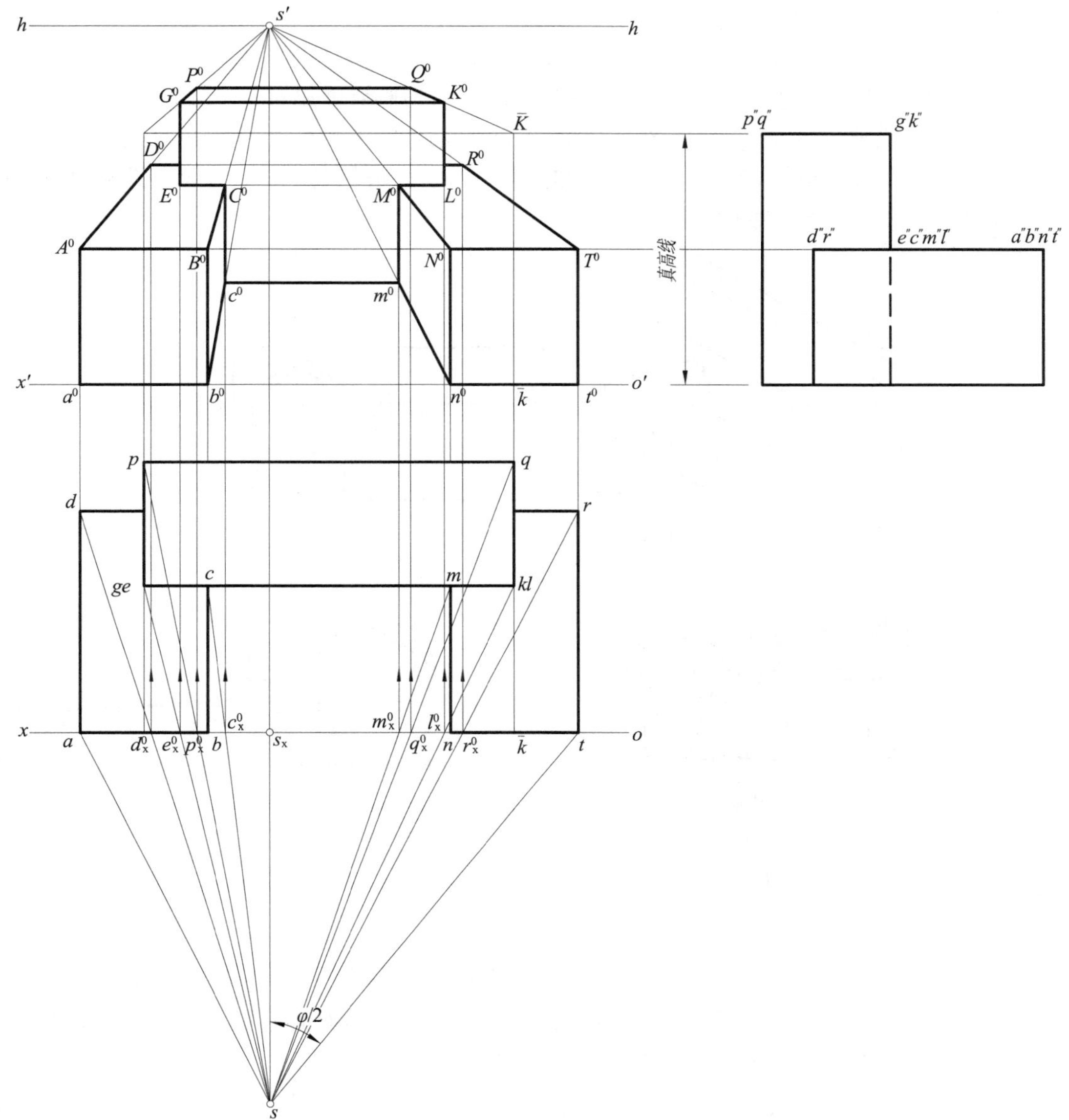

图 11-16　长方体房屋轮廓的正面透视

［解］　在分别为 H、V、W 投影面垂直线的三组轮廓线中，其中一组侧垂线如 GK 等和一组铅垂线如 Cc 等平行画面，故它们的透视 G^0K^0、C^0c^0 等与相应的投影方向一致，另一组正垂线如 BC 等垂直画面，它们的灭点即为主点 s'。

因左侧屋前墙面 $AabB$ 恰在画面上，故它们的透视与本身重合，于是可先画出其透视 $A^0a^0b^0B^0$，然后作连线 A^0s'，b^0s'，B^0s'，与过 d_x^0 和 c_x^0 的连系线相交，得 D^0，c^0，C^0，也即得出棱线的透视 A^0D^0，b^0c^0，B^0C^0 及 c^0C^0。用同样的方法可求得右侧屋前墙面 $NntT$ 的透视 $N^0n^0t^0T^0$ 及 R^0，m^0，M^0，并得出相应棱线的透视 T^0R^0，n^0m^0，N^0M^0 及 m^0M^0，连 c^0m^0；利用真高线 $\bar{k}\bar{K}$ 求得 QK 的迹点 $\bar{K}$，过 q_x^0 的连系线与 $\bar{K}s'$ 交得 Q^0，过 M^0 的水平线与过 l_x^0 的连系线交于 L^0，再由 L^0 向上延伸连系线，与 $\bar{K}s'$ 交得 K^0，同法可求得 P^0，E^0，G^0，最后连结 $M^0L^0K^0Q^0$

$P^0G^0E^0C^0$,G^0K^0 及 D^0R^0 的可见段。

[例 11-3] 作坡顶房屋的透视。如图 11-17 所示,已知房屋的平面图、正立面图和左立面图,但它们并非按常规位置布置,其中平面图即 H 面投影放置成对 ox 呈倾斜的位置,即房屋的墙面对画面成一夹角。左立面图即 W 面投影排在透视图旁边,以便引出真高线高度。视点的 H 面投影 s,以及 $o'x'$ 和 h—h 均为已知,图中把画面即透视图布置在 H 面投影中的 s 和 ox 之间的空白处,以节省纸幅。

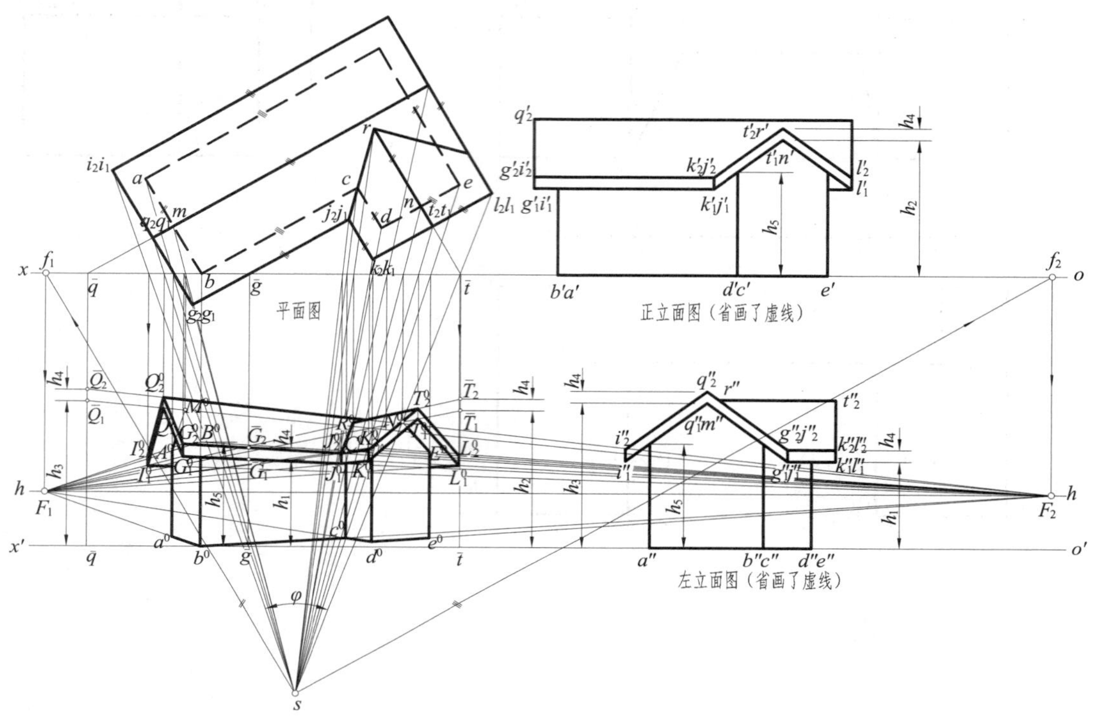

图 11-17 坡顶房屋轮廓的成角透视

[解] (1) 作灭点:图中除了竖直的各条墙角线因平行画面而透视方向不变外,其余的两组水平线方向如 ab、bc 等均与画面相交而分别有灭点 F_1 和 F_2。

(2) 作墙身线的透视:过 b 的竖直向墙角线在画面上,为真高线,b^0 与 b 重合。b^0F_1 和 b^0F_2 与 sa 和 sc 同 ox 交点处的连系线交得 a^0,c^0,故得透视 a^0b^0,b^0c^0。F_1c^0 的延长线与 sd 同 ox 交点处的连系线交得 d^0,得 c^0d^0,同法可求出 d^0e^0。通过 a^0、b^0、c^0、d^0、e^0 等处的竖直线,即为各墙角线的透视方向。在过 b^0 的竖直线上取真高 h_5 得 B^0,F_1B_0 与过 a^0 的竖直线交得 A^0。

(3) 作屋檐的透视:在平面图中,屋檐 G_2J_2,G_1J_1 的投影交 ox 于迹点 $\bar{g}$,过 $\bar{g}$ 作连系线,由 h_1 和 h_4 可作得真高线 $\bar{g}\bar{G}_1\bar{G}_2$。$F_2\bar{G}_1$,$F_2\bar{G}_2$ 的延长线与过 sg_2g_1,sj_2j_1 同 ox 交点处的连系线交得透视 $G_1^0J_1^0$,$G_2^0J_2^0$ 和 $G_1^0G_2^0$,$J_1^0J_2^0$。$F_1J_1^0$,$F_1J_2^0$ 的延长线与过 sk_2k_1 同 ox 交点处的连系线交得透视 $J_1^0K_1^0$,$J_2^0K_2^0$ 及 $K_1^0K_2^0$。

至于透视 L_1^0 和 L_2^0,可设想利用水平辅助线 K_1L_1 和 K_2L_2 来作出。即由 $K_1^0F_2$,$K_2^0F_2$ 与过 sl_2l_1 同 ox 交点处的连系线交得透视 $L_1^0L_2^0$,而连线 $L_1^0F_1$ 可得出右方屋檐下边可见的一小段透视。同样,利用水平辅助线 G_1I_1,G_2I_2,可作得左后方屋檐上的 $I_1^0I_2^0$,由 $I_1^0F_2$ 可得出左后屋檐下边可见的一小段透视。

(4) 作屋脊的透视：延长 rt_2 交 ox 于迹点 $\bar{t}$，过 $\bar{t}$ 作连系线，由 h_2 和 h_4 可作得真高线 $\bar{t}\overline{T_1}$ $\overline{T_2}$。$\overline{T_1}F_1$，$\overline{T_2}F_1$ 与过 st_2t_1，sr 同 ox 交点处的连系线交得透视 T_1^0，T_2^0，R^0，连 $T_2^0R^0$，再连得斜檐的透视 $K_1^0T_1^0$，$K_2^0T_2^0$ 及 $L_1^0T_1^0$，$L_2^0T_2^0$，并连得天沟的透视 $R^0J_2^0$。同法可利用迹点 $\bar{q}$ 可求出正屋屋面的屋脊及左方斜檐的透视 $I_1^0Q_1^0$，$I_2^0Q_2^0$ 及 $G_1^0Q_1^0$，$G_2^0Q_2^0$。最后在 B^0F_2 上得 C^0，F_1C^0 上得 D^0，D^0F_2 上得 E^0；在 $\overline{Q_1}F_2$ 上得 M^0，$\overline{T_1}F_1$ 上得 N^0。连 A^0M^0 及 E^0N^0 的可见部分。

［例 11-4］　作进门的透视。如图 11-18 所示，已知进门、踏步、雨篷及窗的平面图、1—1 剖面图、ox，$o'x'$，$h-h$，s。

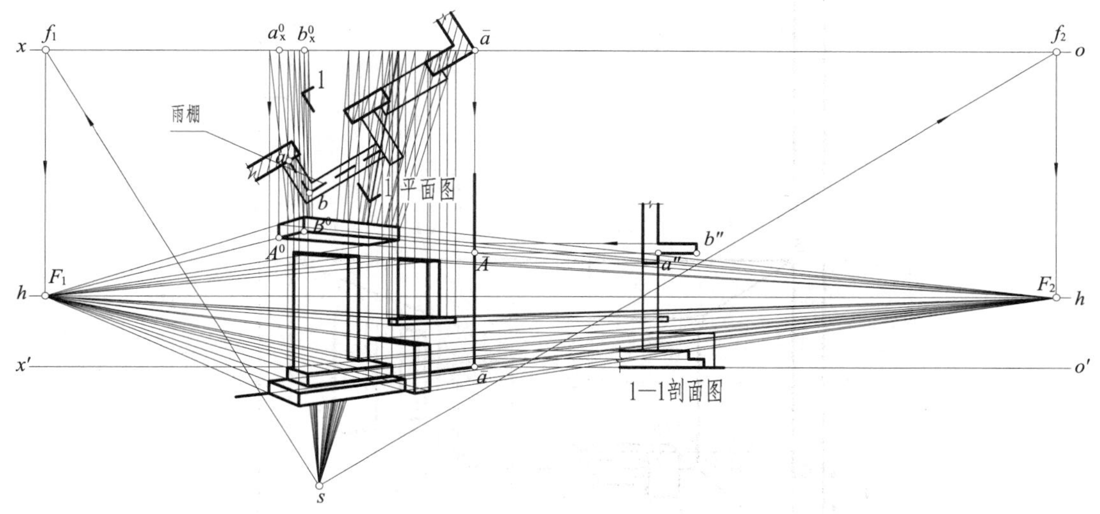

图 11-18　进门的成角透视

［解］　从平面图可知：整个可见的外墙面位于 ox 的前方，故外墙面位于画面之前。因右外墙角线在画面上且为基面垂直线，故取该墙角线作为真高线，所有高度从 1—1 剖面图作水平线来获得，如点 $\bar{A}$，由真高线上各点与灭点 F_2 相连如 $\bar{A}F_2$，再由通过外墙面上各点视线的 H 面投影同 ox 交点如 a_x^0 处作连系线，即可作出外墙面上窗口、门洞以及雨篷、台阶与画面交成的透视如 A^0。再把它们与 F_1 相连如 F_1A^0，就可求得凸出或凹进墙面上各点的透视，如 F_1A^0 的延长线与 b_x^0 处的连系线交得 B^0，即得 A^0B^0，于是可作出全图(作图过程略)。

［例 11-5］　作图 11-19 所示一间办公室的室内透视。已知平面图、室高、桌高及桌面厚度、窗台高及窗高、门高。

［解］　由平面图可知，画面与地面、天棚、左、右墙面交于矩形 1357，透视 $1^03^05^07^0$ 与之重合，反映了房间的宽度和高度。

正面墙壁 2468 平行画面。左、右墙壁的墙脚线 78 和 12 和墙顶线 56 和 34 均垂直于画面，灭点为主点 s'，迹点为 7，1，5，3 四点。连线 $s'7^0$，$s'1^0$，$s'5^0$ 和 $s'3^0$ 为这些线的全透视。$s42$，$s68$ 与 ox 交点处的连系线与这些全透视交得墙角线 4^02^0，6^08^0，并连得墙脚线 2^08^0 及墙顶线 4^06^0。$2^04^06^08^0$ 为与 $1^03^05^07^0$ 相似的矩形。

1^03^0 为右墙的迹线，以之为真高线，在上量取窗口高度，如点 $\bar{A}$ 为窗顶延长后与画面交成的迹点。$\bar{A}s'$ 与过 a_x^0 处的连系线交得 A^0，用类似的方法可作出窗台、窗扇等透视。

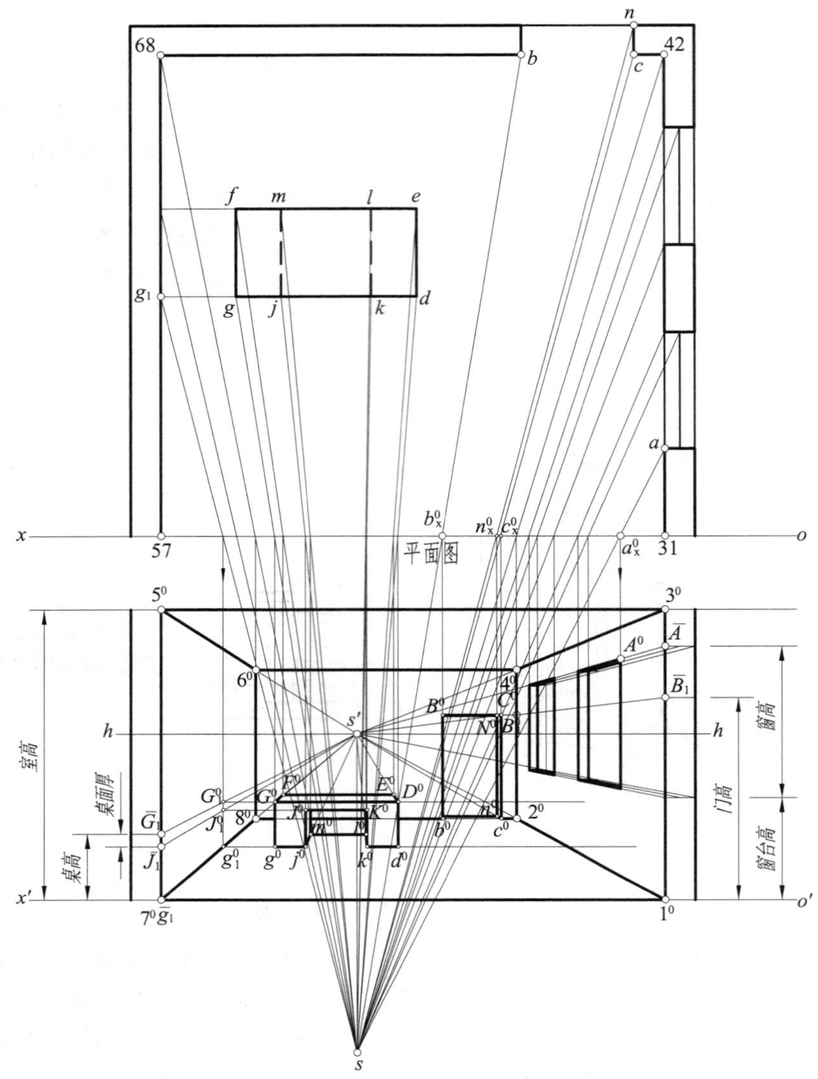

图 11-19　办公室的室内透视

正面墙上门顶的透视 B^0C^0 可按门高在 1^03^0 上定出 $\bar{B}_1$，连线 $\bar{B}_1s'$ 与 2^04^0 交得 B_1^0，由 B_1^0 作水平线，与过 b_x^0、c_x^0 的连系线交得 B^0，C^0。另外过 b_x^0，c_x^0 的连系线与 2^08^0 交得 b^0 和 c^0，C^0s' 和 c^0s' 与过 n_x^0 的连系线交得 N^0 和 n^0，过 N^0 和 n^0 作水平线至 B^0b^0 为门外侧的门顶和地面线的透视。

用作 B^0 和 C^0 的相同方法可求得 D^0，G^0 及 K^0，J^0，再求得 d^0，g^0 及 k^0，j^0。在 D^0s'，G^0s'，k^0s'，j^0s' 上分别求得 E^0，F^0，l^0，m_0，连接相应点的透视即可作出桌子的透视。

[例 11-6]　作圆柱的透视。如图 11-20 所示，已知置于 H 面上竖直正圆柱的 H 面投影、ox，$o'x'$，$h—h$，s 及柱高 h。

[解]　要作底圆和顶圆的透视，可作出其上一些点的透视顺次相连而成。利用八点法作图，先任作一个圆周的外切正方形 $abcd$，其边线与圆周切于 1，3，5，7，对角线交圆周于 2，4，6，8。再作底圆和顶圆外切正方形的透视，并作出对角线的透视，在它们的透视上作出底圆和

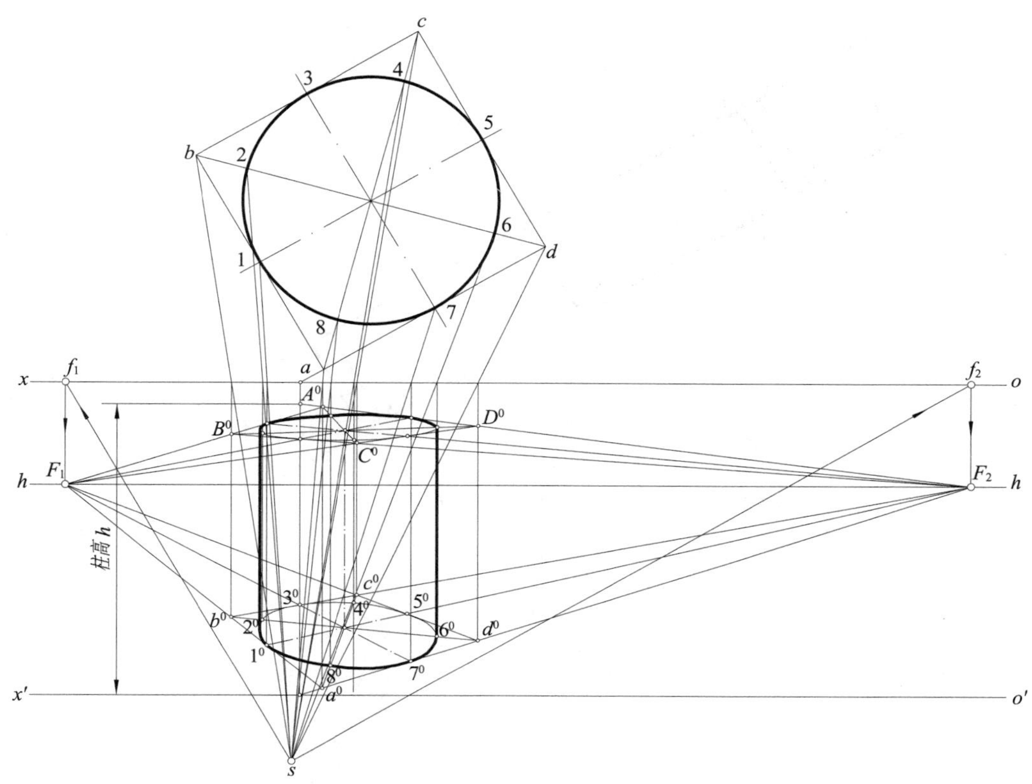

图 11-20 圆柱的透视

顶圆上八点的透视，并顺次相连，就可得到底圆和顶圆的透视。

再作底圆、顶圆透视的两条竖直公切线，即为圆柱面的透视外形线。在透视图中，顶圆和底圆的不可见部分不必画出。

[例 11-7] 作拱桥的透视。如图 11-21 所示，已知拱桥的两面投影，并知站点 s、视平线 h—h 及 ox、$o'x'$ 轴。

[解] 根据 V 面投影（正立面图）中各点的高度尺寸 $h_1,\cdots,h_5$，在过 D 点的画面真高线上截得一系列点，并把它们与 F_1 相连，在这些连线上可作得各点的透视 G^0,K^0；A^0,B^0,C^0,D^0；$1^0,3^0,4^0,6^0$；$2^0,5^0$；E^0,a^0,b^0,c^0,d^0,J^0；在 A^0F_2 和 a^0F_2 上作得 M^0 和 m^0，在 C^0F_2 和 c^0F_2 上作得 N^0 和 n^0，在 K^0F_2 和 J^0F_2 上作得 L^0 和 R^0；顺次连接相应点及光滑连接 $A^01^02^03^0B^0$ 及 $C^04^05^06^0D^0$（后面上两组类似的曲线作法略，只需画出可见部分）。

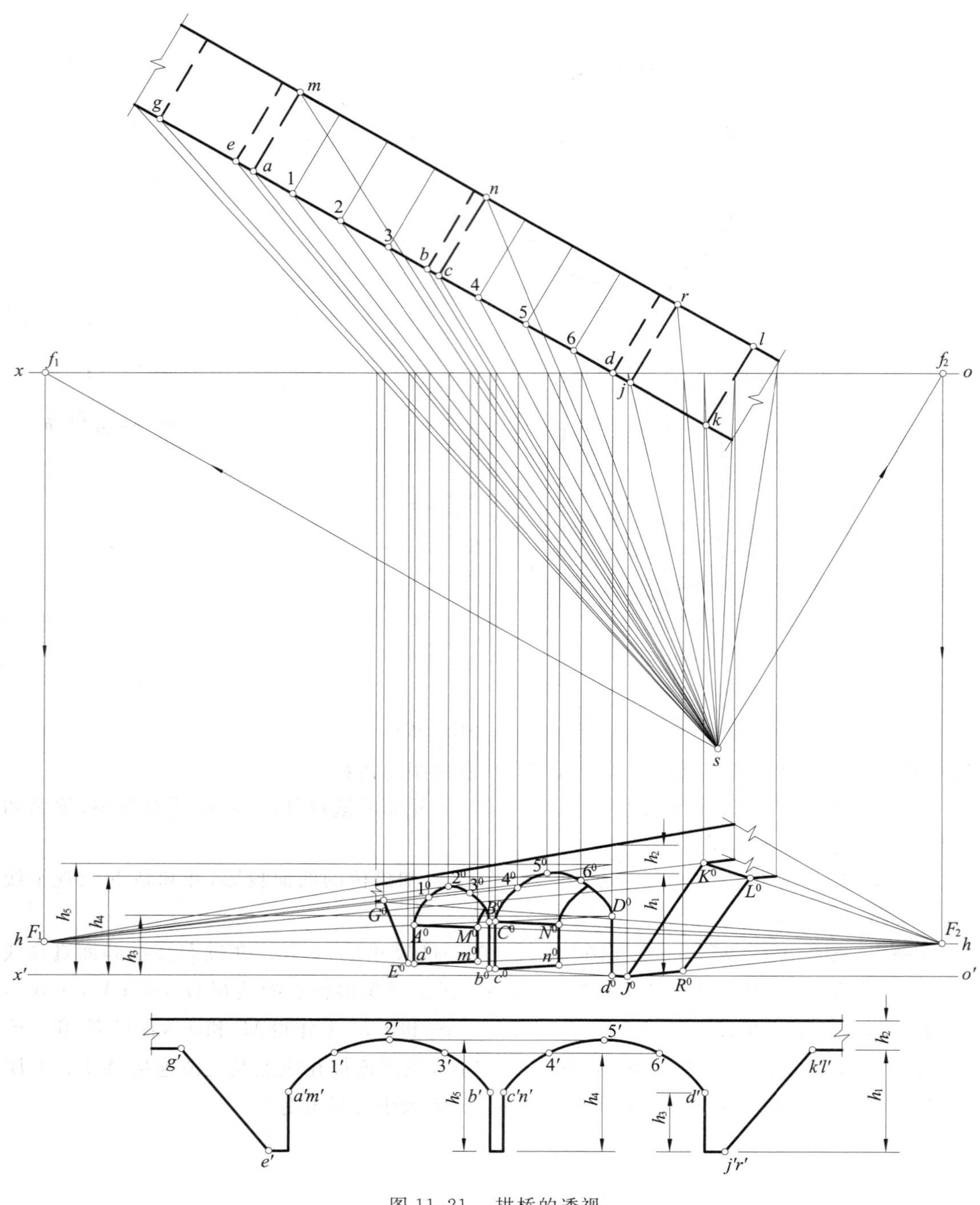

m
g
e
a
1
2
3
n
b
c
4
5
6
r
l
d
j
k
x
f_1
f_2
o
s
h_2
h_1
K^0
L^0
2^0
1^0
3^0
4^0
5^0
6^0
G^0
B^0
D^0
h_5
h_4
h_3
h
F_1
A^0
M^0
C^0
N^0
F_2
h
a^0
m^0
n^0
x'
E^0
b^0
c^0
d^0
J^0
R^0
o'
2'
5'
g'
1'
3'
4'
6'
k'l'
a'm'
b'
c'n'
d'
e'
j'r'

图 11-21　拱桥的透视

复习思考题

(1) 透视投影表达形体的条件是什么?

(2) 何谓灭点?

(3) 点、线、面的透视特性?

(4) 什么是建筑师法?

第十二章　投影图中的阴影

第一节　阴影的基本知识

物体受到光线照射时,在光照不到的表面上所产生的阴暗部分,称为阴影。

一、投影图中阴影

在投影图中,如画出阴影,可使物体的凹凸明显而有立体感。如图12-1中,由于画出了阴影,单由V面投影就会感到:进门是凹进外墙面的,右方墙面比左方墙面退后一些,屋顶和窗台是凸出外墙面的等等。

但是,由于正投影图已经能够明确地显示出物体的形状、大小和相对位置,故不需画出阴影。因此,阴影仅绘制在供展览或参考用的建筑、机械等表现图上。

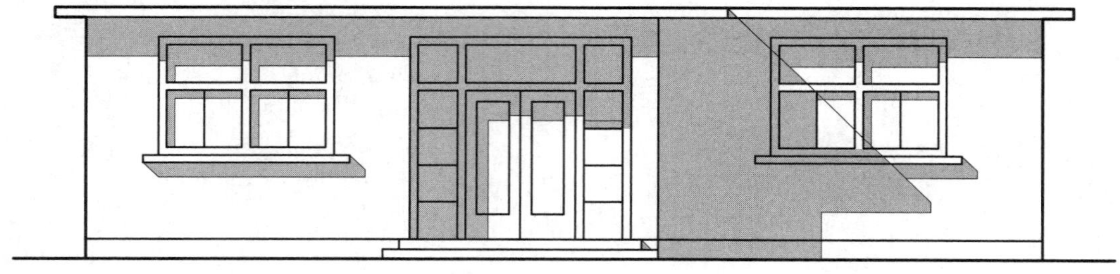

图12-1　正面投影中的阴影

二、常用光线

投影图中产生阴影的光线,通常采用平行光线,并使其照射方向相当于从立方体的左前上角射至右后下角的对角线方向,见图12-2。因而光线L的各个投影l、l'及l'',对投影轴都成45°方向。特把这种方向的光线,称为**常用光线**。

第二节　点的影子

一、点的影子

一点落在一个承影面上的影子仍为一点,为通过该点的光线延长后与承影面的交点。

图12-3中,空间有一点A和一个面P。在平行光线L的照射下,点A阻挡了其中一条光

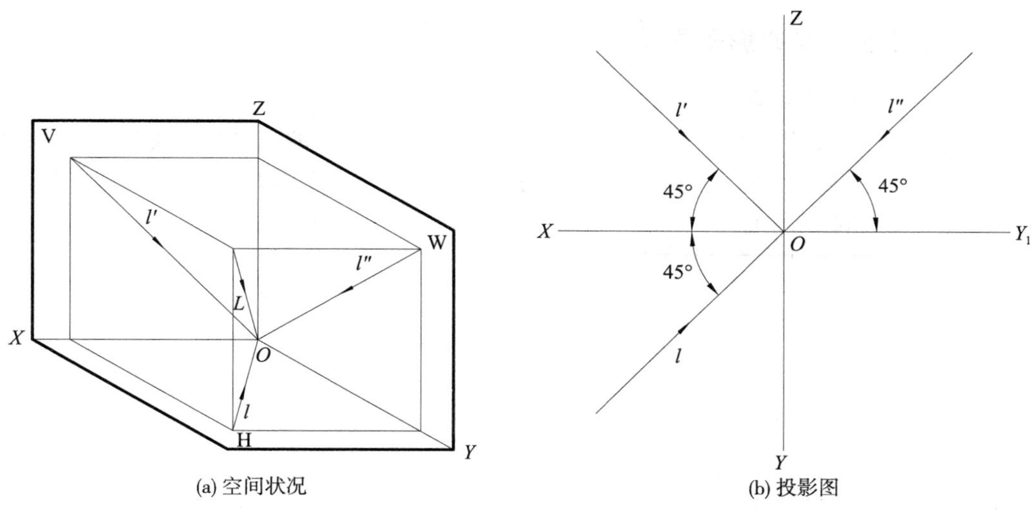

图 12-2　常用光线

线 L_A 的前进，在原来受光的 P 面上形成一个黑点 A_0。该点 A_0 即为点 A 落于 P 面上的**影子**，简称**影**。影子所在的面，称为**承影面**。

一点在一个承影面上的影子，实为照于该点的光线延长后与承影面的交点，因而，求一点在一个承影面上的影子，就成为求直线与面的交点问题。

以后规定：几何形体的影子可用与几何形体相同的字母在右下角加“0”表示。

如一点 B 在承影面 P 上，其影子 B_0 与点 B 重合。

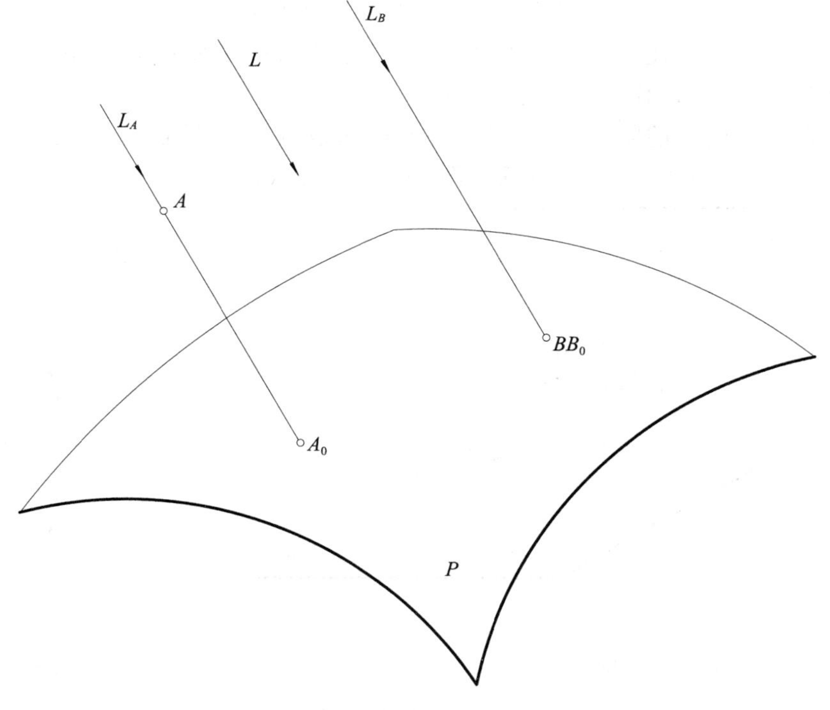

图 12-3　点的影子

二、投影图中点的影子求法

1. 点在投影面上的影子

(1) 点落在V面上的影子——图12-4(a)所示,照于点A的光线L延长后,与V面交得影子A_0,A_0的V面投影a_0'与A_0重合,H面投影a_0则位于OX轴上。又投影a_0,a_0'还应分别位于光线L的投影l,l'上。

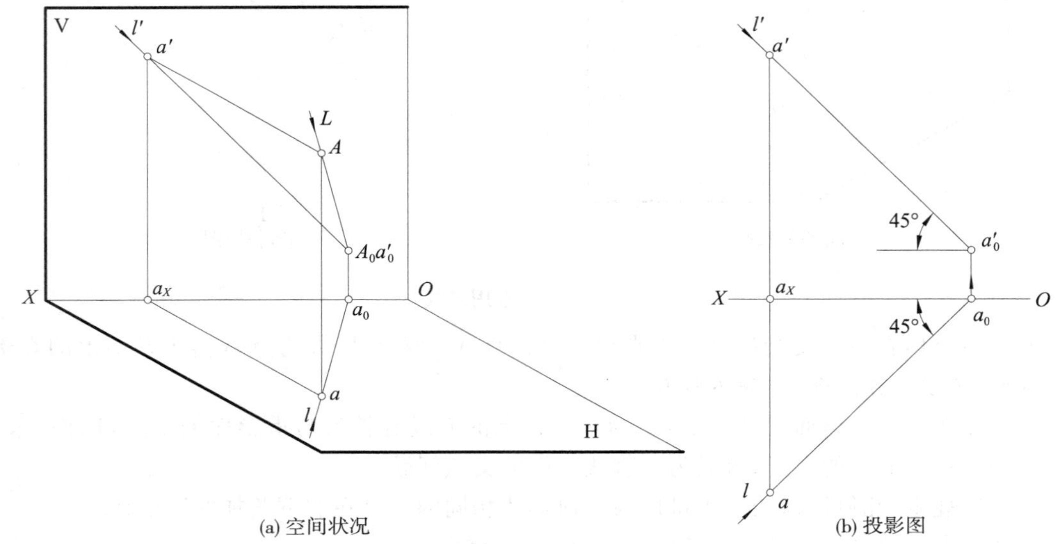

图12-4　点落在V面上的影子

在图12-4(b)中,如已知点A的投影a,a',可先过a,a'分别作45°方向的光线投影l,l'。l与OX交于a_0,再由a_0作连系线与l'交得a_0'。

(2) 点落在H面上的影子——在图12-5中,因点A离H面比离V面近,故影子落在H面上。投影图中影子$A_0(a_0,a_0')$的作法如图12-5(b)所示。

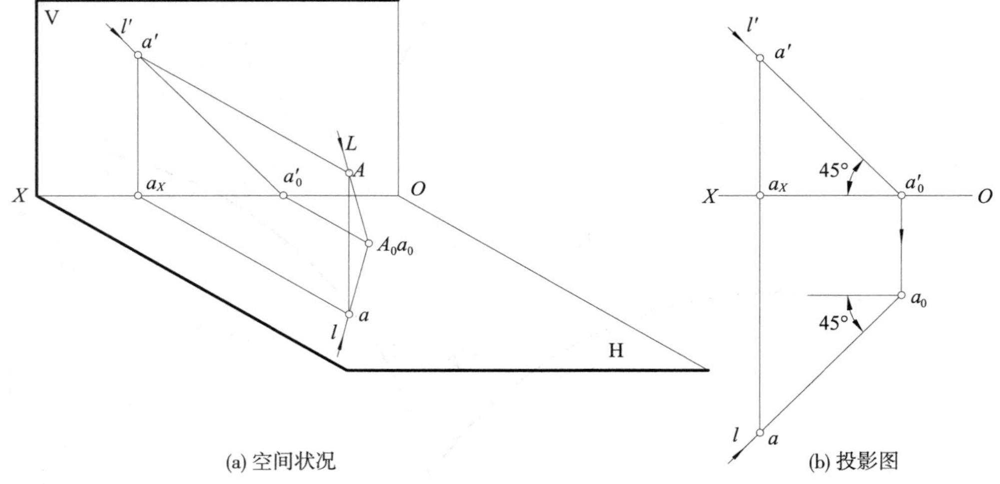

图12-5　点落在H面上的影子

2. 点落在有积聚投影的承影面上的影子

(1) 点落在投影面垂直面上的影子——图12-6中，已知点$A(a,a')$，求落在垂直于H面的柱面$P(p,p')$上的影子$A_0(a_0,a_0')$。先过a、a'作l、l'，l与积聚投影p交得a_0，由a_0作连系线交l'于a_0'。

(2) 点落在投影面平行面上的影子——图12-7中，求点A落在V面平行面P上影子的投影作法同图12-6。

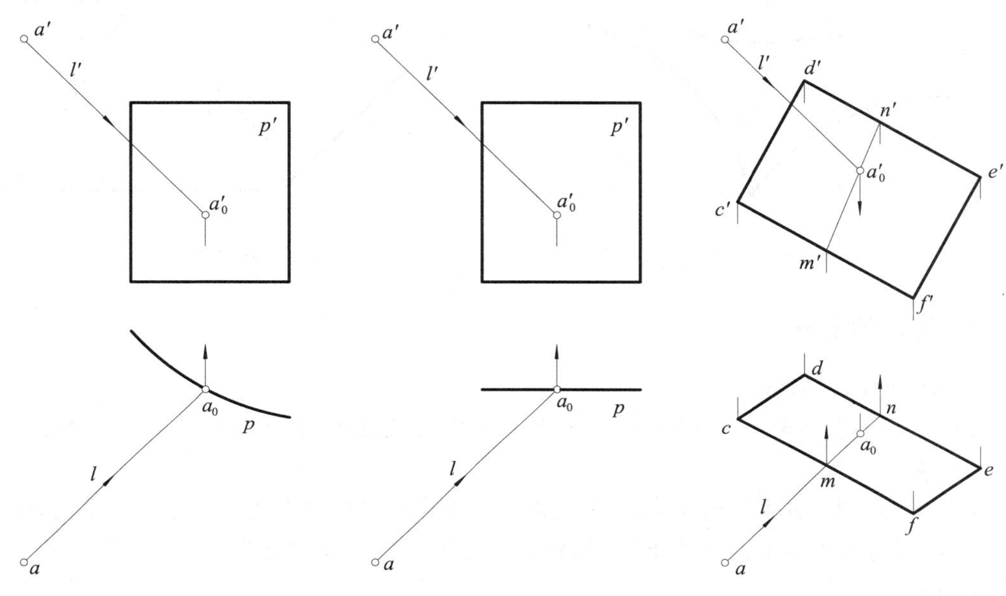

图12-6　点落在H面垂直柱面上的影子　　图12-7　点落在V面平行面上的影子　　图12-8　点落在一般位置平面上的影子

3. 点落在一般位置平面上的影子

在图12-8中，已知点$A(a,a')$，求落在平面$CDEF(cdef,c'd'e'f')$上的影子$A_0(a_0,a_0')$。

因承影平面无积聚投影，故用求一般位置直线与一般位置平面交点的方法来求影子$A_0(a_0,a_0')$。先过a和a'作l和l'，并设通过L作一个辅助平面如H面垂直面，求出它与平面$CDEF$的辅助交线$MN(mn,m'n')$，则l'与$m'n'$可交得a_0'，由之作连系线，即可与l交得a_0。

4. 点位于承影面上时，影子与本身重合。

第三节　线的影子

一、线的影子

线的影子为线上一系列点影子的集合，也为照于该线的光线面与承影面的交线。

图12-9中，曲线A受到光线照射后，在承影面P上所产生的影子A_0为线上各点影子的集合。射到A线上各点的光线必组成一个柱面，称为**光线面**，而影子A_0为光线面与承影面P的交线。

同时可以推知：**线上一点的影子，必在线的影子上。**

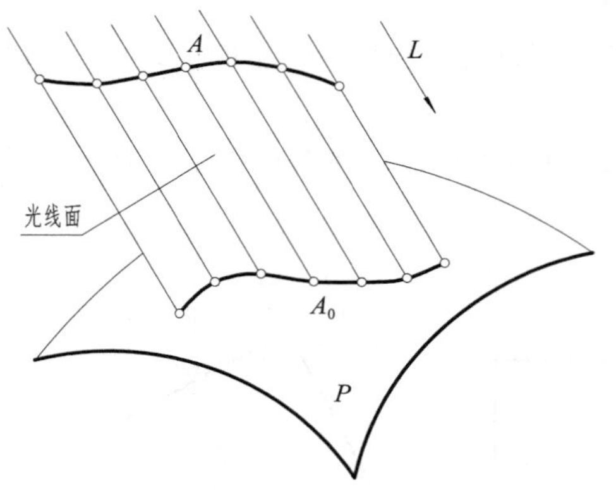

图 12-9 曲线的影子

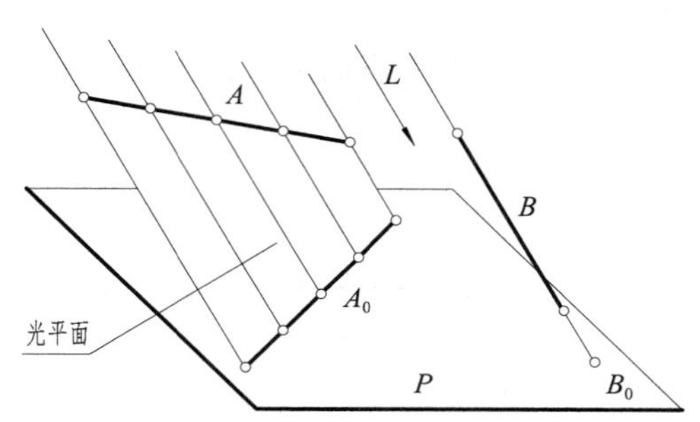

图 12-10 直线的影子

二、直线的影子

1. 直线的影子形状

直线落在一个承影平面上的影子，一般情况下仍是直线，但当直线平行光线时，则它的影子蜕化成为一点。

在图 12-10 中，由于照射于直线 A 上各点的光线所组成的光线面必是一个平面，称为**光平面**。故该直线在承影平面 P 上的影子，就是该光平面与 P 面的交线，且直线端点的影子，成为直线影子的端点。

当直线 B 平行光线时，过直线上各点的光线与直线重合，故它的影子为直线本身与承影面的交点 B_0。

当直线在承影平面上时，直线的影子与直线本身重合。

2. 直线影子的求法

投影图中，求作直线落于一个承影平面上影子的投影，只要作出两个端点影子的投影并相连，即为直线影子的投影。图 12-11 为一般位置直线 AB 落在一般位置平面 $CDEF$ 上影子 $A_0B_0(a_0b_0, a_0'b_0')$ 的作法，可用图 12-8 的方法，求出影子 $A_0(a_0, a_0')$ 和 $B_0(b_0, b_0')$ 来连得。

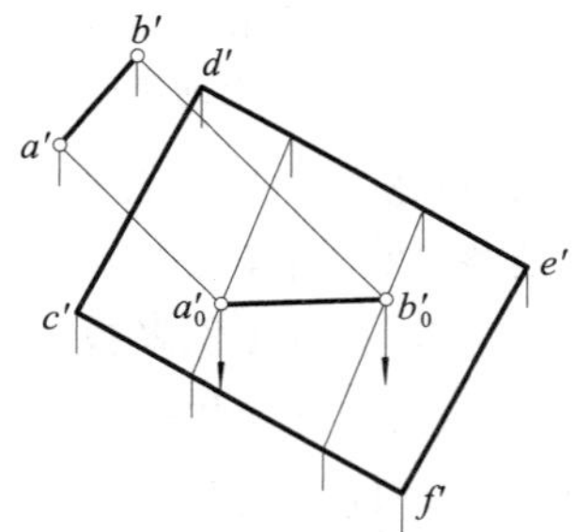

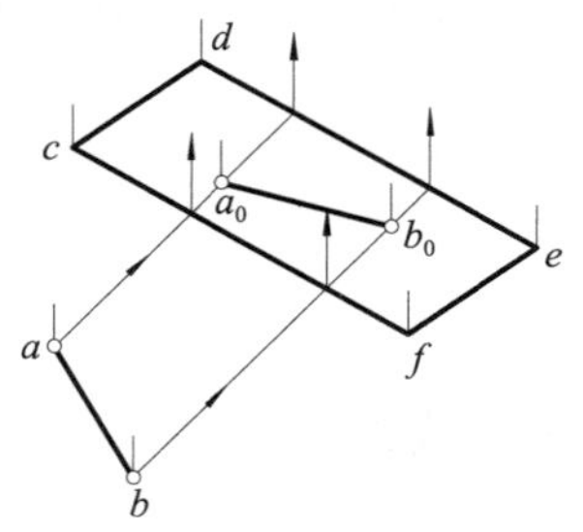

图 12-11 直线影子的投影作法

三、直线的影子性质

1. 直线落在一个平面上影子的特性

(1) **直线与承影面相交时，直线的影子将通过该线与承影面的交点。**图 12-12 中直线 AB 与承影平面 P 相交于点 B，则 B_0 与 B 重合，而 B_0 又在直线的影子 A_0B_0 上，故 A_0B_0 通过交点 B。

(2) **直线与承影平面平行时，直线的影子必与直线本身平行且等长。**如图 12-13 所示，直线 AB 与承影平面 P 平行，则通过 AB 的光平面与 P 面的交线 A_0B_0 必与直线本身平行。又因光线 $AA_0 \parallel BB_0$，故 ABB_0A_0 为一个平行四边形，$AB = A_0B_0$。

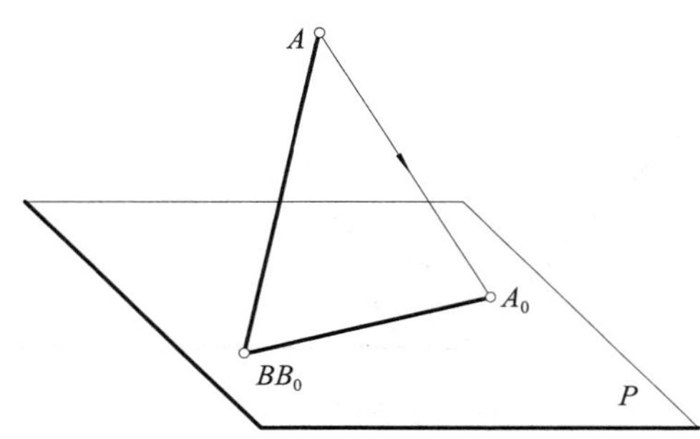

图 12-12　直线与承影面相交时的影子

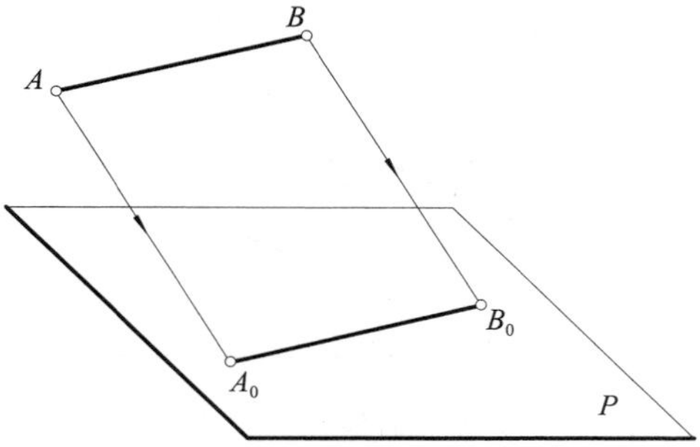

图 12-13　直线与承影面平行时的影子

2. 一直线落在两个平面上影子的特性

(1) **一直线落在两个平行的承影平面上的两段影子必互相平行。**如图 12-14 所示，因通过直线 A 的光平面与两个平行的承影平面 P、Q 的交线互相平行，故影子 A_{01} 和 A_{02} 必互相平行。

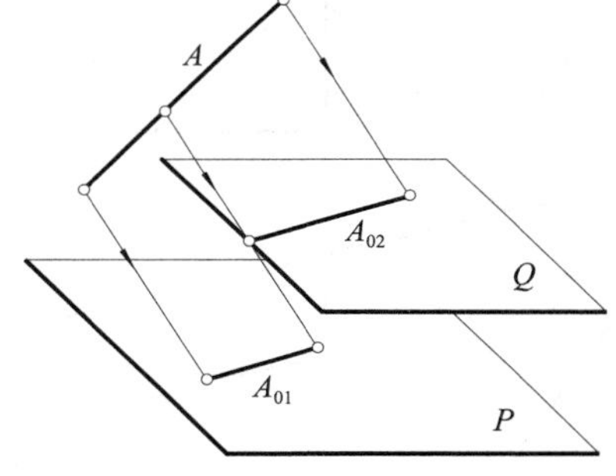

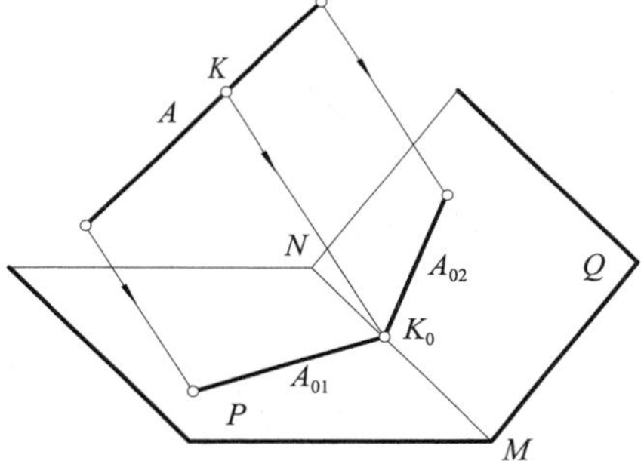

图 12-14　一直线在两个平行平面上的影子

图 12-15　一直线在两个相交平面上的影子

(2) **一直线落在两个相交的承影面上的两段影子，必交于这两个承影面的交线上。**如图 12-15 所示，由于三个相交平面的三条交线必相交于一点，故通过直线 AB 的光平面与两个承影平面 P、Q 所交成的两段影子 A_{01} 和 A_{02} 的交点 K_0，必位于 P、Q 的交线 MN 上，交点 K_0 称为**折影点**。

3. 两直线落在一个平面上影子的特性

(1) **两平行直线落在一个承影平面上的两段影子必互相平行。**如图 12-16 所示，因为通过两条平行直线 AB、CD 的两个光平面互相平行，与承影平面 P 交得的两条影子 A_0B_0、C_0D_0 也互相平行，且 $A_0B_0 : C_0D_0 = AB : CD$。

(2) **两相交直线在一个承影面上的两段影子必定相交，且影子的交点，为两直线交点的影子。**如图 12-17 所示，直线 AB 与 CD 的交点 E 在 P 面上的影子 E_0，必同时在两直线的影子 A_0B_0、C_0D_0 上，因而为它们的交点。

(3) **两交叉直线在一个承影面上的影子如果相交，则交点为一条直线上一点落在另一条直线上影子的影子。**如图 12-18 所示，交叉直线 AB、CD 在 P 面上的影子 A_0B_0 和 C_0D_0 之所以会交于一点 $\bar{E}_0$，是因为 AB 上一点 E 和 CD 上一点 E_0 位于同一条光线上。E 点的实际影

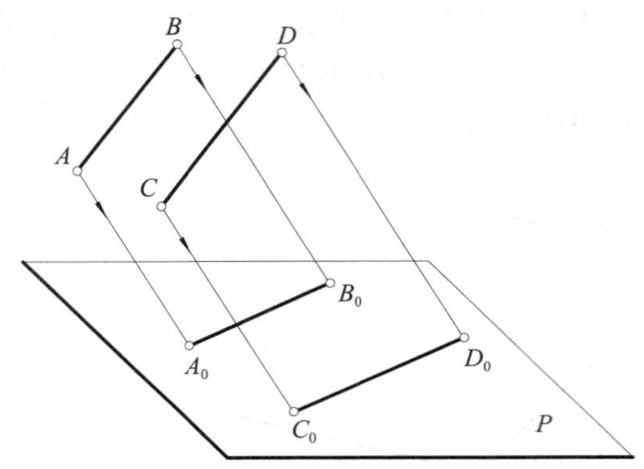

图 12-16　两平行直线在一个平面上的影子

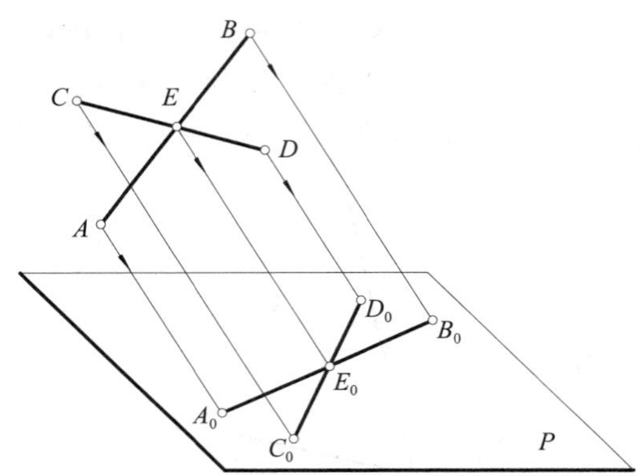

图 12-17　两相交直线在一个平面上的影子

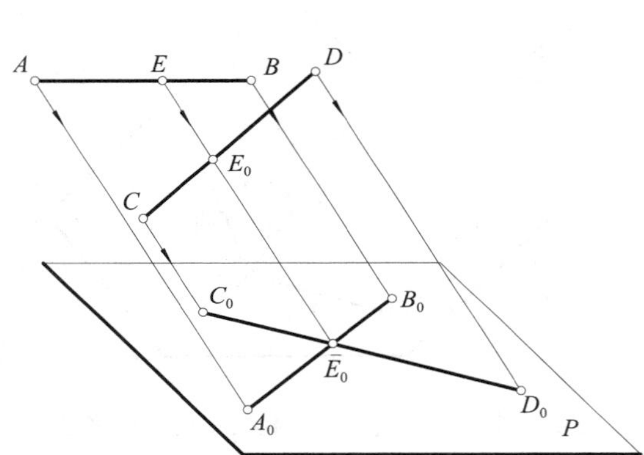

图 12-18　两交叉直线在一个平面上的影子

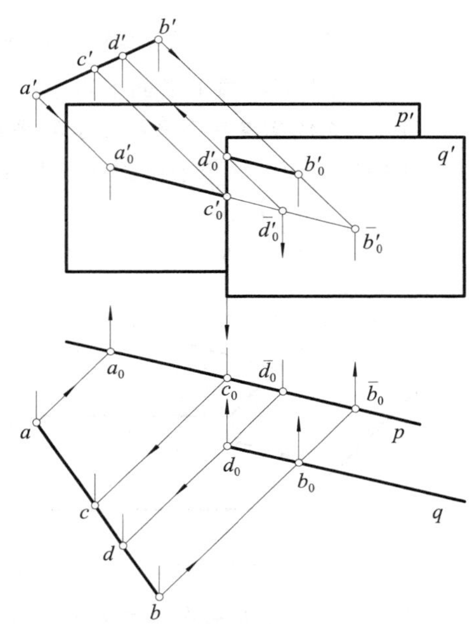

图 12-19　一直线在互相平行的两个铅垂面上的影子

子为 E_0，而 $\bar{E}_0$ 为**假影**。

［**例 12-1**］　如图 12-19 所示，求直线 AB 落在互相平行的 H 面垂直面 P 和 Q 上影子的投影。

［**解**］　因 P 和 Q 面的 H 面投影有积聚性，故直线 AB 影子的 H 面投影必在积聚投影 p 和 q 上。

先作出端点 A 和 B 的影子 $A_0(a_0, a'_0)$、$B_0(b_0, b'_0)$，它们分别位于 P 和 Q 面上，故 AB 的影子各有一段落于 P 和 Q 面上。图中还作出了点 B 落于 P 上的假影 $\bar{B}_0(\bar{b}_0, \bar{b}'_0)$。

作连线 $a'_0\bar{b}'_0$，可得 AB 落在 P 面上影子的投影，其中 $a'_0c'_0$ 段是可见的，$c'_0\bar{b}'_0$ 段被 Q 面遮住而不可见。在投影图中，凡不可见的影子一般不予表示。

再由 b'_0 作 $a'_0c'_0$ 的平行线，与 Q 面左边交于 d'_0，而 d_0 必在积聚投影 q 的左端，由之可反求出 d 和 d'。

4. 投影面垂直线影子的投影特性

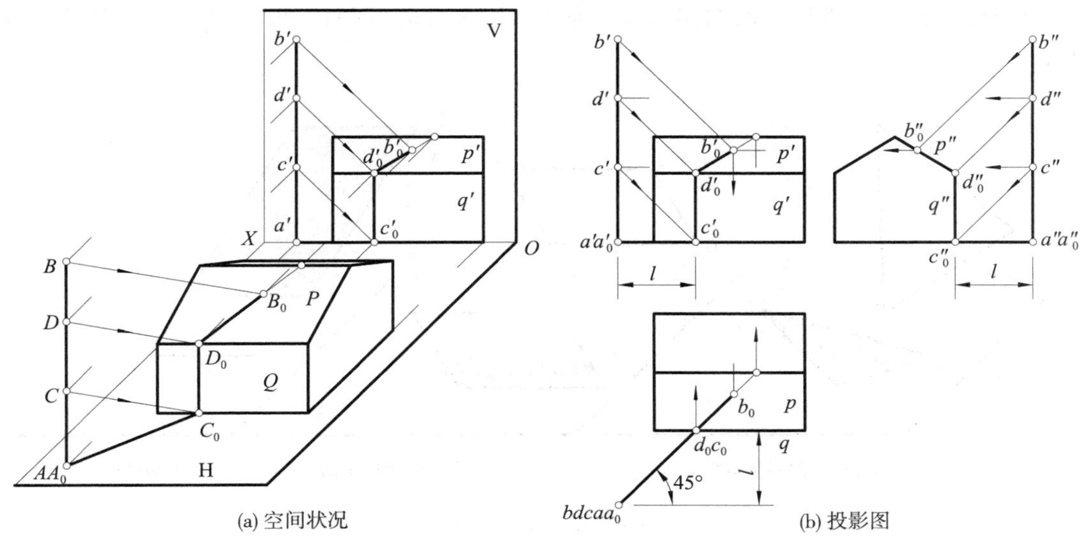

(a) 空间状况　　(b) 投影图

图 12-20　投影面垂直线的影子

（1）**某投影面垂直线落于任何物体表面上的影子，在直线所垂直的投影面上的投影必为一直线，且与通过该垂直线的光平面在该投影面上的积聚投影方向一致**。如图 12-20(a)，H 面垂直线 AB 落在 H 面和房屋各面上的影子（房屋本身的影子未画出）为折线 A_0C_0、C_0D_0 和 D_0B_0，相当于通过 AB 的光平面与 H 面、房屋各面的交线。因 AB 垂直 H 面，故光平面也垂直 H 面，其 H 面投影积聚成一直线，它包含了 AB 各段影子的 H 面投影。如图 12-20(b) 中，过直线 AB 的光平面在 H 面上的积聚投影呈 45° 向，它包含了影子 A_0C_0、C_0D_0 和 D_0B_0 的 H 面投影 a_0c_0、c_0d_0、d_0b_0。

（2）**某投影面垂直线落在另一投影面平行面上的影子，在该承影平面所平行的投影面上的投影，除了与直线本身的同面投影平行外，且距离等于直线到该投影面平行面间的距离**。如图 12-20(a)，H 面垂直线 AB 上一段 CD 落在 V 面平行面 $Q(q,q')$ 上的影子 C_0D_0。由于 CD 与 Q 面都垂直于 H 面，所以 CD 必平行 Q 面，故 C_0D_0 平行 CD。从投影图中可看出，V 面投影中相平行的 $c'd'$ 与 $c_0'd_0'$ 间距离 l，等于 H 面投影中 cd 点到 q 的距离 l（即 CD 与 Q 面间距离）。

图中还画出了端点 B 落于屋面上影子 $B_0(b_0,b_0')$ 的作法，且可由 d_0b_0 呈 45° 方向，证明 $d_0'b_0'$ 与 $d_0''b_0''$ 成对称方向。

第四节　平面的影子

一、平面图形的影子

平面图形轮廓线的影子称为影线。如图 12-21(a) 所示，$\triangle ABC$ 在 H 面上的影子为 $\triangle A_0B_0C_0$，影子的界线 $A_0B_0C_0$ 称为**影线**，每段影线 A_0B_0、B_0C_0、C_0A_0 为 $\triangle ABC$ 上轮廓线 AB、BC 和 CA 的影子。

在投影图中，一般将平面的阴影涂上淡色、作平行的等距离细线，或加均匀密点等来表示。

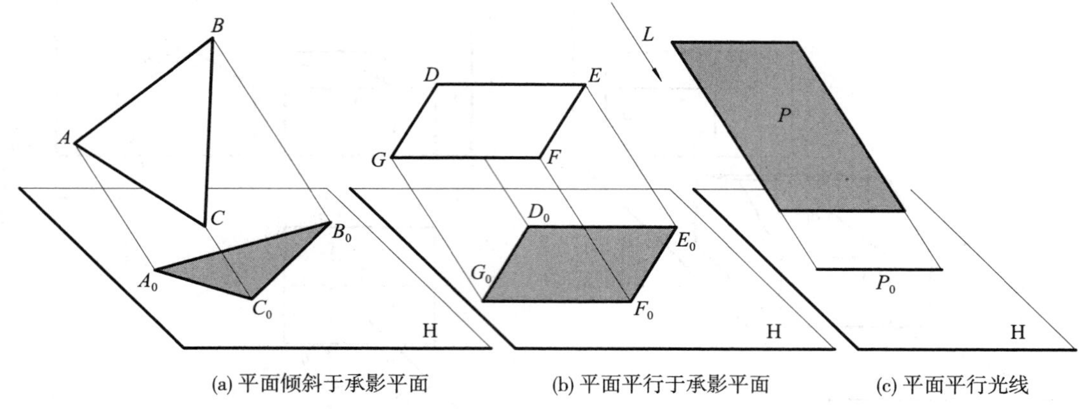

图 12-21　平面的影子

二、平面影子的性质

1. **平面图形在与它平行的承影平面上的影子，其形状、大小和方向与原图形完全相同。**上述平面包括由直线和平面曲线所组成的图形。图 12-21(b) 所示为平行四边形 $DEFG$ 平行 H 面，其在 H 面上的影子 $D_0E_0F_0G_0$ 与 $DEFG$ 完全相同。

2. **平行于光线方向的平面，落在任一承影平面上的影子，必为一直线，平面的两个侧面均为阴面。**

如图 12-21(c) 所示，设 P 面平行于光线 L。这时射向平面的光线，只能射到朝向光线的那些边线上，这些光线形成一个与 P 面重合的光平面，它与承影平面相交成直线 P_0，即为整个平面的影子。该平面的两个侧面均得不到光线的照射而呈阴暗，称为**阴面**，可涂上淡色等表示。

三、圆周平面的影子

1. **圆周平面的影子，其影线为圆周的影子。当圆周平面平行承影面时，其影子为一个大小相等的圆周；当圆周平面平行光线时，其影子为一直线。**

图 12-22(a) 为一个水平的圆周平面落在 H 面上影子的投影。

2. **一般情况下，圆周在一个平面上的影子是一个椭圆，椭圆心为圆心的影子。**

圆周的影子椭圆可以作出圆周上一些点的影子来连得，一般可用八点法来作影子椭圆：

图 12-22(b) 为一个水平圆周落在 V 面上影子椭圆的八点法作图。首先，作圆周的外切正方形 $ABCD$，让其边线平行或垂直 V 面，其 H 面投影 $abcd$ 反映实形，V 面投影 $a'b'c'd'$ 与圆周的积聚投影重合。通过投影可作出 $ABCD$ 影子的 V 面投影 $a_0'b_0'c_0'd_0'$。$a_0'b_0'c_0'd_0'$ 各边的中点即为切点影子的 V 面投影 $1_0'$，$7_0'$，$5_0'$，$3_0'$，再通过投影作出对角线与圆周相交的四点影子的 V 面投影 $2_0'$，$8_0'$，$6_0'$，$4_0'$，然后顺次相连得出切于 $a_0'b_0'c_0'd_0'$ 的影子椭圆。

$1_0'5_0'$ 和 $3_0'7_0'$ 实为影子椭圆的一对共轭轴，也可用图 7-11 的方法求出长、短轴后再用图 7-9 的四圆弧近似法作出影子椭圆。

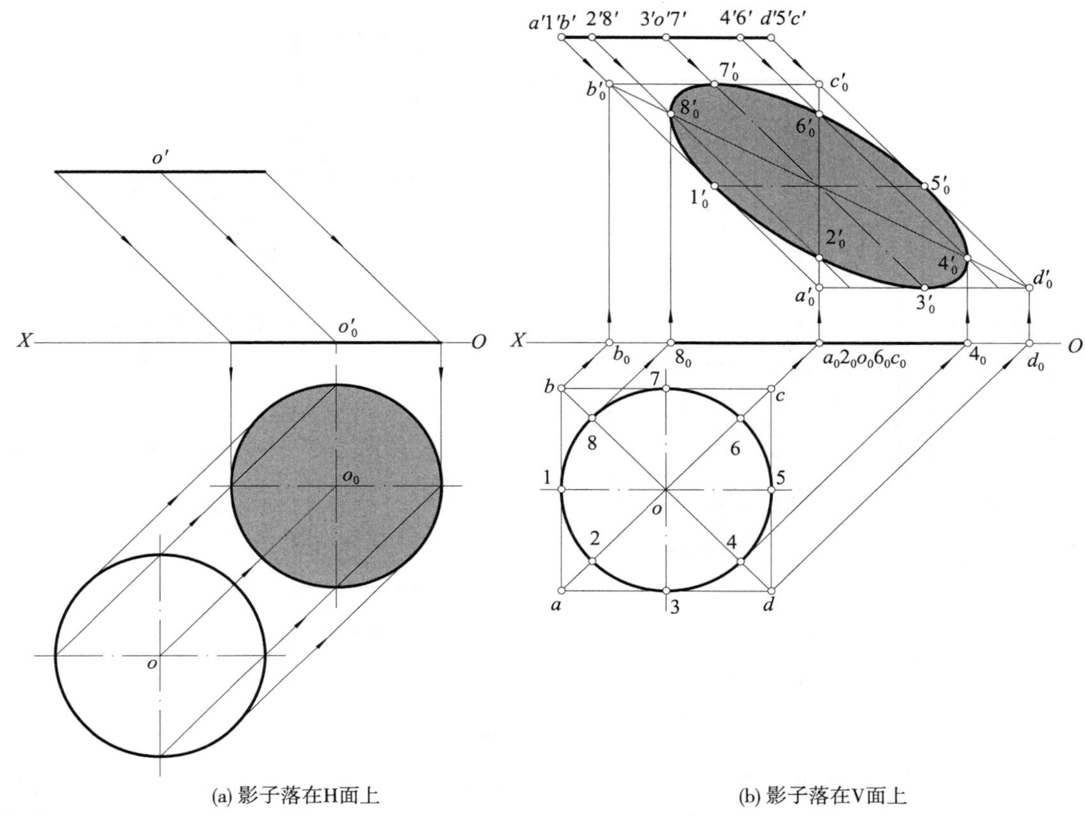

(a) 影子落在H面上　　(b) 影子落在V面上

图 12-22　水平圆周平面的影子

第五节　立体的阴影

一、阴线和影线

1. 立体的阴影

图 12-23(a) 为长方体阴影形成的空间状况。因光线由立体的左前上方射入，故其左、前侧面和顶面受光而明亮，称为**阳面**，右、后侧面和底面背光而阴暗，称为**阴面**。阳面和阴面的分界线 $ABCGJEA$ 称为**阴线**。由于一般物体是不透光的，故照到阳面上的光线必被物体所阻挡，使得在物体本身或其他物体的原来阳面上产生阴暗部分，如在 V 面上 $A_0B_0C_0\cdots$ 包围的图形，称为**影子**，简称为**影**。影子的轮廓线，称为**影线**。阴面与影子，合称为**阴影**。照在阴线上的那些光线，延伸后必与承影面相交成影线，故**影线就是阴线的影子**。

2. 立体阴影的确定

求立体的阴影时，常会遇到如下情况：

(1) 如果能够先判断出立体的阳面、阴面，也就能够确定出阴线。则作出阴线的影子，就是立体的影线，它所包围的图形，就是立体的影子。

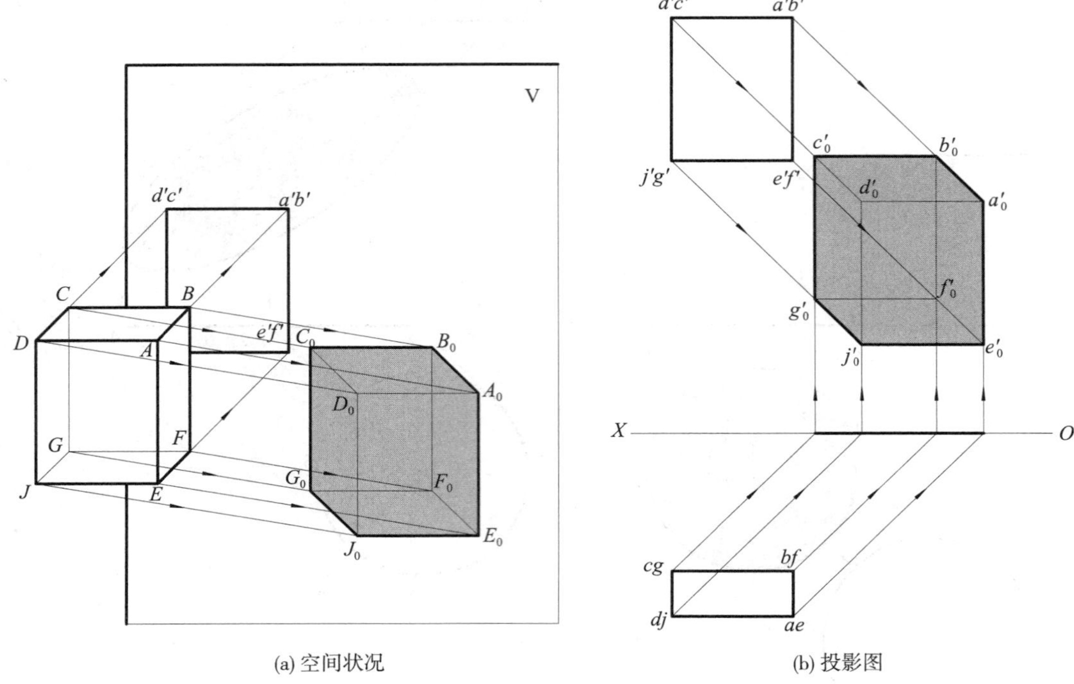

(a) 空间状况　　(b) 投影图

图 12-23　长方体(四棱柱)的阴影

(2) 如果不能判断出立体的阳面、阴面及阴线,则可先作出立体表面的全部影子,它的最外界线必是立体的影线,则与它对应的立体上的线条,就是立体的阴线。由此,可判断出阴面和阳面。

二、几何体的阴影

1. 棱柱

图 12-23(b) 为四棱柱阴影的投影。由于四棱柱的阴面,为不可见或成积聚投影,故在立体本身的投影图上未能显示出阴面来。

本图的影线中,因阴线 AE、EJ、BC、CG 平行 V 面,故 $a'_0e'_0 \mathbin{/\!/} a'e'$,$e'_0j'_0 \mathbin{/\!/} e'j'$,$b'_0c'_0 \mathbin{/\!/} b'c'$ 和 $c'_0g'_0 \mathbin{/\!/} c'g'$,而阴线 AB 和 JG 垂直 V 面,故 $a'_0b'_0$ 和 $j'_0g'_0$ 呈 45° 方向。至于不是阴线的那些棱线的影子,如图中的 $a'_0d'_0$ 等,实际上不需作出。

2. 圆柱

圆柱面的影线,为公切于顶圆和底圆影子的两条直线。图 12-24 中,正圆柱的顶面和底面分别为阳面和阴面,而圆柱面的影子为柱面上素线影子的集合。素线影子中的最外两条,就是公切于顶圆和底圆影子的两条切线,即为柱面的影线。本图中因素线垂直于 H 面,故素线落于 H 面上的影子,与光线的 H 面投影方向一致,即呈 45° 方向。

然后,由影线求出阴线。此时,因半径 o_1a 和 o_1b 必垂直于光线的 H 面投影方向而成为 45° 方向,故可直接由点 o_1 定出点 a 和 b 后得出 a' 和 b' 来作得阴线的 V 面投影。柱面左前方一半受光而为阳面,右后方一半背光而为阴面,V 面投影中只能显示出右方一狭条阴面的投影。实际上,过 A 点素线的 V 面投影为不可见,可不作出。

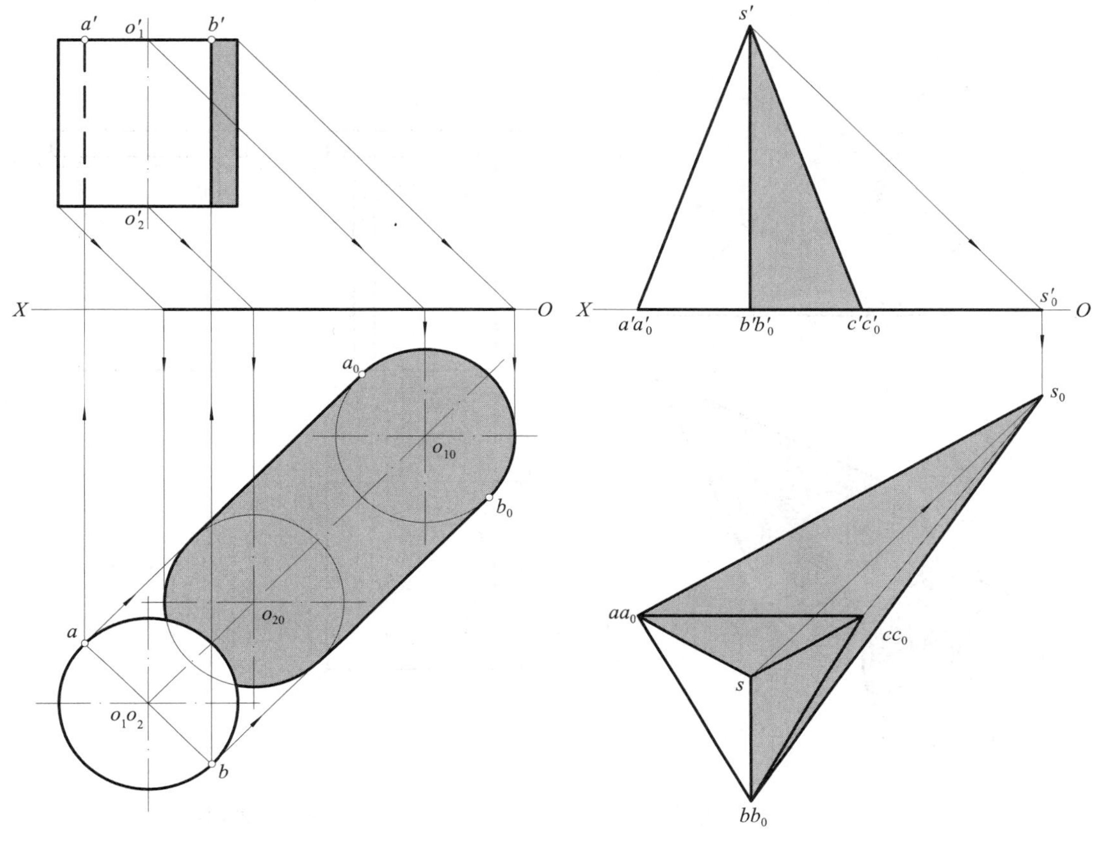

图 12-24　圆柱的阴影　　　图 12-25　三棱锥的阴影

3. 棱锥

图 12-25，三棱锥的底面为阴面，左侧面 SAB 向光而为阳面，至于其余两个侧面，尚不能立即判断出为阴面或为阳面。

本图中三棱锥的底面与 H 面重合，故其影子也与底面重合，底面上 A，B，C 三点的影子 A_0，B_0 和 C_0 分别与它们本身重合。顶点 S 的影子为 $S_0(s_0)$，于是可连得各侧棱影子的 H 面投影 s_0a_0，s_0b_0 和 s_0c_0。因 s_0a_0，s_0b_0 最靠外面为影线的 H 面投影，故对应的 SA，SB 就成为阴线。现因已知 SAB 为阳面，故阴线另一侧的两个侧面 SAC、SBC 就是阴面。

4. 圆锥

圆锥面的影线，为通过顶点的影子且切于底圆影子的两条直线。图 12-26 中，圆锥的底面因向下而为阴面，圆锥面的影子为锥面上素线影子的集合。素线影子中的最外两条，就是通过顶点影子 $S_0(s_0)$ 且切于底圆影子的两条切线 $S_0A_0(s_0a_0)$ 和 $S_0B_0(s_0b_0)$，即为圆锥面的影线。然后利用过切点的反向光线来定出底圆上的对应点 $A(a,a')$，$B(b,b')$，连线 $SA(sa,s'a')$，$SB(sb,s'b')$ 就是阴线。圆锥面上位于阴线左前方的一大半受光而为阳面，右后方一小半背光而为阴面，V 面投影中只能显示出右方一狭条阴面的投影。同样，过 A 点素线的 V 面投影为不可见，可不作出。

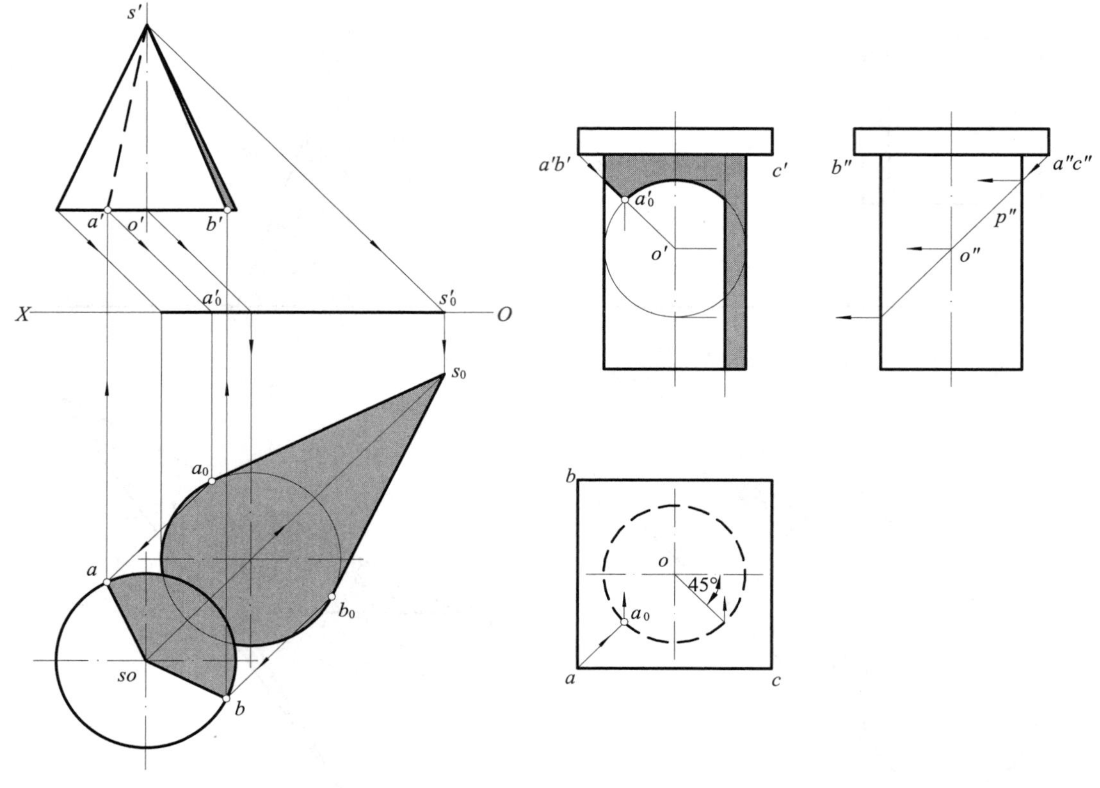

图 12-26　圆锥的阴影　　　　图 12-27　方形柱帽下圆柱的阴影

三、建筑形体的阴影

1. 柱头的阴影

图 12-27 为正方形柱帽和下方圆柱形柱身构成的一柱头，求它们的阴影。方形柱帽的各个阴面为不可见或成积聚投影，不能显示出来，柱身的影线作法如图。

方帽落于圆柱面上的影线，为阴线 AB 和 AC 落在柱面上的影子，可利用承影圆柱面 H 面投影的积聚性，作出 AB 和 AC 上一些点落在圆柱面上的影子来连得，作法如点 A 的影子 $A_0(a_0, a_0')$。

现利用截交线的作法求作：因通过 AB、AC 的光平面与圆柱面的截交线即为影线，各为一段椭圆弧。两个椭圆心重合于柱轴上一点 O。影线为两段椭圆弧的 H 面投影，必积聚在圆柱的 H 面投影上而为两段圆弧。因 AB 为 V 面垂直线，故通过它的光平面与圆柱面交得的影线即一段椭圆弧的 V 面投影积聚成 45° 方向的一段直线，延长通过影子 $A_0(a_0')$ 光线的 V 面投影，与圆柱轴线的 V 面投影交得椭圆心 O 的 V 面投影 o'。

AC 为 W 面垂直线，故通过它的光平面 P 的 W 面投影 p'' 有积聚性，由于 P 面对 V 面和 H 面的倾角均为 45°，故由 AC 所形成的影线椭圆弧的 V 面投影形状与 H 面投影形状对称而相同，也为一段圆弧，半径等于圆柱半径，故可由 o' 来作得 AC 落于圆柱面上影线的 V 面投影（呈圆弧）。本图的 W 面投影，仅供作 V 面投影中阴影之用，故未作出柱头阴影的 W 面投影。另外，本图没有作出柱帽和柱身在投影面上的阴影。

2. 窗和门的阴影

投影图 12-28、图 12-29 分别表示了窗、门以及台阶、雨篷等的阴影作法。阴面都属不可见或成积聚投影而未能显示出来。

图 12-28 为窗台和窗口的影子。窗台相当于靠在墙上的一个四棱柱，阴线为折线 *ABCDE*。其中 *AB*、*DE* 垂直墙面，故落在墙面上影子的 V 面投影呈 45° 方向。*BC*、*CD* 平行墙面，故落在墙面上影子的 V 面投影方向不变，仍分别为水平和竖直方向。

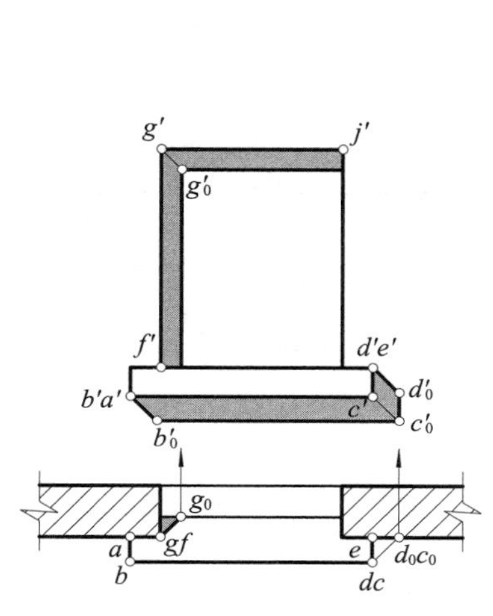

图 12-28　窗的阴影

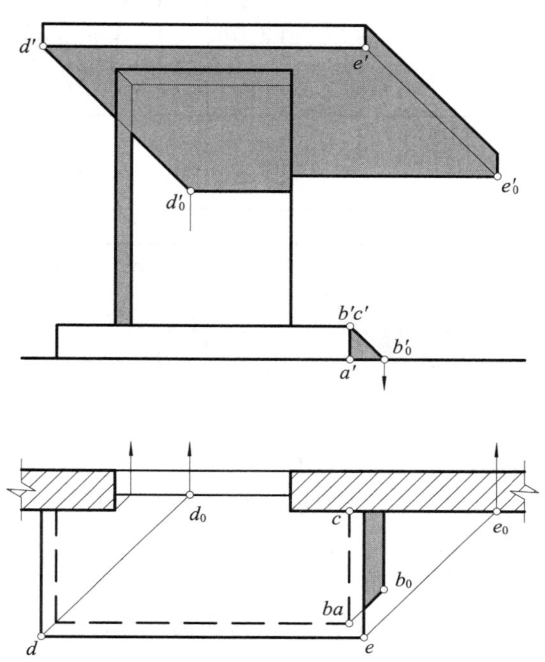

图 12-29　门的阴影

窗口的阴线为折线 *FGJ*，H 面垂直线 *FG* 落在窗台顶面上影子的 H 面投影，呈 45° 方向。*FG*、*GJ* 平行窗面，故落在窗面上影子的 V 面投影方向不变，仍分别为竖直和水平方向。

图 12-29 为带有台阶、雨篷的门口的影子。台阶为靠于墙脚和地面上的四棱柱，阴线为折线 *ABC*。竖直线 *BA* 落在地面上影子的 H 面投影成 45° 方向，墙面垂直线 *BC* 平行地面，故落在地面上的影子与本身平行，落在墙面上影子的 V 面投影则呈 45° 方向。

门口的影子等同于窗口的影子。雨篷的影子等同于窗台的影子，仅因水平边 *DE* 与墙面、门面的距离不同，故影子高低错开。

3. 圆拱门洞的阴影

图 12-30 为一座靠于主楼外墙面的圆拱形门洞的正立面图和平面图，作其阴影。

所有阴面均为不可见或成积聚投影而未能显示出来。

为阴线的柱身棱线和墙角线 *AC* 均垂直 H 面和平行与 V 面平行的主楼外墙面，故落在地面和主楼外墙面上影子的投影，分别为 45° 方向和竖直方向。右上方屋顶边线 *AB* 垂直于后方主楼的外墙面，故在外墙面上影子的 V 面投影为 45° 方向。

作各圆拱的影子时，先作前、后圆心的影子，因均落于外墙面上，故半圆形圆拱口落于外墙面上的影子为等大的半圆。

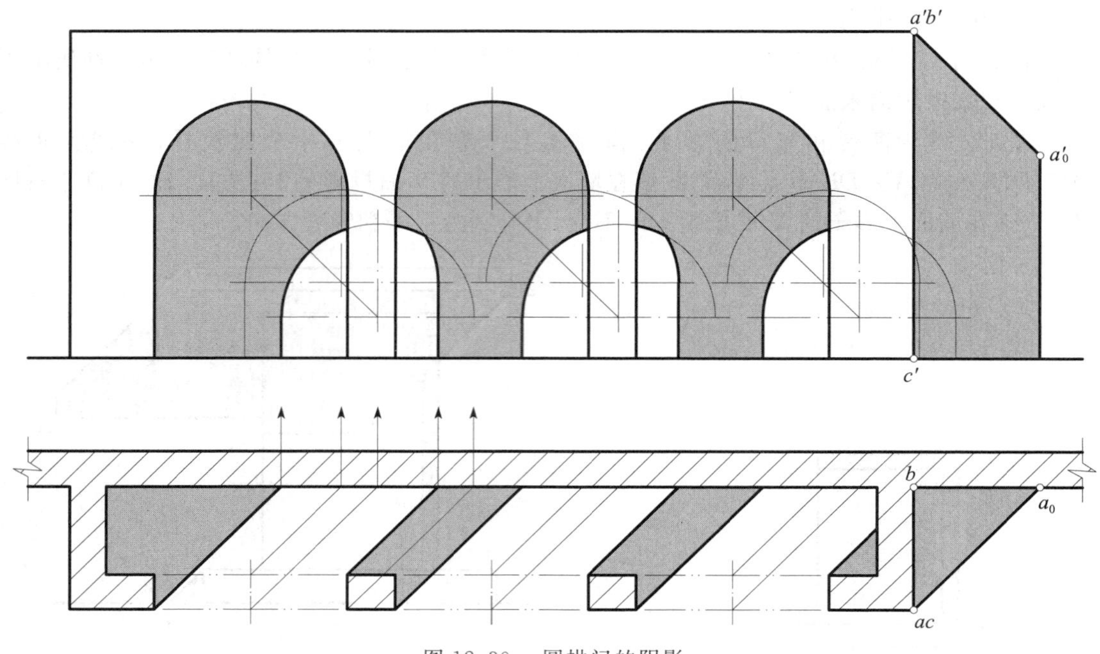

图 12-30　圆拱门的阴影

4. 房屋轮廓的阴影

图 12-31 是一座 L 形坡顶房屋的阴影作法。

屋檐的阴线为折线 $ABCDEFG$ 和 $JKLMNA$，影子作法如图所示。

左方挑出的斜屋檐 CD 平行侧屋墙面，故 $c_0'd_0' \parallel c'd'$，可作出 c_0' 和 d_0' 来连得。DE 与侧屋及正屋的墙面平行，故落于两个墙面上两段影子 $d_0't_0' \parallel \overline{t_0'}e_0' \parallel d'e'$。$EF$ 垂直地面且平行正屋墙面，故 $e_0'f_0' \parallel e'f'$，呈竖直方向，且 $e_0'f_0' = e'f'$。FG 垂直正屋墙面，故落于右方封檐板 $GJKL$ 和正屋墙面上的两段影子的 V 面投影，呈一条 45° 方向的直线。

JK 平行正屋墙面，故落在墙面上影子的 V 面投影仍呈水平方向，可先作出其上一点 J 影子的 V 面投影 j_0' 来作得。

屋顶落于地面上的影线可作各端点的影子来连得。其中，封檐板转角线 AB，KL 垂直地面，故 a_0b_0，k_0l_0 成 45° 方向，屋檐 AN 平行地面，故 a_0n_0 方向不变，即 $a_0n_0 \parallel an$。再由 b_0 和 k_0 作平行 bc，jk 的直线，得 BC，JK 落于地面上的部分影子。作出屋脊右端 M 落于地面上的影子 $M_0(m_0)$，可连得 m_0l_0 和 m_0n_0。

左后、右前墙角线落在地面上影子的投影也呈 45° 方向，与 BC、JK 落于地面上的影子相交。

烟囱的阴线为折线 Ⅰ Ⅱ Ⅲ Ⅳ Ⅴ，Ⅰ$(1,1')$ 和 Ⅴ$(5,5')$ 在屋面上，故落在屋面上的影子就是其本身。Ⅱ 落在屋面上的影子，必在通过 Ⅰ Ⅱ 的光平面与屋面的交线 Ⅰ Ⅵ 上，Ⅰ Ⅵ 的 H 面投影 16 呈 45° 向，由此得 $1'6'$，通过 $2'$ 作光线的 V 面投影，与 $1'6'$ 交得 $2'_0$，再求得 2_0，即为 Ⅱ 在屋面上的影子 Ⅱ$_0(2_0,2'_0)$，同法可求得 Ⅲ、Ⅳ 在屋面上的影子 Ⅲ$_0(3_0,3_0')$，Ⅳ$_0(4_0,4_0')$。各影线的投影还有一些特性：12_0，4_05 及 $2_0'3_0'$ 为 45° 方向；3_04_0 及 $3_0'4_0'$ 为水平方向；$2_0'3_0'$ 及 $1'2_0'$，$4_0'5'$ 与竖直及水平方向的夹角等于正屋屋面的水平倾角。如作出 W 面投影，则可更方便作图。

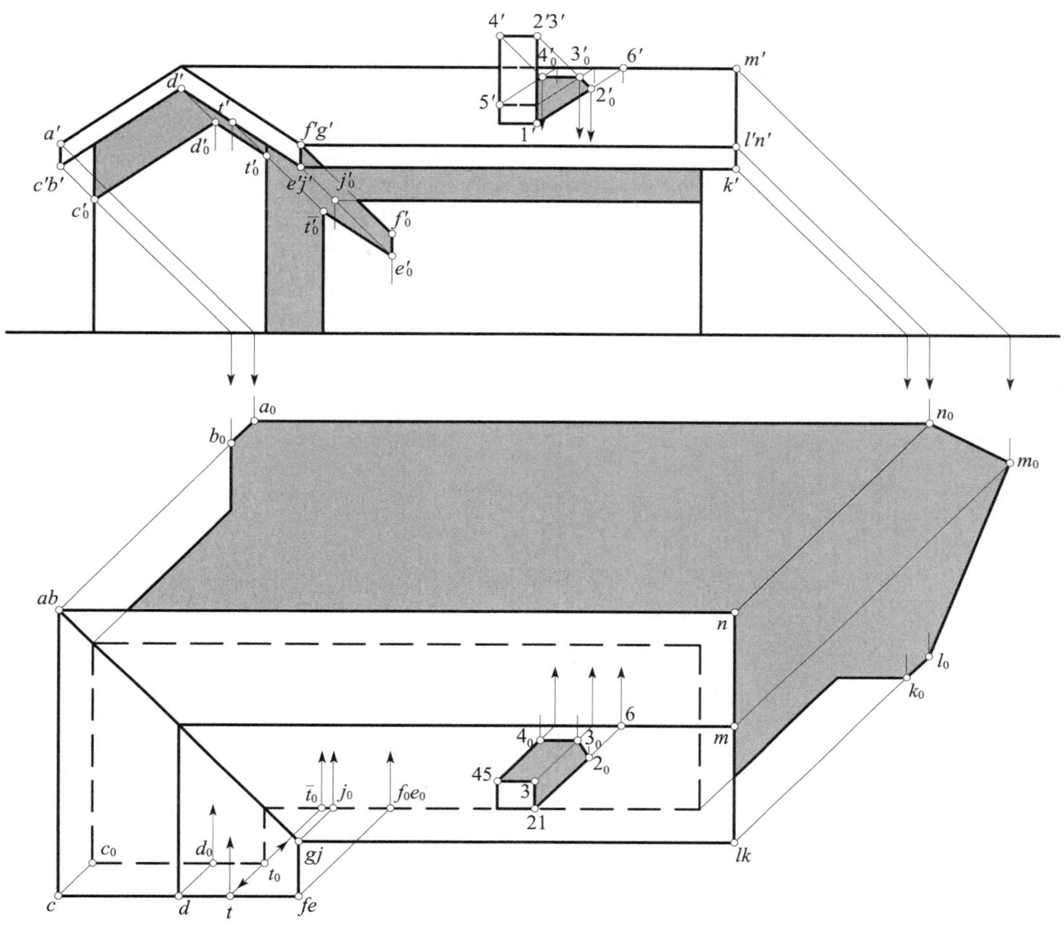

图 12-31　L 形坡顶房屋的阴影

复习思考题

(1) 何谓常用光线？

(2) 何谓光线面、光平面？

(3) 投影面垂直线影子的投影特性是什么？

(4) 平面影子的性质是什么？

(5) 何谓阳面、阴面、阴线、影线、阴影？